汉字文化新视角丛书

申小龙 主编

申小龙 等著

中国网络言说的新语文

本丛书提出的汉字文化新视角，
基于这样一种学术理念：
语言（言）、文字（文）和视象符号（象）
三者构成了文化的核心要素和条件。

本丛书的出版，
预示着中国语言文化研究在一个世纪的
『去汉字化』的历程之后，『再汉字化』的世纪转向。
这一转向的本质就是在中国文化的地方性视界
和世界性视界融通的过程中，
重新确认汉字在文化承担
和文化融通中的巨大功用和远大前景。

山东教育出版社

图书在版编目（CIP）数据

中国网络言说的新语文 / 申小龙等著 . —济南：
山东教育出版社，2014
（汉字文化新视角丛书 / 申小龙主编）
ISBN 978-7-5328-7222-0

Ⅰ . ①中… Ⅱ . ①申… Ⅲ . ①互连网络 – 应用语言学
– 研究 – 中国 Ⅳ . ① TP393.4

中国版本图书馆 CIP 数据核字（2014）第 025670 号

汉字文化新视角丛书

中国网络言说的新语文

申小龙　等著

主　　管：山东出版传媒股份有限公司
出 版 者：山东教育出版社
　　　　　（济南市纬一路321号　邮编：250001）
电　　话：（0531）82092664　传真：（0531）82092625
网　　址：http://www.sjs.com.cn
发 行 者：山东教育出版社
印　　刷：山东德州新华印务有限责任公司
版　　次：2014年5月第1版第1次印刷
规　　格：787mm×1092mm　1/16
印　　张：27.75印张
字　　数：394千字
书　　号：ISBN 978-7-5328-7222-0
定　　价：55.50元

（如印装质量有问题，请与印刷厂联系调换）
电话：0534-2671218

目 录

总　序

一、汉字何以成为一种文化

　　"汉字何以成为一种文化？"这个题目以"普通语言学"的眼光审视，暗含着一个"制度陷阱"，因为它预设了汉字的文化属性，而文字的定义——依西方文化的教诲——早已被否定了文化内涵。手头一本已经翻烂了的伦敦应用科学出版社《语言与语言学词典》（中译本）对文字的定义是："用惯用的、可见的符号或字符在物体表面把语言记录下来的过程或结果。"也就是说，文字的存在价值仅仅是记录语言的工具。这样一个冰冷的定义让中国人显然很不舒服，它和我们传统语文对汉字的温暖感受——"咬文嚼字"、"龙飞凤舞"乃至"字里乾坤"——距离太远了！抽出我们的《辞海》，看看它对文字的定义："记录和传达语言的书写符号，扩大语言在时间和空间上的交际功用的文化工具，对人类的文明起很大的促进作用。"这就在西方语境中尽可能照顾了中国人独有的汉字感觉。

　　汉字成为一种文化首先是因为汉字字形有丰富的古代文明内涵。且不说汉字构形映射物质文明的林林总总，即在思想，如《左传》"止戈为武"，《韩非子》"古者仓颉之作书也，自环者谓之私，背私谓之公"，字形的分析总是一种理论的阐释，人文的视角。姜亮夫先生说得好："整个汉字的精神，是从人（更确切一点说，是人的身体全部）出

1

发的。一切物质的存在，是从人的眼所见、耳所闻、手所触、鼻所嗅、舌所尝出的（而尤以'见'为重要）。……画一个物也以人所感受的大小轻重为判。牛羊虎以头，人所易知也；龙凤最详，人所崇敬也。总之，它是从人看事物，从人的官能看事物。"[1] 我们可以说汉字的解析从一开始就具有思想史和文化史的意义，而不仅仅是纯语言学的意义。

汉字成为一种文化又因为汉字构形体现了汉民族的文化心理，其结构规则甚至带有文化元编码性质，这种元编码成为中国人各种文化行为的精神理据。汉字在表意的过程中，自觉地对事象进行分析，根据事象的特点和意义要素的组合，设计汉字的结构。每一个字的构形，都是造字者看待事象的一种样式，或者说是造字者对事象内在逻辑的一种理解，而这种样式的理解，基本上是以二合为基础的。也说是说，汉字的孳乳，是一个由"一"到"二"的过程，由单体到合体的过程，这正体贴了汉民族"物生有两"、"二气感应"、"一阴一阳谓之道"的文化心理。

汉字的区别性很强的意象使汉字具有卓越的组义性。莱布尼茨曾说汉语是自亚里士多德以来西方世界梦寐以求的组义语言，而这一特点离不开表意汉字的创造。在汉语发展中大量的词语组合来自汉字书面语的创新，由此大大丰富了汉语书面词汇。组义使得汉字具有了超越口语的强大的语言功能。饶宗颐曾说："汉人是用文字来控制语言，不像苏美尔等民族，一行文字语言化，结局是文字反为语言所吞没。"[2] 他说的正是汉字极富想象力且灵活多变的组义性。难怪有人说汉字就像"活字印刷"，有限的汉字可以无限地组合，而拼音文字则是"雕版印刷"了。比较一下"鼻炎"与"rhinitis"，我们就可以体会组义的长处。《包法利夫人》中，主人公准备上医学院了，却站在介绍课程的公告栏前目瞪口呆：anatomy, pathology, physiology, pharmacy, chenistry, botany, clinical practice, therapeutics, hygiene and materia medica。一个将要上大学的人，对要学的专业居然"一字不识"，这样的情节在中国人听来匪夷所思。

---

[1] 姜亮夫：《古文字学》，浙江人民出版社1984年版，第69页。

[2] 饶宗颐：《符号.初文与字母——汉字树》，上海书店出版社2003年版，第183页。

汉字成为一种文化，更在于汉字的区别性很强的表意性使它具有了超方言的"第二语言"作用，维系了中华民族的统一。汉字的这一独特的文化功能，其重要性怎么强调也不为过。索绪尔晚年在病榻上学习汉字，明白了"对汉人来说，表意字和口说的词都是观念的符号；在他们看来，文字就是第二语言。在谈话中，如果有两个口说的词发音相同，他们有时就求助于书写的词来说明他们的思想。……汉语各种方言表示同一观念的词都可以用相同的书写符号。"[1] 汉字对汉语"言语异声"的表达进行观念整合，达到"多元统一"。这样一种"调洽殊方，沟贯异代"（钱穆语）的功能，堪称"天下主义"！一位日本友人说，外国人讲日语，哪怕再流畅，日本人也能发现他是"外人"。而她走遍了中国大地，中国人并不在意她的口音——在西北，有人以为她是南方人；在北方，有人以为她是香港人或台湾人；而在南方，人们则以为她是维族人。中文"四海之内皆兄弟"的观念整合性，在这位日本人看来，与英文相似，是天然的世界语（当然，汉字的"世界性"和拼音文字的世界性，涵义是不一样的）。汉字的观念整合性，一方面自下而上，以极富包容性的谐音将汉语各方言文化的异质性在维护其"言语异声"差别性的同时织入统一的文化经纬，另一方面又自上而下，以极富想象力的意象将统一的文化观念传布到九州方域，凝聚起同质文化的规范和力量。由此我们可知，汉字本质上是一种意识形态的建构，是中华文化的深层结构。正如柏杨所说："中华字像一条看不见的魔线一样，把言语不同，风俗习惯不同，血统不同的人民的心声，缝在一起，成为一种自觉的中国人。"[2]

与汉字的观念整合性相联系的，是汉字的谐音性使地方戏曲有了生存空间。汉字的观念整合走意会的路径，不涉音轨，客观上宕开了方音艺术的生存天地。在汉字的语音包容下，汉语各方言区草根性的戏文唱腔与官话标准音"你走你的阳关道，我过我的独木桥"，相安无事，中国几百种地方戏曲源远流长，由此形成西方拼音文化难以想象的异彩多

[1] 索绪尔：《普通语言学教程》，商务印书馆1980年版，第51页。

[2] 柏杨：《中国人史纲》上，中国友谊出版社1998年版，第472页。

姿。汉字保护了方言文化生态多样性，也就保护了中国各地方文化的精神认同和家园意识。当然，这种保护是有代价的，即方言尤其是中原以外的方言及其戏曲，不再具有汉字的书写性，从而不再在中华"雅文化"或者说主流文化中具有话语权。

汉字作为一种文化，在汉民族独特的文学样式中得到了淋漓尽致的体现。在这里，与其说是汉字记录了汉文学，毋宁说是汉字创造了汉文学的样式。在文字产生前的远古时代，文化的传承凭记忆而口耳相传。为便于记诵，韵文形式的歌舞成为一种"讲史"的仪式。闻一多解释"诗言志"之古义即一种历史叙事。然而，随着社会生活的复杂化，"韵文史"渐渐不堪记忆和叙事之重负，西方产生了散文化的叙事诗，而中国却是诗歌在与散文的"混战"中"大权旁落"，淡出讲史的领域，反过来强化其诗性功能。在这一过程中，汉字起了十分关键的作用。复旦大学的张新教授在多年前就颇有见地地指出："文字的肌理能决定一种诗的存在方式。"一方面，"与西方文字相比，中国文字具有单音的特点。单音易于词句整齐划一。'我去君来'，'桃红柳绿'，稍有比较，即成排偶。而意义排偶与声音对仗是律诗的基本特征。"西方艺术虽然也强调对称，但"音义对称在英文中是极其不易的。原因就在英文是单复音错杂"。另一方面，"中西文法不同。西文文法严密，不如中文字句构造可以自由伸缩颠倒，使句子对得工整"。张新认为，"中国文字这种高度凝聚力，对短小的抒情能胜任，而对需要铺张展开描述的叙事却反而显得太凝重与累赘。所以中国诗向来注重含蓄。所谓练字、诗眼，其实质就是诗人企望在有限的文字中凝聚更大的信息量即意象容量。"[1]在复旦大学的"语言与文化"课上，一位2003级新闻系同学对汉语是什么的回答，此时听来更有体会：汉语是炫目的先秦繁星，浩渺的汉宫秋月；是珠落玉盘的琵琶，"推"、"敲"不定的月下门，"吹"、"绿"不定的江南岸；是君子好逑的《诗经》，魂兮归来的《楚辞》；是千古绝唱的诗词曲赋，是功垂青史的《四库全书》……

---

[1] 张新：《闻一多猜想——诗化还是诗的小说化》，《中西学术》第一辑，学林出版社1995年版。

汉字何以成为一种文化？我们还可以有更多的回答：汉字记载了浩瀚的历史文献，汉字形成了独特的书法和篆刻艺术，汉字具有很强的民间游戏功能，等等。一旦我们用新的视角审视这个历久常新的问题，我们就会从中找到中西语言文字、中西文化、中西学术的根本分野。此时，我们完全可以重新为汉字定义：汉字是汉民族思维和交际最重要的书面符号系统。

二、从去汉字化到再汉字化

中国独特的人文传统有三个通融性：

其一是小学（语言文字学）与经学的通融。许慎强调想接续历史传统、读懂儒家典籍，就必须对汉字的形音义关系进行正本清源，字义明乃经义明，小学明乃经学明，强调汉字是"经艺之本"：盖文字者，经艺之本，王政之始，前人所以垂后，后人所以识古。故曰"本立而道生"……（许慎《说文解字序》）许慎的"本立而道生"实际上借助字学（小学）建立了经学与识古（史学）之间的同构关系，消解了典籍散佚所带来的历史认同危机。经学建立的记载阐释历史的模式得以延续。

其二是经学内部表现为文史哲的通融。苏轼说："天下之事，散在经、子、史中，不可徒得。必有一物以摄之，然后为己用。所谓一物者，'意'是也。"（宋葛立方《韵语阳秋》）在我们看来，这"意"，就是汉字元编码为传统文史哲提供了统一的思想资源和表述方式。因此清代经学家章学诚在其《文史通义》开卷便宣称"《六经》皆史也"。经、史之所以相通，实际上基于汉字的表意思维或元编码：表意汉字既是一种对事实的照录（"史"的方式），又是一种对世界的形象表达（"文"的方式），还是一种对现实独特的认知方式（"哲"的方式）。文史哲的通融，实为汉字表意性元编码的体现。

其三是小学内部表现为语言与文字、书写文本与非书写文本的通融。我们分别表述为字词通融和名物通融。首先看字词通融：汉字倾向于使自身成为一个有意义的符号来记录汉语的语符（语素或词），这要求汉字保持一个有意义的形体、一个音节、一个词义三位一体。这种对应使得汉字的字义与词义、字形与词形之间难分难舍，呈现一种跨界、整体通融性，体现了汉字与汉语独特的既分离又统一的张力关系。再看名物通融：从言文关系看，汉字代表的是一个语言概念单位，而从名物关系看，汉字对应的则是一个现实物，这就要求汉字对现实物具有形象描摹性即绘画性特征。如"仙"这个简化字，字面义是用"山中之人"的意象去表达某个现实物的。汉字的这种意象性打通了书写与绘画、书写与物象的界线。这种书写与非书写之间的越界，进一步造就了汉字书法、文人画这样的书写编码与非书写图像编码相通融的文化景观。

这三个通融显示了汉字在中国学术传统中的本位性。"本立而道生"，说明汉字不仅是汉文化的载体和存在基础，也是中国语文得以建构的基本条件。

中国语言学的科学主义转型主要发生在"五四"前后的新文化思潮。该思潮引进了西方语言中心主义的立场，把文字看作是单纯的记录口语、承载语言的科学工具，因此将是否有效地记录语言和口语看作是文字优劣的唯一标准。根据此标准，远离口语的汉字成为五四新文化运动先驱们的众矢之的。废除汉字、提倡文字拉丁化和白话文，进而对中国传统文化进行颠覆，这成为"五四"时代的主流思潮。我们将这种思潮称之为"去汉字化"运动。此后直到上个世纪80年代，"去汉字化"一直是中国学术和文化界的主流意识形态。80年代起，去汉字化所造成的传统断层越来越受到关注和批评。不断有学者强调写意的汉字与写音的字母之间的文化差异，认为汉字是独立于汉语的符号系统，要求对汉语、汉字文化特性重新评估，提出艺术、文学创作的"字思维"或汉字书写原则，而中西文化的差异在于"写"和"说"、"字"和"词"。对去汉字化和全盘西化的批判，越来越表现出回归汉字的情绪，"再汉字化"思潮初露端倪。

上个世纪八九十年代的文化语言学，是"再汉字化"思潮的先声。文化语言学把语言学看作是一种人学，把汉语言文字看作汉文化存在和建构的基本条件。作为中国现代语言学中以陈望道、张世禄、郭绍虞等前辈学者为代表的本土学派的研究传统的继续，文化语言学强调汉字汉语独特的人文精神，强调建立具有中国特色的语言学，在文史哲融通的大汉字文化格局中研究汉语，尤其注重汉语中的语文精神即汉字所负载的传统人文精神的研究。郭绍虞是最早提出汉语的字本位性的学者，文化语言学派继承了这一传统，并在进入21世纪后逐渐汇通中国社会科学诸领域，进一步形成文化批判和文化建设两大主题。

文化批判方面的思考主要有：批评五四以来汉语研究的西方科学主义立场（申小龙，1989、1998、2003），五四以来现代汉语研究是"印欧语的眼光"（徐通锵，1998），将五四以来的新文化运动归结为"去汉字化运动"（孟华，2004），五四以来中国学术在西方文论面前患了"失语症"（曹顺庆，1996），五四白话文运动过于强调语言的断裂性，要对20世纪以来的中国文化走向进行重估（郑敏，1998），反思现当代文学中的"音本位"和"字本位"思潮（郜元宝，2002），对八九十年代出现的以汉字本位为特征的"母语写作"思潮进行总结（旻乐，1999），《诗探索》从1995年第2期起开辟专栏，发表了大量有关"字思维"的文章。有论者认为，关于母语思维与写作的讨论，"将是我们在21世纪的门槛前一次可能扭转今后中华文化乾坤的大讨论。"（郑敏语）

文化建设方面的思考主要有：强调汉字对汉语的影响及汉语的字本位性质，提出文化语言学理论、汉字人文精神论（申小龙，1988、1995、2001）；提出字本位语言理论（徐通锵，1992、1998；苏新春，1994；潘文国，2002）；提出或倡导文学的"字思维"原则（汪曾祺，1989；石虎，1995；王岳川，1996）；提出汉字书写的"春秋笔法"是中国学术的话语模式（曹顺庆，1997）；中国经学是"书写中心主义"（杨乃乔，1998）；提出以汉字和汉语的融合为特征的"语文思维"概念（刘晓明，2002）；提出中西文化的差异在于"写"和"说"、"字"和"词"（叶秀山，1991）；提出汉字是华夏文明的内在形式，强调汉字与汉语的关系既是汉语的最基本问题，也是汉文化的基本问题（孟华，2004）。

"再汉字化"思潮或中国学术的"汉字转向"的核心问题是汉字与

7

汉语、汉字与汉文化的关系以及汉字在这种关系中的本位性。

中国历史上重大的文化和学术转型都是围绕汉字问题展开的，抓住这一点，中国学术和中国思想史的许多根本问题就会迎刃而解。而在西方国家，由于使用拼音文字，西方学术界普遍将文字看作是语言的工具，文字学甚至不是语言学内部的独立学科。国内学术界自五四新文化运动以来引进了一种西方语音中心主义的文字学立场，将汉字处理为记录汉语的工具，汉字的性质取决于它所记录的汉语的性质，汉字独立的符号性及其所代表深厚的人文精神被严重忽视。重新评估汉语言文化的汉字性问题就是文化语言学的"再汉字化"立场。它不是简单地对传统语文学的肯定和回归，而是要求重新估价汉字在汉语言、文学、文化研究中的核心地位及其利弊，以实现中国学术与西方学术的差别化和对话：一方面使自己成为西方学术的一个有积极建设意义的"他者"，同时又使西方学术成为中国学术的积极发现者。因此，中国学术21世纪面临一个"汉字转向"的问题：汉语和汉文化的可能性是建立在汉字的可能性基础上的，这是中国学术，包括汉语言、文学、历史、哲学、文化存在的基本条件。这种"再汉字化"立场，是中国文化语言学为世界学术所贡献出的最为独特的东方理论视角。

"再汉字化"转向，也顺应了世界学术的大趋势。当代世界学术经历了两个重要的转向，一是语言学转向、二是文字学或图像转向。

所谓语言学转向，主要表现在文史哲诸人文领域开始思考世界存在的条件是建立在语言的可能性基础上的，文学、史学、哲学都开始关注语言问题，并从语言学那里吸取方法论立场。复旦大学的文化语言学在八十年代举起了中国学术语言学转向的大旗，其语言文化哲学思想在中国哲学界、文学界等人文学科领域均产生了重大影响。

所谓的文字学转向，一般认为肇始于法国哲学家德里达的解构主义哲学。他的"文字"概念是广义的，泛指一切视象符号，如图像、雕塑、表演、音乐、建筑、仪式等等，当然也包括汉字、拉丁字母这样的狭义文字。德里达的基本观点是，现实、知识、真理和历史的可能性是建立在"文字"的可能性基础上的。因此，文史哲在考虑自己研究对象的存在条件时，由对其语言性的思考再进一步转向对语言、文字、图像三者关系性的思考。因为现实、历史和知识不仅仅是以语言为存在条件的，文字、图像也同等重要（在今天的"读图时代"尤其如此）而且更易被忽视。在世界文化格局中，汉字是一种极为独特的符号系统，它处在语言和图像中间的枢纽位置，它既具有图像符号的视觉思维特性，又具有语言之书写符号的口语精神。中国文化的汉字本位性一方面抑制了中国传统文化的图像思维，又抑制了汉语方言的话语精神，汉字自身替代了图像、话语，成了中华民族历史、文学、知识、思维、现实存在的最基本条件。这就是汉字的"本位性"问题。该问题构成了中国学术、中国文化最核心和最基本的问题，学术界和文化界对该问题的觉醒和重新阐释，这就是"汉字转向"或"再汉字化"。中国文化语言学在引领中国上个世纪末的"语言学转向"之后，再次擎起"文字学转向"的旗帜，这是时代所赋予的不可推卸的历史责任。

三、本丛书的基本观点

本丛书提出的汉字文化新视角，基于这样一种学术理念：语言（言）、文字（文）和视象符号（象）三者构成了文化的核心要素和条件。中国语言、学术、文化的基本问题是一个汉字问题，即以汉字为枢纽，在言、文、象三者的对立统一关系格局中研究其中的每一个要素，并将这种以汉字为本的言文象三者既分离又统一看作是中国学术、中国文化存在的最基本条件。它要求我们冲破传统学科分治的壁垒，在一个大汉字文化观的格局下进行学术研究。这种学术立场也可叫做"新语文"主义。

以"再汉字化"研究为宗旨的汉字文化新视角丛书，具体围绕四个基本主题：

一是汉字文化特性的研究，选题有《汉字思维》（申小龙等）；

二是汉字的语言性研究，选题有《汉字的语言性与语言功能》（苏新春）；

三是汉字的符号性研究，选题有《汉字主导的文化符号谱系》（孟四是汉字书面语研究，分为三个层次：

1）现代汉字书面语的历史发展研究，选题有《"北京官话"与汉语的近代转变》（武春野）；

2）现代汉字书面语的文化特性研究，选题有《书写汉语的声音——现象学视野下的汉语语言学》（朱磊）；

3）现代汉字书面语的网络形态研究，选题有《中国网络言说的新语文》（申小龙、盖建平、游畅）。

本丛书的出版，预示着中国语言文化研究在一个世纪的"去汉字化"的历程之后，"再汉字化"的世纪转向。这一转向的本质就是在中国文化的地方性视界和世界性视界融通的过程中，重新确认汉字在文化承担和文化融通中的巨大功用和远大前景。

申小龙　孟华

2013年8月30日

前　言

　　在人类历史上，从来没有一项技术的应用像互联网那样，对人类的交往方式、生存状态和观念意识发生那么大的影响。"天涯若比邻"，网络的资源共享，网络的共同参与，网络的瞬息万变，网络的民主精神，强有力地推动了现代意识的产生。网络与城市生活方式关联密切，甚至可以说网络与城市生活的现实具有精神层面的同构性：在城市化成为"定局"的当代，社会分工的模式导致了人的单面化与个体化——既彼此相异，具有寻求个性的明确的自我意识，却又无法分立，共同构成社会生活的整个机体，无法舍他人而独自存活。这一基本格局在网络生活世界中同样适用。种种社会力量，各种历史遗产、文化资源，以及技术化的生活方式，都从现实世界衍生到了网络社会，个人总是处于调整、尝试、实践以适应现实社会与网络社会的双重实践过程中，同时也支持、影响着网络社会的发展方向。

　　任何新的思维样式、新的时代精神，都需要一种与人们的心理状态和社会状态相对应的新的语言形态，一种多层次、多类型、多功能的充满生命力的现代语言。这种语言要能在其深层结构中体现当代人的感觉、意向等心理氛围和各种具体的社会因素的独特性，并通过结构系统内部的各种因素的适应和协调，建构特定的语言表层结构。一般说来，语言的表层结构有很大的通用性，它可以用来表达相当多不同的思想形态和社会形态，具有很大的稳定性和自我协调功能。但语言形态和不同思想、社会形态的对应也有其限度，一旦到了某种临界点，或者说到了

1

一定的质点上，思想、社会的变革就要求传统的语言结构发生裂变。因为任何现代意识都必须建立在新的现代语言形态的基础上，而一个完备的现代语言形态的产生，才是现代意识确立的实际标志。

正由于语言结构与社会思维方式同构，思想的变革往往从语言的变革入手。我国20世纪初的"五四"思想文化运动，就是从用白话文替代文言文的语文运动开始的。它在"文学革命"的口号下发起，又在"思想革命"的推动下发展。目前由于整个中国社会正处于激荡而深刻的转型期，互联网的发展又为这一转变提供了巨大的能量和空间，因而当代汉语的形态发生着急剧的变异，各种新的语汇、新的字符、新的语法、新的语用，甚至新的语境，层出不穷，令人目不暇接。网络语言在这股语言变革大潮中始终处于潮头的位置。年轻的一代正成为新世纪这股语言大潮的弄潮儿。时至今日，这一现实与虚拟、文字与人生的关系扩展到了相当复杂、无法截然分界的程度。中文网络已经是当代中国的一种新的文化载体。

网络是当代生活的一面镜子，网络"带来""引发"的种种问题，烛照出的都是当下社会的现实问题。在以商业流通为基础的社会结构中，一切都可以最终推演归结为"可定价"的物化结论。网络生活的海量信息、多种价值的喧嚣，对网络中人构成了强度、频度不断加强的刺激和冲击。这种冲击不断累积，网络中人在理智上的适应和接受，造成了"理"与感性、情感之间的落差不断增大。个性、个人才能虽然受到鼓励和标举，往往却落于物质的下风。网络中人往往以对"梦幻超人"的虚构寄托他们对无情现实的抗议，但归根结底，仍对物化的"宿命"采取了顺应的态度。盲信"智"与"理"的结果是片面强调心灵的"强大"——所谓的"强大"，往往只是经历长期刺激之后的麻木，对于事物的价值、意义放弃了孰高孰低、孰对孰错的价值判断，甚至对于对立与分裂、谎言与真相、现实与虚构一视同仁，以之为其精神"强大"的证据。

尽管人被"异化"的现实是严重的，我们并没有理由对"人"失去信心——社会—技术的机械构造虽然发达，尚远不足以"格式化"人幽微恢弘的精神世界。尤其需要我们警醒的是，一旦对网络社会形成消极简单的基本观感，要导引、把握其中的价值就更加困难。归根结底，无论是网络生活还是现实生活，对人的生存智慧和生存能力的考验都是一以贯之的。

网络不沦为现实"对立""异化"模式的"电子版本"，需要我们通过对语言现象的研究，在阐释的过程中辨明网络语言之于人情人性的丰沛表露，正视网络活动与现实生活的呼吸意会，并寻求网络文化反哺现实的诸多可能性。从语言现象的观察和切入，我们寻求的是一种整合，在一种体察和意会的氛围中为跨越、弥合网络与现实生活的观念与感觉的分裂，以及当代中国存在的种种精神"分裂"，寻找可以言说和交流的平台和话语。

电子图像时代的文字、文本，似乎正在回到中国古代的泛化的"文"。当代文学与文化的关系正在进行着普遍的泛化，文学性渗透到文化的一切方面之中，主要体现为审美的生活化。对语言的艺术特征的挖掘，泛文学化的语言观、文化观，包蕴了广泛的寻找生命之美、生活之美的诉求。在一个新的、个人价值被列为基本价值的时代，这种诉求是承担了存在的意义的。

网络语言对语言的美感特征和思想意指相结合的新探索，对网络叙事之无限可能性的大量的、感性的实验，是人在网络时代的一种"寻觅"之旅。鉴于汉字的书画同源性，使用汉字本身就是一种美之理念的习得和再续。"讲古""清谈""平话"的文化生活、"戏作三昧"的精神传统，都是当今的网络言说中含蓄而隽永的存在。每个网络生活参与者、网络言说者/书写者的经验叙事——虚构性与记实性兼备的、个人化的表达，总在自觉不自觉地追求修辞，追求戏剧化的生动与鲜明，每每于行文微妙之处崭露不可或缺的个性与价值取向。同时，由于言说者/书写者的各异趣味和不同技术，其各自独立的书写，互相引逗出来的妙语，以及经由话语游戏施展的时空跳跃的魔术，网络语言呈现出丰富、跳跃、开舒、交错的整体风貌，在网络阅读者眼前展现着陌生、纷杂、奇异、无边无际的效果。

网络语言现象是可读性极强的文本。作为恢复汉字的美学空间和生命活力的研究，我们在寻求网络语言的"当下性"——承载特定时空语境的不可复制的存在——解读其中"人"的时代精神和感性内容的同时，也寻求其"恒定性"——同时作为容器和内容存在的、"语言"的历史延递和美感更新。认识文字之美、阐发其中的精神活力，最终构成的是一种将网络的"虚拟"带回现实，将网络的"人"与当代文化、传统文化相互联结的表述方式，走向真正的生活，而获致自由境界。

在网络言说中，言说者表情达意，往往会将汉字的音、形、义铺陈延展开来，进行重新组合，创造和发挥其示意、构形、谐音的"声情并茂"，构成异彩纷呈、妙趣横生的话语现象。汉字不仅是表达的工具，本身也接受再创造、再赋义，呈显出图画性、声音性的双关空间，其表达可以作多重的解读或曰欣赏，实用性、表义性并不必然是唯一的指归。其中的"游戏空间"有多大，取决于接受方、阅读方的演绎能力，及书写方和阅读方的会意程度。而阅读、理解、反馈网络言说的这一演绎的过程，或者说开掘其多种读法、多重美感的过程，又具有很大的偶然性，"读法"在其中起着相当重要的作用。分析这些话语现象，需要读其音、视其形、申其义，然后得其神、会其意。从"火星文"到"新成语"，无不要求对其音、形、义同时进行丰富的联想并从中找出其要表达的意思。例如"装13"中的"13"实际上是"B"拆开来写，避免不雅。网络言说还涵容了大量的外语特别是英语及其语法和书写习惯，包括拼音首字母缩写、用英文表达汉语脏话（如mary got peter）、用汉语歪翻的中文（如把you got it 翻成"你得到了它"，表示"你说的对"）。

网络言说有自己特有的语义。例如：网络计算机语义，以计算机操作的语义图式对现实进行语义编码，形成一种专业方言，具有很强的隐喻性和仪式感。网络卡通语义，以孩童语言和形象思维进行称谓和描述（如"飘过""黑线""一滴汗""石化""倒"），以大量的动物图形将年轻人的理智和情感童稚化，渲染"不想长大"的单纯幸福。网络叛逆语义，以"独立思考"的悖谬、嘲骂、不平与焦虑，解构主流话语，大量借用草根政见和西方政治学社会学话语。网络粗鄙语义，以颇具技术含量和艺术潜质的粗言宣泄情绪，在"谁还怕谁"的争锋气势之下，对"恶"持有一种诙谐的态度。网络无厘头语义，以"说点什么"的寂寥心情，作"顾左右而言他"的掩饰与表演，时而显露"不期然的妙语"。网络性语义，既有公开的玩笑点缀，也有真实的郁闷压抑。

网络言说有自己特有的语境。例如：半虚拟语境。作为网络语境的基本特质，半虚拟语境深刻影响了网络的交往和礼仪。由于网络社会虚拟加现实的双重特质，人们对于认同感的追求与获得在延续中既指向具体的、倾向于现实的特定个人与特定群体，又指向抽象的"人气"——这两者虽然有重叠的情形，但是也有分离的趋向。共话语境。网络言说具有很强的公共参与性，各种反馈意见参与话语和文本的建构，甚至成为其不可分割的组成部分。网络关系同时具有向现实方向延伸的可能性，上pp（照片）、网友访谈、版聚等缔造了形形色色的网络社群"小圈子"。大话语境。早期网络语言直接用《大话西游》的语言思维模铸自己的言说，逐渐形成一种主动隐去与现实的关系，追求天马行空、相忘于江湖的偶然性，因而更加具有自我中心的色彩。但这种自我持守相当脆弱。作为网友共同参与的幻想游戏是一回事，用来自我主张则是另一回事。迷恋于穿行在种种"个性"与"特色"之间的游戏，往往导致个人本色的迷失，从而脱离"常识世界"，失去现实的自我判断的标尺。

"网民"是网络话语权的主体。现实中的话语权拥有者往往"绑架"民意，网络似乎阻断了这种权力的复制和延伸，而由"网民"这个形式上平均和单纯的身份来分享这种"权力"，构成言论空间的某种平衡。网民通过言语的交流来主张自己所见的真实。"我言说，我存在"，自由发言的权利被许多人视为网络生活不可置疑的底线。面向网络的言说其实只是网络生活的形式之一，对于真实生活的关注和干预，越来越成为网络公民自觉的追求。在这一过程中，网络起着汇聚信息、促成行动、反哺社会的作用。"人肉搜索"的诸多事件、种种炒作尽管有一些负面效应，但却是由道德、信念认同而聚合起来的，践履着当代中国重塑社会价值观的积极诉求。

网络语言的方兴未艾，已经成为当前我国社会一种重要的、具有时代思潮标志意义的社会现象。网络联结了特定的人群，以汉字为主体的文字符号系统，在网络生活方式的塑造中扮演了基本载体的角色。而在作为"材料"组织网络生活、构成网络语言体的同时，汉字也反过来规限、塑造网络参与者的思维方式、社会生活和交往习惯，并最终对其现实的生活空间、人际关系产生影响。研究网络语言，认识网络语言的表现形式和发展规律，预测网络语言的发展方向，是当前语言研究的一项重要任务。当代汉语的发展趋势、当代汉语的社会变异、当代汉语变异的社会文化内涵，这些重要的课题都可以在网络语言的研究中获得新认识。

我们复旦大学中国语言文学研究所的理论语言学研究室，多年来一直从事语言与社会、文化关系的研究。自1997年开始，我们在全校性公共选修课"语言与文化"和"社会语言学"上，率先讲授"网络语言"，受到文理各科大学生的热烈欢迎。他们没有想到他们自己在网上使用的标新立异的语言形式，受到了学术研究的重视。"网络语言研究"迄今在复旦大学已讲授了二十多个学期，内容不断丰富，听课的大学生们也为我们提供了大量的网络语言材料。

本书的撰写以申小龙教授课堂讲授网络语言的理论纲目和材料为基础，参加撰写的盖建平（现为江苏第二师范学院讲师）、游畅和申小龙教授一起对网络语言作了深入系统的调查和探索，并进行了反复、细致的讨论，在此基础上分章撰写。余笑薇和高明参加了个别章节的撰写。申小龙对全书进行了统稿。复旦大学文科科研处对本书的研究给予了立项支持。

第一章　网络革命的社会意义、个体意义和符号意义

　　自从进入20世纪90年代以来，"网络"在全世界以燎原之势迅速蔓延开来，几乎连通了所有的国家和地区。"网络"一词也如幽灵一样侵入了人们的生活，成为一个家喻户晓的热词。早在联合国贸易发展会议2002年11月发布的一项统计报告中就显示：到2002年底，全球互联网用户人数将达到6.55亿人，其中，中国网民人数居世界第二，仅次于美国。2004年《北京日报》（9月4日）又有报道：到2004年7月，我国上网人数为8700万人，是1997年第一次调查时的140倍。在今日中国，网络、电脑再也不是IT（信息技术）业内人士的专利和少数成功人士的奢侈品，而已"飞入寻常百姓家"。网络的扩展与普及给人们的生活和语言都带来了巨大变化。

一、网络革命的社会意义

　　"任何技术都倾向于创造一个新的人类环境"（麦克卢汉语），网络技术的诞生可以说是人类历史上自农业革命、工业革命和信息革命之后的第四次技术革命。这次技术革命在创新人类生存环境上划出了一个新时代。此前的技术革命都作用于生产效率的提高，此次信息革命却超越了单纯的改善生产效率的层面，使信息的流通突破了传统的时空限制——任何人在任何场合任何时候都可以获取任何所需信息，任何人在

任何地方都可以和任何人交朋友。网络所依托的信息技术、计算机技术的发展则给人类带来了全球性信息资源的开发和共享的崭新的文化形态，把"自由、平等、兼容、共享"的精神撒向全球。这给人类的社会产业、日常生活带来了巨大的影响，彻底地改变了人类社会生活的各个层面。

1. 网络革命的经济、政治意义

网络革命带来的经济意义是不言而喻的。时至今日，越来越多的公司加入互联网，他们在互联网上有自己精美的主页，在网上发布信息，同时也浏览信息，以获得最新的资讯，降低了由于信息不畅或不及时而带来的人力资源和资本的巨大浪费。整个社会的经济活动真正实现了"经济原则"，提高了社会经济成本的利用率，促进了经济在超时空范围的合作与沟通，加快了世界经济全球化的进程，极大地丰富了全人类的物质产品。

电子商务正在改变着传统的贸易商务形式，在全世界范围内制造了新型的竞争者和新型的竞争方式。劳动者高度分散，哪里有网络终端、计算机，哪里就是办公室，不需要固定在"写字楼"，每天朝九晚五地奔波于住处和办公室，过着疲于奔命的生活。"SOHO（Small Office, Home Office）"一族正在享受着这种互联网带来的莫大好处，在家里上班，实行自己决定的弹性工作制。这种以互联网为依托的工作方式无疑更人性化，可以很好地缓解现代人生活的压力，给人的自由发展留下空间，在将来有可能发展成人类最主要的工作方式。

"电子商务"给作为消费者的人带来的则是"网上购物"的方便。随着互联网和计算机的普及，许多网站在网上开通的网上商场给人们提供网上购物服务。网上商品以它低廉的价格和便捷的购物方式而吸引了众多时尚一族的眼球。2003年Visa国际组织发布的一项针对京沪穗深四地中高收入人群理财方式的调查显示，北京、上海、广州和深圳四城市的月收入在2500元人民币以上，年龄在20岁至44岁之间的"小康族"中，1/5的人曾经进行网上购物。如今网上购物已并非"小康族"的专利，学生一族，尤其是大学生一族，现在也很青睐这种便捷价廉的购物方式，买书，或者化妆品、mp3之类。网上购物可以说是人类交易方式的一次革命。

网络革命带来的政治意义也是不容忽视的。美国未来学家托夫勒曾说过："谁掌握了网络，控制了网络，谁就将拥有整个世界。"这句话强调了国家在网络时代掌握和获取信息的重要性，及其在国际事务中获得主动地位的关键——超凡的信息获取能力和掌握互联网中的"话语霸权"。很多国家都在加快网络化进程。网络技术的快捷为政府部门提高工作效率提供了保证，同时也为政府信息发布的准确性和可靠性提供了保证。与此同时，网络"自由、平等、兼容、共享"的精神特质，也为广大民众了解国家时政、发表自己的言论提供了可能。可以说，网络为政府和民众搭建了一个互动平台。在这个平台上，政府可以更好地了解民意，从而制定更科学的政策；民众则可以更加自由地发表言论，更加自觉地参与政策制定和监督政府的行为。网络为人类提供了一个更加人性化、更加民主的政治环境。

2. 网络革命带来的文化意义

网络革命带来的文化意义更是深刻异常。

（1）从前喻文化到后喻文化

首先，网络革命使人类文化迅速地从前喻文化向后喻文化过渡。美国文化人类学家玛格丽特·米德（M . Mead）在《代沟》一书中，按照文化的传递模式把文化分成了三种类型：前喻文化（pre figurative）、同喻文化（configurative）和后喻文化（postfigurative），前喻文化是长辈向晚辈传递文化，这主要发生在典型的农业社会；同喻文化是指同辈之间互相传递文化，这则是以典型的工业社会为背景的；后喻文化是指长辈需要向晚辈学习，这主要发生在现在的后工业社会。在后工业时代，"科技瞬息万变成为社会发展的强劲动力；信息和知识更新速度惊人；交通工具和通讯传媒发达便捷极大增强了社会流动力量，而网络技术在上述因素的合力下发展起来，又加剧了这种合力，使得人类走过农业、工业社会之后又进入以网络为标志的信息社会"[1]。以往以知

---

[1] 赵永勤、靳玉乐：《论文化类型与教师权威》，《教师教育研究》2003年第6期。

识积累而塑造出的长者权威在知识的不断更新换代中失去了在传统社会中不可撼动的地位。而年轻人凭借他们对于先进知识、技术的直觉和敏感，以及他们个性中不受传统和制度约束的创新精神、自由意识和批判态度，在这个信息瞬息万变的社会，占有了主动性。他们按照自己的首创精神自由行动，为长者在未知中引路。在这样的文化模式中，每个人都必须认识到终身学习的必要性，不断充实自己的知识。在这样的文化传递模式中，教师的角色更像一个"学习的促进者和问题解决的指导者"，相应地，学生的主动性得到充分尊重和发挥。这样一来，可以说整个人类的主动性和创造性得到尊重和发挥，这对于全人类的全面和自由的发展有很大的好处。

（2）从精英文化到大众文化

网络革命促使大众文化和精英文化汇流。在此前的技术环境中，大众文化和精英文化有一道界限分明的分水岭，大有"鸡犬之声相闻，老死不相往来"的架势。在网络传播的时代，技术上现代化的卫星通讯、无限扩展的网络，在全球范围内形成了一个覆盖面很广的信息网络。这个网络打破了社会各阶层之间传统的壁垒，提高了民众的文化水平，促进了大众文化和精英文化的交流。它"网"住了文化精英，也网住了世俗大众；网住了百万富商，也网住了穷苦百姓。在这样一个网络世界中，网上图书馆、数字图书，以及计算机的快速复制技术，使得文化精品不再是精英们神秘的收藏品，而是流向大众，流向家庭，在无形中提高了全社会的文化水平和文化品位。在精英文化普及大众的同时，大众文化以无孔不入之势渗透到社会生活的方方面面。网络的"自由、平等、兼容、共享"精神和特征，颠覆了媒体巨头的垄断地位，人们可以在互联网上自由地发表言论，写出自己的真实想法，而不用担心被编辑删掉，不用担心其不入流而被丢入废纸筐。这些言论、文章也许偏激，也许粗糙，却更为真实。这些言论、文章的创造者多是普通大众，他们在发表自己的言论时也就把一种大众意识传播开来。"网络将文化从'诸神的狂欢'变为'众人的狂欢'，从'精英的独白'变成'万人的合唱'。"[1]

（3）从知识价值到索引价值

网络革命促使知识的传播方式发生了质的变化。在纸质文本时代，知识的传播范围和传播方式都是有限的，知识获得之不易使知识本身"奇货可居"，其价值受到重视。在网络时代，知识的获得已经非常容易，搜索引擎的功能已经远远超越了百科全书。因此，知识本身的价值已经不再受到重视，而有关知识的搜索的价值、知识的索引的价值，正在得到人们高度的评价。人们关注的已经不是有限的知识"是什么"，而是我需要的知识通过什么方式、在什么地方可以找到。网络革命的巨大能量使人们对"知识就是力量"有了全新的理解——"索引就是力量"。由此诞生了一系列新的概念：搜索经济、知识经济。

在纸质文本时代，由于知识和信息传播方式和范围的有限性，即使是广播、电话等传播手段，也是可以控制可以管理的。知识和信息的传播受制于管理方式，即对听什么和看什么的某种规定。对知识和信息传播的这种限制，成了宣传和教育的时代特征。而在网络时代，知识和信息的传播不再有边界和禁区，宣传和教育的功能正从对信息的限制转向对搜索信息和选择信息的能力的重视。人们在对信息的独立选择中提升人的精神，发展人的个性。

当然，网络革命的社会意义也存在让人困惑的一面：一方面是知识和信息的"召之即来"甚至"不召也来"，另一方面是无用信息、垃圾信息、有害信息的泛滥。当人们在网上"冲浪"的时候，大量冗杂、破碎、无聊的信息让人目迷五色，误入歧途。人们忽然发现："就理解和领会能力而言，头脑中塞满东西和头脑中空空如也同样糟糕。"（克林顿语）信息超载、信息污染，使每一个身不由己陷于信息洪流中的人都深切体会到，网络化生存、手机化生存，在提供巨大便利的同时，正挤占着现代人难得的空闲时间。随之而来更糟的是，它正日益阻塞着人们必要的思考。一切都是现成的、廉价的，不再需要任何艰苦的精神探索

---

[1] 陆俊：《重建巴比塔——文化视野中的网路》，北京出版社1999年版，第84页。

与创造。

二、网络革命的个体意义

网络革命在创造巨大社会意义的同时，也为人类个体的发展提供了前所未有的新的支点。

1. 个体的人获得了体验自由、释放自我的巨大的空间

人类一直渴望一种自由、超然物外的生存方式，可以放飞梦想和思绪，可以任意宣泄情感。但是无论是在农业社会，还是工业时代，甚至是现在的后工业时代，人们还是生活在强权、隔阂、冷漠的环境中，每天扮演着社会规定的角色，而这种角色很可能并不是个人喜欢的。为了生存，为了生活中息息相关的各种因素，个人不得不压抑着自己的感情，努力地扮演好自己的角色。你可能不喜欢你的上司，但是在他手下讨生活，你却必须掩饰这种讨厌之情；你可能并不乐意做一个嘴巴甜甜的乖乖女，但是这却是父母已经给你规定好的角色，你只能尽力扮演。在这种种情况下，人们只好压抑和掩饰自己的感觉，尤其是中国人。中国的传统文化崇尚内敛和含蓄，这一文化传统在现代人身上余威不减。科学研究证明，人需要定期或不定期的生理和心理的宣泄；网络所营造的虚拟空间正好为人提供了"体验自由、释放自我"的契机。

面对一台联网的电脑，人们可以轻敲键盘，慢点鼠标，在网络的虚拟世界里恣肆地漫游。个人只是通过一台计算机和一根网线与整个网络相连，没有人能穿过网线、电脑看到真实的你，网络中的你只是一串虚拟的符号，而不与现实世界发生任何利害关系。个体可以在互联网上随心所欲地浏览各种网页，阅读各种资讯，任意地与人交流，心情好了也可以写点文章贴到网上，不用管别人爱读不爱读，只要把自己想要表达的表达出来就好；看到不喜欢的言论，你也可以对其进行犀利的攻击，而不用担心会被人记仇，反正没人知道你是谁，你完全可以做回你自己，说你想说的话，做你想做的事。当然，如果对话双方都是"快意恩仇"的"江湖儿女"，也不免会演绎出网上"约架"、网下"单挑"的

"传奇"故事。在网络的虚拟世界里，没有权威，个体可以充分地展示自己和宣泄自己。

《网络生存的文化意蕴探寻》一文的作者曾把网络的虚拟生存和狂欢节进行类比，概括出两大相似点：一是平等感。"在狂欢化的世界上，一切等级都被废除了。一切阶层和年龄都是平等的。"[1]西方的狂欢节源起于等级森严的中世纪。作为一种允许"人性"暂时逃脱"神性"管制的衡平形式，狂欢节期间的人们无论尊卑贵贱、男女老少，都被容许摆脱一切常规的束缚，尽情地狂欢，凭着自己的"本性"行事。在网络的虚拟世界中也是如此，无论身居要职的高官，还是不名一文的平头百姓，无论是满腹经纶的学者，还是一年级的小学生，到了虚拟的网络世界，都只是一个虚拟的符号存在，大家都是平等的。二是与平等感随之而来的解构性、相对性和愉悦性。这是相对于现实世界的相对稳定性、严肃性、凝固性而言的。现实世界中的人们生活在错综复杂的关系网中，这个"网"在不断地扩张的同时，其稳定性也在不断地增强，很可能就是牵一发而动全身，人们很难对它作出什么改变。所以现实生活就呈现了相对的稳定性、严肃性和凝固性。而狂欢节和网络生存中的"狂欢化""把一切表面上稳定的、已然成型的、现成的东西，全给相对化了"[2]。在虚拟的网络中，人们可以重新设计自己的人生和生活，活出自己来，也可以对传统中人们珍视的东西进行调侃，在调侃中解构权威、解构传统，体验一种颠覆一切的快感。这两点都显示了网络虚拟生活的狂欢色彩，也正是网络虚拟生活的炫人魅力所在。

在网络虚拟世界里，人们在充分表达自己和展示自我的同时也可能有意外的收获。很多人对于文学都怀有向往和崇敬之情，但是现实中的重重壁垒，并不能使每一个文学爱好者都能实现自己的"作家梦"。网络产生和普及后，任何人只要写就可以贴到网上供大家阅读，听取大家的评论，在读者的喧哗中得到一种创作者的满足。如果反响不错，就

[1]《巴赫金全集》第六卷，河北教育出版社1998年版，第290页。
[2]于文秀、于新城：《网络生存的文化意蕴探寻》，《求实》2001年第6期。

有可能被纸质媒体看中，成为出版物。早期的痞子蔡、安妮宝贝，近期的李寻欢、宁财神，以及当前大热的《甄嬛传》的作者流潋紫等，都是让怀有"作家梦"的网民们心向往之的鲜活榜样。当虚拟的网络可以与实际利益相联系时，网络的魅力就更加吸引人了。

2. 个体的人获得了从不同方面塑造自我的新的生存方式

网络的虚拟性除了可以让人们宣泄被压抑的真实自我，还可以让人们体会到另类的生存方式。在这个虚拟的空间中，个体只是一串虚拟的符号，而符号的能指是自己定义的，因而个体就可以对它们进行不同的定义，并且拥有不同的符号存在，最终的结果就是一个人可以尝试不同的角色，拥有不同的"自我"。上文已经提到，在现实生活中，个体只能扮演社会规定好的角色，否则个体就无法在这个社会中"正常地"生存下去。但是，没有几个人完全满足于自己的现实角色，一种较为普遍的心理是，"得不到的总是最好的"。因此，人们总是对于自己无法扮演的那些光鲜亮丽的角色充满好奇和向往。以往，人们主要是通过看小说、看电影的方式发挥自己的想象和幻想，但这种单向的"观看"毕竟是隔靴搔痒，不够痛快。虚拟的网络社会则给人们提供了实践的机会。

网络多人在线游戏"MUD"，让人充分体验了这种角色变换的自由和快乐。《大话西游online》《传奇》《奇迹》《红色警戒》都是让众多玩家乐不思蜀的网络在线游戏，在这些游戏中，你可以任意给自己定义一个身份、扮演一个角色。现实中的你可能只是一个小职员，在MUD游戏中你可能就是一个指挥千军万马的将帅，充分体验运筹帷幄的快感和成就感，这也许是你儿时就有的梦想，现在轻易就实现了。现实中你可能只是一个普普通通的女生，在MUD游戏中，你却可以摇身一变为法力无边的巫师，体验点石成金的神奇，演绎"灰姑娘"的传奇。"这种身份的转换是很有意思的，也许两个都是假面，也许两个假面叠合在一起就构成了完整的你。"[1] "游戏是亲密而安全的——我们分享着自

---

[1]陈晓云：《众人狂欢——网络传播与娱乐》，复旦大学出版社2001年版，第46页。

己最深层的幻想，但却没有人知道我们究竟是谁。总之，这种使人产生幻想的驱动力是一种非常人性化的驱动力。互动游戏允许我们做的就是分享我们的幻想（匿名而安全），在它们上面构造幻想并且实施它们。"[1]

除了网络在线游戏可以让人体验"变身游戏"外，网上的任何交往都可以让人体验这种"变身"的神奇。例如，个体可以在不同的论坛、聊天室有不同的ID（身份识别号码），甚至可以在同一个论坛或者聊天室拥有不同的ID。一个人可以随自己的心愿而给每一个ID定义不同的身份特征。在聊天室里，他可以扮演一个助人为乐的大侠，同时他也可以扮演一个愤世嫉俗的"愤青"。在论坛上拥有不同ID、不同身份，使用不同签名档的人决不是少数。在塑造不同的身份时，个体是在向不同的方向延伸自己的经验，在这个过程中，个体也不断地完善着自己，是对现实生活中不完备的主体性的一种补充。

3. 网络社会中新的人际关系

人是一种群居性的动物，先天地怕孤独，喜欢与别人交流，"喜欢孤独的人不是野兽就是神灵"[2]。但现在的生活普遍趋向小家庭化，住宅的独立性也是越来越强，社会治安的恶化增强了人与人之间的不信任感，现代生活的快节奏，都使得人与人的之间的交流日益艰难，这又是与人类的本性相违背的。网络的产生改善了这种两难困境。网络给人们提供了各种方便、快捷、即时的交流方式，例如：QQ、MSN、E-mail、BBS、网络社区、网络游戏和各种各样的聊天室。"E-mail"以及QQ等的视频和语音聊天功能，也让身在两地的亲朋好友有了更便宜、快捷的联系，甚至可以让思念的双方看到彼此的表情，真切地听到日夜萦绕耳边的声音。这都是网络的发展普及给现代人带来的福音。虚拟社区、聊天室、BBS、MSN和QQ上汇集了世界各地的人，可能鱼龙混杂，但是善意的人还是占多数，他们很可能是和你一样渴望交流的普

通人，你可以任意地和他们搭讪。谈不来，你可以"转身"就走；聊得好了，你就可能多了一个莫逆之交。

有句话说，"新闻除了名字是真的以外，什么都是假的，小说除了名字是假的以外，什么都是真的"。新闻在报出真实姓名时，就和现实联系起来，必然要触及相关的利害关系，而人都是生活在关系网中的，为了自身的利益，难免会对真相有所扭曲掩饰。而小说在虚构特征的掩盖下，作家反而可以大胆暴露可能是惊世骇俗的真相，其中的真与假，读者可以自己诠释。人们在现实生活中的朋友多数与自己有着各种各样的利害关系，因而有很多事情不愿意和他们谈起，或者是不敢深谈。而网络的虚拟性和交流的匿名性特征给了上网者安全感，网络的魅力就在于人们因互相不认识而可以畅所欲言，上网者反而能大胆地说出自己的真实想法，与网友实现真正的交流。这种交流对于冷漠的现实世界、孤独的现代人心灵不啻一种心理按摩。同时，网络在"虚拟"形式掩盖下的说真话的语境，使人们在真实环境中压抑着的思想和情绪都有了一个宣泄和疏导的渠道。

谈到网络交流，就不能不谈到网络交流的特殊形式——网恋。痞子蔡的《第一次亲密接触》曾经在网上风靡一时，其经典对白与《大话西游》中的对白一样，成为网上的一种类似于接头暗号的东西。最吸引人的还是痞子蔡和轻舞飞扬之间飘逸脱俗、空灵凄美的网络爱情故事。现在上网的人中，年轻人占有主体地位，他们在进行网络交际时，心中或隐隐约约或目的明确地寻找着自己的"轻舞飞扬"或者"痞子蔡"。尝试网恋的除了未婚人士外，一些已婚者也试图在网络的虚拟世界中探询"真爱"。

爱情是文学的永恒主题，但是在现实生活中，"爱情"却像奢侈品，被各种各样物质的、功利的因素所遮蔽，人们在决定是否与另一个人谈恋爱时，更多的是注意他或她的长相、身高、年龄、职业、收入、家庭背景等等外在因素，心灵的契合这个爱情的本真要素却退居最次的位置。进入网络后，你腰缠万贯也好，你闭月羞花也罢，这些外在因素都被消解了，剩下的只有你用键盘打出的一串串文字。如果想要给对方留下独特的印象，吸引对方，你必须在交流过程中展现出魅力，而这需要依靠智慧、个性、想象力、文字表达能力这些内在因素。这种恋爱方式，扭转了现实中通过外在属性的筛选然后才了解对方的模式，转向了对于人自身力量和魅力的肯定，让人重新学会用本真的方式爱人。网恋的"见光死"更是说明了这种纯真爱情的脆弱和现实的残酷，也说明了人们受物质主义价值观的影响之深和这种爱情的可贵。当然，也有"见光"后在现实中延续下去，最终走向婚姻的网恋，这无疑是最好的结局，也是对真爱的一种颂扬。但是，这种网恋成活率很低，所以很多的网民选择不把网恋延伸到现实中，而是保持一种"柏拉图式"的纯精神之爱。这种爱情超越了一切伦理观念和道德意识的约束，在个人的内心深处保留着恒久的光辉。这对于现实生活中纯粹爱情的缺席是一个很好的补充。

当然，网络革命的个体意义也有让人困惑的一面：一方面是网络让我们更自由和便捷地探求生活的意义，寻求心理的慰藉和人性的共鸣；另一方面，网络上的恶意谎言和侵扰又使得如此重要的一个意义空间缺乏公信力。在网络这个拓展了的公众领域中行走，个体却没有足够的安全感。一方面，网络使个体可以和任何地方的其他个体连通，在无比开阔的视野中真正实现"天涯若比邻"，陌生人之间也可以"心有灵犀一点通"；另一方面，网络却使人们习惯了面对间接、抽象的符号系统，使人际关系平面化，乃至难以面对真实语境中丰满复杂、充满挑战和调适的人际现实，以至于"比邻若天涯"。

三、网络革命的符号意义

当代文化语言学和社会语言学用大量事实证明，一个社会的语言结构和社会思维方式是同构的。历史上深刻的思想变革，往往从语言的变革入手。上世纪初轰轰烈烈的五四新文化运动，是从语言文字的变革发端；六七十年代"史无前例"的"文化大革命"，也是在势如破竹的语言革命中掀起巨澜；七八十年代的改革开放，更是在艰苦的语言拨乱反正中开辟了思想解放的新航向。而如今，在整个中国社会激荡而深刻的转型期，伴随着互联网发展所提供的巨大的能量和空间，汉语的形态正又一次发生着急剧的变革。

网络的资源共享和共同参与，网络的自由挥洒和民主精神，都在强有力地推动一种现代意识的产生。而任何新的思维样式、新的时代精神，都需要一种与人们的心理状态和社会状态相对应的新的语言形态，任何现代意识都必须建立在新的语言形态基础上。反过来说，一个完备的现代语言形态的确立，才是现代意识确立的真正标志。于是，在网络"自由、平等、兼容、共享"精神的形成过程中，一种新的充满生命力的现代语言样式也在成长。网络革命以义无反顾之势掀起了一场语言革命。新的语汇、新的字符、新的语法、新的语用，甚至新的语境，层出不穷，令人目不暇接。

网络语言是一种充分体现现代年轻人生存和思维状态的新语言，它在当代汉语的变革大潮中始终处于潮头的位置。年轻的一代，尤其是大学生，正成为新世纪这股语言大潮的弄潮儿。网络生活和网络交流无孔不入地融入了年轻人的生活，年轻一代的生活方式、情感方式、思维方式随之发生着深刻的变化，新的生活方式需要新的符号和语言来表达。网络语言和网络文化已成为当今社会一种朝气蓬勃的全新的语言与文化现象。

网络语言的出现在语言发展史上具有划时代的重要意义。当代汉语的发展趋势、当代汉语的社会变异、当代汉语变异的社会文化内涵，这些重要课题都可以在网络语言的研究中获得新认识。

1. 网络语言特色的形成

我们不妨先看一段网上对话：

A：哪？

B：上海，u?

A：北京。见到u真高兴。

B：me 2! 呵呵 ^O^

A：家？

B：no，公司。

A：MM or DD？

B：D.我有事，走先。886

A：oic，　BB^[1]

这段话如果"翻译"成日常对话就是："你是哪里人？""我是上海人，你呢？""北京。见到你真高兴。""我也是。呵呵。（我在笑）""在家里上网吗？""不是，在公司。""你是妹妹（女生）还是弟弟（男生）？""弟弟。我还有事，先走了，拜拜了。""噢，我明白了，再见。"译文与网文进行比较，我们看到了网络语言鲜明的形式特征：

（1）简约性

简约性是网络交际的即时性所决定的。人们在网上交际多数是要用键盘打出来，而上网要交网费，互联网初期的网费是比较昂贵的。这要求人们必须提高时间的利用率，把想说的话用最简约、最便捷的方式表达出来，为提高输入速度的各种中英文缩写的形式应运而生。例如，用bt表示"变态"，用gx表示"恭喜"，用ms表示"貌似"等。上一段对话中，原文只用了45个字符，而译文则需要100个汉字。

（2）谐音化

网络对话对打字速度的要求远比对打对字形的要求要高。此时，文字的工具性在交流中被强调到极端，即字形的表意性为表达（打字）的便捷让道，直接使用表音的拼音文字或直接用汉字来表音。上段网络对话中，很多的字符是要读出来才有意义，例如"u"是谐英语"you"的读音，"oic"则是谐"oh，I see（噢，我明白了）"的读音；MM和DD则是分别谐汉语中"妹妹"和"弟弟"的音；886则是数字谐汉语"拜拜了"的音。网语中这种谐音还有很多，例如：7456（气死我了）、3Q（Thank you）。

中国网络语言中除了用数字和英文字母谐音外，更为大量的是用

　　[1]方彩芬：《网络语言特点透析》，《宁波高等专科学校学报》2002年第1期。

汉字来谐汉字的音，例如：斑竹（谐"版主"，论坛的管理者）、板斧（谐"版副"，论坛管理者的助手）、大虾（谐"大侠"，网络高手）……甚至将两个字音谐为一个字音，例如：表（谐"不要"）、酱紫（谐"这样子"）……这些都需要人们的认知一改汉字的"形入心通"而变成"声入心通"。这种谐音词的产生最初与汉字的拼音输入的重码率也有很大的关系。早期打字人为了省时间，在输入拼音跳出的一组同音字（词）中只选显示在前的一个，造成网络交流语言中大量的"同音假借字"。

然而，由于这些表音的汉字字形本身是表意的，所以它们在声音上组合的同时，在意义上又产生了新的组合。汉字的极强的组义性在这里形成了奇特的效果，例如"果酱"（过奖）、"酷鸡"（酷机）、"泥"（你）、"油墨"（幽默）、"末有"（没有）……尤其是在用汉字表达英文字音时，效果更强烈，例如"伊妹儿"（e-mail）、"屁兔"（PⅡ，奔腾Ⅱ，Intel公司的CPU）、"牛亢"（New Conception，新概念英语）、"粉丝"（fans）……这一效果正迎合了年轻人的求新求异的心理。于是，尽管后来的拼音输入软件能够尽可能将常用字（词）显示在前，年轻人还是以谐音的名义选择了新异有趣的谐音组合，例如明明有"俊男"偏用"菌男"；明明有"美女"偏用"霉女"，明明有"男的女的"偏用方言口音的"蓝的绿的"，明明有"中国电信"偏用"中国点心"……众多人气极旺的组合在网络上迅速蔓延开来，形成网络语言诙谐的风格。

（3）符号化

在进行网络交流时，人们所能看到的只是彼此输入的字符，既没有语音交流中的语气来帮助表达感情，也没有面对面交流中的表情来起辅助作用，这使得即时性的交流缺乏充分的语境信息而很容易被误解。为此，充满创造智慧的网民们另辟蹊径，充分利用了计算机键盘的功能键的作用，创造出大量的表情达意的符号，例如：：）表示微笑，：（表示生气，：－O 表示吃惊或者恍然大悟，?–? 表示一脸的疑惑等等。这些充满创意的符号以其独有的魅力在网络对话中起到交流心情的作用，给对话人充分的想象空间。而且由于是通过符号去想象，"距离产生美",它甚至比面对面交流更有魅力。这种语符以其形象性和趣味性得到了广大网民的青睐,以很快的速度繁衍和发展着。

(4)幼稚化

网络语言诙谐有趣的另一面就是风格的幼稚化。

幼稚化表现之一是使用大量的动物形象,例如"恐龙"指称长得不好看的女生,用"青蛙"指称长得不好看的男生,用"菜鸟""爬虫"指称初级网民,用"大虾""飞虫"指称高级网民。

幼稚化表现之二是使用叠音词,例如不说"东西"而说"东东",不说"害怕"而说"怕怕"。

幼稚化表现之三是使用儿童化的发音,例如不说"我"而说"偶",不说"为什么"而说"为虾米",不说"很"而说"粉",用5555表示哭的声音,用zzzz表示熟睡的声音。

以上种种都有"咔哇依"(日语"可爱"的记音)的倾向。现在上网的年轻人多是看着动画片长大的"哈韩""哈日"一族,他们受日本动画中"可爱"因素的影响很大,是心理上拒绝长大的一群,反映在语言上就是语言的"幼稚化"。这种"幼稚"的语言除了可爱以外,还有给人亲切感的功效,对于生活在冷漠现实中的现代人来说,不啻一味很好的安慰剂。

2. 网络语言塑造网络新人

网络语言以其鲜明的简约性、口语化、符号化和幼稚化而与日常语言区别开来,这种特立独行的语言从诞生之日起就为广大的网民所喜欢和接受,成为他们这个独特文化群体的"语标"。"语标"是指"对人有标记作用的语言和语言成分。所谓具有标记作用,指的是这些语言或语言成分能够表现人的社会特征、交际者之间的社会关系、交际情景、交际目的、语境、语言风格等"。语标可以是一种独立的语言或方言,也可以是一种语言中的一些要素,诸如词汇、语音、语法。[1]网络语言作为网民的"语标",起到了一种身份标识和内部认同的作用。如果想

---

[1]殷晟:《网络语言现象的分析》,《河海大学学报》2002年第1期。

和他们交流，就必须学会他们的语言，才能融入到网络这个世界。可以设想一下，一个连"灌水""赞""顶""造砖"都不懂的人如何可以领略BBS的精髓，一个连"恐龙""886""cu"都不知为何意的人又如何去和别人进行网络交流。在此时，网络语言就有了一种"通行证"的作用。网络的自身魅力和外在的时尚性都使外来者有一种想要进入其中的渴望，那么，这些新来的人想获得进入的"通行证"，就要学习这种网络语言，无论你喜欢也好，厌恶也罢，它都是那么鲜活地存在于网上，让你无处遁形。适应网络新手的需要，各种"网络语言词典"也相继产生：一部由众多不知名网友自发编组的网络专用词典《金山鸟语通》诞生，并在网络论坛上广为流传；2002年8月《中国网络语言词典》的问世，也给网络新手带来了"福音"；2003年《实用网络用语》的出版，给了网民又一个"手杖"。网络"通行证"的作用让网络语言的使用者随着上网人数的增长而迅速增长。关于网络语言的整理和出版，则让网络语言自身的特点愈加突出和日益丰富起来。

半个多世纪前，海德格尔曾说过"语言是存在的家"，到了网络时代，网络的虚拟生存很好地验证了这句话，甚至可以把这句话改写为"语言就是存在本身"。正如上文中提到的，互联网剥夺了人们现实生活中一切外在物质社会属性（身高、容貌、存款、房子、车子、职务、家庭背景），"语言和表达成了网民体验和确认自身存在的唯一媒介和方式"[1]。在网络中，人与人之间的交流只能通过语言来实现。你看到的"他者"只是他的语言构成的"他者"，别人看到的你也只是你的语言、你的言说构成的你。"网络人"在与别人的语言交流中感知别人的存在，也在别人的回应中感知自己的存在。一个网上语言中充满"粗口""语言暴力"的"言说者"，估计没有人会把他或她与温文尔雅联系起来。相反也没有人会把一个开口唐诗宋词、闭口鲁迅郭沫若的"言说者"与没有文化联系起来。无论现实中你是怎样的人，在网络中，你的言说、你的语言构成你的存在。在这里真正体现了不是"我们说

---

[1] 巫汉祥：《寻找另类空间：网络与生存》，厦门大学出版社2000年版，第148页。

语言"，而是"语言说我们"，学识、性格、特点、禀性都通过"网络语言"言说出来。

　　既然是"语言说我们"，那如何让自己被言说得如我心愿，就是网民十分关注的事情。每个网民都在努力使自己被言说得更好，注意丰富自己的表达，使自己的语言更加有个性，更加突出自己的存在。网络语言也因此日益丰富和多彩起来。BBS的留言版、腾讯QQ等等也都设计了种种符号表达手段（字体的颜色、大小、粗细、表情符号等）来满足网民的需求。例如，现在的QQ聊天的图标都可以运动的："哭"的图标是一个小人不断拧着一块滴水的手帕；"再见"的图标则是一个小人不断挥动自己的小手，煞是可人。最能体现个性化设置的还是网络上的各种网名和ID签名档，在网上长期"生存"的人都努力把它们做得很美。这些签名档或是一句话，或是一幅画，无论是自己的创作结晶还是拷贝的复制品，都必然有着让它的拥有者怦然心动的地方。而当他人看到并产生共鸣时，签名档的所有者也就为他人所感知并欣赏了。网络中"我言故我在"的原则，可以说是推动网络语言发展的最深层的动力。网络语言的发展，已经并将日益对当代的日常交际语言和媒体语言产生深远的影响。

第二章 网络言说的新语文性质

一、响应21世纪中国精神的"新语文"研究

文化语言学倡导的语言文化研究的"汉字转向",以"新语文"主义为纲领,主张在"大汉字文化观"——语言(言)、文字(文)和视象符号(象)三者构成了文化的核心要素和条件,中国语言、学术、文化的基本问题是一个汉字问题——的格局下进行学术研究;以汉字为枢纽,在言、文、象三者的对立统一关系格局中研究其中的每一个要素,并将这种以汉字为本的言文象三者的既分离又统一,看做是中国学术、中国文化存在的最基本条件。

"新语文"的学术理念,肇基于对中国自身文化特性的充分体认和诚实尊重。自五四新文化运动以来,中国语言学界引进的西方语音中心主义的文字学立场,向来将汉字处理为记录汉语的工具,汉字的性质由是掩没于其所记录的汉语的性质,汉字独立的符号性及其饱含的深厚的人文精神被严重忽视。时至今日,西方话语中心的语言观和文化观,仍是汉语言文化研究的主流。这一现象并非孤立,而是中国近百年来历代人追捧科学主义、服膺西方思想的观念思潮在人文学术领域的表现,缘起于近代以来中国长期经受西方殖民话语浸渍的现实处境,是国力长期积弱的文化后果,有其时代的必然性。

冲决对西方的学术迷信和文化归附,焕发汉语的生命力和创造力,同样是文化语言学对当今时代新需求的敏锐响应,是在当代中国发

展经验有所积累、面向全球的大视野开始成形的形势下水到渠成的。到了21世纪，崇西的旧思潮疲态日益明显。当代中国在经历了上世纪90年代充当"世界工厂"获得的短暂成就感之后，随着国家实力的进一步成长，对外交流的第一手经验得以迅速积累，对于本国文明传承、文化价值的主张和诉求，随之进入文化学术界的行动日程。学术界部分学者讨论的依附西方思想造成中华文明"外得内伤"的问题，开始得到更广泛的关注；公众对中国文化传统的兴趣亦逐渐浓厚，社会思潮的转型态势日趋明显。

在此语境之下，"新语文"研究亟需从观念设计与理论建设落实到具体的课题研究。而在文化语言学的诸多课题之中，网络言说、网络语言现象亦得到了及时的关注。

十几年来，文化学者们对于网络带来的"革命"已有不少议论；到了今天，已经不再需要列举目前中国上网的人数，或者网络建设的统计数据来骇人眼目——网络作为越来越多的人获取信息和日常休闲的主要渠道，已经能够给人以这样的感觉：作为传统信息权威的报纸，常常是在"转载"网上新闻；理当是"发明"最新笑料的喜剧明星，却要"抄袭"网上流行的段子。经由往昔生活经验形成的常识被一一改写，网络作为海量信息的高速集散地，日益崭露其操控时代风尚的摄人魅力。

目前，网络语言研究已经进行了不少工作，对网络催生的新语汇、新语体进行了专门的收集、整理和分析；而从"新语文"的人文主义视角看来，网络语言研究可以做得视野更宽，辐射面更广，文化关怀更深，尤其是对当代思潮与社会文化动向的把握可以更恰切，更前沿。—— 一句话，在对网络言说、网络语言现象的研究中，发现更多，收获更多。

另一方面，网络语言的丰富性对"新语文"研究也提供了特殊的优良条件。在谈到人文学者的治学理念时，申小龙教授指出，文史哲在考虑自己研究对象的存在条件时，需要由对其语言性的思考再进一步转向对语言、文字、图像三者关系性的思考；因为现实、历史和知识不仅

仅是以语言为存在条件的，文字、图像也同等重要且更易被忽视。对于传统主流经典学科来说，这一主张的启发性与及时性无可置疑，真正践行却并不容易。

网络则是一个本身就图文并茂、令人充满如临其境如闻其声之感性效果的文本世界，文字、图像、声音及其多重复合，直观地提醒着我们所运用的既存研究话语的有限。特别是，作为十几年来刚刚普及的新生事物，学术研究的空白与接触网络的新鲜感一起，为研究者打开了"发现"的诸多可能——在感性经验的积累上，研究者与一般的网民处于相同的起点，难以倚仗学术的"积威"而凌驾于普通人的观感之上；在理论的阐发和建构上，研究者在寻求当下性的体悟、进行阶段性的总结的同时，随着时间的推移、新信息新个案的加入，很难不再次引出新观点、新概念，乃至辨识出新的社会样貌与时代精神。落实到语言文字研究、"汉字"研究的层面，网络为我们呈现的、当代中国人用于网络沟通的"汉语"，可说是一步一景，一字一词每可曲径通幽，挑战着我们原来对汉字之基本属性的判断；同时，汉字音、形、义之传情达意的万变不离其宗，也在更为细致、亲切地呈示出来。

二、网络言说的发生学探讨

人类群体的形成史，亦是传播技术的发展史。原始的口耳相传的时代，一个族群的空间范围也就是口耳可及的范围；当交通技术进步、远行成为可能，原来的若干小部落可能因联系的加强而成为一个部落联盟，甚至最终合为一体；待文字诞生，传播与交流的范围便可脱离个体生命，跨越时空；当今的因特网，则将这样的联系更进一步——人与人之间的联系出现了一种逐渐脱离物质实体、仅仅依靠信息而建立的趋势：地球一端与另一端的两人之间未必有什么经济的或物质的实际联系，但他们可能因为分享某种信息而联系起来。

这一人际关联模式与因特网自身的功能属性构成直接的因果关系。上世纪五十年代末因美国军事需要逐渐发展起来的因特网，最初的网络是一维线形架设的，考虑到战时一旦其中一个节点被破坏，整个网络就可能瘫痪，于是逐渐改为网状结构，理论上，每个节点之间都有连接，每个节点间均可进行信号传输。如今的因特网在局部看来可能会有星型结构或环形结构架设的局域网，但整体上，仍是考虑到了各个节点间的联系。理论上，每台电脑都是相通的，我们可以说因特网上的每个人都相互连接在一起。基于因特网，在极大范围内的一对一或一对多的交流成为可能，这是网络言说的基本环境。

这里我们要特别对"言说"的概念加以探讨。毫无疑问，因特网给现代社会的信息传播、交流带来了重大影响，但这并不意味着网络上的所有言语表达都是为了交际。网络言说在很大程度上仅仅是个体内在思想的外化——为了表达而表达，而非明确具备向特定"某人"表达的意图，也未必希冀特定"某人"的回应。但是，这种内在思想的外化一旦付诸网络，便获得了开放性，——如前文所述，理论上网络上每个人都可能接收到这样的信息片段（data），继而又在自身脑海中组合成一种可能的信息或理解（information）——交流就产生了。这一过程并非单线单向，而应理解为两种及以上过程的重叠交错。后面我们将作更多的阐述。

正如历史上人类因交流的固定范围而结成团体一样，因特网上的人也因某种交流的可能而组合在一起。这种组合并非依照技术条件，而是以言说方式的差异相区分。网络言说根本上仍依靠自然语言，但自然语言并非网络言说的全部属性。那么，自然语言团体与网络言说团体区别何在呢？我们认为，这种区别主要在于：网络言说的群体，主要以某话题（譬如兴趣爱好、相关活动、讨论热点等等）为中心而聚合起来。

只要对网络信息的传播方式稍加体验便可把握这种特征。网络以外的信息传播，主要以信息发布者的推送为主导。就传统的信息传送方式而言，一条新闻通过电视、广播、报纸等媒介推送到受众处，为了让更多的受众获取这条新闻，必须尽可能地加大传播的广度，包括时间的持续和覆盖面的扩大。这样，媒体便把持了话语权，处于垄断或相对强势地位；它对信息的发布和推广具有强制力，它掌握着发布什么或不发布什么信息的选择权，新闻的受众则总体上处于被动地位。

而在网络中，信息发布权与言说权，就其形式而言，对每一个网民都是平等的。研判信息之影响力的基本指标，在于其是否对受众具有足够的吸引力，而不在于其是否出自"强势""权威"的话语主体。网络上，传统所谓的"受众"或曰"信息接受者"取得了更多的选择权，特定信息的流行程度是由他们的兴趣决定的。特别是在Google、百度之类网络搜索引擎广受欢迎的时代，一条信息的重要程度在于关注的人的多少而不是发布者的社会地位。当然，我们不能说两者是截然区分的，但信息的来源已不是确定其重要程度的关键。

再回头说上文说到的"话题"。日常的口头交流中充满了话题，每个演讲也都围绕着一个特定的话题，从更广的角度来理解，我们要探讨的任何内容都可以形成一个话题，要追寻的一个目标也可以是一个话题——小可以是一个词语，大可以是一段历史。网络的内容就是这种话题的大集合。

网络话题数量之多无法穷举，但根据其内容、词语的重叠性与相关性，话题却可以实现"自然"的组合，其最重要的支持形式便是链接（Link）：我的一篇网页跟你的一篇网页本独立不相干，但是我们讨论到相同的话题——无论这个话题有多小，哪怕只是提到同一个名字——就有可能出现一个链接，将这两个彼此独立的网页联系起来，这就是最简单的因话题而组合的例子。一个网页被别的网页通过链接指向得越多，这网页就越重要。这就如某篇论文被引用得越多，这篇论文在该领域就越重要一样。这个规律早在Google创建之初已由其创始人之一Larry Page提出了：拥有越多链接导入的网页就越重要，当搜索引擎自动建立全球网页索引的时候，也就排在越前面。

用户利用某一关键词（即某一话题）启动查找，就是将自己投入到该话题的"团体"中，作为日益增加参阅特定的网页的人群之一员，逐渐聚集到某一网络空间中。这样的人群组合与现实中的人群集体颇有不同——其相互之间乃是通过特定的话题，而非立体的人际关系，来形成特殊稳定的关联。比如几个人聚在一处闲聊，他们开始可能在谈论足球，一会儿又开始谈论股票；人的组成没有变化，但是话题转变了。如果其中的某个人对股票完全不了解，话题转变后，此人便无法继续参与交流，仅仅保持着形式上的在场。与之相对的，在网络中形成的讨论团体，则唯有分享相同知识背景的人会参与其中。此类的团体围绕特定话题而建立，并不要求特定参与人的始终在场。人来人往，参与话题的人可能发生了变化，小组却始终以话题为中心而存在。

这样，经过了参与者与讨论团体的彼此筛选，小组团体内的交流便拥有了更高的有效性；随着交流的持续，讨论的内容日益深入，积累的信息也水涨船高。信息积累的过程，同时也是形成团体认同的过程，与之同时产生的，还有团体成员特有的语汇，并进一步形成特定的话语系统。话语系统在形成之后，反过来成为团体参与者寻求、创造认同的显明符号。与之相对的，团体外部由于缺乏这层话语系统的分享关系，而与团体存在着隐形的距离。这是网络言说的基本语境。

在我们的概念里，"网络言说"是比"网络交流"更大的范畴。所谓"交流"，可以简单地归纳表述为如下过程：一个说话者"看到"某一事态，也就是说，在意识中形成对该事态的再现。说话者想要就该事态的某些方面与听者进行交流，因此，他依照"常识"，运用"适当"的词语加以描述。同样依据常识，听者听懂了这些词语，能够迅速抓住说话者当下的意图，在听者意识中，就形成了对原始事态的再现模型。当然，信息也会沿着相反的方向传递，从而使两个参与者得以形成共同的认知，即他们完成了相互之间的交流活动。[1]简言之，交流得以成立的最关键的一点，乃是生命体（听者）能在其内部构成、再现一致的图像。

但是，需要厘清的问题在于：说话者主观上是否想要可能的听者根据语言法则重构内在图像，也就是，是否意在令听者务必听懂他的原意。这就出现了言说方式的歧异。

根据乔姆斯基的观点，语言是"漂亮的"，但不是"有用的"。他主张，并没有证据表明，语言进化是为了方便使用或掠取外物。它的功

---

[1] D.H.梅勒编，彭程等译：《交流方式》，华夏出版社2006年版，第9页。

能可能仅仅是为了思想的外化而不是为了交流。[1]这一观点明确突出了说话者的主观愿望可能导致的差异——以自我为中心的言说者，并不在意可能存在的听者是否理解他的话语，而是专注于更加准确地将自己的思想外化；他有可能逾越日常语言的公认法式，而创造出一些极具个性色彩的表达。

网络正是一个外化思想的绝好空间。在网络之外的情境中，语言与社会同构，所谓"什么人说什么话"。社会人总是与他们所操用的语言"捆绑"在一起，滞定于特定的等级中，遵守各种规约；同时，语言又是透明的，说话人几乎所有的讯息都从语言中透露出来，抓住了其语言也就抓住了其人。鉴于这种"同命相连"，语言与社会权责构成了现实的隐喻对应。

网络的虚拟性，则暂时掩蔽了人的现实身份——"在网上，没人知道你是条狗"——这为游离于现实规约的网络言说提供了心理保证，网络中的言说者以之获得了"虚拟的"安全感。在不能确切追踪说话者的一般情形下，说话者不必保持言辞与身份的一致，能够得到贯彻的，仅仅是说话者愿意认可的法则。[2]这样，在某种程度上，网络言说者脱离了社会制度、等级等规则的直接规限，得以游刃骋怀。网络言说的状态与"狂人""童言无忌"皆有相似之处，专注于直接说出最本质的要点，而不暇顾忌常规、成法或惯例。于是，这便促成了一种相对自由的、暂时脱离社会约束的言说状态，人因之获致极大的自由感，语言也不再是原本确定自身社会坐标的工具，而纯粹成为游戏的质料和素材。在这种情况下，语言能延展到多远，人就有多大的自由空间。拥有数千年文学创作积累的汉语，在网络时代展开了巨大的游戏空间，自古及今既存的所有文体都被激活，原本废弃的古字俗字纷纷登场，乃至单个汉字，音、形、义也不复稳定的"三位一体"，纷纷汇入"但随我心"的表达实验中。

---

[1] D.H.梅勒编，彭程等译：《交流方式》，华夏出版社2006年版，第11页。

[2] 随着网络上个人信息越来越全面详尽，"人肉搜索"的强力逐渐凸显，但至少到现在我们还不能说网络生活与现实生活的结合已经紧密到足以改变绝大多数人网络言说的基本心理。

网络言说的新语文性质由此发生。随着网络发展而成长，网络言说的层累演进，网络语言展现出丰富的个性化内容与形态多变的书面化语言[1]。

网络言说的平台在形式上是均质的——无所谓书面语、口语之区别，一切的表达都存于文字符号。在这个意义上，言说即书写。当代既定的语言及书写范式因之被打破，中文的书写传统被重新唤起，甚至可以说，网络言说将文字从口语的束缚中解放出来——口语的一维线性表达强迫人专注于结构，借重于形式逻辑，而网络的文字排列形式，则消解了这种逻辑和工具化的统治，将我们领回中国语言的人文传统：对文字本身旨趣的追寻。象形、会意、转注、假借，已然重新进入网络言说的表意进程，启发着人的直觉与顿悟，并注入历史关怀。这一点，得益于汉字本身的历史源流属性。

网络使文字"回炉重铸"，这既是对当代汉语既定体系的解构，又是对其现有符号的重新赋义；经过网络重新赋义的文字又被作为创作的新元件加以利用，这个过程就是新语文不断衍生富有生命力的意象和表达方式，因其翻新的速度极快，陌生化的效果比比皆是，不要说网络之外的人，网络中人如若不在特定的话语圈内，也同样会遭遇极大的陌生感。

需要说明的是，网络言说的新语文性质以自我陈述为根基，并不意味着网络言说的新语文性质与交流完全无关。与现实交流诉求一致的网络交流，同样显示出了新的书写形态，尽管许多是出于技术问题或交流的便捷之需——缩写、简写等做法层出不穷。这类词汇或表达形式不甚影响语言的系统结构，却以其醒目和特别，成为网络言说的一大类显眼符码。

网络言说中的新语文能否自足？如果依照经典结构主义的观点，语言系统是自足的、封闭的，这个系统的演进基于符号的任意性。而探

---

[1] 这里以"书面化语言"区别于我们常说的"书面语"。网络语言包含非常多的口语成分，并没有形成比较固定的书面写作形式，仅仅是用文字或其他符号将口语或其他特殊的网络表达记载下来。

究之下，我们可以在网络言说的繁多现象中发现结构主义与解构主义两类状态的交错攻战。

网络言说对自我表述的解放，为新语言的创造提供了原生动力，而文字游戏很大程度上承担起了新词新语孵化器的角色。例如，一个人在游戏中创造了一个新词，如果这个新词仅仅存在于他自己的陈述中，对整个语言系统来说是没有什么意义的。但如前文所说，围绕这个人的陈述，很有可能形成一个话题小组，如若该小组的成员接纳了这个新词，则这个新词就被纳入到语言的规约当中，所谓"约定俗成即为名"——自我陈述冲破旧语言束缚而有所创立，共话小组的约定又将其归纳进去——整个过程就是打破旧系统建立新系统的结构化过程。

这个过程并不简单，可以从两个层面进行分析。第一，在个人的自我陈述中，包含着自愿与强迫两方面的因素。相对于原语言系统，自我陈述的突破是强烈的个人意愿表达的要求，对表达形式的选择和创造，都是个人意志的体现。但是，另一方面，选择旧有形式也好，创造全新表达方式也罢，始终都是对既有形式的再赋义，从根本上，仍离不开既有形式及其历史渊源。因此，我们主张，符号的价值不是来自某个自足的系统，而是来自它的本源，这对于结构主义观点是一种冲击。第二，在"约定俗成即为名"的过程中，同样存在着自愿与强迫两方面，只是角度不同而已。参与同一个话题谈论的人固然有选择是否接受这个新词的自由，然而，在大多数人都接受的情况下，新词就有了强制力。虽然你依然可以接受或不接受，但这个表达形式已经进入言语系统中，并且在某些关键情况下可能会成为区分自我与他者的标尺，比如术语、流行语甚至网络黑话等等。

信息交流的本质是听话人对说话人陈述的重构。这个过程中，由于信息传送的损失，还由于说者听者知识背景的不同，必然导致重构的走样。解构主义对此总是忧心忡忡，以此认为人类真正实现交流是不可能的。但事实是，我们不但正在交流，并且交流得很好。在自我言说的创造之外，听者对陈述的重构包含的各种偶然性，使得网络言说的表达形式丰富多彩。"一千个读者就有一千个哈姆雷特"的状态同样存在于网络言说之中，不同的是，这一千个读者可能是同时涌现在网络上，同时创造着新元素，加速着新语文的演进。

自然语言演进过程中的无数取舍不被人察觉，时空感被拉伸，当下的语言仿佛是经历漫长的时期才得以成形。而在网络上，当同样数量的取舍几乎同时发生时，这个过程是以更小的长度单位来呈现，时空感被压缩。如果用物理学的相对论来作类比，丰富性就是空间的广度；当这个网络世界中的可供选择的表达形式数量极其庞大时，整个网络言说系统的不稳定性就剧烈起来，再加上这个系统本身也不是封闭的，而是处在扩张之中——正是以这样压倒性的势头，无数的新生表达形式被创造出来，无数的"过时"或"不受欢迎"的形式被放弃。人在相对更短的时间里看到相对更多的语言变异，由此便形成"历史缩短了"的观感，尽管均质的时间并没有任何改变。在这个意义上，丰富性就是加速演进，这也是为什么我们觉得网络语言丰富且多变的又一原因。

三、网络"新语文"论析

1. 汉字图形性的焕发

汉字由多笔的笔画构造而成，写一个字就像建筑一个工程，它"不和左右的文字单位发生联系，一个字一旦写完了，一个独立封闭的结构就生成了，随之一个意义世界就形成了"[1]。而在网络语言中，单个汉字未必是汉语的最小构成单位，有不少松动变形的情况。网络语言中的汉字不全是一字一义，而是出现了一字几义或几字一义的变体。

一字二义的例子很多，如：别灭乩志气长他人威风啊。乩（jiǎo），"自重"之意；虽然此字生僻，但放在句子中不难看出，它是作为"自己"二字的"缩写"来使用的——"己"字被简化为一笔，与"自"结为一体。又如：炎癶好，兲嫑跑。炎（nì），古同"溺"；癶（bu、pu），是韩国汉字，意为勉学；兲（tiān），古字，同"天"；嫑

---

[1] 孟华：《汉字：汉语与华夏文明的内在形式》，中国社会科学出版社2004年版，第81～82页。

（biáo），方言字，"不要" 之意。其形态之怪异，几乎令人怀疑是造字软件生造出来的；但即便如此，要理解这个短语的意思也并不困难："水人功夫好，王八不要跑"——"水人"可不是溺水的人，而是爱发"水贴"（没有多少实质内容的贴子）的人；"王八"也未必是粗俗的叫骂挑衅，与"不要跑"连缀在一起，展露的是欲与人交锋争竞的活泼心绪。

几字一义的情形，在网络用语中亦非常多见，以"弓虽"代"强"的输写曾风靡一时，便是最近的例证。拆字输入表面上违反了网络交流追求快捷的精神，其拆字组字的精神却大有古风——《三言》中用"木边之目、田下之心"婉指"相思"，调侃之趣可掬；今日网络中，则是这一端拆字输入、另一端合字解出的默契互动，参与输写读解的，都在这个兜兜转转的过程中享受到了联想、游戏和解谜的愉悦，绵延的是文字游戏的深厚传统。正是由于愉悦感而获得的深刻印象，这些网上习语转而用进了口头交流：说"强"时用"gongsui"的情形在现实生活中大有人在——从网络符号再到口头交流，就衍生出了"还音为形"的新的文字游戏。

伴着网络中拆字合字的寻常化，在种种怪异的文字组合中辨出原意的功夫也随之养成；即使是备受诟病的"火星文""脑残文"，要读通亦并非难事。例如：襧唦各苣緄①喡論壇，洩眞媞仒榮哗ʒ（能和各位混一个论坛，我真是太荣幸了）。尽管句中"怪字"不少，但大抵只需要拣选认识、熟悉的部分字形即可读通。"脑残文"虽然笔画繁缛艰深，所说的实际上多是普泛浅显的闲话。闲话人人都说，千篇一律、重复太多，故而极易使人厌倦；借助"脑残文"输入法或转换器，将字形稍微复杂化，设置一点形式上的阅读障碍，多少能够制造一些特别之处，体现了网络交流对于"趣味"的无所不在的诉求。

对拆字合字、还音为形的做法习以为常，是汉语网络阅读经验的重要组成部分；此类大量的字形切分与表音联想的游戏，发展出了汉语网络的特殊语感，网络输写者与阅读者因之具备了足够的机敏和灵活，能够在支离破碎或诘屈聱牙的字符排列中辨认出原意，实现顺畅的交流。

除了汉字的拆分组合，"还原"汉字为图画的情形也引人注目，值得一提。一般浮泛的说法，将汉字称为"象形文字"，以区别于表音的欧美拉丁语系，但中国语言学家早已分析指出，汉字的"象形"与古埃及式的图画象形文字绝不可混为一谈，与其说汉字是模仿客体对象的"象形文字"，倒不如说更多地带有抽象性和象征性，称做"象意文字"更为确切。[1]再加上长期的历史积淀、简化字运动，以及现代汉语的工具化，关于汉字的字形联想、图形还原的可能性似乎趋于变得单薄。

而"读图时代"的新眼光，带来了文字的新面貌——从电视电影到广告招贴，"可视性"的膨胀，使人看世界的眼光戏剧性地"穿越"回原始的"看"的时代——而在网络世界，格外需要表情的虚拟交流，催生了大量由标点符号构成的表情符号，譬如 :-）　*^-^* @。@ T.T orz ~~~~~~~><~~~~~~~　（╯_╰）b，等等。表情符号的大行其道，为对汉字进行图形联想提供了相应的语境。

网络中对汉字的图形联想，最典型的就是"囧"字的发掘运用。囧（jiǒng）乃古字，本义为"光明"，引申为像窗口通明；在网络语言中，"囧"却首先是作为表情图像存在的——口字框中两只下挂的眼睛和张大的嘴巴，构成一张吃惊、不知所措的脸相。需要补充说明的是，囧与"窘"读音相同，因此"回流"到口语之中时，分享了"窘"字的表意。

另一个特殊的例子是"圡"；"圡"为古字，同"土"。"圡人"在网络语言中也有了新的含义，指的是人有点过时落后，没跟上最新流行；以"圡"代"土"，额外还有"土到掉渣"的表示：那一"丶"，就是掉下来的"渣"，格外形象。

---

[1]"汉字的特点不在写实，不在具象，而在写意。从一开始汉字就带有写意性质，具有象征意味，是一种意味深长的形式。汉字在形成的过程中吸收了一些写实性图画采用的表达方式，如对符号所指的描摹，对事物外形、轮廓的勾勒和填充等等；但汉字的形成恐怕更多采用了写意的表达方式，唐兰先生在《中国文字学》里指出古汉字的大多数是'象意'而非'象形'，的确是有远见卓识。"（黄亚平、孟华：《汉字符号学》上编，上海古籍出版社2001年版，第60页。）

2. 汉字表音功能的前置

在推进"再汉字化""回复汉字自主性"的过程中，文化语言学者经常选择以西方拼音文字作为对照[1]，来申明汉字不同于西方语言学之论断的诸多特性。相对于西方拼音文字的"语音中心主义"，提出汉语的"字本位""文本位"等概念。孟华认为："西方以拉丁字母为标志的文化是'说'的文化，中国以汉字为代表的文化是'写'的文化。""东西方文化最根本的区别是言和文。"[2]表现出寻求本位从而确切自立的意向。

而就中国网络语言世界而言，"说"和"写"的关系是紧密而特殊的，言文互补、言文相依的一面格外突出——不同于现实世界中，言说可以不借助文字符号、以面对面的声音交流直接实现，网络交流的主要介质是文字符号；表情达意不是传统一笔一画的纸上构形"书写"，而是敲击字母键盘的拼音"输写"（拼音输入法的使用者远远多于最初的五笔输入法的使用者），这就带来了网络书写不是靠"默写"汉字，而是经由字音的拼读来实现。也正因此，错别字的大量存在并不影响交流的顺畅，阅读者能够借助字形"还原"读音，从而分辨出输写者的确切意指。

"说"靠着"（输）写"实现，"（输）写"也向着"说"靠近，追求"说"的效果。传统认为，书面书写的文字之于口语具有"悬置"的效应，书写的文本"过滤掉"了语言中的语调、节律、口气、情态等表情因素。在网络中实现的日常交流模仿了面对面的交谈，以文字符号的交换，实现语调、节律、口气、情态的传达；除了运用图像符号，以文字符号表现说话的状态，出现了许多长期风行的表达方式。

首先表现为拟声词、语气词的大量使用。"啊啊啊啊啊啊啊啊啊啊"

---

[1]亦有文化学者指出这一点："西方文化重语言，重说，中国文化重文字，重写。……中国文化在其深层结构上是以'字学'为核心的。"（叶秀山：《美的哲学》，人民出版社1991年版，第26、27页）"汉人是用文字来控制语言，不像苏美尔等民族，一行文字语言化，结局是文字反为语言所吞没。"（饶宗颐：《符号·初文与字母——汉字树》，上海书店出版社2000年版，第183页）

[2]孟华：《汉字：汉语与华夏文明的内在形式》，中国社会科学出版社2004年版，第4页。

与"啊————！"读音虽则一致，节奏和频度却有着明显的音效差异。

"咣当"这个拟声词表示人摔倒在地发出的声音，所确指的则是被惊讶、意外等情绪击中。

拟声词的丰富传神，在原先带有特定语境的字词上表现得特别明显。例如："呔！"浮现的是酷似古代赳赳武夫的一声断喝；"呱？"则是可爱的卡通青蛙的婉转质询。这些词被"不由分说"地混用进网络的日常交流，赋予使用者以变动不居的面貌，增加了交流的趣味。

语调的缓急变化，也可以通过文字符号的变化排列在一定程度上传达出来：

以字符间距表现吐字的停顿。例如：将"我生气了"写做"我 生 气 了"，营造的就是一字一顿的效果；将一句话中的关键字前后加上空格，同样具有重读、强调的意味。

以标点符号的变化使用形成新颖的效果。例如：将省略号（……）写做一串句号（。。。。。。），除了表示沉默、无言以对之外，还表现出低沉、断续的图形效果。

以波浪线传达出尾音上扬、余音袅袅的效果。如：累~死~了~；我晕~~~~~。

网络输写并不寻求中规中矩的书面表达。这种不严格首先是因为网络中人以即时的、类日常交流的输写交谈为直接目的，不以输写自身为满足；进一步的，当输写者感觉到一般常用的措辞无法完全传达自己的感受和看法之时，他会毫不犹豫地运用偏好的词汇、口头禅，以及特定的语气词，来补足、改变这种效果平板的表述。"有声化"的网络言说正在显示出自己的风格——以放松、随意、活泼为长处，与传统书面语的端整、严谨与完整形成鲜明的差异。网络文风向着纸面传媒的渗透正在证明着这一风格的号召力。

网络中人保持口语之气韵的努力，印证着人在虚拟空间也依然要传达自身音容笑貌的存在自觉，这一诉求对于当代日趋拥堵的现实生活世界意义重大——"文"不是延迟了在场，而是在场的最终见证。越是感触到现实生活的城市\程式化，越是需要有与之拉开距离的"另一种"存在方式；网络作为提供了丰富的随机与无目的性的虚拟空间，恰恰满足了这种需要，将人的兴趣和创造力引向语言的艺术和游戏。网络中的发言者追求自身的明确在场，追求将自己的精神、存在经由文字铺设到更远的方向。

3. 数字、字母对汉字的"简写"

网络语言特定的输写方式与口语交流属性，还带来了另一种风行的记音方式，那就是用数字、拼音字母来"简写"汉字。

数字方面，最普遍的例子是网络日常交流用语，如：9494（就是就是，附和语）、4242（是啊是啊）、886（拜拜了）等；还有一些能够与数字谐音的专有名词，例如："戚其义"（香港tvb电视台著名监制）简写写做"771"、"蔡依林"（艺人）写做"蔡10"；"屈臣氏"（连锁商铺名）写做"7×4"，等等。

运用字母代指汉字的例子以脏话的简写为典型：nnd、mmd、c等写法的出现，最初是对网络词汇隔离屏蔽程序的一种规避做法，但在形成了表达习惯之后，则变为一种语气相对减轻的"带脏字"语气，满足了网络中人粗鄙化表达的诉求。

网络常用词的拼音简写，同样有"回流"到口语中的现象，例如"rp"，是"人品"（renpin）的拼音缩写，"人品"一词在网络语言中并非完全是其原意"人的品质"，而是多指"运气"："看rp"实际上是说"看运气"，运气不好则是"人品问题"。这种说法得到推崇，隐含了使用者对于人生荒诞的体验共鸣与自我解嘲。当将这个指涉荒诞的词用进现实的口语交流之中的时候，许多人没有采用同"人品"二字的读法，而是采用了英文字母rp的发音，体现出将网络词义与其原意区分开来的自觉意识。

用数字、字母"简写"汉字的风行，除了网络输写方式带来的拼读表音的流行，还受到另一股力量的影响，这就是网络语言中外语成分的大量存在。

4. 对外语成分的吸纳

网络中流行的外语首推英语，这与中国教育数十多年来力推英语课程密不可分。仅就80初出生的一代而言，从初中开始上英语课，到大学完成毕业要求的四六级英语考试，学习英语的时间跨度长达近十年；这为英语在当代中国网络世界的流通提供了很大的支持。

汉字网络中所用的英语，首先是日常用语，如寒暄（hi, hello, bye）、语气过渡（by the way, anyway）、动作表情（kiss, hug, tear）等等。有不少用法与英语网络用语完全一致，如//puke（呕吐）、lol（laughing out loud）（大笑）、//esc（逃跑）、//tears（流泪）等表达；还有一些英文用法有"中国特色"的创新，如英语网络以动词前加双斜线（//）来提示动作，//esc被汉字化为"遁"；又如，Oh my god这句常用感叹语，有人像英语网络那样将其缩写为omg，也有人以汉字记音为"哦卖糕的"，发音近似；在表达感叹原意的同时，把"上帝"变成沿街叫卖的摊贩形象，对这样一个寻常而非神圣的形象进行吁请，便实现了花样翻新的效果，因而风行一时，成为固定词组。

还有将汉语"倒翻"成英文的情形。"法科"一词因其读音近似于英文粗话"fuck"而被用做笑料，"法科女"（法学专业女生）三字成了隐晦笑话。又比如：麻省理工简称MIT，加州理工简称CIT，上海理工的简称是……——答案是SHIT：又是一句英文脏话。诸如此类的粗俗玩笑层出不穷。

除了上段所举的双语玩笑，中英对照的翻译，也在成为网络语言中新的趣味文体。例如有人发帖：请大家帮忙给修车行起名，要求体现"诚信"的理念。立刻有人回帖："奥尼斯特"（honest）。而最知名的例子还是那两句："你是凯丁吗？""不，我是希尔瑞斯。"（R u kidding? No, I'm serious.）是粗通英文者能够轻松领略的入门笑话。

不仅如此，在对常用英语司空见惯之后，翻译的自由度也逐渐扩张开来。网络中的无名翻译者不追随经典翻译家们垂范在先的雅正体式，而是凭着自己的语感以及对语境的把握来安排措辞，出现了许多妙笔。

以英汉对照的帖子"伦敦8分钟 英国人在BBC网站留言开骂"为例。在北京奥运会闭幕式上，下届奥运承办城市伦敦的8分钟表演引起了英国国内的许多批评，认为它并没有传达、反而破坏了伦敦的形象，对这些评论的汉语翻译，折射出中国译者对北京承办奥运会的自豪感和轻松愉快的心情。"but my god what on earth was that 8 minute section in the closing ceremony." 一句被译作："可是饿滴神啊，闭幕式的8分钟到底在干啥啊！""饿滴神"——是一句因在室内喜剧《武林外传》中频繁出现而流行的陕西土话；此句一出，立刻唤起读者轻松俏皮的语感。帖子中直言指斥伦敦市长Boris Johnson仪表不佳，有评论云："It would help if he buttoned up his jacket" 被译成："如果他把扣子扣上，看起来也不会那么囧"；"It's shocking" 翻译做"很雷"，还有人将伦敦市长的姓名特意译做包里斯"囧孙"（而不是常用的约翰逊），将打趣的口吻推至更细致入微的层面。

如上此类将当下的汉语网络流行词用进英语翻译的情形，从中可以看到，习惯了将中英文简单混用的汉语网络世界，在翻译外文网站的帖子时，译者也具有标明其作为网络文本特色的语境自觉。同时毋庸讳言，正在成熟起来的青年一代已经显示出不再一味"仰望"英语的挥洒气度。传统的洋味十足、与汉语表述习惯差异分明的欧化翻译，被心照不宣地替换了。

网络中常见的另一种外语是日语。日本动漫产品在中国的长期风行，是日语元素得以流行于汉语网络的重要因素。当代的中国青年从童年起就开始通过电视频道收看进口的日本动漫节目，而近年来，日文原声、中文字幕的动画产品经由网络进一步广泛传播，日本专业配音演员的精湛技艺，充分展示了日语的声音魅力，使得中国的动漫迷们对日语风格及发音都产生了衷心的喜爱；这种喜爱在网络语言中也有大量的体现。

要运用日本动漫中常出现的词汇习语，未必需要懂得日语文字和片假名拼写：以汉字记写日文读音的做法最为流行——表示意外的语气词"啊哝？""哦咧？"说"温柔"用"亚萨希"，"寂寞"用"萨比希"，是更不用提"卡哇伊"（可爱）的女生口头禅。用拼音"写"日语也很简单，例如：shiyawasei（日语"幸福"）、oMae；采用日语的称呼习惯，如用sama（日语"様"的拉丁拼音，是敬语，动漫中经常译做"大人"）为后缀来敬称别人，从中又派生出"某大"（如把网名为"蓝

色罗浮"的网友敬称为"蓝大"而不是"蓝色罗浮大人")的省略说法；还有进一步的以片假名为英语单词注音的情形，例如用アヴェイティング来拼读awaiting。

需要补充说明的是，汉语网络世界中的日语词汇，未必能从日汉字典中找到最恰切的解释。例如，日语的"残念"意为"遗憾"，而在汉语网络世界，"残念"与"怨念"有了关联，形成隐含的比较级关系——"怨念"是怨恨的情绪，"残念"则是"怨念"的主体消失之后，这股情绪依然顽强地"残留"在世界上，令人对这种执着不甘之情产生深刻的印象。此类"望文生义"的情形正是值得讨论的。

4. 对方言成分的吸纳和传播

一般认为，汉字与方言的社会政治功用背道而驰、彼此制衡；是汉字书写的统一最终克服了中国各地方言的歧异带来的文化离心力，使得中国没有像欧洲那样因为语言的歧异而分裂。同时，表义的汉字不去规范方言读音，便形成了读音"双轨制"，加深了方言之间的鸿沟。但是，在人口流动性大大增强、地区间交流日益频繁的当代中国，正是汉字对方言读音的这种"放任"，为表音留下了"无言"的广大空间，书写的聚合效应与言说的发散效应共同构成了中国语言文字的无尽丰富性。

就网络言说的情形而言，方言是能够引起颇多兴趣的素材，也出现了许多代表性的文体。经典电影台词（如《大话西游》）的多个方言版本，以方言讲述的笑话，方言对话录，方言词汇表，方言"段子"等等，都是能够令人们笑着朗读的有趣文本。以汉字记录方言本来就是方言研究常用的做法，而在网络中，相对于某一地方言的专门收集，将各种方言并置和对照的做法更为多见。网络中的读者关心的绝不仅限于自己的方言土语，以自身的经验回忆、对照、判断文字记录的准确性，而且有兴趣尝试"说"其他方言，这恰恰是借助方言的汉字记言实现的。

方言在网络中流行，与当代的文化生活方式密不可分。观看影视作品，在当代生活中已经成为家常、不可缺少的一部分，在普通话的主流语境中有选择地使用方言，正是影视作品增加感染力和表现力的重要技巧之一。一些方言短语因之得以风行一时，例如广东话的"唔知"

（春晚的巩汉林小品）、"我顶你个肺"（电影《疯狂的石头》）、陕西话"额滴神"（《武林外传》）、云南话"土贼"（电影《十全九美》），此类例子不胜枚举。在某些特定的共享语境下，方言甚至不需要以文字的特别之处加以标记。例如，2009年春晚播出之后，有人把昵称改成了"人生可短暂了"；对于喜爱本届晚会中的小品《不差钱》的人来说，看到这句话，就立刻能想起节目中那位小品演员东北口音的语调乃至表情动作。

长久以来，方言作为各地区居民的第一"母语"，承载着丰厚的生活记忆，对于以之为乡音的人，时时唤起难以言喻的丰实存在感。尽管方言的内涵和魅力无法尽数用"标准语言"指出，其妙处大有不足为外人道之处，其在大众音像产品中吉光片羽的展示和呈露，却具有鲜明的吸引力。

在现实生活中，方言的隔膜效应依然存在；影视节目提供了至少稍微了解其他地区方言的机会，同时唤起了对各地方言至少一点喜爱之情。此外，全国各地人口流动成为常态，早已不复是一听外地口音立刻产生排斥和敌意的情形——这些都是方言在网络成为流行元素的社会文化原因。

最后需要补充的是，网络语言对方言的吸纳，仍然与其寻求尽可能多的口语表现力有关。有帖子提及一些网络用语的方言出处，如"口年"（可怜）来自漳平话，"好康"（好看）来自闽南话，"素"（是）来自台湾普通话等；但无论对这些出处知与不知，网络中人都能够感受错讹读音的别样效果，欣赏其中的别样情味。这种情味，最终可以还原为听觉记忆中的愉悦触动，而这种还原之所以能够实现，则要归功于文字表音的准确性或近似性，以及文字表义功能的暂时悬置。

5. 图像的文字化

还有一类网络流行词来自图像，是作为图像的文字概括而出现的："石化"（愣住，像石头一样一动不动）、"汗"（脸上一滴汗水）、"黑线"（额角出现一列竖线）、"一只乌鸦飞过"、"寒"（秋风吹过）、"抖"（周身围绕着波浪线）、"默"、"倒"（倒在地下）、"晕"（昏倒）、"心心眼"（眼睛冒出两颗红心）、"蚊香眼"（眼睛变成一圈一圈，眩晕貌）等等，都是典型的漫画表现手法，为漫画爱好者普遍熟悉。当他们尝试以熟悉的图像表达自身的情感和态度时，一方面可以通过粘贴图片，另一方面则是将其转化为文字，用文字来传达图像。足够干练传神的表述方式，会为众多同好者所会意、广泛接受，进而逐渐形成文字与图像的固定对应，直至成为网络语言的一类基本词汇，并派生出更为精致多样的表述方式，如"汗"就派生出"大汗""狂汗""庐山瀑布汗""黄果树瀑布汗"直至"尼亚加拉瀑布汗"，等等。

直指漫画图像的文字，具有将使用者"漫画化"的生动效果，应用范围极广，从情感到观点无所不包。尤其有趣的是，此类从漫画图像中"推选"出的文字，其形成的效果既活泼直接，又极其模糊含混——一方面，极其迅捷干练地勾勒出输写者的"形象"，实现其直观的"在场"；另一方面，这样的"在场"并不追求充分传达输写者的观点，而是只给出最基本的"认同"或"不认同"的态度倾向。这种暧昧性恰恰满足了网络交流的需要——网络中有大量回帖仅仅就是一两个字，比如"汗""无语""飘～"：面对海量信息，网络中人没有一一分析评论的必要，同时又有适当参与的需求，在有些兴趣又无心细较的语境中，只要使用这些词语，便能营造在场又不在场的奇妙效果：输写者发出了声音，在诚实表态的同时避免了多余的口舌夹缠，一举两得。

网络语言的丰富形态，非一书一文之研究所能穷尽；其中典型流行的汉字现象，为新语文研究提供了探索论点和路向的诸多可能；在追求个案分析的丰富性和代表性、搜集和把握网络语言外在形态的同时，实现对汉语网络之精神的把握和展望，是我们所致力的更高目标。

四、酝酿中的秩序：舒展与回归

一般认为，"文"的方式与传统、稳定、典籍、精英、雅文化、官方意识形态有关，"言"的方式与现实、变化、面对面交流、大众、俗文化、民间意识形态有关。这种二元对立的析离定性，在网络语言世界出现了意味深长的交汇。

网络以其得天独厚的无限容量，向所有主流与非主流、传统与先锋的文体、写法、观念乃至"活法"平行敞开——从官方媒体的新闻稿件，到个人博客的时事评论；从务求实证的学术钩沉，到敷衍戏说的历史故事；从格律谨严的古典诗词，到以中式外语写的诗歌；从古今名人的隐史秘闻，到无名小卒的心情感言。高低雅俗并无判然之分。这一"平等"形态，既在于网络世界尚无定型可靠的权威，又在于网络中人对今日网络之动态存在的基本认知。

对网络中的言文关系的探讨，包含了对网络"权力"结构的隐喻式观察。"文"蕴于"言"，"言"先于"文"，这既受网络输写的特殊方式带来的汉字表音功能前置的影响，也与网络所处的发展阶段、网络输写的个体化诉求直接相关，而最终，"言"会归于"文"，网络作为当代社会文明建设的重要平台，拥有远大的前程。

1. 文蕴于言：稳定性让位于时尚性

网络语言"文"蕴于"言"的情形，不同于传统的文化典籍，后世的书写总是在其光辉的照映之下进行，有意识地对其进行细腻的传承和有分量的创新。作为新生事物，网络的"传统"仍然正在形成的过程中，对于当代高速更新的网络语言而言，尚无固定的"典籍"文本；眼下被称赞为"经典"的文本，仍在同无数平庸无奇之作一起，经历淘洗和遗忘的过程。即便是作者以之一夜成名的新异之作，如痞子蔡、安妮宝贝，也不过是"各领风骚三五天"，在暂时风行之后，淹没于大批仿作对其个性风格的磨蚀与消费之中。

在以"当下性"为号召的网络世界，唯有"新"的东西人人争睹；于是，再怎么炙手可热的帖子，也难逃收入"精华区""功成身退"的命运——当然，它们也完全有希望被"考古"出来，重新获得阅读和欣赏。不过总体而言，相较于最新出现的帖子，过去（或许只是"昨天"、几个小时、几分钟之前）产生的作品，毕竟失去了被广泛阅读的优先权，不再处于最醒目、最容易被看到的位置，从而日渐蒙上"历史的尘埃"。成功的文本是必须不断被转载、被提及、被阅读的

"热帖"。悖论的是，当人人都知道、都读过了之后，便没有几个文本逃得过"过时了"的通杀批评："这帖子太老了吧！"类似的评语很多，如"许久没来，地球依旧这样亲切啊"（以外星人的口气）、"化石帖"（以"化石"形容问世时间之长）、"toooold"（英文，太老了，字母o可以任意加多），或者"tooold"的"音译"——"兔偶得"，甚至还可以以线条表音：

```
    \\
     \\_
  .---(')
```

o( )_-_ is mine（线条组成的"兔子"与英文的组合，是"古文""兔偶得"的"直译"："兔子"是我的）

另一方面，网络确乎正在形成自己的经典，其中绝大多数并非长篇大论，有许多是以只言片语的形态存在。譬如囧、雷、打酱油、俯卧撑，普遍具有用法新颖、言简意丰的特性。非"新"不能直指人心，非"简"不能容易掌握、使用和传播。就现阶段而言，网络"经典"的形成和传承，并不表现为某些特定文本拥有特殊固定的地位，而在于为足够多的人欣赏、掌握、运用和再创新的词法、句法及文法。最终成为经典的是文体和风格：随时随地的文字游戏、充沛至泛滥的情绪（独白体）、大肆铺陈的想象（玄幻小说、盗墓小说）、名文名言的套用和改写……这些文体和风格，反过来又培养了网络典型的输写态度和思维模式——凝练、生动、戏谑、夸张、存疑的精神与我行我素的泰然。

需要补充的是，纯粹的、从形式到素材到技艺都是网络独有的"网络原创"实际上是不存在的。"诞生于网络"，确切的是指"经由网络实现了广泛传播"。无论是古怪的词语用法、奇特的文体，都或多或少可以追溯到前网络时代的个性作家作品、之前未落实到纸面出版的个性口语，以及特定阅读经验形成的眼光和感性。当今的网络语言，是拥有多年的阅读积累、或多或少的外语技能，且长期消费影音制品的一代人的集体创造。

2. 言先于文：质疑权威，推崇当下

最初的网络以游离于现实管辖之外的乐园形象出现，以新锐、先锋、个性为号召，为使用者提供了追逐时尚、独立与自由的特殊空间；这一过程中，网络中人对于网络之虚拟性的公开承认，巧妙地暂时绕开了来自现实、传统与权威的"评审"，迸发出乍获自由的轻松活力，对梦幻奇想的沉迷一变而为理直气壮的风尚。

对于这一时期最先一批"触网"的人来说，"发表"行为本身就能够提供开疆辟土的自豪和满足，并唤起深刻的价值认同；他们满怀兴趣和感情地记录网络带来的生命体验以及与网络相关的生活事件，尝试表现网络给自身、给世界带来的奇妙变化。这一时期的网络书写大多精心认真，即便是生涩之作，也投射出青春时代的活力，展现着与传统出版物大异其趣的独特风貌。

然而青春桀骜的时代终究不可复现。随着网络日益壮大普及，与现实生活的关系日益亲密无间，最初玫瑰色的幻梦终究要让位于"成年"的真相：网络并不许诺永恒的声名，人也不能认真指望网络能够保证美好的现状长久不变。唯有某些瞬间是神奇的，这些瞬间必然从"当下"变为"过去"，幻梦带来的快乐又随着幻梦逝去。

"当下"这个极其直观、现实却又无法固定的存在，在网络世界体现得尤为清晰：精确到秒的时间记录时时刻刻都在刷新，提醒着"当下"的转瞬即逝。不需要多少次经验人们就能领会：自身此刻所知的，下一刻便会因新信息的加入而发生变化；当下对于某个事件的认识框架，下一刻便有可能因为新真相的揭露而解构崩塌。并不存在足够诚实、足够智慧、足够公允并始终全局在握的权威者。

另一方面，落实到每一个具体的网络中人，他/她才是自身网络生活的最高权威："接入"带来了网络的"存在"，"离开"则是网络的"关闭"。既然如此，在最终存疑的前提下，在以语言为存在形态的网络世界中，就自己所知的范围发表意见、作出反应，就成了活在"现在"的第一证明。

更何况，在张扬个人、推崇自我的时代风尚下，惜字如金的谨慎

自持早已被能言善辩的技能腐蚀。商业时代的营销风气怂恿了演说和表演的流行，网络作为当代文明的产物，对这一风尚作出了同样忠实的响应：它不仅为普通人的表演欲提供空间，还不断推出、更新、丰富语言形态，深入唤起广大普通网民自由发声的意识。这一"自由"不仅是观念层面的，同时也是语言层面的。

网络表达不追求文字读音和释义的正确。成语可以望文生义，也可以随意生造；不认识的字可以读半边，或者用拼音来表示；错别字更是司空见惯；文章也不必终篇，"太监文"并不少见。对规范体式的追求，本是书写和言语的区分之处，守护着经典的神圣庄严；这一点在以表达为满足的网络世界中变得无关宏旨。对此一表述"必然逝去"的冷静认识与意图恒久的庄重愿望本是存在的两面，网络高度语境化的存在形态，为书写树立了"传神大于规范"的原则，语言创造的自由度得以极大扩张：表述的诉求忽略了错别字、混乱的逻辑和马虎的修辞，而不由分说的时间流逝接纳了丢失和遗忘——人人都有自信姑且说之、由我心裁，产生了许多实验中的表述方式和词语用法，尽有错中出趣的巧妙效果。一笑而喻的灵机之后，或许是洒脱的弹指坐忘；但其中某些表述和用法假若引起了足够多的共鸣，便会风行开来，成为新的网络热词。

3. 言归于文：稳定价值的重建

网络信息无限量、无限制传播带来的负面影响，亦迅速积累到了相当严重的程度。当从"新奇之物"转变为"日常之物"，贯彻网络实名制的时机随之逐渐成熟。网络语言的"水"化与这一过程并行，"灌水"大军迅速壮大：网络的个性表达已经积累了相当数量的语汇和文法，新奇和生疏最终被得心应手的熟滑所取代。于是，共享网络流行语言的网络中人陷入了又一种"千人一面"的贫乏——表达无奈感统用"郁闷"，想要什么东西就说"口水中"，动辄"超级""无比""极度"，童稚夸张的语风普遍流行。

但这并不意味着网络的语言创造已经进入衰减阶段。作为当代社会的镜像，网络正忠实地呈现着普通人的生活状态——寻常平庸琐碎的人生，鲜少遭逢真正的"大事"，既然每天经历的多为无所谓大是大非的琐碎，"对不对""好不好"的抽象讨论并不解决任何问题，倒是单论"好不好玩"的思路，能够为狭仄匆忙、平淡枯燥的现实生活增添趣味。对于广大普通网民来说，网络作为调节个人情绪的杠杆作用十分重要。言说仍然是郑重其事的，它是自由意志的直接见证与终极象征，"不自由"的人尤其要对此备加珍视：网络中频繁爆发的"掐架"争吵、对"言论自由"的誓死捍卫，对网络实名制的坚决抵制，对"言论管制"的激烈嘲骂，都是个人的精神需要使然。

网络生活能够一定程度上满足人的自我认同的诉求，但"说出来"并不是网络所提供价值的全部。这只是一种对于质朴要求的虚假满足。面对现实社会体制极其强大的物化力量，语言形态的抗议和嘲讽徒具形式——特别是在普及了"输写权"的网络中。以个人为目的直白诉求，如个人情绪的舒泄、个人愿望的表达，并不是人需要的全部。无论消费主义如何鼓吹享乐的恒久，社会价值对于个人的存在感同样重要，甚至更为重要：对于居上位者的质疑和距离，对自身痛苦和迷惘的激烈夸大，对自我"个性"的执着，始终蕴含着人对社会认同的赤诚期待。

中国网络的成长，是中国社会转型期秩序酝酿进程的一部分。网络从新鲜神秘逐渐转为日常生活，是这一代青年成长经历的特定镜像，叛逆之后的回归，激烈之后的平和，这一成长的必经之路同样贯穿了他们的网络生活。网络充满了他们的生活观念，而经由网络得来的知识、思考和自信，也必然影响他们的生活实践。

如何实现网络与现实的结合成长（同时也是青年一代与中国社会的共同成长），是接下来必须面对的社会课题。防止青少年网络成瘾、消除网络犯罪，仅是最基础的工作，网络作为潜能无限的建设资源，已经隐约透露出许多希望。对于个人，主要是：同时从现实经验、网络经验中学习总结人生知识、建构自身的信念和价值观，而不是将"虚拟""现实"分离对立、"人格分裂"，如何实现"行动"而不是沉溺于"观看"和"虚构"；对于社会，则是：如何将网络作为"新闻官"

（众多新闻线索的提供者、新闻报道的即时发布者，包括"人肉搜索"）、"监督员"（法律、政策、事件的评论者）和"智囊团"的力量导入正轨。

网络的虚拟性必将进一步减弱。生活始终推动着人们向前，由网络培植出的经验必然要影响现实的行动，现实提出的问题也必然要推动网络的思考方向。在这个过程中，人对网络这个貌似庞大无边的信息空间的把握和价值认识，将会经历反复的辨认和体悟，浮华将进一步剥落，人将从中获取更加质朴的本真概念。

网络的"文""言"关系也将正式进入新的阶段。参与网络语言构建的从来不是"官方"和"民间"，而是"所有人"——网络语言的拣选不受权威操纵，而是依赖于汉字本身的表现力，网络输写者对汉字之表现力兴趣盎然的开拓尝试，和近似直觉本能的共鸣。一方面，网络表达的诸多尝试，如同活字印刷版一样明显地体现出汉字"活动"的个体性，一方面，有大量的外语作为对比，翻译关系的存在同样落实了对汉字的挑选、玩味和重新解释——如果硬要二元划分的话，与"文""言"对应的，应当是"社会的"与"个人的"之间的关系。

"个人—社会"的思考模式，在个人主义成为重要人生信条的当今一代心目中，寻求的是与传统"忠孝"模式不同的价值体系，动机必然始发于自身，而推及于其他，构成的是这一端为自己，另一端为家庭、亲友至整个社会的平衡关系。在个人主义的偏执强调之后，对社会的价值诉求必将增长，在"无目的"的文字游戏之外，对"有意义"的表述的需求以及悟性都会崭露——届时，自我认识、发声、参预世界文明进程规划与建设的行动能力和行动自觉，便成为全社会共同关心的现实论题。

网络的"言"终将归于"文"，这一新"文"将对目前之"文"发生影响——"官方"的词汇将进一步靠近人心，以唤起亲切感和熟悉感的措辞，寻求"民间"的认同，同时，不再为"传统、稳定、典籍、精英、雅文化、官方意识形态"所独占，而是为"现实、变化、面对面交流、大众、俗文化、民间意识形态"保留专属的"绿色通道"。

新的"文"将会引导"言"——网络语言之扣人心弦的吸引力和感染力，将造就生动、扼要的谈吐，传神的修辞；不是一心卖弄聪明的俏皮话，而是寻求言之有物、深入浅出的交流和传授，构成令人喜悦的个人—社会的共在状态，恰如历代网络文本对经典文学的模仿——从初期的嘲谑、颠覆，到其后呈现出的中性的借用、互文，最终成为时代变迁的牵系，人可以循其又回到传统的文化遗产、回到现实。

第三章　网络语言研究述评

因特网已成为现代人生活中不可缺少的部分。伴随着网络的普及和网民的增加，网络语言以惊人的速度发展和传播起来，展现出"走下网络，走进生活"的趋势。网络语言的变化和发展自然也引起了语言工作者的注意和兴趣，越来越多的专家、学者对网络语言展开了研究。

一、网络用语的收集

随着计算机网络的普及，网络语言应运而生，形式丰富、特点鲜明的网络语词如雨后春笋般出现。对这些在网络范围内通行的新词语，一些学者专门作了收集工作。到目前为止，出版了三本有关网络语言的词典：

一本是易文安编著，海南出版社于2000年10月出版的《网络时尚词典》。这是我国第一部网络语言词典。它从网络用语的类型对网络词语进行重新组合，分为"网络暗语""通俗用语""技术用语""公司与机构""数字用语"几个大类。该书反映了从电脑的发明到互联网的蓬勃发展之中的重要事件，用词语解释的方式把互联网的历史文化背景贯穿在词典中，同时其整体关联的风格又不同于传统的专业词典与手册，兼备方便查询和趣味阅读两种风格。

一本是于根元主编，中国经济出版社于2001年8月正式发行的《中国网络语言词典》。这部词语性的词典收词1305条，正文约40万字，由包括语言文字、对外汉语、播音主持方向的教师和网站负责人在内的编写班子历时一年完成。这部词典的词条用汉语拼音排序，释义简明通俗，既收入了一般性的网络术语，也收入了聊天室常用的较特别的词语。考虑到实用性，这部词典还收入了常用的外语词及缩写。值得注意的是，这部词典对网络语言中一些表示感情的特殊的数字符号、谐称、俗称等也大胆收入。

一本是2003年6月出版的《金山鸟语通》。这部词典由众多网友编辑，对两三年内网络语言中创新的部分作了整理归纳，收集了千余个网络聊天专用词汇。这本词典的编纂以开放的网络文本为载体，通过超链接使其成为各论坛中的热点，并在转贴中由网民们不断对其进行修正和补充。

二、网络语言的概念、分类和结构特点

1. 网络语言的概念

网络语言研究伊始，人们关注的焦点就在网络语言的定义上。对于什么是网络语言，研究者尚未达成统一的共识。这里只简略地介绍几种主要的观点：

（1）广义网语与狭义网语说

《网络语言是什么语言》一文认为，网络语言有广义和狭义之分：广义的网络语言指网络时代、E时代出现的，与网络（更时髦的叫法叫IT）和"电子"技术有关的"另类语言"；狭义的网络语言是指自称"网民"，他称"网虫"者使用的语言。使用因特网上网的人成千上万，使用的"语言"大不一样，只有"网民""网虫"的语言才配称为"网言网语"。[1]

（2）社会方言说

《网络语言现象的分析》认为，网络语言不仅仅是简单的在网络上使用的语言，而是应该同科学语言、职业语言一样，指的是某一特殊社

---

［1］颈松、麒珂：《网络语言是什么语言》，《语文建设》2000年第11期。

会文化群体内部所使用的、不同于社会通用语言形式的语言形式。网络语言的使用者是一个特殊的社会文化群体，他们常常花很长的时间逗留在网络上与别人交流，自称为"网虫"。因此，网络语言的内涵是指"网虫"之间在网络上的交际用语。[1]

（3）CmC语言说

《语言学视野中的网络语言》一文认为，网络语言应归属于CmC，即"以计算机为媒介的交际"（Computer mediated Communication，简称CmC语言）。CmC语言有广义和狭义之分。广义的CmC语言除了指网络文化中人际交流的语言，还包括各种各样的计算机编程语言。狭义的CmC语言指网络文化中人际交流的语言。[2]

（4）语义功能说

《网络语言隐喻特征浅探》一文认为，就网络的语义功能和文化内涵而言，网络语言可以分为三类：其一，与网络有关的专业术语。如：防火墙、下载、超文本等。其二，与网络有关的特别用语。如：网民、黑客等。其三，网民经常使用的网络词汇，也就是网民在聊天室和BBS上的常用词语。如：美眉、帖子、5201314等。[3]

（5）媒体功能说

《语言能力及其分化》一文认为，网络作为第四媒体，语言工作者应该关注所有依靠这个媒体传播出去的语言。网络语言应与广播电视语言、报刊杂志语言并列，共同成为语言学的研究对象。依照媒体的主要功能，可以将网络语言分为三个部分。一是与传播信息功能相连的网络新闻、广告语言，二是与文化思想交流、消遣娱乐相连的网上聊天室和BBS上的语言，三是与艺术享受功能相关的网络文学语言。[4]

---

[1]殷晟：《网络语言现象的分析》，《河海大学学报》2002年第1期。

[2]马静：《语言学视野中的网络语言》，《西北工业大学学报》2002年第22期。

[3]朱晓华、王强：《网络语言隐喻特征浅探》，《宜宾学院学报》2003年第6期。

[4]于根元、夏中华、赵俐：《语言能力及其分化：第二轮语言哲学对话》，北京广播学院出版社2002年版，第188页。

（6）词汇语体说

有的学者认为，网络语言是和网络或者网络活动有关的语言。它不单单指词汇，还包括语体，如网络文学、网络新闻、网络广告等，这些都是属于网络语言中的一部分。

2. 网络语言的分类

由于网络语言最明显的特点是其形式的创造性和丰富性，网络语言的分类大都就网络语词的形式特征进行分类。主要有以下几种分类法：

（1）要素分类法

根据使用要素的不同，《网络语言知多少》把网络语汇分为三部分：网络词语、网络字符、网络数字。[1]

网络词语大体可分为三类。第一类，与网络有关的专业术语。如：防火墙、下载、超文本等。第二类，与网络有关的特别用语。如：网民、黑客等。第三类，网民经常使用的网络词汇，也就是网民在聊天室和BBS上的常用词语。如：美眉、帖子、5201314等。

网络字符也可分为三类。第一类是缩写字母，其中有一些是汉语拼音的首字母，如用"MM"指代"妹妹"，还有"GG"（哥哥）等；有一些是英语的缩略语，如"H"（how，怎样）；"W"（where，在哪里）等；还有一些是英语词语的谐音，如"Y"（Why，为什么）、"Q"（Cute，漂亮的）等。第二类是表情符号，也称"感情符号"。由于在网上交际无法见到对方的表情，网民们特意创造了一系列具有感情意义和形象色彩的符号。这些符号由键盘中现有的特殊符号、字母和数字组成。它们在互联网上，尤其在电子公告板上十分流行。例如："：-o"表示哇噻，惊呆了；"*<|：-）"表示圣诞老人、圣诞快乐。

网络数字也可分为三类。第一类是通过阿拉伯数字的特别组合来表示某种特定含义，如"007"（秘密）、"010"（孤独）、"123"（木头人）等；第二类是利用数字的汉语谐音来表示某种特定含义，如"56"

---

［1］海中：《网络语言知多少》，《瞭望》2001年第1期。

（无聊）、"345"（相思苦）等；第三类是利用数字的英语谐音来表示某种特定含义，如 "4"（for, 为了），"9"（night, 晚上）等。

（2）性质分类法

这种分类法依符号的性质将网络语言分为五类：

第一类，计算机专业技术语言。比如许多媒体开辟的《点击生活》《人物在线》栏目中的"点击""在线"，还有"视窗""聊天室""文本""平台""链接"等由计算机专业术语泛化的网络语言。

第二类，用字母或阿拉伯数字组成的拟声语。这类网络语言是在聊天室以及OICQ中经常用的。即便不很熟悉的人，也能大致猜出意思。如GG、JJ、DD、MM分别表示哥哥、姐姐、弟弟和妹妹；55555表示伤心地哭，5642059487是"我若是爱你，我就是白痴"。

第三类，形象的行话。这类网语使网友间的交流沟通多一分亲近，少一分尴尬。比如平时让人觉得酸酸的哥哥妹妹，网络上用"GG"和"美眉"代替；"菜鸟"和"大虾"是网络新生和超级网虫的网上称呼；"菌男"和"霉女"在网络中则表示俊男和美女了。

第四类，线条、字母图案组成的语言。在网络交流中，双方都无法看到对方，因而网民们就用各种抽象化的符号来形象地传达自己的感情。如^ ^表示高兴，^0^表示惊讶，^!^表示赞许；"：—P"（吐舌头的鬼脸）；"：～—"（流泪的脸）。

第五类，俚语粗话。如"BB"既可以表示宝贝、小孩、情人，也可以表示拜拜；ＷＣ取谐音时意思是"我操"。再如：TMD，WBD，是网上一些骂人话的缩写，意思分别为"他妈的""王八蛋"；PMP是"拍马屁"，"真 e 心"是"真恶心"，NQS表示"你去死"。[1]

显然，这样的性质分类是十分粗疏的。

（3）语群分类法

在《论网络时尚与网络语言的互动》一文中，作者把网络语言分

---

[1] 吴宏：《谈网络语言》，《黎明职业大学学报》2001年第3期。

为三种形态：网络语群、网络专业术语、网络相关词语。[1]

① **网络语群**。网络语群，就是将"网络""网上""网""虚拟""电子""e"等一系列与"网络"有关的词语作为相同标识构建出的流行语组合。网络语群最突出的表现是数量较多，指谓广泛，结构同一（基本上是偏正结构）。例如，"网络"组合：网络世界、网络社会；"e"组合：e时代、e时尚；"虚拟"组合：虚拟社团、虚拟社区；"电子"组合：电子地图、电子货币。

② **网络专业术语**。网络专业词语可分为"计算机、互联网专业术语""英文缩略语""网络习语"。计算机、互联网术语如：菜单、在线、主机、整合、基带；英文缩略语主要是计算机、互联网专业术语，如：BASIC（交互式大型机分时语言）、IT（信息技术）；网络习语是网民言语作品中的习惯用语。

③ **网络相关词语**。网络时代，互联网"网"住了社会的各个角落，与网络相关的语词因此大量繁殖，涉及到人、事、物、动作行为等。例如：纽结、节点、互动等。

（4）符号形式分类法

郑远汉从符号构形的角度把网络语言分为以下几类：[2]

① **符号组形类**

这种类型将标点、数字和字母等符号组合在一起，模拟一定形态，用以象征某种意义。这一类又进一步细分为：

A. 标点符号组形。如：：-)表示笑脸；：--表示悲伤。

B. 标点符号+数字组形。如：8-)表示睁大眼睛；：-9表示舔着嘴唇笑；：-1表示平淡无味的笑。

C. 标点符号+字母组形。如：：-P表示吐舌头；：-S表示语无伦次。

---

［1］贺又宁：《论网络时尚与网络语言的互动》，《贵州民族学院学报》2002年第3期。

［2］郑远汉：《关于"网络语言"》，《华中科技大学学报》2002年第3期。

② 数字会意类

该类型不是组成某种形象，而是用一定的数字或数字符号暗示某种含义，让人领会。例如：100或10，表示很完美；1775，表示我要造反（1775年是美国独立战争爆发年）。

③ 谐音替代类

这一类细分为：

A. 同音汉字"假借"。如：捆了=困了；水饺=睡觉。

B. 数字谐音代替。如：56=无聊；345=相思苦。

C. 英语"音译"。如：菜鸟=traince（网上新手）；荡=download（下载）。

④ 缩略简称类

这一类细分为：

A. 拼音缩略。如：JJ=Jiejie（姐姐）；MM=Meimei（妹妹或美眉）。

B. 英语缩略。如：BB=Byebye（再见）；PM=Pardonme（原谅我）。

⑤ 转义易品类

这一类细分为：

A. 词义引申。如：帖子（指网络论坛上发表的文章或电子邮件）；楼上（指上面的帖子）；楼下（指下面的帖子）；灌水（指论坛中乱发帖子）。

B. 词性转品。如：朋友都电话偶了（名词"电话"用做动词）；很宝贝的MM（名词"宝贝"用做形容词）。

⑥ 双语混杂类

在句子或词组里，同时用汉语词和英语词；甚至将一个英语词分解成英汉两部分，或取各自的义，或取各自的音。例如：小Case（小事一桩）；我I你（我爱你）。

⑦ 重字赘语类

故意用重字法模仿儿语，或故意用赘语作哕味。例如：一般般（一般）；一下下（一下）；坏坏（坏蛋）；难过死掉了（难过死了）。

（5）表意方式分类法

《网络语言的类型特点探析》一文按表意方式把网络语言分为四类：[1]

① 谐音类

"谐音是指在语言运用过程中，借助于词语的音同或音近的语音特点，由一个词语联想到另一个词语，是一种同音替代关系。通过这种词语的谐音关系可以造成谐音取义这样一种修辞方式，也就是由一个词语联想到与其音同或音近的另外一个词语的语义，而且后者的语义是主要的交际义。"同音取义具体可分为三种：

A. 汉字谐音。根据同音或近音替代原则，用汉语的一个词语代替音同或音近的另外一个词语，两者意义基本相同，前者有诙谐幽默或调侃讽刺的表达效果。如：斑竹、班主（聊天站、论坛的管理人员，"版主"的谐音），酱紫（"这样子"的谐音），菌男（"俊男"的谐音）。

B. 英文谐音。借用英文的音和义，而用同音或近音的汉字表达的一种谐音取义方式。与传统的音译法择字的标准不同，网络语言中的英文谐音词倾向于选择那些组合具有幽默风趣效果的同音或近音字。如：瘟都死（windows的带贬义和谐趣意味的谐音），当（down的谐音，指下载，即download），当机（shutdown）。

C. 数字谐音。利用阿拉伯数字所具有的语音形式，按照音同或音近的原则来谐汉语中的某个或某些语音以表达这语音所代表的语义。如：7456（气死我了），886（拜拜了，再见，来自英语），3166（撒优那拉，再见，来自口语）。

② 缩写类

此类细分为汉语拼音首字母缩写、英文首字母缩写和谐音缩略三类：

---

[1] 蔡辉、冯杰：《网络语言的类型特点探析》，《河北大学成人教育学院学报》2003年第3期。

A. 汉语拼音首字母缩写。如：JJ=Jiejie（姐姐）；MM=Meimei（妹妹或美眉）；GG=Gege（哥哥）；DD=Didi（弟弟）。

B. 英文首字母缩写。如：BB（Baby，宝贝；Byebye，再见）；BF（Boyfriend，男朋友）。

C. 谐音缩略。我I你（我爱你）；B4（Before，之前）；F2F（Face to face，面对面）。

③ 符号类

由于在网上交际无法见到对方的表情，网民们为了省时、经济和幽默，创新了一系列的具有感情意义和形象色彩的符号；这些符号都由键盘中现有的特殊符号、字母和数字组成。它们在网络上被广泛运用。例如：：-)表示最普通、最基本的一张笑脸，常用在句尾或文章结束之处；：-D表示非常开心地咧嘴大笑。

④ 新词新语类

此类细分为"新词新义""旧词新义"和"童言童语"三类。

A. 新词新义。如：菜鸟（对网络新手的称呼）；米国（美国）；红粉网族（沉迷于网络恋爱的女网民）。

B. 旧词新义。利用汉语原有词形重新解释，增加新意义或新用法。这些意义往往都很诙谐幽默，或具有讽刺意味，与原来的意义相反或无关。例如：青蛙（对外型不佳的男网民的称呼）；恐龙（对外型不佳的女网民的称呼）。

C. 童言童语。指成人用儿童式的重叠词作为交际语言。这一语言特点反映了网民年龄幼小化和年轻人不愿长大，喜欢"装小"的心理。典型的例子有：笨笨（笨蛋）；怕怕（害怕）。

3. 网络语词的结构特点

网络世界是个虚拟的世界，同时又是一个真实的世界。在这样的世界中，人们的社会背景、职业、性别、年龄、文化程度等等因素都不再重要，一定程度上实现了人与人的平等。人们无须像平时那样"一本正经"，更不必压抑自我。可以说，网络这个"虚拟"的世界为人们提供了一个现实世界中难得的表明心迹的精神寄托地。这些因素决定了网络语词与现实生活中的语言的很大的不同，即它具有很大的创造性。虽然网络语言孕育于自然语言的母体，又与民族语言有着血脉的联系，但它在语言形式上的创新是它旺盛生命力的重要源泉。网络语言与现实语言相互影响，它既受现实语言的制约，又对现实语言施加着影响。网络语言极大地丰富了现代汉语的词汇，增强了现代汉语的表现力。

对网络语言的结构特征，学者们从不同的角度进行了研究：

《网络语言特点透析》一文列出了网络语言的九个特点：[1]简略化、键盘化、拼音化、数字化、个性化、迅速化、地域化、不规范化、零语值化。

其中"键盘化"是指"网络语言只要借助于电脑，因此，网络语言明显地带有电脑键盘化的特征，有些键盘符号也可以表达特定的内涵和思想感情，同时也产生了传统口语和书面语中所没有的表达方式和修辞形式"。

关于"地域化"，作者在文中是这样描述的：南方人经常问："什么？""为什么？"北方人则会说："啥？""为啥？"上海人会说："你佬好的哦！"北京人会说："这人挺好！"而福建人则会说："你好好的哦！"网络上，人们能够依据语言中方言成分的流露，分辨出说话人是哪里人。

"零语值化"是指网络语言交际的实际值为零，即废话、可说可不说的话在网络交际中大量存在。从修辞角度看，这种零语值化并非语言本身或网络媒介所致，而是网虫的故意行为。因为他们在心理上对陌生人仍有一道无意识的屏障。在问答对方所提问题时，那种模棱两可、可说可不说的话运用得比较多，如"——你是谁？——你的网友！""——你在干什么？——上网！"

《网络语言规范与建设构想》一文认为，网络语言具有四个特点：1.缩略简约；2.新奇独特；3.杂糅多样；4.私语性和口语化。其

[1] 方彩芬：《网络语言特点透析》，《宁波高等专科学校学报》2002年第1期。

中值得注意的是后两个特点：

"杂糅多样"是指网络上的交谈多以字符的形式实现，没有口语交际的语音、语调、语气及体态语等辅助手段来帮助交流，这样单一的方式无法满足网上交流的需要，所以，网络语言经常把文字、数字、字母与其自制的"表情符号"任意镶嵌链接，以期尽量接近口语交际模式。如这样一句话："886，我该去吃饭啦，吃><(((>哦！"新版本的聊天工具QQ为用户提供了很多彩色的剪切画，不仅有各种各样的表情，还有许多类似于饮料、鲜花、蛋糕、小饰品等的图形。网民聊天时只需轻轻点击，便可以选择任意一款图画镶嵌在自己的话语中。网络语言的这一特点，使其拥有了强大的视觉冲击效果，弥补了网络语言表达手段上的不足。

"私语性和口语化"指的是"网上交流通常是在一个相对狭小和非正式的空间中进行的……因此在网上写作，作者很少有那种在大庭广众之下作高台宣讲的那份紧张与压力，而更多地是在别人看不到的情况下自由、开怀的畅想与抒情。这样作者使用语言也就自由得多。只要对方或读者能理解，就可以去掉所有在正式场合下的那些繁文缛节，甚至一些语法规则也可以置之不顾。……另外，网络语言虽然是一种书面语，但是它又有着趋向于口语的强烈的倾向，它有着记录和模拟口语的强烈要求。其原因在于……网络语言是官方视野之外的非正式语言，是一种现代'民间语言'，同时，它又是一种网络媒介，需要快捷、直观、活泼又简省，这些要求都与人们对口语的要求十分相似。而相似的要求也使网络语言与口语具有了许多相似的特点"[1]。

《网络语言的类型特点探析》一文则从网络语言的功能角度分析了网络语言的诸多特点：简约性、多样性、诙谐性、形象性、口语性和不规范性。其中"形象性"和"诙谐性"是前面两篇文章中没有提及的，作者认为："网络语言的创造者和使用者多为年轻人。年轻的网民充满了智慧和活力，推崇标新立异，喜欢机智而轻松的交流，追求诙谐而

---

[1] 江南、庄园：《网络语言规范与建设构想》，《扬州大学学报》2004年第2期。

幽默的语言风格。网络语言中谐音的一大功能即是幽默俏皮、诙谐风趣。""网络语言还有鲜明的形象性，这使电脑和网络中许多不易理解和接受的技术具有了可视可闻、可触可感的形态效果。"[1]

在《网络语言：新兴的网络社会方言》中，作者不仅理出了网络语言的特点，而且还分析了这些特点形成的原因：1. 网络社会的多元化特点造成网络语言形式上的多样性；2. 网络信息社会高效快速的特点使网络语言表现出简明、快捷的性质；3. 网络社会的年轻化特点以及网络文化的开放性特征造成网络语言使用上的随意性；4. 网络文化的虚拟性使网络语言充满人情味与创新性。[2]

《解读网络语言》一文认为，网络语言除了简洁实用、新颖独特、巧妙幽默之外，还有一个非常突出的特点，即叛逆性。创造并使用一套不同于主流社会的语言，这本身就是一种叛逆性的表现。网络语言解构了许多传统语词，例如将传统语言中褒义的解为贬义，贬义的解为褒义。诸如"菌男""霉女""革命""学习文件"等等，都极具后现代反讽意味。[3]

《从符号系统的角度看"网络语言"》一文把网络语言符号分为可读符号和不可读符号，并认为"网络符号是不同符号体系的混用"，"相同符号的过剩拷贝（copy）"。[4]前者包括：

1. 可读符号与非可读符号的混用。用可读符号表示确切的语意，用非可读符号表示某种附加的情态或情趣。

2. 不同的可读符号系统的混用。网络语言所使用的可读符号是由汉字、汉语拼音字母、英语文字和阿拉伯数字等四个符号系统构成的。它们可以在网络语言中混用。在使用中，汉字是主体，绝大部分的话语是用常规汉字按常规的语言表达方式来表达的。

---

[1]蔡辉、冯杰：《网络语言的类型特点探析》，《河北大学成人教育学院学报》2003年第3期。

[2]刘乃仲、马连鹏：《网络语言：新兴的网络社会方言》，《大连理工大学学报》2003年第3期。

[3]祝耷立、高翔：《解读网络语言》，《温州师范学院学报》2004年第3期。

[4]何洪峰：《从符号系统的角度看"网络语言"》，《江汉大学学报》2003年第1期。

3. 网络语言的表达是没有"规范"概念的，网民们追求的就是新奇和怪异。因此上述两种情况又是可以交错混用的。

后者是指由于电脑拷贝方式的快捷，以及空间容量相对无限，使得相同的符号可以快捷地拷贝，出现大量过剩。这种方式使用适量的话，可以传达某种强调的意义。如下列对话：

A：how old are you

B：small !!!

A：small ????????

三个叹号可以增强语气，而八个问号则过剩了，这种用法是网络语言的一种怪异形式。

《中国网络语言初探》一文从网络语言和网络之间的紧密关系出发，认为网络语言有很强的依存性，"在网络交际领域中你可以尽情地使用，然而一旦离开了网络这个平台，网络语言就失去了用武之地"。该文把"直观性"也视做网络语言的一个重要特点："网络语言在网上的传播速度是无可比拟的，但由于交际条件的限制，网民们要想在非面对面的情况下表达丰富的感情、鲜明的个性就必须在形式上有变通、有改造、有创新……这样一来，就使得网络语言比起仅仅使用汉字的表述方式更为直观了。交谈的双方立刻就能清楚对方的状态，了解对方的心情，从而给双方带来更多情感上的交流与满足。"[1]

还有人从网络词语的构词手段分析网络语言四方面的特点：一是词汇结构短语化，促使词汇向多音节词发展，多以三音节为主，显示出这种短语化合成新词方法的强大生命力。二是缩略词激增，适应现代化社会生活快节奏的要求，使用语言符号少、线性排列短、信息容量大，产生了一大批汉语拼音和英语首字母的缩略词以及英语词语的谐音。三是数字化表义，精练简洁，幽默诙谐。在网络交际中，经常用阿拉伯数字的特别组合来表示某种特定的含义或是利用数字的汉语谐音或英语谐音来表示某种特定的含义。四是类比构词活跃，出现引人注目的"新的

---

[1] 黄永红、刘汉霞：《中国网络语言初探》，《北京教育学院学报》2002年第4期。

词缀化倾向"。[1]

三、网络语言存在和流行的原因

对网络语言存在和流行的原因，有这样一些见解：

《浅谈网络语言表意形式的多样化》一文从社会的需求、传播媒介和使用群体的特质三方面阐释了网络语言存在和流行的原因：[2]

首先，语言的发展离不开社会的发展。时代在变化，新生的事物、新生的情感如雨后春笋般纷纷涌现出来，当传统的语言不足以完全表达人们的思想感情时，新时代的语言也就不断发展创新起来。语言在不断地使用过程中，往往会丧失新鲜感和生动性，人们对一些词汇过分熟悉反而导致这些词汇能够表达的东西十分有限和平常，所以人们为了让语言本身更具有生命力和表现力，就采用一些新的形式和新的组合，创造一些新鲜的词汇，让人过目不忘。

其次，网络语言的传播媒介具有特殊性。网络语言是在以现代信息技术为支持的互联网上运用的语言，其传播方式是"一定的信息转换成数字，经过转播，数字再还原为一定的信息"。这种转换手段与日常交际有很大的不同。要充分地实现表达和交流，就只有在有限的表意形式上增添其多样性、开放性和流变性，让有限的表意形式表达出无限的可能，冗余度大幅度提高。

再次，网络语言是特定的群体在特定的环境下所用的语言。我国网民结构以青年人为主，这样一个群体在年龄、才学、智力、生活水平等方面均属于比较优越的一代，他们除了有对现实生活最起码的生存需要之外，在精神上更要求新鲜的、时尚的、多变的、与传统相背离的养分与刺激。网络这一虚拟的空间为他们提供了一个比现实生活更加自由、更加广阔的天空。

有人认为网络语言出现是由于：

---

[1] 高丽娟：《网络语言说略》，《杭州电子工业学院学报》2002年第2期。

[2] 刘慧、欧阳春宜：《浅谈网络语言表意形式的多样化》，《赣南师范学院学报》2004年第2期。

1. 语境的要求。各种语言变异的出现都有一定的语境要求。科学语言、职业语言都有自己的语境，说话人虽然是言语活动的主体，但却必须受语境的制约。网络语境的特点直接影响了网络语言变异现象的出现。

2. 语言、文化、思维的需要。一方面，网络语言创造新词的过程包含了观察过程、语言过程和文化过程，反映了观察事物的角度与价值观的差异，反映了语言与思维模式关系的差异以及特定文化内涵的文化差异。另一方面，网络新词语所表达的意义不少是能够用日常词汇来表达的，但网民们有意识地不使用日常词汇，而要造新词来表达。这些生造的新词有些是随意的，有些具有强烈的目的性，有些不单纯是造词者主观创造，而是受到客观技术手段的影响。如"斑竹"这个词，汉语拼音"banzhu"，在智能ABC输入法当中对应"斑竹"，"版主"这个词则是不存在的。第一个使用"斑竹"代替"版主"的人显然受到了输入法的影响。此外，网络新词语的出现还有实用的考虑，如缩写类的词语。网络交流是以键盘输入为主要手段，其速度与口头表达相比慢了一拍，而交流要顺利进行必须有一定的速度保证，因此为了保证文字录入的快捷顺畅，缩写的方法应运而生。

3. 对网络虚拟社会的确认。网络给人们带来了一个新的交际空间，平等、行为与责任分离、角色扮演的随意性等都是网络语境的特征。这些特征是如此与众不同，以致在网络参与者的心理上投射出了这样一种印象：网络是一个虚拟社会，在这里每个人都幻化为一个符号而存在。因此，网络语言的产生是对网络虚拟社会的强化确认。当网民使用这些特殊语言时，实际上也就是对网络身份的认同。网络语言构成了一个象征性的符号系统，代表了网络社会的存在及其与真实世界的差异。

4. 弥补语言表达手段的缺乏。在现实世界中，人际交流除了语言形式，还有其他形式。当两人面对面交谈时，他们不仅通过语言交换彼此的看法、观点，同时也通过语调、面部表情、手势、身体姿态等途径来传达自己的感受和情绪。这些非语言的交流手段在人际交往中往往起到非常重要的作用，因为有些微妙意义是无法用语言传达的，必须借助非语言的辅助交流手段。在网络语言中，符号形式的创新弥补了这方面的缺陷。[1]

《解读网络语言》一文从心理依据和社会原因等方面分析了网络语言产生的原因。作者认为网络语言发生的心理动力依据是青少年的反抗心理与人格特征；网络语言发生的社会心理依据是社会时尚与从众；网络语言发生的认知心理依据是表象思维。当前中国社会思想的实用主义和后现代解构主义特征为青少年网络话语的产生提供了社会文化背景。网络为青少年的民间智慧提供了客观条件与话语阵地。[2]

《网络语言：一种另类的语言现象》一文指出：

1. 网络语言是一种特殊的群体个性心理的体现。网虫群体的年轻化和高学历化使其具备了与其他社会群体不同的文化特征。网络语言已经成为年轻人在网上彼此交流的最基本、最常用的符号，成为了他们表现"不一样"和张扬个性的一种标志。能否正确地、熟练地、创造性地使用网络语言，成了网虫们追求时尚的标志。同时，网民群体的年龄构成使网络语言带有鲜明的年轻特色，充满了活泼的朝气，并富于反叛意识。年轻人在网络空间或活泼随意，或辛辣幽默，个性鲜明，随心所欲，嬉笑怒骂皆成文章。

2. 网络语言的出现是多样化社会的必然产物。互联网和电子传媒系统正改变着人类的文化和生存状态，包括语言在内的人的一切生活都避不开数字化时代的冲击。网络语言也正是在这个时代应运而生的产物。它挑战人类几千年来形成的围绕书写文字的社会文化轴心体系。因此，网络语言不是新新人类的文字游戏，而是现代汉语的积极发展。网络语言是当前这个网络时代的反映。

3. 网络语言的出现是网民们的需要。中文表达本身存在一定的缺憾，在网络这个个性飞扬膨胀的特殊情境里不足以使网民的思想得以尽

---

[1] 李军：《浅谈网络语言对现代汉语的影响》，《社会科学战线》2002年第6期。
[2] 祝畹立、高翔：《解读网络语言》，《温州师范学院学报》2004年第3期。

情宣泄，于是，网络语言在这个寸秒寸金的世界出现了。网民们对一些汉语和英语词汇进行改造，大量使用谐音字，对文字、符号、图片等随意链接或镶嵌且手法样式不断推陈出新。网络语言中出现了大批形象而直观的特殊符号以满足网民表达的需要。

4. 网络语言是特殊网络语境的产物。各种语言变异的出现都有一定的语境要求。科学语言、职业语言都有自己的语境。网络交际的参与者们互不相见，交流方式使得网络语境具备了平等性、角色扮演的随意性和网际交流中行为与责任分离的特点。[1]

也有人认为网络语言出现的主要原因有四个：

1. 节约时间和上网费用。

2. 蔑视传统，崇尚创新。网络语言、网络文化是一种伴生于网络技术的文化现象。网民群落大多数很年轻，具有自主、开放、包容、多样和创新特点，他们蔑视传统，具有极强的反传统意识，崇尚创新，完全不受传统语言语法、语义的规范和标准的约束，因此创造出一种方便网络上应用的语言变体——网络语言语体。

3. 张扬个性。网络给了每个人张扬个性、释放自我的独特空间。网民群落比较愿意故意显得另类来张扬自己以期引起别人的重视，因此创造出一些奇奇怪怪的词汇和网名。网络语言已经成为人们表现其个性的标志。

4. 掩饰个人身份、年龄、性别和语言习惯。由于网络空间是虚拟世界，所以大多数人为了掩饰个人身份（白领、蓝领、老板、主管、职员、工人、学生、教师或服务员），不流露自己的年龄、性别和语言习惯，而愿意以另一种专用的语言在网上参与论战、与人聊天，网络语言应运而生。[2]

在《中国网络语言研究概观》一文中，作者认为网络语言产生的原因是：1. 中国网络时代的到来提供了产生网络语言的物质载体。2. 网

---

[1] 言岚：《网络语言：一种另类的语言现象》，《哈尔滨学院学报》2003年第10期。

[2] 陈群秀：《网络、网络语言与中国语言文字应用研究》，中国语言文字网，2005–10–7。

络提供了产生网络语言的最佳环境。3. 中国改革开放提供了产生网络语言的社会背景。4. 人们文化素质的提升为网络语言的产生提供了保证。[1]

四、社会对网络语言的态度

关于网络语言的是与非，对与错，报纸、电视和网络上都进行了讨论、辩论。早期的讨论有：2000年6月26日《文汇报》刊登驻京记者见闻《网络语言不规范引起关注》。2000年12月12日《文汇报》报道《网上会话不再雾里看花》。2001年2月13日《南京日报》刊登记者的报道《网络词典是黑话词典吗》。2001年2月16日《北京科技报·网络周刊》刊登记者阮帆的《网络语言"敲"出新天地》。2001年4月30日国家语委语用所的于根元在北京广播学院BBC国际台"新世纪网络传播发展国际论坛"上的发言，比较全面扼要地对编写《中国网络语言词典》的批评和质疑作了回答。

对于"网语"的态度和认识大致有以下几种：

1. 完全否定网络语言，严厉地批评网络语言中出现的语言不规范现象。这种观点认为"网语"不仅严重污染了民族语言的纯洁与健康，而且还体现了网民们的知识贫乏与精神苍白，甚至还发出类似"不要为后人定恶约""让我们怀着敬畏的心，珍惜爱护祖先辛苦传下的语言文字吧"的感叹。例如闪雄2000年发表在《语文建设》第10期上的文章《网络语言破坏汉语的纯洁》。

2. 呼吁大家重视语言文明，对网络语言表示出忧虑和担心。例如立鑫1998年发表在《语文建设》第1期上的论文《谈谈语言的健康问题》。

3. 承认网络语词有立意新奇、诙谐幽默等诸多优点，但认为其中大量的不规则现象确实有碍于汉语的纯洁性和规范性，所以，倡导有约束的自由、有限制的创新，认为这样对于网语的健康发展有益无害。

---

[1] 吴传飞：《中国网络语言研究概观》，《湖南师范大学学报》2003年第6期。

例如曹南燕的《网络语言的创新和约束》。[1]

4. 大多数学者认为网络语言也是一种语言实践，能够风靡，就说明它是有生命力的。大家应该用宽容和理解的心态看待这种现象。持这种观点的人提倡"语竞网择，适者生存"。例如汤丽英在其论文《"e"时代的新语言：网络语言》中提出："一种语言，只要仍在为人类的交际服务，就是活的、变化的语言，就必然会随时进行新陈代谢。任何社会，只要它还在不断地发展，就必然会经常出现新的语言。更新是事物的生命力所在，只有更新，才能推动语言的发展。"[2]《中国网络语言词典》的主编于根元指出："语汇系统如果只有基本词，永远稳稳当当，语言就没有生命力可言。语言在发展，语言也需要规范，但规范是要推动发展，限制了发展的不是规范。"他认为，国家相关部门和各个网站应制定相应的管理措施，规范引导语言的正常发展。对一些粗俗的、不文明的语言现象要制止，对一些特别的语言表达方法要观察、分析、探讨，因为这当中有不少词语也有可取之处，对丰富当代语言有价值。[3]王来华指出，网络语言作为一种灵活变通的表达方式与常规语言相比具有新奇、简单、有幽默感的特点。在网络这种特殊媒介起到有效交流工具的作用，属于在一定范围内约定俗成的语言现象，应当报以一种宽容的态度。同时，我们应当加强对网络语言的研究，分清楚哪些是健康的哪些是不健康的，并加强对学生的正面引导，促使其使用规范性的语言文字，毕竟传统的语言有其深厚的文化底蕴和历史内涵。[4]

5. 肯定网络语言存在的必要性，提倡以更加积极的态度去看待网络语言。不少学者认为网络语言生动风趣、个性强，富有想象力和创造力，且轻松自然，丰富多彩，充溢着生活气息。 网络语言充分发挥了

---

[1] 曹南燕：《网络语言的创新和约束》，《科学与社会》2001年第2期。

[2] 汤丽英：《"e"时代的新语言：网络语言》，《机械职业教育》2004年第2期。

[3] 于根元、夏中华、赵俐：《语言能力及其分化：第二轮语言哲学对话》，北京广播学院出版社2002年版。

[4] 周润健：《"网络语言"要"革"现代汉语的"命"？》，新华网，焦点网谈。

人们的语言创新能力，是丰富和发展语言的重要动力和途径。复旦大学中文系申小龙教授就非常欣赏网络语言鲜活的个性，他认为语言本来就是起交际作用的，一种形式能够存在就说明它是有表达功能的。"我们今天使用了这么多年的语文，就是得益于当初的白话文运动，网络语言就是通向未来语言方式的又一个新起点，它肯定会进入将来社会的主流语言。"申小龙教授对网络语言的未来很有信心，虽然现在网络语言还没有大规模入侵传统的平面媒体，但在很多用词上媒体已经开始使用网络语言，比如"美眉""偶""BBS""PLMM""QQ""卡娃伊""驴友""菜鸟"等字眼已经频频出现在报刊上，这就是网络新兴语言在日常生活、在主流舆论里的一种延伸。对网络上网民们自己创造的词语，申小龙教授也表示肯定："这并不是对汉语规则的不尊重。"因为网络语言还在逐渐发展之中，肯定会有一个不稳定的阶段，所以申小龙教授也经常向国内的语言学家呼吁："不要刻意去规范网络语言，也没必要去干涉，这是他们年轻一代的思维和生活，也是他们表达自己的最鲜活的语言。"[1]上海大学中文系钱乃荣教授也持类似观点。

五、关于网络语言的规范化

因为对网络语言的看法众说纷纭，所以对网络语言规范性问题的意见也不一致。有人认为没有进行语言规范的必要，王希杰认为："语言的规范化工作并不是一点儿作用也没有，但是同词语的自身的矛盾运动相比较，则是微乎其微的，有时是微不足道的，功盖天地的可能性是很少……从宏观上看，人类的语言基本上都处在人类自觉的语言规范化运动之外，但是所有的语言并不是从混乱走向混乱的，正好相反，人类的语言都从混乱走向了有序。当词语出在局部混乱状态的时候，当它远离平衡状态的时候，它具有自我组织的能力，它能够自我调节，自动从局部混乱走向有序，人们的语言规范化工作比起语言自身的这一自我

---

　　　[1]仲伟丽：《申小龙：革命来了！》，《e时代周报》2003年第56期。

组织、自我调节的功能来，显然是不可同日而语的。"[1]虽然没有否定语言规范化的工作，但是王希杰认为和语言自身的调节能力相比，规范化是"微不足道"的。

对于网络语言规范，有人认为，不仅仅网上语言需要规范，网下的语言也应该规范。网民首先作为社会大众，是网下生活的一员，他们在网上用语不文明，并不是因为上网的缘故，如果不解决网下的不满和压抑，不制止网下的脏话，要规范网上的用语是不可能的。于根元先生就说："目前我们网络聊天室的用语不够文明。这跟网下用语不够文明有关。治本要治网下的。我们不少人对一些网民网下用语不够文明的解决不甚关心，这倒是很值得我们研究的。"[2]

也有些人认为网络语言正好迎合了现代年轻人工作、学习压力大，需要解闷和娱乐的需求。现实生活中，年轻人努力工作，承受来自各方的压力。如果到了网上仍"一本正经"地交谈，他们便失去了宣泄自己情绪的一条重要途径。在这种情况下，网络语言拥有了其产生的社会基础。当然网络语言中的不文明用词现象可能会对中小学语文教学带来负面影响，但是，我们也应看到，"我国的语言文字有着强大的同化力和筛选力，吸收有益的成分，淘汰不良因素，对此我们应该有足够的信心"[3]。按照这样的思路，他们的态度是，先让网络语言发展起来，再加以规范。

尽管如此，现今大多数学者仍不同程度地认为有必要规范网语。江南、庄园认为："因为网络语言在语言运用规则的失范、语言表现内容的失范、语言暴力等对社会产生的负面影响，对网语进行规范势在必行。"[4]张红镝也在其论文《谈网络语言的特征及对青少年的负面影响》中提到："网络语言不仅容易导致青少年养成不规范运用语言文字

［1］王希杰：《汉语的规范化问题和语言的自我调节功能》，《语言文字应用》1995年第3期。

［2］于根元、夏中华、赵倜：《语言能力及其分化：第二轮语言哲学对话》，北京广播学院出版社2002年版，第188页。

［3］于根元、夏中华、赵倜：《语言能力及其分化：第二轮语言哲学对话》，北京广播学院出版社2002年版，第187页。

［4］江南、庄园：《网络语言规范与建设构想》，《扬州大学学报》2004年第2期。

的习惯，而且容易使青少年学生的身心健康受到损害。网络语言造成的负面影响，影响了中国传统文化的含蓄、严谨和精致，加速了与传统的疏离；那些不健康的东西对青少年身心健康造成一定消极影响，对此应该引起各方的重视。"[1]

综合各方的意见，我们认为现在社会一般的看法是：对网络语言适度规范是必要的，但绝不能搞"一刀切"的规范。必须分清规范的不同层次。对于科学术语应当重点加以规范，对那些自身或其变异对普通话词汇的发展有负面影响或者太过低级趣味的词语，当然也应引导它向好的方向发展。但是我们也应该同时意识到："我们是在不规范的情况下搞规范，语言又在规范中发展"，"不进行规范当然不行，过分强调规范，希望纯而又纯也不行。"[2]因此，对网络语言的态度和方法也还是要"顺其自然，因势利导"。

六、网络语言研究的多元化

总的来说，网络语言近年的研究呈现出多元化的趋势。从原来单一的注重网络语形的研究扩展到现在的更加强调与语言学其他分支甚至是与其他学科的联系，研究的精细程度也大大加强，出现了专门就网语中仿拟格、隐喻特征、音译词与外语词相互关系等方面展开的认识和讨论，这些都对网络语言的进一步发展十分有利。

《简论仿拟格在网络语言中的运用》专门就网络语言中的仿拟格现象展开论述。该文列举了网络语言中运用仿拟的基本类型及其特点，作者指出："从仿拟角度来说，谐音仿拟、意义仿拟和结构仿拟交叉运用；隐含式仿拟比同现式仿拟出现频率高；仿拟产生的偶发性和随意性。" 文章最后还讨论了网络语言中的仿拟格的利和弊。网络语言中的仿拟格尽管"幽默风趣，诙谐调侃；套用格式，诉求情感"，但"也潜藏着网络语言中一直存在的弊端：首先，网络语言的开放性和随意性为

---

[1]张红镝：《谈网络语言的特征及对青少年的负面影响》，《内蒙古电大学刊》2004年第2期。

[2]许嘉璐：《容纳·分析·引导·规范》，《文汇报》1999年12月30日。

仿拟格的'滥用'提供了便利条件；其次，仿拟格的滥用还可能污染民族语言的纯洁与健康，体现出网民们的知识贫乏与精神苍白"。[1]

在《网络语言隐喻特征浅探》一文中，作者指出隐喻最大的特点是认知性，即隐喻不单是一种语言现象，在本质上还是一种人们理解周围世界的感知和形成概念的工具。网络语言的主要构词方式正是以一范畴的事物去说明另一范畴的事物，无论是数字范畴的数字网语，还是符号范畴的符号网语以及网民自创的网络语言，都体现了其隐喻性，体现了网民认识世界的通常的认知形式。语言隐喻的另一个特征是语用性。语言隐喻分为被动隐喻和主动隐喻。被动隐喻是许多学者有所共识的隐喻方式，又称无意识隐喻。其产生条件可能是当时的思维局限或者是语言词汇的局限。网语的大量出现是为了满足语言语用功能而使用语言隐喻认知方式的最好体现。语言隐喻的第三特征是语义性。隐喻必须存在本体和喻体。多数情况下只出现喻体。对本喻体进行选择时有两种隐喻语义特征：1. 矛盾性；2. 临时性。正如其作者所说，"隐喻是语言词汇意义拓展的重要途径"。[2]

王存美在其文章《伊妹儿及其他——网络语言拾零》中探讨了英语"E-mail"的音译问题，从而引出了有关网络语言中音译词和外语词并立的关系。其中讨论了"伊妹儿""电子邮件""电子邮箱""伊""E（e）"等的相互关系，论述了音译词与外语词的语用差异、语义差异，音译词与意译词的理性信息差、情感信息差、语体信息差等具体问题，颇有见解。[3]

随着网络的发展，网络语言也必然更加的繁荣，大有"离开网络，走进生活"的架势。面对日益活跃的网络语言，不少专家、学者大呼："狼来了！"更有甚者，呼吁把"网络语言扼杀在网络上，至少限制它走下网络，走进生活"。

但是也有很多人对网络语言的发展抱有乐观的态度。他们认为，

---

［1］吴小芬：《简论仿拟格在网络语言中的运用》，《浙江教育学院学报》2003年第6期。

［2］朱晓华、王强：《网络语言隐喻特征浅探》，《宜宾学院学报》2003年第6期。

［3］王存美：《伊妹儿及其他——网络语言拾零》，《柳州职业技术学院学报》2002年第4期。

网络语言"正以一种全新的模式日益真切地走进我们的生活",相信它的发展趋势是不可抗拒的。他们的理由是:首先,网络语言已走进了大众媒体。经过一个"逐渐渗透"的过程,网络语言已经开始出现在广播电视的一些节目中,一些小说中也有了网络语词的痕迹。其次,网络语言已经开始渗透到青少年的日常生活中。再次,网络语言已经引起语言学家的注意,可以预见,一门新型的语言学分支——网络语言学就要应运而生了。

存在的东西总有其合理性。语言是活的、变化的,处于不断发展中,那些充满活力的网络语言如果经得起时间的考验,约定俗成后会渐渐进入基本词汇,成为语言核心部分的一员。

第四章　网络语形

　　网络语言是由网络发展而催生的独特的语言符号系统。在最初的一波惊奇与迷惑平息之后，随着互联网的扩张普及，网络语言日益成为一种稳定存在的语言形态，向着当代的语言研究接连抛出了一个又一个饶有趣味的新新命题。

　　网络言说与传统语言现象的显著区别之一，便是它衍生变化的超级速度；高速的变异创新，使得网络语言研究多少有些"赶不上趟"：占有大量扎实、稳定的第一手资料是展开学术研究的前提条件，但涉及网络语言形态的变化规律，有时我们不得不承认，鉴于网络言说求新求变的刻意性与流行新词汇的偶得性，这一研究是追随于、且几乎必然落后于网络语言"进化"的当下进程的。尽管如此，对网络语言形态变迁的大致走势进行描绘，循其脉络，依然能够把握它的气韵精神。

　　在互联网络平台的拓展建设期，网络语言形态的创制和扩张，充满了"找到新大陆"的嬉玩狂欢精神。进入网络，就是进入一个暂时脱离于传统结构的新世界，一切皆以"言说"的形态存在。合格的言说需要唤起回应，否则人仍只能是孤立的存在：原则而言，每个人在网络中都拥有自我言说的权利；而要打破现实中的"无名"状态，进行有风格的言说是一条捷径——求新、求异、求变、求真，成了网络语言的基本法则。

　　尽管崇尚新变，网络言说仍然依托于时代、文化、语言、意识形态话语，并受到网络言说者自身知识格局、语言能力、学习速度、认知能力等因素的规限；"新变"注定立足于既存的传统语料，承前启后之处颇有规律可循。那么，网络言说对于语体的开拓究竟拥有怎样丰富的风貌、实现了怎样的"个性"？从语形分析入手，我们可以对网络语言的整体面貌、流通过程有一个总体的认识，并同时对网络语言的当代文化内涵展开探讨。

网络语形，在本文中指的是网络言说中相对稳定的语言构成模式。与传统的书面语/口语的分类不同，网络语言呈现出游动在书面语与口语之间、各种非传统语言符号"平等"参与其中的特点；另外，它的语境性很强，往往趋向无语法、无句法的即景即事，在一字一词的别致之处教人眼前一亮、点头称是——语境化的提升，要求单个字词涵纳的内容需要更加独立、更加丰富，网民的信息交流中，于是就包含了大量的网络词语的自由创造及组合。可以说，相对独立的词语是网络语言的基础形态，独具特色的词语并存于网络传递的传统词语、句子之中，成为网络文化的基因图谱和显眼标志。网络语形分析因此必不可少。

总结中文网络中涌现的特色语形，目前可大致分为字母语形、数字语形、汉字语形和指代语形四种，其下又各有若干个具体形态。四者互相干涉，彼此结合，形成了网络语言求新、求变、求异、求真的合唱与变奏。

一、字母语形

字母语形，即中文网络语言中大量存在的字母形态，其存在的最基本原因，乃是互联网的"英文天性"——首先在英语国家出现，技术参数皆以美国为原初标准，且最先一批中文网络的注册用户都有或多或少的英文知识。英文作为一类基本语言技能存在于中文网络中，与之相关联的网络语形，大致包括汉语拼音系统和拉丁字母系统。汉语拼音在网络语形中主要以声母略语的形式出现，而拉丁字母则首先以英文词语、英文句子、英文略语、字母表音、字母表意等形式存在；前者来自中国网民的原创，且受英文网络语形的启发，后者则多取自国外英文网站中的已有成分，但也经过中国网民的拣选乃至"改良"，其流行小赖于"民意"。

1. 声母略语

声母略语，即用文字的首声母"缩写"词语。缩写本是字母语言的表达方式，即把单词的首字母大写连缀起来，达到输入简化快捷的目的，并能营造醒目易认的浏览效果；虽然汉语出版物中一直有拼音首字母连缀的格式，但大多仅仅是作为封面、题头的装饰成分，并不用在正文之中；网络中的声母略语，则是借用西文的单词拼写习惯，"重写"汉字词语，赋予其新的色彩风貌。

对出现频率极高的汉语词汇使用拼音首字母缩写，首先一类是网络基本术语，这增添了网络活动的"专业化"意味，例如：

YC——原创

ZT——转贴

ZZ——转载，同ZT

BZ——版主

qmd——签名档，即显示在帖子末尾的、由帖子发布者设定的文字或图片

Smd——说明档

mj——马甲（指小ID）

YC、ZZ、ZT一般加在文章标题中，不仅体现出网络社会尊重"知识产权"及原作者的意识，且有一定的标记功能——灌水帖无所谓"原创"，能够标记为YC或ZZ的帖子基本都是具有相对较高质量、值得一读的，因此可以作为一种醒目的标记，为阅读者提供一定的参考。

称呼语的声母缩写不仅方便输入，而且构成一套网络特有的交际套话，切合网络交际对于礼仪性和亲密感的各种需求，从而普及为一种最为普遍的称呼方式，例如：

GG——哥哥，用于通称男性

MM——妹妹，美眉，用于通称女性

JJ——姐姐

DD——弟弟

BB——宝宝

LP——老婆

LG——老公

Lm——辣妹

XDJM——兄弟姐妹

JMS——姐妹们

TX——同学

WW——湾湾，指台湾同胞

PPMM——漂漂妹妹

SSGG——帅帅哥哥

lz——楼主，用以称呼主题帖的发帖者

ls——楼上，用以在回复同一主题帖内的某条评论时称呼该条评论的发布者

从声母缩略"还原"为汉字的过程并不是固定单线程的，而常常具有歧义、多义的效果，譬如GG有时指的是"狗狗"而不是"哥哥"，MM指"猫猫"而不是"美眉"，在当代社会宠物家庭化的潮流中，同样是使用频率极高的词汇；另外，DD有时也指"东东"即东西，TX可能不是"同学"而是"调戏"，不可死守既有的缩略指代，而需要结合上下文重新联想"定位"。

网络语言中一些出现频率极高的常用语词，也有很多拥有"拼音缩写"，这些缩写能够成功流通，依托于其"原词"的广泛流行，例如：

D——顶（用跟帖的形式表示支持）

PF——佩服

tt——偷听

tk——偷窥

e——恶，指恶心

T——踢

S——死

hj——哼唧

bg——报告（指请客）

rpwt——人品问题

yjtf——一脚踢飞

hzhj——后知后觉

fb——腐败（指花钱）

gx——恭喜

ds——搭讪

ws——猥琐

hd——厚道

bx——冰雪

ms——貌似

ts——同上

jz——酱紫（"这样子"的急促连读）

tx——吐血

st——失态

bs——鄙视

YY——意淫

说话带脏字，在今天的网络世界成为一种中性的语言习惯，这类词语也"不屈不挠"地寻找着表达的"适当方式"。通常网页装有自动过滤程序，使汉语表达的脏字无法显示，这也促成了网民选择声母略语的表达方式。用"缩写"的方式带脏字，可保留个人的语言习惯，同时对字意原貌加以缓冲，使之不那么刺眼、刺耳，这是寻求表达的一种妥协；而这种"删节版"的脏话反过来又令越来越多的人喜欢稍微带上那么一两个字眼，为自己的发言增加几分"语言暴力"的爽快气质，且无伤大雅。比如：

DBC——大白痴

KL——恐龙

NQS——你去死

PMP——拍马屁

BT——变态

ZT——猪头

NB——牛逼（北京方言，粗俗的赞语）

NC——脑残

TMD——他妈的

MD——妈的

TNND——他奶奶的

NNDX——奶奶的熊

SB——傻逼

Cao——操

Kao——靠

P——屁

你y——你丫，y和丫外形之相似，发音之相近，在声母略语中是少见的

nphh——牛皮烘烘

直接或间接指涉性事的词语，按日常的语言习惯，应当尽量回避、婉指、不在日常口头交流中出现；而在网络语言中，由于"敏感词缩写"的惯例，这一类的数十个词语，皆由字母缩略而改头换面，公然登场，却巧妙地避免了直白刺眼的效果。例如：

JY——精液

SJ——射精

KJ——口交

SY——手淫

如上两种出于礼仪习俗不能书诸文字的"脏话"、因日常语言习惯而不常出现的"性用语"，因为语形的变通格式而公然出现在网络言说

中，令人对网络语言的"不雅"一面留下深刻的印象；但是，也正是因为采取了新语形，这些"人人心中所有，人人笔下所无"之物在网络中成了"口头"交流的常见话题，体现了当代对于私生活更为轻松的态度。

2. 英文词句

中文网络上常有简单的英文单词、短语、短句等，皆为直接使用，蔚为时尚。例如：

hi——嗨，打招呼

of course——当然

my god——感叹语，我的上帝

bingo——正确

no problem——没问题

love——爱

cool——酷

faint——晕，昏倒

help——救命

let's go——走吧

shit——屎，粗口

damn it——该死的

心情很high——心情兴奋

心情很low——情绪低落

英语网络中创制的专用于网络的新创词语，也在中文网络中采用，例如：

netizen——网民，net（网络）＋citizen（市民）

netiquette——网络礼仪，net（网络）＋etiquette（礼仪）

英文网站中常用的表达动作、状态的英文网络习语，也有许多被"引进"到中文网络，尤其有趣的是，中文网语中与英文网络习语对应的"热门"词汇亦不在少数。可以看到，母语在表情达意方面总是拥有天然的优势，土洋结合，"变位"更多，用法也更加多姿多彩。如：

smile——微笑、笑

grin、evil grin——奸笑、贼笑

pat——表示鼓励、安慰，"拍拍"

sweatdrop——义为汗珠，中文常用的是"汗"，还有更强烈的"大汗""巨汗""汗死""恶汗""狂汗"等

silent——义为沉默，中文网络则常用"默""狂默""无语"等

kok——敲头，表示提醒、打趣，中文网络还有用"捶"的

hug——抱，表示亲昵，中文网络中常用的还有"抱抱""大hug"等

nod——点头，表示很认真地同意，中文有"大点头""拼命点头""使劲点头""深深点头"等常用表达

kiss——亲吻，这在中文网络中表达的是一般的亲密亲昵，并不专用于情侣，而是广泛流行于相熟的网友之间，还衍生出"亲亲""狂亲""扑倒亲""mua"（拟声，亲吻声）的说法。

3. 英文略语

英文字母读音与音节读音的相合之处，为网络英文略语的出炉提供了灵感。另一方面，那些属于固定成分、常用短语的单词、短句，也因其出现频率极高而有了加以缩略的必要性。最为简单易识、得以在中文网站上流行的英文略语，通常是单词首字母缩略，或单词首字母缩略与借字母读音的混用，如：

Ft——faint，昏

hv——have，有

IC——I see，我知道了

U——you，你

Y——why，为什么

gz——greeze，表示惊讶

XS——Cross stitch（十字绣）

BR——Bathroom（浴室）

HD——Hold（抓住）

NRG——Energy（能量）

TOM——tomorrow（明天）

CB——cashbox（钱柜）

除了单个单词的缩略，数量更大、更为流行的是词组、短句的缩略。列举如下的网络英文略语，原网页上有这样的解释："以下条目99%都不是首字母缩写词（acronyms），而只是简写（shorthand）。新一代人认为简称（abbreviations）和简写都是首字母缩写词——这不正确。例如，SONAR（声纳，声波导航和测距装置，Sound Navigation and Ranging）、RADAR（雷达，Radio Detecting and Ranging）和AIDS（艾滋病，获得性免疫缺陷综合症，Acquired Immune Deficiency Syndrome）是首字母缩写词，而RTFM和BTW却不是。二者之间的区别在于：首字母缩写词是当做一个单词来读的，而简写则是读出每一个字母音。"

对于中国人来说，很难体会英语作为母语的独特语境，很多问题只能存疑不论。总观此类网络英文略语，大致可以将其分为以下几种：

（1）表身份/人物/特征

BF——boy friend，男朋友（中文网络常用）

GF——girl friend，女朋友（中文网络常用）

AIAMU ——And I'm A Monkey's Uncle（我是一个猴子大叔——迪斯尼动画人物）

IIIO——Intel Inside, Idiot Outside（大智若愚）

WIT——Wordsmith In Training（未来的语言大师）

DS——Dear Son（亲爱的儿子）

DW——Dear Wife（亲爱的妻子）

SO——Significant Other（配偶，情人）

MIL——Mother-in-law（婆婆，岳母）

FIL——Father-in-law（公公，岳父）

SNAG——Sensitive New Age Guy（新时代的多情男子）

SNERT——Snotty Nosed Egotistical Rotten Teenager（拖着鼻涕、自

私无用的孩子）

MOTSS——Members Of The Same Sex（同性成员）

SLIRK——Smart Little Rich Kid（富家骄子）

SIL——Son-in-law（女婿）

RLF——Real Life Friend（现实生活中的朋友）

NCG——New College Graduate（应届毕业生）

HOHA——Hollywood Hacker（好莱坞电影中的黑客形象）

FOAF——Friend Of A Friend （朋友的朋友）

BBFBBM——Body By Fisher， Brains By Mattel（四肢不发达，头脑又简单；身体是化学家造的，头脑是玩具制造商造的；Fisher，德国化学家，Mattel，美国著名玩具厂商，其产品芭比娃娃畅销全球）

BTA——But Then Again or Before The Attacks（又一次，或者在袭击前状态——911事件带来了对于价值的新认识，自我中心主义者会受到这样的嘲讽，指他/她还没有认识到人与人之间情谊的重要性）

（2）日常交流

① 基本问询

MorF——Male or Female?（男的女的？）

SorG——Straight or Gay?（异性恋还是同性恋？）

WYRN——What's Your Real Name?（你的真名是什么？）

BWO——Black， White or Other（黑人，白人或其他？）

A/S/L—— Age/Sex/Location（年龄/性别/住址）

②见面打招呼

GTSY——Glad To See You（见到你很高兴）

LTNS——Long Time No See（好久不见）

YOYO——You're On Your Own（你一个人？）

YA yaya——Yet Another Ya-Ya (as in yo-yo)（又一个孤魂野鬼）

WB——Welcome Back（欢迎回来）

③ 告别语

BBN—— Bye Bye Now（现在再见了，走了）

BFN ——Bye For Now（走了）

CYL——See You Later（待会儿见）

GTGB——Got To Go，Bye（要走了，再见）

GTG——Got To Go（要走了）

GR&D ——Grinning Running And Ducking（笑……跑……躲……）

KFY——Kiss For You（吻你）

KIT——Keep In Touch（常联系）

RDFC——Running Ducking For Cover（逃离，躲避）

SWAK——Sent (or Sealed) With A Kiss（附上一个吻）

④ 我会回来

BRB——Be Right Back（马上回来）

BBIAB ——Be Back In A Bit（很快就回来）

BBIAF ——Be Back In A Few（几分钟后回来）

BBL ——Be Back Later（待会儿回来）

HB——Hurry Back（匆忙赶回）

BITD—— Back In The Day（今天就回来）

CWYL——Chat With You Later（待会儿再聊）

STYS——Speak To You Soon（很快回来和你聊）

TTYL——Talk To You Later（待会儿再聊）

⑤ 表示感谢

TY——Thank You（谢谢你）

TYVM ——Thank You Very Much（非常感谢）

THX or TX or THKS——Thanks（谢谢）

TIA——Thanks In Advance（提前谢过）

⑥ 别当真，我是开玩笑

HHO1/2K——Ha Ha，Only Half Kidding（哈哈，只是半开玩笑）

HHOK ——Ha Ha，Only Kidding（哈哈，只是开玩笑）

KISS——Keep It Simple Stupid（别把它当回事）

J/K——Just Kidding（只是开玩笑）

SBTA——Sorry, Being Trick Again（对不起，是骗你的）

⑦ 我的想法是

IBTD——I Beg To Differ（恕不苟同）

AFAIC——As Far As I'm Concerned（说到我本人）

AFAIK——As Far As I Know（据我所知）

AISI ——As I See It（在我看来）

IDTS——I Don't Think So（我不这样想）

IMO——In My Opinion（我认为）

IMHO——In My Humble Opinion（以我愚见）

IMNSHO——In My Not So Humble Opinion（恕我直言）

MWBRL——More Will Be Revealed Later（以后事情会越来越清楚）

IYKWIM——If You Know What I Mean（如果你明白我的意思）

IIWM——If It Were Me（如果换成是我）

⑧ 你怎么想?

IYO——In Your Opinion（你的想法是）

JW——Just Wondering（只是想知道）

IYSS——If You Say So（如果你这么说）

LMK——Let Me Know（告诉我）

IDGI——I Don't Get It（没听明白）

RU——Are You?（是不是？）

WDYS——What Did You Say?（你怎么说？）

WDYT——What Do You Think?（你怎么想？）

WYP——What's Your Problem?（你有什么问题？）

YTTT——You Telling The Truth?（你是说真的吗？）

AYTMTB——And You're Telling Me This Because?（你告诉我这件事是因为……）

⑨ 表示反对、拒绝、抗议

这一类词与同类语形比较富于感情性，这不能不归因于粗口的大量出现。粗口本身就是口头语的极端，离书面语最远，所受拘束最少；它是一种感情符号，不局限于本身的字面指涉，而是更直接地包含了粗率、坦白、直截的语气，因此使用粗口表示反对、拒绝、抗议，其表意效果要明快得多。

CWOT——Complete Waste Of Time（完全是浪费时间）

WTF——What The Fuck（真见鬼）

WTG——Way To Go!（走开）

IDGAF——I Don't Give A Fuck（我不做任何反应）

WITFITS——What in the Fuck is this Shit（就是这玩意儿啊）

WCA——Who Cares Anyway（谁在乎）

CYA——Cover Your Ass（闭嘴，粗口）

VRBS——Virtual Reality Bull Shit（全是狗屎）

WAG——Wild Ass Guess（白日做梦）

WAI——What An Idiot（真是个白痴）

RYO——Roll Your Own（滚）

URYY4M——You Are Too Wise For Me（我觉得你聪明过头了）

IDKY——I Don't Know You（我不认识你）

INMP——It's Not My Problem（不是我的问题）

IDST——I Didn't Say That（我可没那么说）

MYOB——Mind Your Own Business（别多管闲事）

NIMBY——Not In My Back Yard（别连累我）

NIMQ——Not In My Queue（与我无关）

NMP——Not My Problem（不是我的问题）

NOYB——None Of Your Business（不关你事）

AWGTHTGTTA—— Are We Going To Have To Go Through This Again（我们又要重提这件事了么）

AWGTHTGTTSA ——Are We Going To Have To Go Through This Shit Again（我们又要重提这件屁事了吗）

CRAFT——Can't Remember a Fucking Thing（什么屁事都不记得了）

AYSOS——Are You Stupid Or Something（你傻掉了不成？）

NFI——No Fucking Idea（屁想法也没有）

NFW——No Fucking Way（没门）

IDK——I Don't Know（我不知道）

HUYA——Head Up Your Ass（盖住你的屁股）

GSOAS——Go Sit On A Snake（去死，直译为去坐在一条蛇身上）

GTH——Go To Hell（下地狱吧）

GYPO——Get Your Pants Off（掉裤子）

WYT——Whatever You Think（随便你怎么想）

YNK——You Never Know（你永远不会知道）

YDKM——You Don't Know Me（你不了解我）

STFU——Shut The Fuck Up（闭嘴）

SUYF——Shut Up You Fool（闭嘴，你这个白痴）

YGBK——You Gotta Be Kiddin'（你是开玩笑吧）

DETI——Don't Even Think It（想也别想）

BWDIK——But What Do I Know?（但是我什么都不知道）

DLTM——Don't Lie To Me（别想骗我）

YTTT——You Telling The Truth?（你是说真的吗）

DGA——Don't Go Anywhere（哪也别去）

DGT——Don't Go There（别去）

CRAWS——Can't Remember Anything Worth A Shit（什么屁事都不记得了）

DILLIGAD——Do I Look Like I Give A Damn（我看上去很糟吗）

DILLIGAS—— Do I Look Like I Give A Shit（我看上去很糟吗）

FYIFV——Fuck You I'm Fully Vested（我不受这个权限的限制，我完全有权……）

FRED——Fucking Ridiculous Electronic Device（笨蛋设备）

FUBAR——Fucked Up Beyond All Recognition（屁也认不出来）

FUBB——Fucked Up Beyond Belief（一派胡言）

FO——Fuck Off（滚开）

JAFO——Just Another Fucking Onlooker（又一个看热闹的）

KMA——Kiss My Ass（亲我的屁股吧）

KMRIA——Kiss My Royal Irish Ass（亲我高贵的爱尔兰屁股吧）

⑩ 表示赞同、善意、快乐、认同

NP——No Problem（没问题）

YSYD——Yeah, Sure You Do（是的，你可以）

YYSSW——Yeah Yeah Sure Sure Whatever（是，是，随便怎么说都可以）

YR——Yeah Right（啊，是的）

WYS——Whatever You Say（随便你怎么说）

TM——Trust Me（相信我）

IOH——I'm Outta Here（我在就好了）

HAK——Hugs And Kisses（拥抱，亲吻）

MHOTY——My Hat's Off To You（向你脱帽致敬）

LYL——Love Ya Lots（很爱很爱你）

LYLAS——Love You Like A Sister（像姐妹一样爱你）

MTFBWY——May The Force Be With You（愿你拥有力量）

NM——Never Mind（别介意）

PLS——Please（请，拜托）

BS——Big Smile（大大的微笑）

ISS——I Said So（我就这么说的）

WYSLPG——What You See Looks Pretty Good（你看上去好极了）

AMBW——All My Best Wishes（送上我的祝福）

BCNU——Be Seein' You（想见你）

GL——Good Luck（祝你好运）

GNBLFY——Got Nothing But Love For You（除了对你的爱，我一无所有）

HUA——Heads Up Ace（盖过王牌）

ILY——I Love You（我爱你）

LOL——Laughing Out Loud -or- Lots of Luck (or Love)（大笑，或很有运气/很爱很爱）

WEG——Wicked Evil Grin（邪笑）

WG——Wicked Grin（邪笑）

GAL—— Get A Life（又有一条命了）

GIWIST—— Gee，I Wish I'd Said That（我那样说就好了）

ROTFL——Rolling On The Floor Laughing（笑得打滚）

ROTFLMAO——Rolling On The Floor Laughing My Ass Off（笑得打滚）

CSL——Can't Stop Laughing（忍不住大笑）

LLT A—— Lots And Lots Of Thunderous Applause（热烈鼓掌）

LMAO——Laughing My Ass Off（笑死了）

LTIC——Laughing' Til I Cry（笑出眼泪来了）

ILICISCOMK——I Laughed，I Cried，I Spat/Spilt Coffee/Crumbs/Coke On My Keyboard（我笑，我哭，咖啡/点心渣/可乐撒到键盘上了）

（3）其他日常用语

pk——Personal Killing（单挑）

PM——Pardon Me（请原谅）

FM——Follow Me（跟我来）

JC——Just Checking（正在检查）

KWIM——Know What I Mean（懂我的意思吗）

OMG——Oh My Gosh（唉，糟了）

OIC——Oh，I see（哦，我明白了）

ONNA——Oh No，Not Again（不是吧，又是这样）

PMFJI——Pardon Me For Jumping In（请原谅我的打搅）

RMLB——Read My Lips Baby（认真听我说）

RMMM——Read My Mail Man!（读我的邮件！）

CRAP——Cheap Redundant Assorted Products（积压的廉价杂货）

CTC——Choking The Chicken（填鸭）

DBEYR——Don't Believe Everything You Read（别做书呆子）

DD——Due Diligence（因为勤奋）

DHYB——Don't Hold Your Breath（别大惊小怪）

DKDC——Don't Know Don't Care（不知道就不在乎）

DQYDJ——Don't Quit Your Day Job（坚持你的日常工作）

DWYM——Does What You Mean（做你想做的）

FAB——Features Attributes Benefits（长处，优势）

FWIW——For What It's Worth（按照它的价值）

FF&PN——Fresh Fields And Pastures New（全新）

FTASB——Faster Than A Speeding Bullet（比子弹还快）

FTL——Faster Than Light（超光速）

FYA——For Your Amusement（你一定会发笑的）

GG——Good Game (or) Gotta Go（干得好，或准备走了）

GIGO——Garbage In，Garbage Out（一点没长进）

IIMAD——If It Makes An(y) Difference（如果那能有什么不同的话）

IIRC——If I Remember Correctly（如果我记得不错的话）

IRL ——In Real Life（在现实生活中）

MM——Market Maker（市场创造者）

NBD——No Big Deal（小数目）

NBIF——No Basis In Fact（纯属虚构）

OAUS——On An Unrelated Subject（题外话）

OBTW——Oh By The Way（哦，顺便说说）

LIFO——Last In First Out（来得最迟，走得最早）

（4）网络操作术语新词组

这些网络操作术语不同于网络专业术语，它们基本只出现在网络交流的语境中，要求受话者同说话者一样熟悉计算机屏幕上经常出现的提示、回答、警告（以完整的单词、句子形式出现），在看到这些短句、词组的首字母缩写时能够迅速地将其还原；当然，经过一段适应性训练，这些"生词"变为众所周知的"旧词"，便在网络上畅通无阻了。

EOM——End Of Message（报文结束）

FUD——Fear，Uncertainty，and Disinformation（不可靠的信息）

FYI——For Your Information（告知你，根据你的信息）

FYM——For Your Misinformation（因为你的错误信息）

IM——Instant Messaging（立刻发送）

LD——Long Distance（远程）

MOTD——Message Of The Day（当日消息）

NAZ——Name，Address，Zip (also means Nasdaq)（姓名，地址，邮编，或纳斯达克）

NRN——No Reply Necessary（没有有效答复）

NG——New Game（新游戏）

VM——Voice Mail（语音邮件）

FAI——Frequently Argued Issue（经常讨论的问题）

FAQ——Frequently Ask Question（常见问题）

AFK——Away From Keyboard（不用键盘操作）

ANFAWFOWS——And Now For A Word From Our Web Sponsor（网络系统出错）

EOT——End Of Transmission（通话结束）

FO——Finished Object（对象已完成）

FUA——Frequently Used Acronyms（经常用的缩写词）

REMA——Reading E-Mail Addiction（迷上了电子邮件）

PAS——Pattern Acquisition Syndrome（格式获取错误）

PCA——Pattern Collectors Anonymous（为命名的格式采集器）

PIGS——Projects In Grocery Sacks (Materials Bought But Project Not Started Yet)（未执行软件包）

PILL——Project I lost lately（最近丢失的计划）

UDO——Un-designed Objects（未设计对象）

UFO——Un-finished Objects（未完成对象）

UPGS ——Unfinished Project Guilt Syndrome（未完成计划，非法错误）

AOB—— Abuse Of Bandwidth（滥用带宽）

BDC—— Big Dumb Company or Big Dot Com（大企业）

BT——Byte This（把这个输入电脑）

CP——Cross Post（重复投递）

CIS——CompuServe Information Service（计算机网络信息服务）

DDD——Direct Distance Dial（直线长途）

ESO——Equipment Smarter than Operator（智能设备）

EWI——E-mailing While Intoxicated（疯狂发送电子邮件）

FBKS——Failure Between Keyboard and Seat（输入错误）

FE——Fatal Error（致命的错误）

IFAB——I Found A Bug（我发现一个错误）

MFD——Multi-Function Device（多功能设备）

FITB——Fill In The Blank（填空）

N/A——Not Applicable –or– Not Affiliated（设备不可用，或未配置）

N/T——No Text（无文本）

NAK——Nursing At Keyboard（键盘护理）

NIFOC——Nude In Front Of The Computer（裸体上机）

NIM——No Internal Message（没有来自网络的信息）

OOTC——Obligatory On Topic Comment（有义务参与话题评论）

OS——Operating System（操作系统）

PEBCAK——Problem Exists Between Chair And Keyboard（操作者的问题）

RTK——Return To Keyboard（又使用键盘了）

SF——Surfer Friendly（适合网虫使用）

RTM or RTFM——Read The Manual – or – Read The F*#king Manual（读说明书，读那个见鬼的说明书）

TMI——Too Much Information（信息过多）

TNA——Temporarily Not Available（暂时不可用）

TPC——The Phone Company（电话公司）

EOD——End Of Discussion（结束争论）

WYSIWYG——What You See Is What You Get（所见即所得）

WAMBAM——Web Application Meets Brick And Mortar（网络连接遇到困难）

（5）传统词组、短语的略语形式

以下短语、习语在人们的日常语言中出现的频率非常高，可以说，要在网络上创造一个尽可能接近真实的口语交流的语境，这些短语绝对不可缺省。

BTW——By The Way（顺便说说）

AKA or a.k.a.——Also Known As（又称）

ASAP——As Soon As Possible（尽快）

AAMOF——As A Matter Of Fact（事实上）

BTDT—— Been There Done That（同感，同意）

BTWBO——Be There With Bells On （及时到达，在钟响的时候赶到）

CID——Consider It Done（假设如此）

CMF——Count My Fingers（消磨时间）

BHOF——Bald Headed Old Fart（陈词滥调）

URB——Unread Books（没人读的书）

LA—— Leisure Arts（休闲艺术）

AOAS——All Of A Sudden （突然）

ISO——In Search Of（寻找）

ISRN——I'll Stop Rambling Now（我要开始好好干了）

TLGO——The List Goes On（续表如下）

ITD——In The Dark（在黑暗中，一无所知）

FTTB——For The Time Being（就在现在）

GMTA——Great Minds Think Alike（英雄所见略同）

GMTFT——Great Minds Think For Themselves（智者为自己考虑）

FOS——Freedom Of Speech（言论自由）

FTTT——From Time To Time（有时）

ATST——At The Same Time（与此同时）

DRIB——Don't Read If Busy（静下心来思考问题）

IAC——In Any Case（无论如何）

IAE——In Any Event（无论如何，不管怎样）

IC——In Character（适合）

INPO——In No Particular Order（概莫能外）

IOW——In Other Words（换句话说）

JOOTT——Just One Of Those Things（只是命中注定的事）

YA——Yet Another（另一方面）

WIIFM——What's In It For Me?（它到底是什么？）

WRT——With Regard To（关于，牵涉到）

TBC——To Be Continued（未完待续）

TDTM——Talk Dirty To Me（对我说脏话）

TEOTWAWKI——The End Of The World As We Know It（直到天涯海角）

TFH——Thread From Hell（来自地狱的威胁）

TFN——Thanks For Nothing –or– Til Further Notice（直到以后通知）

TIC——Tongue In Cheek（假心假意，言不由衷）

ITM——In The Money（赚钱/赌赢/获奖/富裕）

OOC——Out Of Character（不符合，不相称）

OOO——Out Of Office（在野，不执政）

OOTB——Out Of The Box –or– Out Of The Blue（摆脱困境）

OT——Off Topic（题外话，走题）

OTOH——On the Other Hand（另一方面）

OWTTE——Or Words To That Effect （换句话说）

TANSTAAFL——There Ain't No Such Thing As A Free Lunch（世上没有免费的午餐）

POV——Point of View（观点）

R&D——Research & Development（研究与发展）

R&R——Rest & Relaxation（休息与娱乐）

RAT——Remote(ly) Activated Trojan

RBTL——Read Between The Lines（看出言外之意）

RN——Right Now!（马上，立刻）

ROTM——Right On The Money（在最恰当的时候）

BIF——Basis In Fact or Before I Forget（基于事实，或我记得是这样）

DYSTSOTT——Did You See The Size Of That Thing（你了解整个事件了吗）

BRT——Be Right There（就在那儿）

HTH——Hope This （or That） Helps 希望这个（那个）管用

DIY——Do It Yourself（自己做）

GOK——God Only Knows（只有上帝知道答案）

TWHAB——This Won't Hurt A Bit（这不会造成任何损失）

unPC——unPolitically Correct（政治上的错误）

RL——Real Life（真实生活）

RSN——Real Soon Now（即将发生）

以上三百多条字母略语，在中文网站上流通的只有极少数，如BF、GF、LOL、DIY、TBC、FAQ。我们之所以不厌其烦将外文网站上的字母略语重新排列组合，并不立意于将其推而广之，而是因为这些略语经过分类，可以使我们对于网络语言的成分、操作规程有一个直观的整体印象。尽管在格式上都是字母略语，其内容却丰富多彩，从传统的副词、介词短语到新创的网络、计算机短语，从表示程度、范围上的限定到表示性质、内容上的独特，从最为礼貌、客套的敬语到粗俗、效果强烈的粗口，林林总总，彼此交织，是网络语言行为的一幅"镜像"。我们可以看到，在网络语言信息的高速交流中，质疑与肯定交替出现，进入和退出频繁发生，活泼的情感宣泄诉诸文字的形象表述，专业的技术语言被转化为新的修辞方式——在这一部分语形中体现出来的网络精神，将在下文的中文网络语言中得到形式不同而又同样淋漓尽致的发挥。

英文略语作为一个语形类别出现在语言学的视野里，本身就是略语与网络语言其他语形相互磨合的结果。一个短语，一句话，究竟能不能以略语的形式出现，其略语形式的生命力究竟如何，只能在网络语言的实际使用过程中加以检验；英文略语在中文网络语言中的使用，正体现了"网络一家亲"、语言习惯超越国界的迹象。

4. 英文倒字

倒字，顾名思义，就是把单词、字母排列倒过来。不论是对于说话者还是受话者，这都是一种增加网络语言趣味的方法；当然，在奇特的效果背后也隐含着礼貌原则，特别是如下一例：Nohss!W

这是什么意思？仍是一句粗口。W、N都是美式口语发音的表达方式，这个词大致可读为/washoln/——英文写法为asshole；可是一番改造之后，它的本来面目仅仅呈现在解读的思考、发音过程中，避免了书写语境的礼仪被破坏的效果，且额外增添了一种猜谜的乐趣。汉字里也有同样的游戏，如：猪是的念来过倒。

5. 字母表音

由于希望网络表达能够尽量接近说话的声音效果，出现了许多新创的拟声词；而当现成的汉字拟声词不足以绘声绘色，乃至音节不能用汉字表示时，利用汉语拼音拟声的做法应运而生。例如：

Pia——抢耳光，很响亮的声音，通常用做动词，如"pia某人"即打某人耳光之意。

HOHOHOHO……——也写做"活活、厚厚、吼吼",表示不怀好意的笑声

HEHE——呵呵,表示笑声

HUHU——呼呼,可以表示血压升高,亦表笑声

KAKAKAKA……——也写做咔咔咔咔,表示沙哑、粗野的笑声

GAGAGA……——也写做"嘎嘎嘎",公鸭嗓子笑

hiahia——这个笑声确实不能用汉字表示

字母表音不仅限于拟声的虚词,还有实词的例子,如s——死(汉语拼音谐音)、oz——Austrilia(英文字母谐音)等;单词末尾字母的反复叠用,表示拖长的音调,也是加强语气效果的一种常用方式,如:

NOOOOOOOOO——no,不

FAAAAAAAR AWAY——far away,很远

toooooooold——too old,太老,太旧

曾几何时,在书写中随意拆卸、拼贴、重组单词的用法,是前卫文学家独标的"创造性书写",这些前所未见的手法为当时的读者带来阅读感受上的革命,如乔伊斯《尤利西斯》(1922)中的妙笔:

endlessnessnessness……(endlessness不停)形容余音绕梁

greaseaseabloom(grease bloom,油腻的布鲁姆)油腻腻的布鲁姆

waaaaaaalk(walk,走掉)依依不舍地走掉

大半个世纪之前的"造词法"深深地打着"作者独创"的醒目标记;到了网络当道的当代,则成了一种人人皆懂的网络言说技巧。这一"语言创新"的普及,生动地展示了几十年间文化精神的转向——人人都开始有意识地将自己的感觉与某种文字游戏方式结合起来,一旦发现新的手法、确认其具有独特的效果时就立即采用,经典中的种种独有形式也像最新的流行歌曲一样受到模仿和追捧。"经典"与否不是网络言说者的理由,他们作出的选择完全依靠自己的感觉和品位。

字母语形之所以在中文网上大行其道,与网民的教育背景、文化口味密切相关。历次调查结果都显示,网民中18~24岁的年轻人最多,

远远高于其他年龄段的网民，占据绝对优势，且低龄化的趋势尤有加剧之势。这一群体大都接受了或正在接受连贯的英文课程教育，又亲近外来流行文化，对字母、英文单词情有独钟；因此，在汉语、英语的表达方式并列的情况下，他们有时会不自觉地倾向后者。当然，这种选择基本以简便、易掌握为前提，所以，实际在使用状态的英文字母语形只占中文网语的一小部分；不仅如此，英文字母通常又与中文拼音结合使用，例如：

bter——变态的人（bt为"变态"的声母略语，-er则是英文词法中"……的人"）

bger——请客的人（字面义为报告人，构词法同上）

cft——超晕（c为"超"的声母略语，ft则是英文faint"晕"的略语）

因为英文字母与汉语拼音的同形性，如上三个例子"英汉结合"的特征不甚明显，这种不明显状态，却颇能体现网络语形的变幻无方。英汉相叠的迹象还有可能更为隐晦："//遁"其实便是从"//esc"中脱化而来，二者同义，都表示"我逃跑"：双斜线加在动词前面，在英文网络中表示主体的动作，这一形式放在中文网络中好像多此一举，但却是英文输写习惯在中文网络中移用、变化的确实证明。

更有一类"双语"游戏，将英汉兼及的妙趣发挥到极致，如下面一则：

Retraclory Pathological Character Deficiency Syndrome

顽固型病理性人品匮乏综合症

简称RPCDS（人品差到死）

"人品"（常以拼音缩略为rp）在中文网络语境中多有"运气"之意；说"人品差"不是指人的品行不端，而是言其运气不好；RPCDS本来就是"人品差到死"的拼音缩略，此处当做英文略语"倒推"回原词，便与一串拗口、生僻的英文单词联系起来、最终被表述成一种"疾病"——此即脱胎于传统的英语文字游戏，又加入了《魔鬼词典》式的嘲讽趣味，与将MBA（工商管理硕士）"还原"为Mental Below

中国网络言说的新语文

第四章　网络语形

99

Average（智商低于平均水平）、PHD（博士）"还原"为Permanent Head Destroied（永久性头壳坏掉）的纯英文略语倒推如出一辙。

二、数字语形

活跃在汉字网络语言之中的又一语形——数字语形，也引进了外语网站的一些常用组合；但是与字母语形相比，数字语形更多地建立在汉语发音的基础上，包含了更多的"原创性"。

1. 数字表音

（1）数字表中文音

把数字依音转化为汉字词组或句子，属于传统的文字游戏，例如3.1415926535897932384626（圆周率），就在一则故事中被顽童们改成了嘲谑先生贪杯的"顺口溜"："山巅一寺一壶酒，尔乐苦煞吾，把酒吃，酒杀尔，杀不死，乐尔乐。"这是把不含意义的数字发音改写为连贯的、有意义的句子。网络的数字语形反其道而行之，用数字作为汉语的"音标"，同样取谐音之长；当然，要把随意的词句改成阿拉伯数字，读音上也必须有所模糊，这种模糊读音契合了时下流行的夸张、做作口吻，歪打正着，颇受欢迎。如：

1314——一生一世

3344——生生世世

520——我爱你

510，520，530，570，580——我要你，我爱你，我想你，我亲你，我抱你

584——我发誓

54——无视

84——不是

874——不去死？

4242——是啊是啊

77543——猜猜我是谁

5366——我想聊聊

18056——你不理我了

1573—— 一往情深

526——我饿了

8147——不要生气

775——亲亲我

777——急急急

5945——我就是我

7456——气死我了

886——拜拜了

9494——就是就是

9898——走吧走吧

5871——我不介意

596——我走了

51396——我要睡觉了

5120，59487——我要爱你，我就是白痴

56——无聊

666——溜溜溜

96——走喽

10——是

1—— 一，如：1直（一直）

1——伊（她）

5——勿，如：mm5r（即美眉勿入）

11——失忆

数字表音虽有许多"成语"，但用法也相当灵活，与汉字、字母"配合默契"的并非绝无仅有，例如：

8过、8要、8错——不过、不要、不错

乌78糟——乌七八糟

44k8——试试看吧

W4——巫师

M4——牧师

B4——鄙视

蔡10——蔡依林，艺人

（2）数字表英文音

　　用数字表示英文发音，长处首先在于书写简便快捷；但有时在英文键盘输入单词的过程中，以数字替换掉单词中某个谐音的音节其实并不方便，这时的数字表音就更多地承担了输写者对"有趣的写法"的自觉追求。观察中文网站上的数字英文音，可分两种不同的情况，前者主要在英文网络世界流通，后者则是中国网民的创造。

　　用数字的英文读法替代英文单词或音节，如：

4（four）—for

4ever——forever

B4——before

B4N——bye for now

2（two）—to、too；

S2R ——Send To Receive

S4L——Spam For Life

L8R——Later

CUL8R——See You Later

M8 or M8s——Mate or Mates

419——For one night（一夜情）

D8TA——data

GR8——Great

32——me too（3为唱名mi，与me谐音）

2B not 2B——to be or not to be

me 2——me too

g9——good night

　　用数字的中文读法谐音指代英文单词，如：

88——byebye

39——thank you

74—kiss、cheese

K8——kiss bye

（3）数字表日文音

关于以数字表日文发音，常举的例子是3166（撒优那拉，日文"再见"的中文音译），31是中文读法，而66则是音乐上唱名la的简谱符号。作为对照再举一例，5632（so-la-mi-re），是中文"速拿米来"的数字隐语。因为音乐唱名并不那么众口相传，所以这方面的创造是极少数。3166是一个特例，属于常见日文音译、数字发音的结合，加上其作为日常交际告别语的功能，因此广为人知；8916与日语脏话"混蛋"谐音（发音"八格牙路"），同样一度大行其道。

2. 数字表形

单纯的数字表形比较少，通常是与其他键盘符号组合起来表达一个形象，这种符号组合将在后文论述；首先值得关注的是数字本身被赋予的"象形性"——其中包括与事物及与英文字母的形似之处：

ID10T——Idiot，10与io的大写形式IO几乎一模一样，而10、0，同时又谐指智商极低

8——眼镜或者领结、蝴蝶结

9—舔舌头、3—兔子嘴巴、0—张开的嘴巴、86——鬼脸

理解此类数字表形通常需要翻转90度。

505——SOS

3707——LOVE

07734——HELLO

8084——BABY

885——BBS

11. 11——发源于网络，11月11日被定为"光棍节"，取的同样是数字1"茕茕孑立"的"象形"，一连四个1更是强化了这种孤单的存在状态

3. 数字表意

数字表意与历史纪年、文化事实等非语音信息密不可分。在网络语形中，对数字表意的理解方式往往不同于其他的语形，它需要文化背景、时事信息、通用常识方面的集体联想，这种语形英文网络中为多，但也有不少被中文网络采用，如：

286、386、486——指头脑迟钝，来自英特尔公司头几代处理器的名称，与现在的产品相比速度很慢

86——边缘，或结束，来自*86命名的产品已经被淘汰

411——指"信息"

404——错误，来自计算机中常出现的错误提示"error 404"

112——叫救护车，表示自己已经（笑得）不行了

007——来自詹姆斯·邦德这一电影形象的间谍代号，转以指"秘密"

1775——美国独立战争爆发之年，转以指"造反的意图"

13579——五个数字都是奇数，而在英文中奇数odd又是形容词"奇怪的"，因此是指"此事真奇怪"

54321——我要爆炸了，取倒计时之意

20*10000——爱你一万年，20谐音"爱你"，10000则表示年数

10、100——现代竞技比赛中的满分，意为"完美"

0001000——1指一个人，两边的0则指无人，表示"我很孤独"

总体说来，最初的数字语形的语音—语意创造，通常会遇到因为可表的语音有限而无法进一步扩展的问题；因此，在尝试了种种的可能性创造之后，数字语形保持在了一定的常量：一部分成为套语进入流通，而不太易理解的说法则被淘汰。在数量上，数字语形远远不及字母语形以及下面将要论述的汉字语形；但是数字语形作为网络表达快捷、醒目的基本手法，其接受度和流通度都是毋庸置疑的。

三、汉字语形

汉字语形是中文网络语言的主力。与前两大类语形相比，作为中

104

国人使用了几千年的母语，汉字涵融着中国文化的充裕符码，随着网民的言说"因情立体，因文生事"，不断地添加新的表达方式，拓开新的体认空间，丰富着网络语言这个新的语言形态。在解读过程中，我们时时可以遇到或谐趣、或奔放、妙趣横生的网言网语，此类"原生态"网络语形透露出的趣味与观念，给我们提供了一条"检阅"网络文化精神的通达路径。

1. 新字语形

新字语形，即网络新创的、传统书面汉语中没有的词汇及词汇用法，其中又可以分为网络术语和网络行为描述语，许多来自英文网络词汇的直译，也有不少是"中国制造"。正式书面的网络术语与比较随意的行为描述语相比，其产生有前后之分，却没有主次之别，后者的造词经常借用前者，二者之间并没有很严格的界限。网络新字略举数例如下：

（1）计算机/网络术语，大多由英文原词翻译而来：

网络（network）、主页（homepage）、网页（net page）、预览（preview）、浏览器（browser）、调试（debug）、对象嵌入与连接（object embeding and linking）、即插即用（plug and play）、内联扩展（inline）、动态连接（dynamic linking）、共享（share）、粘贴（paste）、二进制（binary）、拖放（drag and drop）、压缩（compressed）、映射（mapping）、释放内存（deallocating memory）、系统崩溃（system crash）、挂起（hang）、断开（disconnect）、弹出（pop）、刷新（refresh）、复引用（dereferencing）、重启（reboot）、网上冲浪（net surfing）、在线（on line），等等。

关于上网主体的"命名"，也出现了许多不同的称谓，有人作了如下递进式分类：

网员——因特网服务提供商对客户的称呼。网员不一定要上网，也不一定会上网，但必须及时缴纳上网费和电话费

网友——上网者之间的相互称呼。有人主张，典型的网友当有以下特征：有两个以上的免费电子邮箱，每天上网两小时以上，查看电子

信箱三次以上，回复每一封来信，到常去的电子公告版和聊天室呆一会儿，再到大的网站看看有没有新软件可以下载

网迷——迷恋网络者，将80%以上的休息时间用来上网，放弃了其他爱好，除了维持生活的基本费用，收入主要用来缴纳上网费和电话费。网迷虽然迷恋网络，但尚有自制力

网虫——除了有网迷的全部特征，网虫还有特殊的嗜好；上网的内容集中在万维网浏览上，像一条虫子顺着电话线爬来爬去，在各个网站东瞧瞧西看看，找到感兴趣的东西就拉到硬盘上。时间长了，也就上了瘾，自制力严重下降，但头脑尚算清醒。此词在互联网刚刚流行的时期曾大为流行，但近年来几乎已经成为历史

网络沉迷——网络毒瘾症的重症患者，完全失去自控能力，将所有的时间和金钱用来上网，频繁地检查电子信箱、奔波于各大电子公告版，穿梭于各聊天室呼朋唤友、不断地呼叫网络情人、将有用无用的新软件拉到硬盘、反复查看常去的网址有无更新，一日不上网即失魂落魄，极度痛苦。唯一的治疗方法就是上网

网民——号称"上网者的最高境界"，思维与行为方式完全与网络融为了一体，每天的生活就是坐在电脑前工作、学习、购物、炒股、娱乐

网络管理者——网管（monitor）、版主、版副

网龄——用以度量上网时间或费用的计量单位，上网的时间\费用花得越多，网龄也就越长

（2）网络行为词语，例如：

点击（hit，在英文中并不是新词，只是增加了新义，但在汉语中则是一个专用的新词）、进来看看、爬进来——访问网页

发帖、贴帖子、打铁——发表言论

跟帖、冒个泡、踩一脚、顶（即支持）——在留言版已有主题上跟发帖子

顶（up）、顶顶（upupupupup……）、撒花、端水、捶背、倒茶、搬凳子看看、严重同意之、严重支持——表示支持此帖

打酱油、飘过——发布回帖，但不明确表示自己的态度

下载（download）、搬回去、收了——把网上信息存入自己的计算机

讨论、拍砖、群殴、围观、调戏——在留言版中就某个问题进行争论

灌水——在网上大量发表缺乏有效信息的帖子

禁水——禁止大量发表缺乏有效信息的帖子的行为

挖坑、开坑——开始发表连载长篇故事或提出讨论话题

撒土、填坑——正在写连载长篇

平坑——写完了连载长篇

坑王、万年坑王——喜欢写长篇但往往不能保证终篇的人

下了、走了、飘走、爬走、闪了——下线

楼主、楼上、楼下、大人、大兄弟、看官——网民之间互相称呼

拜山、拜坛、打招呼——第一次进入一个论坛

马甲、小号——主ID之外的、不是最常用的ID号码

沉——帖子因无人跟帖而被列到论坛末尾

黑——动用黑客技术惩罚对手，令其死机；或散布对其不利的消息，破坏其形象

刷屏——在电子留言版上发表连续的灌水帖、占满界面的一整页空间

加精、收精——将论坛中的某篇文章列为精华，加入精华栏

置顶——将论坛中的某篇文章列为精华，列在论坛的第一页第一条

不仅如此，网络新词同大部分的既存词汇一样，被迅速赋予了比喻义，反过来成为喻指日常行为的一套话语系统，亦构成一种语言风格；譬如：

我准备去访问一个新网页——约会

她的界面看起来很友好——对女友印象好

我去释放一下内存——上厕所

编写应用程序——写情书

你愿意和我共享一台主机吗？——求婚

我们联网了——结婚了

我们去做个系统检测，顺便杀杀毒——婚检

把我们的桌面重排一下吧！——打扫房间

看来我和她有些不兼容——吵架

她在开发新一代产品——妻子怀孕

有了一个备份文件——生了双胞胎

脑袋当机——惊呆了，脑袋一片空白

围绕着计算机、网络而发展起来的新字话语系统，在网络初起时期最为繁荣。这些带有专业色彩的"科技"术语，在当时是生活前卫的鲜明符号，一度独领风骚，众口相传。

2. 借字语形

借字语形，即网络语言中大量存在的同音假借字现象。借字语形的前状态是准确输入的汉字网语，它的同音异形大都来自键盘输入时的错误，理解它们需要通过读音还原正确的语言；同时，由于汉语属于表形系统，每个字都隐含了本身固定、独立的意义，使用借字语形的趣味便不仅仅在于语言理解、还原过程的游戏性，还包括了根据读音重新组合汉字文化意象的变异形态。文化意象在重组中的变异形态，大大丰富了网络语言的意指空间，令其本就擅长的灵活、流动达到一种不可捉摸的境界——不少人甚至舍智能输入法直接跳出来的正确字形不用，而去有意制造一些新的错词，不断寻找汉字随机组合的乐趣，也是网络语言的别样趣味。举例如下：

霉女——美女

衰哥——帅哥

摔锅——帅哥

捆了——困了

粉丝——Fans（热心的崇拜者）

大点化——打电话

斑竹、版猪——版主

板斧——版副

幽香——邮箱

馨香——信箱

水饺——睡觉

青筋——请进

竹叶——主页

粮食——良识（指文章的内容不含色情、暴力的成分）

女银——女人

男银——男人

男猪——影视剧男主人公

女猪——影视剧女主人公

版油——版友

稀饭——喜欢

楼猪——楼主

粪青——愤青

鸡冻——激动

甲醇——假纯

小花——笑话

烙铁——老帖（早就有人发过的帖子）

人参公鸡——人身攻击

童稚——同志

你嚎——你好

哦买糕的——oh my god

狠早——很早

叼——钓，如：恐龙叼gg（丑女钓男友）

把主角、版主之"主"换做"猪"，调侃取笑之意毕现，网上商铺的老板也多有自称"店猪"的，将"主"字带有的专有、疏离的意蕴改换为"猪"式的自承愚鲁、乐于相交的和气。

还有一些字、词，来自"我手写我口"，力求表达说话者连读、别音的输写习惯，其中实词虚词皆有，如：

蓝的——男的（blue——boy）

绿的——女的（green——girl）

表——不要

粉——很

撒——啥

酱紫——这样子

酱——这样

偶——我

虾米——什么

素、系——是

介素——这是

滴——的

缪、谬——没有

捏、泥——呢

末有——没有

芥末——这么

介个、介锅——这个

麻豆——模特，台湾腔的"model"发音

把拔——爸爸，港台腔

马麻——妈妈，港台腔

筒子棉——同志们

筒子、铜子——同志

小盆友——小朋友

童鞋——同学

内牛满面——泪流满面

淫才——人才

达淫——达人

闪银——闪人

异字别音的做法，除了为原词加添上一重别致的语义点缀，口语

色彩也更加强烈，满足了网络对于"仿真"、尽量建构日常交流情境的要求。

3. 拆字语形

拆字游戏古已有之，网络语言诉求于第二符号系统，以符号的视觉阅读为基础，故而这一种表达方式颇能显现汉语的长处，如拆字对联："李广射石，弓虽强，石更硬；诸葛禳星，火一灭，心自息。"很明显，这种语形以对汉字的发达的发散联想为基础，难度很高。而在网络用语中，拆字而成的"弓虽"（"强"的拆字）是非常常见的表达方式，以双音节、单字形的赞叹语形式而大行其道，并进一步衍生出"走召弓虽"（超强）、"走召弓虽口阿"（超强啊）的连缀格式。

又如：

女口田亻你能看日月白辶文段舌，讠兑日月亻你白勺木

目艮目青有严重白勺散光——如果你能看明白这段话，说明你的眼睛有严重的散光

拆字游戏无形之中突破了日常现实生活中的书写惯例，并非定要一格一字，甚至一个字可以拆在两行写；网页输入的充裕空间使得拆字游戏成为可能。这一网络文化的输写格式，接续了中国传统社会文人圈专有的文化活动，一面丰富着网络文本的视觉效果，一面提示着对古人昔日"文字感"的追想和会意。

`` ┣┐ `∧´ ┣ 十日女子 ⌒
了三 ┌┐│ 三口日，│目疋 ‖
人口 ⊔│口儿`大 口阿
┗┘ ○

——这句说的真是好啊！写这"一句话"占了四行。除了拼接汉字，还进一步加入了键盘输入的其他线条符号，增加了辨认的难度，个性、趣味性亦随之提升。

4. 叠字语形

叠字语形在网络语言中亦随处可见。活泼生动，由于易懂、易

造，呈现的是童稚化的口吻，并反过来把网民组织到这个青春化语言的系统中，例如：

东东——东西

斑斑——版主

猫猫——猫

狗狗——狗

钱钱——钱

饭饭——吃饭

觉觉——睡觉

怕怕——害怕

帅帅——帅气

漂漂——漂亮

光光——光棍，或精光，没有了，如吃光光，看光光

便便——大便

坏坏——坏

壮壮——强壮

抱抱——拥抱

亲亲——亲吻

跳跳——像孩子似的高兴得一蹦一跳

摸摸——摸，爱抚宠物的动作，表示安慰、喜爱

鼎鼎——顶

文文——文章

对网名的称呼，也常遵循叠字习惯，即取名字的头一个字叠加，这使本来完全不符合现实语言习惯的网名带上了亲昵、家常的色彩。比如：

霜霜——昵称网名"霜天火影"

樱樱——昵称网名"樱"

5. 象形语形

"囧"在网络中语言的一大样板，其实可以归于网络语言的图像联想思维；"囧"（"冏"）原本是象形字，早在甲骨文中就已出现，原为表

现日神崇拜的漩涡火焰纹[1]，后演化为阴阳鱼图案。演变为方块汉字后，外沿的大口字表示房子，里面的小口字表示窗户，窗户能引进光照，故转为光明之意。而在网络语言中，"囧"字被看成是一张人脸，大口字中的"八"是下垂的两道眉毛，小"口"字则是嘴巴，共同构成一个不知所措的表情。

如此，"囧"便不再与"冏""炯"同列，转而与同音的"窘"字意义相通；但是，郁闷、窘迫、无奈、羞惭等说法，皆无法充分传达"囧"的涵义——一个眉头半蹙、张口结舌的神情。总体而言，"很囧"其实有些使动用法的意思——令人露出"囧"脸；而能对诸种情境一"囧"以贯之，除了使人赞叹这个新象形字的表现力非凡，同时也引导我们注意到当代网络言说的另一种贫乏——把诸多感情统统用某个"热词"来表达的做法，之前已经有了"郁闷""无语""倒""汗""黑线"……到了"囧"，可以看到，这些词其实共同指向对于个人行为的无力感：遇到种种突发或特殊的情境，"我"不出声、不作明确评价，而以不置可否的表情含糊地有所"反应"，"消极地在场"——这也是当代人对自身在庞大社会机器中的现实处境的一种直观判断。

四、方言语形

汉语与印欧语系的语言有根本上的区别，前者是表形的象形文字，后者则是表音的字母文字。中国幅员辽阔，南北音差距很大，南音和北音又各分为若干个各有差别的分支。但是，由于汉字的统一写法，通用的字形统一了全国各地的不同方言；虽然不同地方的人在口头语言上也许无法沟通，但并不存在本质上难以逾越的语言障碍。几千年来，中国之所以能够拥有全国统一的文化圈，与统一书写文字的制度密不可分。在社会迅速信息化、大众传媒网络越来越密集的今天，普通话大力普及、成为全国通用的标准语言，各地方方言的传承受到了很大的冲击，这一趋势已引起了质疑；网络把方言纳入表达范围，可谓及时。在网络语言

---

[1] 见东汉许慎《说文解字》，江苏广陵古籍刻印社1997年版，第142页。

中，汉字的表音功能被大大提前，于是方言不再是正体汉字、官话的对照存在，而在一定程度上成为使汉语"重组"的语言主体。

下面一段材料取自西部E网（www.weste.com）：

陕西方言	解释
这达	这里、这儿
阿达	哪里、哪儿
増	厉害
谝	聊天、吹牛
试火	试一试
掐活	好、舒服
扎势	摆架子、打肿脸充胖子
麻捻	差劲
瞀乱	指思绪烦乱或使思绪烦乱
麻搭	问题、麻烦
撩扎子	好
瓷麻二愣	不机灵、愣头愣脑
干梆硬正	正气正派
误达	那里、那儿
歪	那
喋	吃、打
拽	舒服
难常	困难、艰难
骚情	热情过分，有讨好逢迎、谄媚之意
花搅	开玩笑、耍人
暮囊	行动迟缓、不利索
罢咧	完了
麻糜子	不明事理、不讲道理
扑稀赖亥	不整洁、不干净
克利麻*	赶快、麻利

毕咧	完了
歪	厉害、能干
罢咧	勉强、说的过去
帽嘎	辫子
富儿	裤子（兴平方言）

不少语言类网站向网民提供各地方言与普通话的对照表，以满足其获取方言信息的需要，或仅仅是满足对于少数民族语音的好奇之心；当然，也有一些实用性极强的"方言速成"，专供旅游者参考。例如：

藏语→交通

汉语	藏语（普通话发音）
我想到……	牙……拉专多友
巴士	莫札
这巴士往那里？	莫札地卡巴珠几戚
机场	念唐
单车	康格瑞
这巴士到……吗？	地……拉珠几里悲？

藏语→日常生活

您好（吉祥如意）	扎西德勒
谢谢	突及其
对不起	广达
好的，没问题	那翁
再见（自己留下）	卡里飞
再见（自己离开）	卡里秀
你叫什么名字？	名卡热
我的名字是……？	额阿吉名
你从那里来？	卡内沛巴
我来自……	牙……里音
我明白	哈古桑
我不明白	哈古吗桑

你明白吗？	哈古桑依？
多少钱	卡沙威？
太贵了	贡泽青波
藏语→住宿	
……在那里？	卡巴都？
厕所	桑措
酒店	准康
还有房间吗？	康米友皮？
住一晚多少钱？	真切拉卡苏威？
藏语→健康（略）	
藏语→时间（略）	
藏语→数字（略）	

新疆维语

汉语	维语（普通话发音）
您好！	亚合西木 斯孜！
对不起	艾普 克力嗯
请原谅	开去容
很抱歉	因它因 黑极力曼
没关系	克热艾
请喝茶	恰侬 侬青
请吃饭	塔麻克 杨
邮电局	破西提哈那
谢谢	热河买提
地毯	给来木
丝绸	衣排克
玉石	卡西提西
西瓜	塔吾孜
甜瓜	括浑
葡萄	玉祖母

葡萄干	库如克 玉祖母
多少钱？	砍切 甫录？
司机	肖甫尔
库尔邦节	库尔邦 也提
厕所在那里？	哈拉　卡也尔带？
再见	海尔　活西

以上材料引自天智旅游网（www.tintcn.com），原标题和图表标目暗示了一种不甚正规的语言观念，然而却是当代主流文化观念的恰切表现——原标题为"各地方言（对照表）"；原标目则是"藏语（普通话发音）"以及"维语（普通话发音）"——少数民族语言有自己的文字，当然不能算是汉语的"方言"；不过，以本族语标注他种语言发音素有传统，在国人迷上旅游的时代，汉字注音的实用主义精神更是起到了及时直观的作用。正如中文网络引入西方语言片段一样，对少数民族语言加上"汉语读音"，无形间再次深描了"中国文化"的汉语标记。如果说普通的语言学习程序半强制地向学习者灌输它所承载的文化精神的话，那么把藏语、维语的发音引入汉语使用者的"汉字音标"，一方面屏蔽了真正的少数民族语言，另一方面又为当代中文引入了不同的"声音"，是网络通达、开放的重要表征所在。

除了以上完全为实用而编排的汉字表音之外，方言带给网民的快乐另有真味。网络中曾经流行一种方言游戏，即为同一段文字配上不同版本的方言，经典的例子，就是《大话西游》中至尊宝的一段独白"曾经有一段珍贵的感情放在我面前……"，迄今已经有了多个方言版本。中国校友会（www.cuaa.net）贴出了《大话西游方言版全集》：

普通话版：

你应该这么做，我也应该死。曾经有一份真诚的爱情放在我面前，我没有珍惜，等我失去的时候我才后悔莫及，人世间最痛苦的事莫过于此。你的剑在我的咽喉上割下去吧！不用再犹豫了！如果上天能够给我一个再来一次的机会，我会对那个女孩子说三个字：我爱你。如果非要在这份爱上加上一个期限，我希望是……一万年！

湖南话版：

我晓得我该死，你拿刀子剁咯我的脑壳也冒法港。原先有过一扎妹子那是真的喜欢我，我冒好生看哒她，到如世今才晓得后悔。再冒人对我比你更好哒，快点劈咯我算哒，莫去想哒。要是老天爷再给我一次机会，我会对那扎妹子港三扎字：我爱你。要是硬要给这扎爱定扎哈嗽，我希望是……一万年！

长沙话版：

怎津有一份真诚的爱情摆在老子的门口，但四老子冒客珍惜，等到后背才晓得后菲嗒，世上对我最好的就四你嗒，你饮刀砍死我塞，莫想嗒咯，假如天老人嘎给我再一咋机费，我就菲对那咋妹子港：哦爱你。要是在该扎上面加一个及汉地法，哦希望四一万年！

上海话版1：

我晓得我改西，浓撒特我阿死应该隔。曾经有分增层个诶情放了我隔米其，我么起好好叫增歇，等到后来载候灰，四咖浪得(dei)我最好隔球死浓，浓用刀瞥色特我蒜了，福要响了，假四老提崖载拨我叶汤机尾，我会对隔隔女小宁钢塞隔磁：我诶浓！嫁四一定舀了了隔分诶咖桑一则捏结，我希望四叶喂泥！

上海话版2：

老历八早，有一段老刮三的感情摆勒吾的眼门前，碰到赤佬了，吾没去睏伊，等到格段感情窝死空勒以后，吾再晓得。奈么这记僵特了，假使讲老天爷令的清让吾再来一趟，吾勿会神之呜之了，呆卜落笃看伊跑特，吾会帮伊讲吾老欢喜侬额，假使来讲一定要拨伊敲定一段日节，格么吾想随便哪能总归要一万年。

天津话版：

说借话可是那阵了，有一份倍儿真的感情摆在我眼皮底下，我倒霉催的，愣没当回事，等没了吧倒醒过闷来了，唉没法儿啊，世界上最点背的事儿也就借意思了，你内刀片子赶紧在我脖子上拉吧，肉呼嘛？！不过如果老天爷能再让我来一回的话啊，我跟你说我豁出去了，我非跟内闺女说仨字儿：我耐你！如果非死乞白列要在前面弄个头的话啊，我估么着大概其是一万年！

重庆话版：

在好多年前罗，原来有一个嘛多闷（么）好多闷好的么妹爱我哟？。不糟得郎个搞地，我这个脑壳没打转转。哦嚄，等都飞都飞起走地那嘈，我嘛，嗯（硬）是恼火得不得了，追都追不回来搭。聂（这）一辈子最让我痛苦的事就是聂个罗。要是说老天爷舍得再给我聂个龟儿子个机会嘛，我晓得要跟那个妹说：我一辈子都跟你，扯都扯不断。要是嗯要在前头加个杠杠，那再郎个也要个万把年嘛！

东北话版1：

曾经有份贼纯贼纯的爱情，就搁在俺跟前。俺也没咋当回事，直到把它给整没了，俺才觉的，世界上最憋屈的事也就这样了，如果老天爷能够再给俺一次机会，俺会对那闺女说：俺稀罕你！如果非要给这事整个头的话，俺希望它是老长老长的时间了！

东北话版2：

曾经吧，有一段挺真格地感情儿格我面前，当时，我昧把她当回四儿。完了以后呢，妈老鸡吧悔了！苦，别提多闹心了！世界上地四儿，妈昧一个比的上这四儿糟心的！撒斯侯儿，老天爷唆了，要不俺俩人儿再处处？俺一定对你唆：妈老稀罕你了！！如果唆非要个期限啥地，咋着也得一万年啊！

四川话版1：

曾经有一个老实八交的堂客摆的老子面前，我不晓得去珍惜，等要脱了的时候才晓得背时，你的刀刀儿就在我的颈航上割下切嘛，不要再磨了。如果老天可以让老子服二火，我会对哪个堂客说："你给老子站到！"如果她硬是鼓捣要走，我会说："各人爬！"

四川话版2：

曾经有拉么一段真挚地感情放在个老子地面前，老子莫得珍惜。那个事情过去以后，老子拉个悔哟！世该上地最痛苦地事啥，拉果也比不上这一桩！如果老天爷说，诶，娃儿，阔以再来嘛，我要对个驴娃子（女孩子）说：个老子真地是爱你呦。如果说要这段感情有啥子期限么，拉个总是要一万年呦！

陕西话版：

曾经右倚份真诚地干情拜灾饿面浅，饿莫气拯西，挡饿史气塔地时候，饿干倒后会。人师间贼搭地通酷摸锅愚吡。入过，伤舔给饿挤灰让饿从来椅回地花，饿灰对那个女娃奢：饿哀馁，入过，匪要吧这端干情假伤歌椅接先地花，饿希枉是……椅弯撵！

山东话版：

蹭警悠一奋枕诚地爱庆放在安面前，安妹有珍习，等安石去的时候俺菜后灰莫即，认世减最痛苦地事莫过预此。尼的剑在俺地演喉上葛下去吧！不用再犹豫了！入锅上舔能够给安一过宰赖一次的记会，安会对那过女孩子说散过字：安哀你。入锅肥要在这份哀上架上一过旗限，俺习望是……一万年！

广东话版：

我知道我好低死，你队霖我都好应该，有份真诚即爱情摆响我面前，我都无好好甘去珍惜，等到后尾先至后悔，人世间最疼就系甘拉，你把剑劈落黎咯，唔使琳拉，如果个天比多次机会我，我就会同个女仔讲三只字，我爱你，如果一定要响呢份爱上面加翻个日子即话，我希望系……鸭万年！

合肥话版：

我响邓我该屁，你碎刀唧我心么口吧。以清有固真日艾格在我跟琴，我拿特不七进，张子凹毁照不住，人世间我最松你，你碎刀唧我吧，白仇住了。老天能再给我一次机会，我会对那个奶力么讲三过字：我日艾你！如果一定要问到烘张子，我要等一舍烘—— 一WONG（4）年！

潮汕话版：

我矮知我该死，你胎死我都世应该该。以前有份真诚的爱情帮度我面头前，我无去珍惜，沟后来正想往，世上详惜我该就世你啊，面想了，你用刀胎死我吧。如果上天再客我一该机会，我要对喜该书娘答三该字："我爱你！"如果一定要在加上该日期，我希望是一万年！

江苏扬州话版：

吾晓得吾要死，你把我杀的都不的话说。以前有有份增自的感情放到了我的面前，我不得当个事，等到过 k i 了才晓得后悔，棱四间对我最好的就四你了，干脆你用刀把我劈的拉倒来，省得麻烦。要四老天咦能再把我一次机会的话，我会对勒够女霞则说：我欢喜你哩！要四非要各哦够期限的话，就耶万年吧！！假说撒？

江苏南京话版：

老早老早以前，有一段正儿八经的感情摆在我面前，我脑子里头有屎哎，心想多大事啊，结果歇得，现在后悔的一米多高，不能跟我自己急唠。要是老天关照我个盼西，再把我一次机会的话，我肯定兴的一头核子，这把我要跟我胖西讲，哎，我对你满有意思的哎，我们叙叙阿行啊？要是说非要定个日子的话喃，那就一万年嘛，算赖，烦不了了。

武汉话版：

蛮早以前有一个姑娘伢在老子面前，老子冒晓得珍惜，到了这么暂真是后悔得不得了！要是天老爷再让老子走一次火，老子要对她讲二个字：站到！要是问老子要她站几长时间，老子巴不得是一万年……

西安话版：

我矮知我该死，你胎死我都世应该该。以前有份真诚的爱情帮度我面头前，我无去珍惜，沟后来正想往，世上详惜我该就世你啊，面想了，你用刀胎死我吧。如果上天再客我一该机会，我要对喜该书娘答三该字："我爱你！"如果一定要在加上该日期，我希望是一万年！

江苏盐城话版：

那年头头来，有个长的不丑又或西恩的女的要靠我过，恩没才她，唉，恩二不六求三不良姜的，后手袄喊死得了，人过日子最袄喊的

121

一不就是这个嘛，袄喊一抹的用咯。要是老天带眼的话，再个恩个机会，恩肯定要靠她好好过，她叫恩鬼砖头各子恩一或西！在爱字后头跟个时站的话就更来斯了，能一万年还要一千年做尼撒。

江苏常熟话版：

老早老早咯辰光，蛮好有一段感情放拉浪吾眼门前，咯个辰光吾是碰着赤佬哉，哪能咋格标致格细娘呀（要勿）家，等到吾戒指婆野讨不着格辰光难么告着奥老哉，假使说天老爷娘吾再来一趟的说话，吾会对格个细娘讲，实际浪我是欢喜嫩格，假使说摆要别嫩一个呢脚格说话，格个么肯定是一买年。

之所以不惜篇幅一一罗列，是考虑到方言在当代文化认同命题中日益明确的地位。随着就学、工作需要形成的城际移民、地区移民的增多，不同方言区之间的人口流动显著加强，与方言密切相关的身份认同问题也尖锐起来。关于方言已经引起了不少的文化讨论乃至新闻事件（如2009年6月29日四川某大学发生的学生辅导员"不说普通话，被上海学生砸"事件[1]），两相对照，上例的"和谐"态势就值得分析了。

拥有不同方言母语的网民之所以能热心参与上例的游戏，一半可以归功于《大话西游》的号召力；而这号召力并非因"标准原版"的《大话西游》——粤语原声，而是由普通话配音版的广泛流行而产生——妙趣横生的图像加上浑然一体的国语配音，才是"内地观众"心目中共同的《大话西游》。出色的文化产品能够唤起文化认同感，这一点无可质疑。正是"路人皆知"的普通话原版，引导、辅助着网络读者对各地方方言版本的欣赏和品读。各地方言的差异除了读音不同，还有常用语汇、语序的差异，解读时既需"音解"，又需"意解"，除了有机会亲口尝试一下各地方言的发音，还会学到一些别致的习语，如将"我没有珍惜"表达为"脑子里头有屎"（南京方言版）之类；热衷于这一文字—语音游戏的网民不在少数。借网络多媒体的东风，还有"好事者"制作了FLASH、语音文件，同样成为下载的热点。

---

[1] http://sh.online.sh.cn/content/2009-06/30/content_3016632.htm

方言的妙趣不止于此。有道是"人如其文",作家写人物主张"人各有其声口",一口有特色的语言,颇能点染出人物的形象神气,而一旦说的是方言,人物的形象则立刻就加上了一层"标准"的地方色彩,如下例:

布什和克莱尔通电话

考虑到许多人不懂英语,我特将他俩的谈话翻译成几种方言,便于大家理解:

(1)翻译成北京话:

布什:"哥们,您说这算怎么档子事儿!打了一礼拜了,丫老萨愣他妈的没事!要不您受累,再派点援军去?"

布莱尔:"您说的倒轻巧!援军,我哪找去啊?就算我鼓励全国的女同胞铆足了劲儿生也来不及啊!"

布什:"谁说不是呢!哥哥我这回实在是没辙了,您受累,再想想法儿吧!等革命成功了,哥哥我请你去麦当劳好好搓一顿!"

布莱尔:"别逗闷子了,你丫也忒不地道了!帮你丫怎么大的忙,就请哥们去一趟麦当劳?"

布什:"那您说,您想去哪?兄弟你一句话!"

布莱尔:"怎么着也得来顿肯德基吧?"

布什:"成!就肯德基!哥哥我给你点儿童套餐,带玩具的那种!那,老萨这事儿……您看?"

布莱尔:"这他妈的老萨,放着那么些中东的小蜜不去嗅,见天儿的给咱们上眼药、跟咱们叫板,这回非灭了丫的!"

布什:"没错,丫有什么呀?不就是屁股底下有点石油吗?看丫那操行,还老爱在电视上露个脸儿,要不是那两撇小胡子,我还以为是赵忠祥呢!"

布莱尔:"管丫什么祥的!哥哥哎,您先别着急,回头别着急、上火、便秘、起泡影响了战局。咱们这么着,您先缓一闸,让我把精神病院的那帮孙子调出来操练一番,然后给丫送前线玩儿命去。"

布什:"别介啊,还操练什么啊?麻利儿给丫送前线去不结了吗？"

布莱尔："那不成，万一这帮孙子打自己人怎么办？"

布什："打就打吧，别前怕狼后怕虎的；实话告儿你，我们美军里的傻子就不少！"

布莱尔："我说你们丫发的那些导弹怎么老奔我们英军的脑袋瓜子呢，合辙都是些弱智啊！我说什么来着？傻子不成！"

布什："别面了，前方都快叮不住了！您就别再给我添堵了！"

布莱尔："那，要不就先依你？"

布什："还得说兄弟你知道体贴哥哥！咱们俩的关系，一个字：铁磁！"

布莱尔："那是俩字儿！"

布什："甭管几个了，赶紧出兵吧！"

布莱尔："成！哥哥您就睛好吧！老萨这孙子，就交给我们这些神经病吧！"

（2）翻译成东北话

布什："莱尔啊，这事难整了。都打了好几天了，萨达姆那王八独子愣没咋地，要不你们英国再派点兵吧！"

布莱尔："你这不扯呢吗？俺们英国人口本来就少，能派的兵早就派了，再派就派精神病院的病人了！"

布什："病人也行啊，发条枪给他们，让他们可劲地冲！"

布莱尔："可劲冲？那他们打自己人咋办？"

布什："打就打吧，反正病人不去伊拉克那疙瘩误伤的也不少。实话对你说吧，俺们美军的队伍里就有不少精神病病人充数！"

布莱尔："我说呢，你小样的那导弹咋可劲地照我们英军脑袋上造，原来都是些病人啊！"

布什："实在没法子，俺们这疙瘩兵员也短缺啊！俺们又要打阿富汗、又要看着朝鲜，国内反战人士又多，不这么地又能咋整？"

（3）翻译成上海话

布什："我说莱尔啊，伊拉克这事情拎不清了，开打好几天了，萨达姆那个小瘪三一点事都没有，我窥你还是再派点兵吧！"

布莱尔："哝（你）哪能了？我哪里还有人啊？兵没有，精神病院里的钢都（傻子）倒是不少！"

布什："我窥你这个主意倒是老好的！钢都就钢都吧！给他们发枪，让他们到前线跟萨达姆那个小赤佬拼命去。"

布莱尔："哝神经搭错了吧？钢都打自己人怎么办？"

布什："没问题，我们美军里钢都就不少。"

布莱尔："难怪炸弹老望我们英军头上丢！我窥你简直是搞浆糊！"

（4）翻译成四川话

布什："布莱尔，伊拉克的事儿，你还要多费心喽！萨达姆那龟儿子一点事都没有，我看你还是多派点兵吧！"

布莱尔："锤子！老子哪还有兵呢？再派就该派医院儿里的哈板儿（傻子）了！"

布什："格老子！哈板儿就哈板儿，给他们发枪，让他们到前线雄起！"

布莱尔："我看你的脑壳里有个乒乓！你让那些哈板儿上前线，他们会打自己人的！"

布什："方脑壳！打就打嘛，我们美军里就有不少哈板儿，不是也干得很好吗？"

布莱尔："难怪那么些导弹都在我们英军的脑壳上打转转，恼火！"

（5）翻译成广东话

布什："大佬，内（你）话萨达姆过（那）条友点算？我郎（想）内还是多派点兵仔……"

布莱尔："内讲也！我宾岛（哪里）去吻（找）兵仔？正常人都某（没）了，露底的（留下的）只有精神病院的气性（傻子）。"

布什："气性都达（傻子也行）！"

布莱尔："奎地（他们）打自己人点算？"

布什:"打么打喽,我地(我们)军中都有不少弱智仔来嘎!"

布莱尔:"头先(先前)过些(那些)轰炸我军的导弹就海(是)奎地丢买的,海么(是吗)?"

布什:"内某嘎木岗啦(你不要这么讲啦)!"

布莱尔:"难道某海吗(难道不是吗)?扑街!"

如果说方言版《大话西游》还有一个"忠于原文"的问题,上文的这篇笑文就完全致力于"传神"了;不同的方言,建立的是气质神韵各异的人物形象。我们可以看到爱耍嘴皮子的京腔,借赵本山小品而大行其道的东北话,因革命军人、国家领袖形象而立其传统的四川话,与北京话并列为经典方言的上海话,以及目前大受欢迎的粤语电视剧常用语:方言现象总有其内在的文化潮流与之联系。英美两国的政治巨头,在受了无数社评、政论、漫画、电影以及游行示威的批评之外,又加上了来自中国独特的方言对照系统的嘲弄,一时油滑,一时直白,一时粗豪,一时柔媚,一时又有些"碎碎念",倾情充当了一回敬业的"政治小丑"——作者在充分发挥多样的语言知识同时,参与了如今十分流行的政治嘲谑,可谓一举两得。

纯粹的方言文本并不是网络方言语形的全部。各个地区的网民在网络语言行为,如聊天、灌水中,也常常自然而然地把方言的发音、习惯说法等带到共同的网络世界中来,这类零碎的方言也会或多或少地得到响应和接受,并且渐渐成为网络语言大家庭的一分子。例如:

……吧您呐——句尾语气助词,北京方言

老好——很好,上海方言

一刚——句尾语气助词,"伊讲"的发音,上海方言

个么——句首语助,上海方言

……不要太……——非常,上海方言

好伐——好么,上海方言

俺们——我们,北方方言

疙瘩——地方,东北方言

得瑟——卖弄，东北方言

忽悠——哄骗，东北方言

小样儿——对形象的贬称，东北方言

说事——不要纠缠不清，东北方言

咋整——怎么办，东北方言

赞——很好，值得称赞，台湾方言

中——阳平音，表同意，河南方言

点解——为什么，广东方言

做乜——干什么，广东方言

为咩——为什么，广东方言

这些方言习语经常作为从语言习惯辨认"老乡"的线索，但并不独为来自特定方言区的人使用，而是有普遍泛化的趋势。广东口头语便是因港剧而普遍流行开来的。另外，因身处某地而无意识地带上了当地的口头习语，在网络交流中使用的情况也并不少见，如同外地来沪大学生会说一句半句上海话的情形。

五、指代语形

指代语形，指网络语言中使用的文字以外的符号，如标点符号、键盘符号、特殊符号以及它们之间的随意组合。指代语形能够增强文字表达的视觉效果，加强网络言说的"图画性"，也是迄今为止网络语言区别于传统语言的最大标志。据称，最早的一张符号笑脸 :-)出现在1982年9月19日美国卡内基大学网站的公告牌上，写道："我建议按照以下特点进行计分:-)……"自那之后，表情符号带来的创造灵感一发而不可收；花样翻新的键盘符号组合在世界各地的网页上遍地开花，成为互联网络最有特色、最广为人知的特色语形。

现在可以随处看到的指代语形符号，一种是可以直接进行图形联想，另一种则需要翻转90度。据说，前者多出自日本，后者则多出自欧美。从其功能上来看，指代语形可以大致划分为表示形象、表示表情、表示动作、表示状态四类。

1. 表示形象

网络形象符号中，有不少是尚未进入中文网站流通，其中包含当代西方文化的众多经典形象，从政治家到艺人，从动画虚拟人物到实有的人物，应有尽有；不仅如此，我们还可以找到西方的符号化人物，例如与宗教相关的神职人员、天使，与大众娱乐相关的小丑、女巫、魔术师，以及不同职业的不同形象，诸如此类；另外，表示穿着打扮、面部修饰的符号也大量出现，具有很强的文化特色。

(_8^(|)、(_8(|)　　霍默·辛普森（福克斯公司动画人物）

:---)　　皮诺曹（《木偶奇遇记》主角）

3:*>　　红鼻子驯鹿鲁道夫（圣诞歌曲《鲁道夫红鼻子驯鹿》主角）

(8 {　　约翰·列农（披头四成员，著名音乐家）

:-.)　　辛迪·克劳馥（世界名模，唇上有痣）

>:-l　　克林顿（美国前总统）

=|:o}　　比尔·克林顿的微笑

?:^[]　　吉姆·卡瑞（演员）

:^{=　　弗兰克·泽帕（流行音乐家）

@@@@:-)　　马吉·辛普森（福克斯公司动画形象，有很高的卷发）

5:-)　　艾利维斯·普莱斯利（猫王，5的下半部分正好描绘了他的额发）

=):-)　　山姆大叔

l^o　　爵士音乐家

):-(　　日尔曼人

O-)　　希腊神话中的独眼巨人

8(:-)　　米老鼠

O:-)　　天使

0*-)　　眨眼的天使，女性

0;–)	眨眼的天使，男性
*–（	闭着眼睛的独眼巨人
*〈1：–〉	圣诞老人
@–）	独眼龙
:)	侏儒
[:]	机器人
~:o	婴儿
q:–)	棒球接球手
*<):o)	小丑
:O)	小丑
*：0）	小丑
C=:–)	厨师
=:–H	足球运动员
+:–)	神父
+〈：–1	修女/神父
+–（：–）	主教
+<:–〉	教皇
;~[	职业拳击手
8：–|–	魔术师
〈〈〈〈（：–）	帽子推销员
i–〉	独具慧眼的侦探
<:〉<<|	宇航员
8<:–〉	女巫
–=#:–)\	拿着魔棒的女巫
P–(	海盗
$–)	雅皮士
~:–P	一根头发垂在旁边
:%)%	满脸的青春痘
8–）	戴着隐形眼镜

O-O	戴眼镜的人
@-@	戴眼镜的人
(:-)	光头的人
[：-]	戴耳机
{（：-）	戴着假发
}（：-（	戴着卷卷的假发
:-）=	长山羊胡子的人
：-<）	八字胡
：-=）	日本式的胡子
：-@	络腮胡子
：-#	浓密的胡须
:-{	留小胡子的人
:-{}=	既留小胡子也留山羊胡
:-3	八字胡
)：-）	有着翘起的头发
}:^#)	鼻子很尖的人
：>)	大鼻子
：-})	翘胡子
# :~)	一头乱发，决不轻易梳头
：-）8	打个领结的笑脸
=：-）	庞克族的笑脸
=：-#)	留着胡子的庞克族
（-）	头发盖住眼睛
{:-}	中分的发型
：-）-{8	胸部丰满的女人
:-}8：	女人
'：-）	刮胡子把眉毛也剃掉一边了
X:-)	飞机头
/:-)	戴贝雷帽的法国人

d:-)	戴棒球帽的人
:-)8<	年轻女孩
(((((:-{=	花花公子
l:-O	剃着平头、高声谈话的人
@:-}	刚做完发型
]-I	戴太阳眼镜的人
:-(=)	长着獠牙的人
（：-|K-	打着领结，戴着礼帽
:-{}	涂着唇膏
:-)^<	大男孩
H-)	斜视的，对眼的人
〈:|	小傻瓜
:-〉X	戴领结的人
:-]	笨蛋，傻子
>:->	如恶魔般的，精力旺盛的人
<:-l	傻瓜
G(-'.'G)	握着双拳的小孩
E-：-|	火腿族
=：(	酷庞克族，特征为竖起的头发和表示愤怒阴郁的下垂的嘴角
（：l	理论家
（：<)	吹牛大王
:-Q	抽烟的人
-(:)(0)=8	机器人，头顶那一条线表示天线
:-#	戴牙箍的人，#表示牙箍
:-{ }	留胡子的人
+-(	两眼距离很近
:-x	微笑的小孩
0-)	焊接工，0代表护目镜

8:-)	小女孩，8是戴在头顶的蝴蝶结
.-)	独眼龙

2. 表示动物及其他事物

动物本应归入"表示形象"一类，但是鉴于这类符号十分繁多，几乎自成一统，因此单独归纳如下：

^@^	幸运小猪猪
^)00(^	幸运小猪猪
]:(:))	牛
>: o 3	野兔
>^_^<	猫
: =	海狸
}|{	蝴蝶
})i({	更美的蝴蝶
.\V	鸭子
:3-]	狗
}:-X	猫
:-E	长着獠牙的吸血鬼
:-F	缺了一颗獠牙的吸血鬼
8^	小鸡
8)	青蛙
>^, , ^<	凯蒂猫
&	清洁后爪的猫
>*	不肯吃药的凯蒂猫
~*=	逃走的猫
3：=9 MOOO	牛，3为角
：8]	大猩猩
3:]	宠物狗
<(-'.'-)>	小狗
~~8}	蛇

8>	企鹅
: =|	狒狒
:p	吐舌头的凯蒂猫
@(*0*)@	树袋熊
:8)	猪，8是猪的两个鼻孔
:(	忧伤的海龟
:═)	猩猩
3:[	牛
<:>==	火鸡
〈〈；〉〉==	乌贼
:-<	海象
@=	原子弹爆炸时的蘑菇云
@〉〉---〉-----	玫瑰
@>--；--	玫瑰
@）；---	玫瑰花
〈|==|〉	四轮的有车阶级
〈{：-}〉	从瓶子里传出的讯息

3. 表示表情

表示表情的符号不仅表达喜、怒、哀、乐，其中又包括情绪强烈程度不同的"变种"；另外，一些微妙的情绪，也在形象化的符号中表露无遗。

:-）	最普通的基本笑脸，表示微笑
:-D	表示张嘴大笑
8-）	戴着眼镜的人在笑
|-)	笑得眼睛眯成一条线
:-<	苦笑
:-9	舌头舔着嘴唇的笑
-p	捧腹大笑
>:->	恶作剧式的笑

: -}	涂上口红的漂亮红唇
*^_^*	灿烂的笑
>:)	邪恶的表情
>-)	邪笑
（ – – ）	神秘的笑容
: –/	犹豫不决的笑容
: –0	演说家的笑容
: –1	平淡无味的笑
: –6	刚吃了酸东西的笑容
:->	辛辣的评价
|:-e	失望的表情
>:-<	眉毛竖起来了，快要气炸了
=8–0	惊讶
8–O	哦我的上帝
:-\	还没决定
:–C	很不高兴
(:-(	不高兴
: –%	银行家、股票玩家用的笑
: – (	悲伤或者生气的脸
– (	不看我
:")	尴尬
;–(	鼓舞士气，鼓舞人心
:-S	迷惑的表情
: –!	带着一点不屑的笑容
——	眼冒金星
（ : ^(	鼻子被打歪了
（0--〈	面无表情目光呆滞
: –"	嘟哝着一张嘴
x-<	惨不忍睹

>:-<	已经快发狂、要气炸了
:-〉'	流口水了
:-*	嘟着嘴巴
:-7	火冒三丈，已经快要吃人
:-{}	留着胡子的笑脸
:-e	失望的笑容
:-|	唔
))-（	非常生气
&-l	哭了
:-I	漠不关心的笑容
:-0	"哇"，表示吃惊
:-#	抱歉，我不能说，嘴巴被贴上封条了
:-（	悲伤或生气的脸
:-6	吃了酸东西的笑
:-7	急了，火冒三丈，或讽刺的笑
^-^	神秘的笑，眨眼睛的笑
^0^	大笑
^Q^	吐舌头，做鬼脸
:-d	带着微笑说
:-j	暧昧的笑
~~:-（	极其愤怒，都快爆炸了
:-x	嘴唇被封起来了
:-[	带着吹毛求疵的嘲讽式微笑
:-\	派式的笑脸
:-]	傻笑
:-|	面无表情
$_$	看见钱了
>;->	下流的表情
:-)))	非常高兴

(–:	左转的笑容
；^)	傻笑、假笑
|:–)	眉毛连在一起
:–/	怀疑
！–）	睁一只眼闭一只眼
:–{	抿着嘴
（：–...	心碎
（：–D	大嘴巴
?–:	左转的用舌头舔鼻尖

4. 表示动作

如何用符号表示动作，特别是肢体动作，下面给出了许多实例。当然，因为首先是组成符号的成分是有限的，加之其用意在于表示自己的情绪，表示面部动作的符号仍然居多。

Orz	失意体前屈，拜倒在地
:–@	叫喊
\@@/	戴着眼镜瞪眼
p.q	流泪
T.T	流泪
~_~	眯眼
:–I	抽烟卷
:–?	抽烟斗
：–'	嚼着烟草时溅出口水的样子
:–V	喊叫
：–@	叫喊
:–Q	一边抽烟一边谈话
:–(<|	站得很稳
〉–r	扮鬼脸
：~）	喜极而泣，笑出泪水来了
；–\	既抛媚眼，又撇嘴角

:-a	舌头舔着鼻尖
l-O	喊叫
|-（	打坐练功
，-）	高兴的眨眼
'-）	眨眼
:-"	吹口哨
:-(0)	喊叫
(-\-)(-|-)(-/-)	扭屁股，左中右三个屁股的不同动式
~~>-<~~~	表示大哭
: -(*)	恶心想吐
(:-D	喋喋不休的嘴巴，D是嘴巴张开的形态
:`-(	哭泣
:*(	温柔的哭泣
:-@!	诅咒
;-)	抛媚眼
:' -(	哭
:-!	把一条腿架在膝盖上
:-W	分叉的舌头
(^~^~^)	扭着屁股走开
%*@:-(	头昏脑涨到处转
|-O	打哈欠
?-(	瞪眼
:-X	大大的吻
:-t	噘嘴
（：-*	吻
(((H)))	热烈的拥抱
...---...	SOS求救
（：>>-<	"这是抢劫，把手举起来！"

5. 表示状态

表示说话者所在的状态，不外心绪、身体状况、生活习惯这几类，举例如下：

||||||| 黑线，本来是漫画人物的表情方式，在额头上画密集的黑色竖线；在网络语言中表示愤怒、无言以对

@&#??!@%& $%&	乱码，表示心情混乱、无法言说
:-&	舌头打结了，不能告诉你
@-@	喝醉了
# -)	一夜没睡，眼睛都皱成一团了
:-|	矛盾，不感兴趣
:*)	每天晚上喝酒
:#)	喝醉了，#表示面颊的红晕
（：-$	生病，反胃
（：-&	生气
（：-（	紧皱眉头，又愁眉苦脸
|-(	丢了隐形眼镜
X-(	疯了
:-?	沉思
%-6	大脑坏掉了
%-)	喝醉了
==+	被你打败了，无话可说了
:0	饿了
<] o[-:	我爱溜冰
? -（	被谁扁了，眼圈都变黑了
: -#	我嘴巴被贴上封条了
: -'）	感冒了，'为鼻涕

以上列举的例子从实际的阅读效果来说，其意指并没有截然的区别，而是往往身兼数任，既表示状态又表示动作，或者既表示形象又表示表情——这些符号组合可以结合上下文语境理解，同时需要一定的图像联想能力。在网络交流中，这些视觉亮点带来了文本风貌的活跃，如

同小篇幅的插图零星点缀在通篇文档中，营造出错落有致的效果，也更加强了网络语言的非传统特质。

另外，还有一些与文字符号连用的标点符号或特殊符号，也有表情达意的独特效果，如：

，，，，，，——表示语气的强烈停顿

、、、、、、——表示更"破碎"的停顿

?????!!!!! —— 表强烈的感叹、震撼

………………——可以单独或连续使用，表示长时间的沉默、无言以对

。。。。。。。。。——一串句号的排列，与省略号的表意大致相同

~~~~~~~——表示语调的格外拖长

~——表示语调的上扬

如下例：

<div align="center">叫水声</div>

"师傅~~~师傅~~~师傅~~~"气贯长虹

"师傅……师傅……师傅……"声嘶力竭

"师傅…师傅…师傅…"后音没了

就听到一声晃悠悠的"悟空~~~~"

我笑得翻过去了……

通过上例，我们可以清楚地看到这些符号所起的效果是多么直观易晓。文字相同，而与不同的语气符号结合，其语气变化的直观简洁达到了一种近乎"可视"的程度，与纯文字的旁白补充效果截然不同。

网络语形打破了文字种属、符号原意及语词结构、功能的传统格局，在跨语种、多符码的拼接、连缀、分解、交叉中，建构起形象鲜明、气质强烈的网络语言整体。"法则外"的搞怪、杂糅、强调、重复，都是网络语言构成的固有部分，这些成分的集合，共同构成了网络语形的规则外延。在这样一个开放性的规则格局中，穷奇尽搜的"语言新世界"得以冒现，人人都凭着自己的语感加入到话语创新活动中来；

得到认同的"发明"会流通、发扬光大，没有得到广泛欣赏的，则在寥寥的回应中归于隐形。

尽管语言的创造、文本的发布在形式上具有平等性，网络却并非"机会均等"的语言实验场。对从未见过的符号连缀，受话者要调动既有的发声、解字、读图经验，以发声、解字、读图之间的正确转换，实现对说话者的心领神会。在受话者的解读经验不足以理解新语形的情况下，采用试错法、尝试不同的方式来理解；既然如此，当说话者的本意与受话者的理解不能及时"遇合"，信息的传递便会半途而废。信息的高速传递是网络的关键特征，速度问题同样规限着作为信息载体的网络语言——这样，在作为群体的网民的反复理解、选择中，形成了被普遍接受的、"通用的"网络语言。

作为信息时代人际交流的超级平台，网络需要与其精神气质相称的语词编码，以其符号的活跃变奏，打破传统语言方式的秩序霸权。字母、图形、数字、图片，这种种元素在网络中刷新了"文本"的格式定义之后，转眼便遇到了"瓶颈"——形式开始是催生内容的，但是随着形式的套路化、固定化，"形式"本身的新奇感消失，之后其存续与否，则要系于容纳的内涵特质。对网络新语形、新语体、新语法的了解和接触，最终需要在"意会"中合一，否则不免要在无穷无尽的个案个例中目迷五色；而网络语言的独特气质，时时刻刻都处于开放的状态，每一个网络词语都是通向它精神核心的一层阶梯。

即便如此，网络符号的种种拼接组合方式、独特的文体规则，随着人们的反复阅读、书写，终归作为特定时代的"专有"格式而拥有了一席之地。可以说，随着网络语形普及为当代语言经验的基本载体，网络言说必将经历一个"样式主义"的时代——大量新的形式已经出现在网络的公共阅读视野中，人们"见怪不怪"，又尚未厌倦，网络语言在这一格局下发展、更新皆走向平稳；但网络是否会在较长一段时间里不断涌现新的语形及语形连缀，保持现存的创新势头，则需继续跟进观察。精妙的语词创新不会消失在既定的语形分类下，而是能够移向新的语境，容纳进更多的新义，甚至反过来再次重塑语形的概念与分类。

第五章　网络语法

在网络世界中，文本及构成文本的语言获得了空前的"发言权"。网络的开放性，为文本的流通和传播提供了无限可能——在不设定目标群体的普遍格局下，谁在看、谁会看、谁能认同、谁将拒斥，都并无先在的规律可言；与之形成鲜明反差的是，新的语言形式显出了有效的号召力，在传播的过程中，改换着网络中人的语言习惯，同时又整合、聚合起分享特定认同感的话语群落，作为网络中人潜在的身份名片而普遍流通。

虽然个性分明，与传统语言差异明显，网络语言仍然与现实生活中的"主流"语言有很强的血缘关联；网络中人对网络新生的语言法则的认同和接受，都与他（她）既成的语言积累、书写习惯息息相关。这为网络语言的"立法"提供了丰富的语料谱系，同时拓展着当代汉语"富有四海"的可能性。汉语语法本就十分灵活，言不尽意、一语多解的情形比比皆是，只可意会不可言传的"表达不能"亦为一种境界，故而对新出现的语言形态表现出乐于尝试、娴于"帮衬"、兼容并包的涵容力。对网络语法的研究，需要将汉语的这一特质考虑在内。

网络语法，包括网络语言所特有的词法和句法，由网民个人的言说行为分别引入网络世界，因其魅力而风行开来，并逐渐形成相对明确的形式。这又反过来启发网络中人利用现有的格式再去"开发"新的语句，在这一过程建立起化用、翻新既有资源的语言创新意识。这样反复循环，实现了网络语言的发展壮大。

一、网络词法

网络词法，指网络语言独有的词的构成、组合、词形变化等；这一范畴涉及的乃是网络语言的"细胞"，势必带有最为鲜明的文化特质和思维取向，成为网络语法研究的切入点。

1. 词形杂糅

词形杂糅首先是中英词法的并行使用。中文没有像英文那样复杂的词形变化，时态、单复数都是由语境、上下文来传达的；但是，当前中国的教育体系已经建成了完整的英文语言教育系统，每个接受系统教育的年轻人都曾在英文课上做过大量的基本语法练习，掌握词形变化，保证英文的正确规范。在这种潜移默化的影响下，年轻一代在语言的操作使用上会自然而然甚至条件反射式地进行词形变化，包括时态变化、单复数变化等；虽然这些用法完全不符合中文的习惯，但就其形式而言，却有其独特的明晰感和醒目效果，因而大行其道。例如：

-ing——表示正在做某事，用以描述自己当前的状态

例如：发呆ing、深思熟虑ing、发花痴ing、倒ing、YYing（正在尽情想象，声母略语"意淫"，加ing）

-ed——表示动作发生在过去，或表示被动

例如：吃ed（吃了）、注册ed（已经注册了）、fted（晕倒了，英文略语faint加ed）、呆ed（被你害得变呆了）

-est——表示"最"

例如：厉害est（最厉害的）、e-est（最恶心的，汉语拼音e谐音"恶"）

-s——表示复数

例如：朋友s、食物s、人s，JMS（姐妹们；声母略语"姐妹"加上S）

另一种词形杂糅是字母与汉字的固定组合，在网络语言中自由地派生出来。譬如：

N-——在数学公式中，N代表的是不确定的数量，转义为未能计数；"N次"历来在口语中使用，表示次数很多。而在网络语言中，N又

进一步脱离了其原来表示的数量意义，转意为"非常"，例如：N久、N多、N长、N烦、N远。

–S：–S的后缀除了表示英文复数形式，还可取其汉语拼音读法，谐音作"死"，取其程度很深之意，如：汗S（汗死，指非常无措）、倒S（倒死，比晕倒更为严重）、晕S（彻底晕了）、怒S（气死了），等等。

2. 词性活用

文言文中从来不缺少词性活用。而当代现实生活中很常见的一种活用手法，就是名词活用为形容词，如：

说话很美国（有美国味、像美国人）

笑容很阳光（如阳光般灿烂）

这种表达方式不符合大陆当代汉语的语法规范，却很早就在港台文艺节目中流行，网络为这一"在年轻人中流行的语言"提供了更广阔的流通空间。香港、台湾以及海外华人圈，这些大大小小的华语圈有着内部的多样性，早已储存了丰富的特色"语法"（譬如台湾不说"我看过……"而说"我有看过……"）；得益于现代传媒的跨界传播，原本仅限于特定区域流通的习惯表达，也赢得了更多的使用者和共鸣区。当这些潜在的话语传统涌现在网络上，当代汉语的变化更新，就从潜在的"不规范"形态转而为一种可见的现象。

除了名词活用为形容词，还有名词活用为动词的例子，如：

"2003年，我非典了，我隔离了，我萨达姆了，我神五了，我361了，我国荣了，我艳芳了，我朝核了，我终结者3了，我彩信了，我数码了，我毒鼠强了，你呢？？"（《2003年，你干嘛了？》）

非典危机、神五升空、明星去世、朝鲜核危机、彩信开通……这些都是2003年的"热点"，性质不同，所出领域各异，与"我"有着或远或近的距离。而在例文中，经由同一主语领衔，一概并列成为"我"的年度大事，其中缺省掉的动词，包含了"经历、接触"的意思。经由信息的接触，不论身份、不论地域，"人"与同时代的种种大事建立起了形式同等的联结；这印证了人与传媒在当代的亲密关系：传媒叙事、传媒事件，亦被用做记录个人生命历程的共享话语。

还有一类是作为略语的词性活用，如："我火星了"——"火星"在此语境中与燃烧物无关，而是"是火星人""来自火星"的意思，意指其信息落后于"地球人"——出典大概是某广告语"地球人都知道"，从而暗示严重过时、与时代脱节的意思。这与"火星文"（号称由90后一代创制的、充满怪字的文体）不同，虽然同有"火星"一词，其出典却是周星驰《少林足球》中的爆笑台词："你快回火星吧，地球是很危险的。"电影中的说话对象是赵薇扮演的形象怪异的大头丑女，称她是"火星人"，取其形象怪异之意。

"不PS会死星人""不抽不舒服斯基"，这一类用法，则是借后缀将短语名词化。二者的主体都是判断性的短语，即"不PS会死"（讽刺利用图像处理软件极力美化个人数码照片的行为）、"不抽不舒服"（被别人纷纷拍砖却仍然很来劲），但是加上"……星人"（虚构的地域身份）、"……斯基"（俄罗斯姓氏常用后缀），对现象的讽刺批评就转化成了对行为主体的批评，出语尖刻又别致，引人注目。

3. 习惯附加

在网络上"说话"的时候，人们有时会有意识地加上一些没有明确意义、形态特异的助词，此类助词主要是起到调节语气的作用，同时因其意义不甚明确固定，也可以随着语境的变化表达不同的情绪，于是被广泛地使用。包括：

……的说，例如：

好看的说（好看啊），厉害的说（厉害啊，表示强调），被女朋友抛弃的说（有可能是被女友抛弃了，表示质疑），已经签约的说（已经签约了，表示震惊）

……咩，例如：怎么会这样咩？（怎么会这样呢）

……先，表示时间顺序上在前，如：厕所先！（先上个厕所）

这些用法不足以"破坏"表意的完整性与准确性，却能增添口语语感，这对网络言说是一种支援。除了用表情符号如笑脸:）、哭脸:（等增加网络的"言说感"之外，在表达上打破规整的句式，如日常说话一样颠倒、混杂、添加、重复，也令网络中的日常交流更接近面对面的随意自然。

需要指出的是，这些用法在规范的语言学分析中，分别归入语气词、副词，但在网络语言中，它们或还在虚化过程中，或有其独特的表达功能，在未定型之前，不如按网民的习惯将其视为一种变化词形的附加。

4. 谐音双关

谐音双关，主要是采用既定词的读音，而替换进新的字形，以表达特定的具体意义；这可以将原意和"改意"同时并置，使阅读者产生双关式的理解。如：

斑会——脸上有很多斑点

笑果——有效果，是搞笑的效果

霉女——也许是美女，但无疑是倒霉的女子

穷摇——指言情作家琼瑶，同时指出她的创作罗嗦、重复、空洞

自废生——生活颓废的自费生

这一类的表达，要求创制者有联想与改写的急智。由于实现了表意的叠加、浓缩，谐音双关具有更多的"审美潜质"引人欣赏，同时，这种形式必然是以文字而不是语音的形态存在，特别适用于网络交流中嘲谑兼恭维、调笑且一本正经的暧昧口吻。

5. 因字生词

方块汉字是表意文字，具有极强的分析性，即汉字的组合在形成新的组合义的同时，组合中的每一个汉字都有可能在特定语义和语境的要求下，又重新独立表意。例如"将军"因其组合义而是一种称谓，而"小心他过来将军"，此时组合中的"将"和"军"，又都独立表意了。汉字的这种分析性使得汉字组合有可能衍生出一种语词套组，例如指称方向的"东西南北"、指称家畜的"猪狗牛羊"，各个单词有横向的"成套"关系，这一关系在形式上的固定性，有时可以用来干预特定的语境，作为一种词语"模版"，派生出新的汉字组合；这些组合可能并不是真正的词，却与真正的词形成游戏性的整齐排列。这在音译外来词中表现得尤其明显，例如：

最近NATO轰炸欧洲哪一国？（1）东斯拉夫（2）西斯拉夫（3）南斯拉夫（4）北斯拉夫

最近与我国建交的欧洲国家是（1）马其顿（2）羊其顿（3）猪其顿（4）狗其顿

篮球巨星乔丹退出哪一队？（1）芝加哥公牛（2）菲律宾母牛（3）西班牙斗牛（4）棒球场黄牛

去年和芝加哥小熊队的索沙争夺全垒打王的巨炮是谁？（1）马奎尔（2）牛奎尔（3）猪奎尔（4）羊奎尔

最近传出与漂亮宝贝布鲁克雪德丝离婚的是（1）阿格东（2）阿格西（3）阿格南（4）阿格北

各行的选项中只有一个词是真正的词，其他三个选项则徒具形式；不过，三个胡编乱造的"词"，却硬是能够与正牌货"平起平坐"，这不能不说是语词套组的整合力量在起作用。

同样出于汉语的组词特征，相同的字形或读音，也被网络语言者用来作为"整合"词语的理由；虽然下例的整合借重的是同一字形或读音相同，其外并无可以"归类"之处，但如此醒目的外形相似性与关联性，又使我们不能将相关的联想隔离在外，例如：

承上题（最近NATO轰炸欧洲哪一国），是因为该国何省的危机？（1）科索夫（2）科学面（3）科学怪人（4）柯南

承上题，这是因为塞尔维亚人与谁的冲突？（1）阿尔巴尼亚人（2）阿基米德（3）阿米巴原虫（4）阿鲁巴运动协会

现任德国总理是（1）施若德（2）施明德（3）施主（4）施舍一点吧

柯林顿与谁传出绯闻？（1）李文斯基（2）曾文惠（3）陈文茜（4）莫文蔚

最近退休的美国篮球巨星是（1）乔丹（2）味丹（3）仙丹（4）大丹狗

最近来台的大陆红星是（1）赵薇（2）徐薇（3）威鲸闯天关（4）唉唷喂——

麒麟啤酒的代言人是（1）吴念真（2）吴念假（3）吴念经（4）吴碎碎念

台湾啤酒的代言人是（1）伍佰（2）二百五（3）免费（4）倒贴

（上文标题：《简单的考题》　作者：zhaoxia0910）

而缩写，也可以反其道而行之，成为由果所因、由形辨义的"戏说"，如下例：

《看哪家银行的英文缩写最牛B（校正版）》

a. 中国银行–BC（Bank of China）–"不存!"

b. 中国农业银行–ABC（Agriculture Bank of China）–"啊，不存!"

c. 中国工商银行–ICBC（Industry and Commercial Bank of China）–"爱存不存!"

d. 民生银行–CMBC（China Minsheng Bank Corp）–"存吗?白痴!"

e. 国家开发银行–CDB（China Development Bank）–"存点吧!"

f. 北京市商业银行–BCCB（Beijing City Commercial Bank）–"白存存不？"

文本十分简洁，却包含了中文英译—英译缩写—拼音缩写联想—汉字还原的改写过程，字母C所贯通的"存"（同声母），成了例文中各个银行对"吸纳散户存款"这个关键问题作一表态的由头。而从各大银行的"发言"来看，没有一家是像样的，或傲慢无礼（"爱存不存""存吗？白痴！"），或可怜兮兮（"存点吧"），或抠门吝啬（"白存存不？"）；这一改写思路，融入了当代老百姓对银行业的总体观感，而且以一种貌似客观介绍的方式（"英文缩写"）体现出来，效果尤其滑稽。

6. 形先于意

汉语的表形和表意是同一过程的两个方面，从语言的表意诉求而言，语词组合当是意先于形，以"常理"为常态；但是以网络语言的符号读取思路来看，文字的排列并不追求固定地属于既有的意群——文字并非一味归附于通行的意义之下，而是首先作为单个字存在的，其组合方式在句子中可以被重新"圈定"，或者合并，或者拆解，成为文字游戏新的"增长点"。试举几例：

《魔王与公主流泪爆笑版》作者：nio0083（弹间★再度归来）

公主被魔王抓走了......

再下来，故事开始罗......

情景一

魔王：你尽管叫破喉咙吧，没有人会来救你的！

公主：破喉咙！破喉咙！

没有人：公主，我来救你了！

魔王：..................................

情景二

魔王：你叫破喉咙也没有人会来的！

公主：破喉咙！破喉咙！

破喉咙：我来了............

情景三

魔王：你叫破喉咙也没有人会来的！

公主：破喉咙也没有人！破喉咙也没有人！

破喉咙也没有人：公主，我来救你了！

情景四

魔王：你叫破喉咙也没有人会来的！

公主：也没有人！也没有人！我是破喉咙......

也没有人：破喉咙公主，我来救你了！

情景五

魔王：你尽管叫吧，没人会听到的！

公主：吧！吧！吧......

媒人：公主，我听到了！是谁要提亲丫？

魔王：..................................

情景六

魔王：你叫破喉咙吧！没有人会来救你的！

公主：对不起！我叫破伤风，破喉咙是我姐姐！

魔王：喔！我倒%!$@^%!$@^%!^!^%!@

《加强版魔王与公主》

有一天魔王抓走公主。

公主一直叫。

魔王：你尽管叫"破喉咙"吧——"没有人"会来救你的——

公主："破喉咙"——"破喉咙"——

没有人：公主——我来救你了——

魔王：说"曹操""曹操"到——

曹操：魔王——你叫我干嘛！！！

魔王：哇勒——看到"鬼"！！！

鬼："靠"！！！被发现了——

靠：胡说，"谁"发现我了——

谁：关我屁事——

魔王：oh——"myGod"！！

上帝："谁"叫我？？？？

谁："没有人"叫你阿——

没有人：我哪有——

据说魔王从此得到精神分裂症。

　　利用汉语组合中因汉字的分析性而产生的语词组合的重新分析，诸多姓名荒诞的"人物"纷纷登场，本来只有两个主体的对话，不速之客硬是层出不穷。这些人物都是通过切分句子成分制造出来的，放在童话语境中，具有双重的虚构效果——除了魔王、公主两个人物，故事背后那只"看不见的手"又从公主与魔王的对话中"提取"出其他的许多人，如同俄罗斯套娃一般层出不穷，十分好玩。

　　放在日常对话中，这种不按常理出牌的死抠字眼又另有妙用：

《令人吐血的QQ聊天》

野牧：你嚎吗？

天狼：你才嚎呢。

野牧：打错字了，我是说你好吗？

天狼：不坏。

野牧：哪人呀？

天狼：西北。

野牧：你那里也很冷吧？

天狼：漫天飞雪，冷风如刀。

野牧：你叫什么名字？

天狼：天狼。

野牧：我是问真名。

天狼：QQ上有。

野牧：说出来好吗？

天狼：为什么要说？

野牧：说出来才好吗。

天狼：怎么好呢？

野牧：因为是我问的吗。

天狼：你问的就不能不说吗？

野牧：我不是坏人呀。

天狼：坏人贴标签了么？

野牧：没有啊。但我是好人呀。

天狼：请把好人证书传来。

野牧：没有啊。但你说才表示有诚意交朋友啊。

天狼：tianlang^_^

野牧：打汗字好吗？

天狼：我打字不出汗。

野牧：我是说打你的名字。

天狼：我的名字惹你了吗？

野牧：没有啊。

天狼：那干嘛打我的名字？

野牧：我是说打字。

天狼：哪个字惹你了？

野牧：唉，告诉我你的电话吧。

天狼：塑料的，红色。

野牧：不是，我是要你给我你的电话。

天狼：我的电话我家还要用呢，你想要自己买去。

野牧：不是，我是要你把电话说出来。

天狼：电话是说出来的吗？我还以为是工厂做出来的呢。

野牧：不是，我是要你的电话号。

天狼：在电话上嵌着呢，拿不下来啊。

野牧：我是问你的电话号是多少。

天狼：十二个，十个数字键，一个米字键，一个井字键。

野牧：我是问电话号是几。

天狼：从1到9，0在后边。

野牧：我崩溃了！

天狼：？你哪不舒服？

野牧：不是啊。

天狼：那怎么崩溃了？绝症吗？

野牧：问不到你的电话了啊。

天狼：那很重要吗？

野牧：电话是干什么的，不就是用来说话的吗？你要告诉别人，电话才有用啊。

天狼：电话是用来上网的。

野牧：电话还是用来聊天的啊。

天狼：是啊，我们不是一直在聊电话吗？

野牧：哪聊了？你这半天什么都没说啊。

天狼：我说了几十句话了。

野牧：唉，你都把我说晕了，下次再聊吧，88

天狼：Bye Bye

交谈了几十句，"天狼"就是没有透露任何个人信息，"野牧"煞费口舌追问姓名、电话号码的努力，都被"就事论事"地消解了；"打电话"的"打"始终被故意曲解为"殴打"一意，在这一前提下作出的反问和追问层出不穷，却绝不会包含有效信息。

网络语言以改变阅读习惯的方式改写了汉字的面貌：虽然字形不变，却脱离了通行的语境和目的，成为归属于特定文本内部的局部化的符号。一旦脱离了这个文本，这些符号在其中所表达的意义也就消失了。另类的解读启发了文字的游戏，游戏的意图又成就了另类读解的习惯。文字符号的高速翻新是网络生活的基本状态，这种高速，立足于网络中人对文字的条件反射式的敏感，对摄入眼帘的各种符号"一视同仁"，并不优先地依循现实生活中既存的阅读习惯和语言理解法则，而是将其当做一种新生的存在，先发现平淡文句中的"可以游戏"之处，将其发掘演绎出来，继而使其壮大、流通，并最终成为网络言说的新规律。

7. 旧词新解

关于旧词新解，最典型的是成语在网络中的特殊用法，从中可以清楚地看到汉语词汇在网络"望文生义"的视角下呈现出的离奇面貌。成语作为文化传统的浓缩载体，有渊源出处可考，向来是检验人语文功底的"试金石"，用错成语向来都是可羞之事；而在网络中，语言的处理表现出内涵稀薄化、释义字面化的趋向，成语的"正义"、专用的语境皆不再具有绝对的权威性，人们开始接受反其道而行之的成语使用方式，寻找语言游戏的新灵感。以下这篇广泛转载、充满喜剧效果的网文，为本文的分析提供了成语在网络中使用的经典范例。

今天是国庆日，因为英明伟大的政府建设国家、爱护百姓的功绩罄竹难书（很多），所以放假一天，爸爸妈妈特地带我们到动物园玩。按照惯例，我们早餐喜欢吃地瓜粥。今天因为地瓜卖完了，妈妈只好黔驴技穷（没办法）地削些芋头来滥竽充数（凑合）。没想到那些种在阳台的芋头很好吃，全家都贪得无厌（很喜欢吃）自食其果（吃自己的一份）。

出门前，我那徐娘半老（年纪较大了）的妈妈打扮的花枝招展，鬼斧神工（装扮巧妙）到一点也看不出是个糟糠之妻（憔悴的中年女子）。头顶羽毛未丰（半秃）的爸爸也赶紧洗心革面（梳洗）沐猴而冠（穿扮），换上双管齐下（一整套）的西装后英俊得惨绝人寰（非常），鸡飞狗跳（兴奋）到让人退避三舍（退让）。东施效颦（赶时髦）爱漂亮的妹妹更是穿上调整型内衣愚公移山（美化体型），画虎类犬（依照时尚）地打扮的艳光四射，趾高气昂（拔高身材）地穿上新买的高跟鞋。我们一丘之貉（一家人）坐著素车白马（交通工具），很快地到了动物园，不料参观的人多到豺狼当道草木皆兵（人多），害我们一家骨肉分离（走散了）。

妻离子散（找不到妻子儿女）的爸爸鞠躬尽瘁（卖力气）地到处广播，终于找到到差点认贼作父（认错人）的我和遇人不淑（没找对人）的妹妹，困兽之斗（用力）中，我们螳臂当车（用手臂）力排众议（用力推开别人）推己及人（用身体挤）地挤到猴子栅栏前，鱼目混珠（敷衍）拍了张强颜欢笑（扮著笑脸）的全家福。接著到鸡鸣狗盗（有动物的叫声）的鸟园欣赏风声鹤唳（鸟叫）哀鸿遍野（鸟叫）的大自然美妙音乐。后来爸爸口沫横飞地为我们指鹿为马（介绍动物名称）时，吹来一阵凉风，唾面自乾（唾液落到脸上，被风吹干）的滋味，让人毛骨悚然不寒而栗（感到冷），妈妈连忙为爸爸黄袍加身（穿衣服），也叮嘱我们要克绍其裘（穿衣服）。到了傍晚，因为假日的关系，餐厅家家鹊占鸠巢六畜兴旺（人很多），所以妈妈带著我们孟母三迁（到处挑选），最后终于决定吃火锅。有家餐厅刚换壁纸，家徒四壁（墙壁）很是美丽，灯火阑珊（灯光柔和）配上四面楚歌（有背景音乐），非常有气氛。十面埋伏（在各处服务）的女服务生们四处招蜂引蝶（招呼客人），忙著为客人围魏救赵（寻找位子），口蜜腹剑（用语礼貌）到让人误认到了西方极乐世界。饥不择食（饿了）的我们点了综合火锅，坐怀不乱（稳重）的爸爸当头棒喝先发制人（主动提要求），要求为虎作伥（为客人服务）拿著刀子班门弄斧（在客人面前拿著餐具）的女服务生，快点将狡兔死走狗烹（把食物放进去），因为尸位素餐（等著接受服务）的我们一家子早就添油加醋（加调料）完毕，就等著火锅赶快沉鱼落雁（放进食物）好问鼎中原（吃锅里的东西），可惜锅盖太小，有点欲盖弥彰（锅里的东西露出来）。汤料沸腾后，热得乐不思蜀（非常）的我们赶紧解衣推食（解开外套，开始进餐）好大义灭亲上下其手（很多人夹菜），一网打尽（全部）捞个水落石出（捞出）。火锅在我们呼天抢地（吃饭发出声音）面红耳赤（热得脸红了）地蚕食鲸吞（吃）后，很快就只剩沧海一粟（一点点），和少数的漏网之鱼（剩下的）。母范犹存（保持着风度）的妈妈想要丢三落四（分散地放入）放冬粉时，发现火苗已经危在旦夕（快熄灭了），只好投鼠忌器（不敢放进去）。幸好狐假虎威（从旁帮助）的爸爸呼卢喝雉（叫喊）叫来店员抱薪救火（拨旺火苗），终于死灰复燃（火旺起来），也让如坐针毡（紧张）的我们中饱私囊（继续吃）。鸟尽弓藏（吃完了）后，我们一家子酒囊饭袋（吃饱了的人），沆瀣一气（吃饱之后懒洋洋），我和妹妹更是小人得志（孩子很高兴），沾沾自喜。

不料结账的时候，老板露出庐山真面目，居然要一饭千金（高价），爸爸气得吴牛喘月（气喘），妈妈也委屈地牛衣对泣（掉眼泪）。

啊！这三生有幸（很幸福）的国庆日，就在爸爸对著钱包自惭形秽大义灭亲（大方地付款）后，我们全家江郎才尽，一败涂地（钱都花光了）！

《成语使用范例》，又题作《气死老师的作文》，来自51haha.cbbn.net

括号内内容为笔者所加。通过文中成语与其在文中意义的对比，可以看出，"旧词新解"大致有以下三种用法。

（1）单取字面意义，即舍弃成语的原义与引伸义，单取其模糊的字面义；例如：哀鸿遍野（原意为一片凄凉）、风声鹤唳（原意为发现敌人的踪迹）、指鹿为马（原意为颠倒是非黑白）、四面楚歌（原意为受到敌人包围）、吴牛喘月（原意为少见多怪）、牛衣对泣（原意为落魄夫妻互诉委屈）、呼天抢地（原意为绝望的样子）、一饭千金（原意为受到恩惠重重报答）、面红耳赤（原意为激烈争吵的样子）、死灰复燃（原意为消减下去的势力重新高涨）等。

（2）取消贬义，使之变成中性词；例如：罄竹难书（原意为作恶很多数不胜数）、趾高气昂（原意指洋洋自得，非常傲慢）、酒囊饭袋（原意为百无一用只会享受的人）、沾沾自喜（原意为对不应该得意的事情非常高兴）等。

（3）大词小用，缩小词义范围；例如：一网打尽、三生有幸、骨肉分离、如坐针毡，等等。

这篇网文中的成语用法大致可以作以上分类，当然，就真实的阅读过程来说，每一个词都是在以上三种分类——字面义与完整的出典和原义、贬义和褒义、指称范围的变换——中被接受并解读的。所用成语完全脱离原义而"回归"到字面，这样的旧词新解本身就充满了喜剧色彩；这正是文章所追求的效果。

这篇文章能够广泛流行、得到欣赏，正是反映了"望文生义"情形的普遍存在。中国成语可称海量，对一些不常用的成语，读者一知半解、半懂不懂在所难免；看到新成语不去查词典，而是从字面推测其意义，也是常见的情形。不过，如上文这般铺张华丽的歪解成语，却非成语积累精深者不能办到——这样的游戏首先的诉求是悦己、享受按图索骥的"还原"乐趣，进而得到同道中人的欣赏；真的对这些成语一无所知的，反而不能体味其中的妙处了。

二、网络句法

网络语言的句式千变万化，其建构方式之新奇，或因仿句，或因虚引，或因套语，皆极尽想象之能事。

1. 网络仿句

除了新的句法形式之外，网络语言中更多存在的语言现象是仿句，精彩文本不胜枚举。仿句与仿词常常混杂在一起，在语气上彼此连通。从形式上说，仿句就是比照和套用已有的、广为人知的句子，有些依葫芦画瓢的味道，并无多高的难度可言；但是，作为网络语言衍生的一大源泉，仿句也决非简单的格式套用或文本复写。

首先，作为"原型"或"范本"的语句文本，不仅传播广泛众人耳熟能详，而且承载了网络言说者最为清晰的文化记忆与情感取向——

建国以来迅速深入民间的政治话语、随着商业化进程流行开来的推销格式、因为全国统一的教育体系而被一代人诵读的文学文本，都成为衍生网络仿句的绝好平台；仿句者对文本、句子的选择，总是以对话语系统的偏好为前提条件的。

其次，从写作过程来看，仿句不是单向度的借用效仿，而是更接近于回忆与重温；网络言说者非常自然地借用最为熟悉的文本与文本格式，对于他们个人来说，这是继续加深对这些格式与语句的领会和品味，同时又是凭借着这些文本格式的支持，强化既有的趣味及世界观。

再次，对文句的套用和翻新，也是网络言说者对于其个人心目中经典文本的干涉与刷新。由于这些文本与文本格式的通行性，网络中的阅读者容易找出仿句的出处与新变之处，更容易把握言说者的用意所在。由于"先在模本"的存在，网络言说者轻易获得了一种看似漫不经心、实则举重若轻的姿态。也可以说，在符号化了的文化模本的支持下，网络言说者因为与文化的亲近而写出更多出人意表、妙趣横生的警句奇文。我们大致可以清理出如下几种形式：

（1）文本中仅出现网络言说者仿造出的词句，原型不出现。例如：

以壮胆色——以壮行色

烂无可烂——忍无可忍

风在吼马在叫老婆在咆哮——风在吼马在叫黄河在咆哮

色狼是怎样炼成的——钢铁是怎样炼成的

普天之下莫非汉土，率土之宾莫非汉臣——普天之下莫非王土，率土之滨莫非王臣

咸鱼白菜各有所好——萝卜青菜各有所爱

占地为王——占山为王

走自己的路，让别人去猜测吧！——走自己的路，让别人说去吧！

（2）把"正版"的语句放在前面，然后添上仿写出来的新词新句。例如：

我为人人，人人为我；我吐人人，人人吐我

为朋友两肋插刀，为MM插朋友两刀

朋友如手足，妻子如衣服；谁穿我衣服，我动谁手足，谁动我手足，我穿谁衣服！

朋友如手足，妻子如衣服；朋友如蜈蚣的手足，妻子如过冬的衣服

轻轻的我走了，正如我轻轻的来；我挥一挥衣袖，发现自己光着膀子

树欲静而风不止，我欲刷牙而水不来

樱桃好吃树难栽，罗马不是一天建成的，是两天！

（3）仿句集合。除了在行文中插入以上类型的只言片语，还有许多围绕同一主题、纯粹汇集大量仿句的文本，例如非常经典的《鸡为什么要过马路》。要深入地探讨这类文本的生成模式，就不能不进行具体的列举。因此，本文选定了《电信为什么要涨价之完全版》（作者：pixie），从中各抽出几条为例（括号内为原句）：

《电信涨价政党口号篇》

一个主义，一个政党，一个领袖，一个电信 （蒋介石：一个主义，一个政党，一个领袖）

宁可错涨一千，绝不放走一个 （汪精卫：宁可错杀千人，不可使一人漏网）

我们不能只想电信能为我们做什么，要多想我们能为电信做什么（肯尼迪：不要问你的国家能为你做什么，问一问你能为你的国家做什么）

电信尚未涨价，同志仍须努力 （孙中山：革命尚未成功，同志仍需努力）

电信多大胆，价有多少涨！（大跃进：人有多大胆，地有多大产）

电信涨价就是好！就是好来就是好！就是好！（造反派："文化大革命就是好！"）

《电信涨价企业名牌篇》

今天你涨价了吗？（etang：今天你etang了吗）

电信以涨价为本（诺基亚：科技以人为本）

涨价到永远（海尔：真诚到永远）

我们一直在涨价（爱多：我们一直在努力）

每个电信都经过二十七次涨价（乐百氏：每一滴水都经过二十七次净化）

涨价好极了（雀巢咖啡：味道好极了）

电信失去涨价，人类将会怎样（联想：如果失去了联想，人类将会怎样）

涨价不要太潇洒（杉杉：杉杉西服，不要太潇洒）

电信？天天涨（大宝：大宝，天天见）

涨价的世界（金利来：男人的世界）

人间有电信，万家涨价多（万家乐：人间有万家，万家欢乐多）

《电信涨价先驱篇》

电信是一个阶级压迫另一个阶级的工具（马克思：国家是一个阶级压迫另一个阶级的工具）

你们失去的是电信，得到的是整个涨价！（马克思：他们失去的只是锁链，得到的是整个世界！）

全世界电信联合起来（涨价）！（恩格斯：全世界无产阶级，联合起来！）

试看将来的电信，必是涨价的环球（李大钊：试看将来的环球，必是赤旗的世界）

《可爱的电信》《涨价》（方志敏：《可爱的中国》《清贫》）

恨不涨价死，留作电信羞（吉鸿昌：恨不抗日死，留作今日羞）

一个声音高叫着，涨价吧，给你电信！（叶挺：一个声音高叫着，爬出来吧，给你自由！）

让电信涨得更猛烈些吧！（高尔基：让暴风雨来得更猛烈些吧！）

《电信涨价文化名人篇》

不在涨价中爆发，就在涨价中灭亡！电信事业连广宇，于无声处看涨价！（鲁迅：不在沉默中爆发，就在沉默中灭亡！心事浩茫连广宇，于无声处听惊雷！）

轻轻地我涨价了，挥一挥衣袖，不给你一丝喘息；轻轻的我涨了，正如我轻轻的又涨了。轻轻的挥挥衣袖，带走一片RMB（徐志摩：轻轻的我走了，正如我轻轻的来；我挥一挥衣袖，不带走一片云彩）

我梦见自己变成一家电信，在阳光下快乐地涨价！（杨朔：我梦见自己变成了一只小蜜蜂）

涨价？有趣，来了一阵白盔白甲的电信，叫道涨价涨价，于是一同涨（阿Q：造反？有趣，来了一群白盔白甲的革命党，叫道：阿Q，同去同去！于是一同去）

涨价为谁而涨（海明威：丧钟为谁而鸣）

《电信涨价影视文艺版》

你涨，我也涨！（凯特·温丝赖特：你跳，我也跳）

生存还是涨价？（哈姆雷特：活着还是死去？）

我胡汉三又涨价了！（胡汉三：我胡汉三又回来了！）

电信涨得，我涨不得？（阿Q：和尚捏得，我捏不得？）

五十六个民族五十六朵花，五十六个中国电信是一家；五十六种语言汇成一句话，我要涨价我要涨价，我要，涨价。（宋祖英：《爱我中华》）

欢、乐、总、涨、价，耶——！（程前：欢乐总动员）

the price will go up...up（塞琳迪奥：my heart will go on and on）

电信照样涨价（海明威：太阳照样升起）

（涨价）没完没了！（葛优）

（涨价）爱你没商量！（宋丹丹）

《电信涨价体育篇》

把涨价留给电信！（李宁：把精彩留给自己！）

I love this rise（NBA：I love this game）

《电信涨价圣贤名句篇》

电信一日不涨，本钦差一日不归（林则徐：鸦片一日不绝，本钦差一日不归）

你未看账单时，电信并未涨价；你看账单时，电信价格一时疯涨起来（王阳明：汝未看此花时，此花与汝同归于寂；汝看此花时，此花的颜色便一时明白起来）

电信兴亡，涨价有责（顾炎武：天下兴旺，匹夫有责）

左涨价，右涨价，电信聊发涨价狂（苏轼：老夫聊发少年狂，左牵黄，右擎苍）

涨的不要高，有赚就行，斯是一点点，滴水也穿石。太狠伤节律，草草不收兵（《陋室铭》：山不在高，有仙则名，斯是陋室，唯吾德馨。苔痕上阶绿，草色入帘青）

待到电信不涨价，家祭无忘告乃翁（陆游：王师北定中原日，家祭无忘告乃翁）

试看今日之电信，竟是涨价的天下（骆宾王：试看今日之域中，竟是谁家之天下）

电信共全国一致，涨价与风筝齐飞（王勃：秋水共长天一色，落霞与孤鹜齐飞）

前不见古人，后不见来者，念涨价之悠悠，独怆然者电信（陈子昂：前不见古人，后不见来者，念天地之悠悠，独怆然而泣下）

神龟虽寿，犹有竟时，电信涨价，终为土灰（曹操：神龟虽寿，犹有竟时，腾蛇乘雾，终为土灰）

勿以善小而涨价，勿以恶小而不涨（刘备：勿以恶小而为之，勿以善小而不为）

电信涨兮价飞扬，费加百姓兮还贷款，安得尽头兮告四方！（刘邦：大风起兮云飞扬，威加海内兮归故乡，安得猛士兮守四方！）

长太息已掩涕泣，哀电信之多涨（屈原：长太息以掩涕兮，哀民生之多艰）

有电信自高处涨，不亦说乎？（孔子：有朋自远方来，不亦说乎？）

涨可涨，非常涨（老子：道可道，非常道）

中国电信日三涨其价（曾子：吾日三省其身）

我来了，我看见了，我涨价了（恺撒：我来了，我看见了，我征服了）

依据这个文本，我们可以对集体作者的广泛知识面形成一个大致的认识。一人或多人参与到同一个主题的仿句创作中，最终汇聚为琳琅满目、洋洋大观的"名句回顾展"。这样一个题目之所以能一呼百应，说到底是因为"电信涨价"与普通人的现实生活有着切身的关联；涨价的消息在作者心里激起了强烈的反应，不惜"纠集"历朝历代的名人出来"共襄盛举"，进行舆论谴责。这种谴责因为套用不同风格的名句而产生出不同的效果，如夸张（中国电信日三涨其价）、反讽（勿以善小而涨价，勿以恶小而不涨）、说理（涨的不要高，有赚就行，斯是一点点，滴水也穿石。太狠伤节律，草草不收兵）、滑稽（你未看账单时，电信并未涨价；你看账单时，电信价格一时疯涨起来）等等，种种延伸主题的形象又都归结于"电信涨价"这个中心话题，将涨价引起的不满心理渲染到了极致。

2. 虚假引语

作为组织文字的基本技巧，使用引语乃是作者架设结构、表达观点的常用手段。正是因为这种技巧人尽皆知，才出现写文章时生拉硬凑、引语泛滥的现象。出于心照不宣的厌倦与嘲弄，网络言说者往往偏爱"捏造"虚假的引语，插在文本中成为视觉上的亮点，制造发噱的效果。例如：

例1

今天天气很好，天很蓝很蓝，云很白很白，好像一个大棉花糖啊，要是能摘下来吃就好了。我背着书包来到自由学校，学校里红旗招展，歌声嘹亮，今天是个好日子……（以上出自小学生作文选第9527期）

——虚构书名

例2

偶的前辈著名行为艺术家诺查丹玛斯曾这样预言：2003年1月，恐怖魔王从天而降，王重新出现，这期间，王以扯淡的名义主宰世界……

愿王保佑吃饱了饭的人们。

———偷换《诺查丹玛斯预言》（一部西方流行的预言书）中的内容

例3

杜甫也有诗为证："安得烂片千万张，大庇天下百姓尽欢颜。"可见烂片还是很受大众欢迎的。

曹操不是也说了："何以解忧，唯有烂片。"

鲁迅也说过："世上本没有烂片，骂的人多了，就成了烂片。"（《将烂片进行到底》）

———"伪造"名人名言作为支持自己的有力论据

例4

注1：参考周仓同志所著《我与元帅的早年交往》

注2：参见《关羽选集》第一卷

注3：参考《蜀汉革命家的婚姻与爱情》

注4：关羽同志在后来的回忆录中对当时救董卓一事后悔不已，参见《关羽选集》第二卷

注5：刘备、关羽、张飞在平原县战斗的事迹，参见《平原作战》《平原枪声》《平原游击队》等作品

———采用了文后注释的形式，并虚构了系列书单

例5

作者简介：唐吉诃德·本拉登，沙家浜人（俗传为沙特人，有误），现代骑士，著名毛驴交通研究专家，美国911和平纪念勋章获得者，2010年诺贝尔文学奖与和平奖提名候选人。主要作品有：《战争与和平——走进新时代》《永别了，世贸大厦》《如何打赢未来的战争？超限战》《谁炸了俺的奶酪》《驴道》《论摩托骡拉不如摩托驴拉》《山下，那九千九百座坟茔》《顽抗到底才是硬道理——论萨达姆的的战略失误》等。

这些虚假引语提示给阅读者的是一批并不存在的源文本，不过阅读者不必真的去查阅"原典"——仅仅从"书名"上就能得知其真实的意思，如例5中借用海明威《永别了，武器》之名脱化出的《永别了，

世贸大厦》来指代911事件，借用革命小说《山下，那九十九座坟茔》脱化出的《山下，那九千九百座坟茔》指代恐怖袭击导致的大量死亡等——对经典"借壳"、改装的"引经据典"手法，便捷地增进了文本内容的确凿感、可信感，又坦率地交代出其中的游戏成分：行家可以轻松地辨别出这些书名的"偷梁换柱"，明了其仅仅是一种修辞手法，也并不苛责其"作假"。可以说，虚假引语具有一种"有效的无效性"，既传递新信息（许多"专著"）又消解新信息（"专著"都是假的），最终回归到文本的游戏意图。

3. 政治套语

在公共传媒中，政治话语曾长期居于压倒性的优势位置。政治话语套话甚多，几乎一直主持公共叙事的基本格局；现实中的人长期置身于这套语言之中，耳熟能详之余，已经产生了深深的厌倦感。另一方面，十几年来娱乐传媒的繁荣，又引入、催生了许多新的话语系统，"时尚"叙事来势汹汹，深入人心。情势变化之下，政治套语有时也作为一种话语传统发挥作用，具有简单、易用的优点，人们在其中也找到了新的乐趣，这就是政治套语的挪用和改装。

（1）阶级成分套语

例如以下几则：

黄蓉，女，生于开明的地主家庭，其父黄药师在东海经营一个果园，主要种植桃树。黄蓉由于受到郭靖的感召而投身革命，由于足智多谋，成为郭靖的得力助手。

众所周知，杨康根正苗红，是抗金英雄杨再兴的后人。他的父亲杨铁心出身贫农，惨遭封建统治阶级和侵略者的头子完颜洪烈的剥削和迫害，不但夺走了他的妻子，还杀了他的结义兄弟郭啸天，可谓苦大仇深。杨康自小拜著名的革命家丘处机为师，立志为革命事业奋斗终身。

唐三藏，男，汉族，现年三十七岁，江苏海州人。曾任"赴西天取经工作小组"主要负责人，现任长安洪福寺方丈（正部级）。

潘金莲同志，性别女，家住清河县。该同志相貌出众，妙龄之年却下嫁于劣等男人武大郎，不幸成为了在封建枷锁统治压迫下的牺牲品。

我国伟大的革命家、政治家、军事家、外交家、武术家、社会活动家韦小宝，男，江苏扬州人氏，估计为1/2汉族血统，约生于清顺治初年。他的家庭是一个贫苦下层劳动人民家庭。

杜甫，男，58岁，河南巩县人，高中文化，曾任检校工部员外郎（正部级）等职。杜甫同志平时能深入基层，关心群众疾苦，写出了大量优秀的诗歌作品，深受各朝代国家领导人的赏识和喜爱，自宋以来，一直被尊奉为"诗圣"。

以上几例，文学人物、历史人物，正面人物、反面人物都有，一律"土气化"效果十足。唐僧加上了一重大官派头，"（正部级）"三字可谓绝妙；潘金莲成了妇女解放的典型；杜甫的"高中文化"学历更是令人发噱。当一些人物太有名、太众所周知，以至于成了刻板形象之后，如何将其"再包装"、引起人们重新审视的兴趣，就成了难题；借用阶级成分的套语，这一问题迎刃而解，一种巧妙的行文风格也就此开启。

（2）大会报告套语

如以下两例：

今天，偶很荣幸能够应邀参加"全国××杯首届现任老婆批判论坛"会议，这也是近年来国内民间首次举办此次活动，应该说意义非常重大，影响非常深远。在此，偶仅代表偶本人十分感谢主办方为此次会议的成功举办所作的努力和付出的辛勤劳动，更为广大现任老公提供了一个畅所欲言的交流平台和倾倒苦水的空间。应本次论坛主委会的要求，每位与会者发言时间仅为5分钟，故偶只简明扼要地讲几点对现任老婆批判的切身体会。

在我佛如来的精心策划下，在观音菩萨的具体指导下，在各路神仙的积极配合下，以贫僧为中心的师徒四人历时一十四年，行程十万八千里，经历九九八十一难，终于取得了我佛大乘真经，圆满地完成了这次取经任务。在这次取经的过程中，我们时刻牢记自己的职责，分工合作，涌现出大量好人好事和可歌可泣的动人故事。我们之所以能取得真经，主要是在途中做到了以下几个方面：……《唐僧在取经总结

大会上的报告》作者/阿超）

"现任老婆批判论坛"的滑稽名称与一本正经的大会报告相结合，煞有介事，一派冷幽默的腔调；西天取经的浪漫历程、僧人求法的执着精神，在这样一篇讲稿的描述下，却变得极尽庸俗死板，一整套"西天领导班子"跃然纸上，成了一出妙趣横生的"变形记"。

（3）事迹述评套语

例如：

自从获得"诗圣"这一崇高荣誉后，杜甫同志开始居功自傲，不思进取，还经常和小燕子、小甜甜等艳星在夜总会大跳霓裳脱衣舞；此外，杜甫同志还涉嫌受贿、弄虚作假、勾结黑社会等违法活动，甚至一首四行黄色小诗竟也被炒卖到10万元——群众反响十分强烈！！！

杜甫同志在长安屡试不举，而他的诗歌也写的一塌糊涂。他诗中所表达的主旋律与所处的时代背景完全格格不入，当时所极力颂扬的是那种"大公无私、视死如归"的大无畏革命精神，"宁为百夫长，胜做一书生"是那个时代有为青年的生动写照。杜甫却醉心于蝇利功名，写的尽是些无病呻吟的朦胧诗，就像在五六十年代唱起了邓丽君的"甜蜜蜜"一样。

由于潘金莲不像西门庆那样有权有势有钱，再加上旧社会封建枷锁禁锢，所以相对西门庆包二奶的情况，潘金莲为爱情而身不由己红莲出墙的行为，终将会受到衙门刑法的制裁。

针对这种情况，潘金莲同志深深感到，为了争取自由就要作出牺牲。在经过了激烈的思想斗争后，她和西门庆进一步提高了认识，清醒地认为要为大家舍小家，为了集体的利益要牺牲个人的利益，于是果断的作出了牺牲武大郎一个人，幸福两个人的英明决定。这个决定，不仅后来成为了某大型集团内部当个体和集体发生冲突时被拿出来做思想教育的范本，同时也为古往今来世界伟大爱情故事的记载中添了光辉的一页！这个决定是伟大的决定，是光荣的决定，不是每个人都能作出的决定，它的力量将永远鞭策着后世的人们为了爱情自由而前进！（《潘金莲同志先进事迹报告》）

记得有一次，我义务为杀生丸制作、安装了假肢，又奋不顾身地阻止犬家兄弟的争斗。最为可贵的是，我无偿捐献出儿子的遗体给杀生丸铸刀。鉴于以上事迹，我被评为本年度战国助残模范。在那不久后本奈落还无私地搭救了不幸失去亲人的珊瑚和琥珀姐弟，长期收留，照料着琥珀，并医治了他心灵上的创伤，这体现出我有一颗多么宽容和仁慈的心啊——！（《战国五一劳动奖章获得者——奈落，先进事迹报告会》）

与杜甫、潘金莲这些家喻户晓的人物不同，最后一例的主角乃是日本动漫《犬夜叉》中的人物，借着先进事迹报告会，曲折华丽的动漫剧情也实现了一次翻新的表述，"助残模范""五一劳动奖章获得者"的称号加在一个二维动画形象上，其滑稽反差，为读者带来了别样的感受。

（4）曲终奏雅

曲终奏雅，喊喊口号、表表决心、粉饰太平，乃是政治报告、主流媒体报导的"标准结尾"，人人皆已听厌，故而"目前当地群众情绪稳定""群众纷纷表示对生活影响不大"这样的表述，总是备受嘲弄，甚而成为固定的反语。将这类套话作为一种修辞用于网络文本，则立即产生化腐朽为神奇的效果，例如：

潘金莲虽然走了，但她和西门庆同志感人泪下的爱情故事将永远被人们颂扬，他们为了爱情为了自由和封建枷锁作斗争的可歌可泣的事迹值得我们后人用一生去学习！我们相信，不久的将来，将会有大导演在全国公开招聘出演潘金莲同志的女演员，潘金莲和西门庆同志的光荣事迹，将会被搬上银幕来歌颂，潘金莲和西门庆同志将成为新时代追求自由爱情的新新男女们的榜样楷模！

潘金莲同志可谓旧社会妇女反抗压迫争取自由和爱情的代表人物！潘金莲同志永垂不朽！

（《潘金莲同志先进事迹报告》）

以上种种成绩都已成为过去，今后我的目标是：领导和吸取全国各族妖怪，以收集四魂之玉为中心，坚持打击犬夜叉，坚持自身进化，自立更生，艰苦创业，为把我自己建设成为强大、无敌、必胜的纯粹全妖而奋斗。(《战国五一劳动奖章获得者——奈落，先进事迹报告会》)

以上是我在取经途中的几个方面，不能代表全部。我的成绩远远不止这一点。

顺便说一点，在贫僧的指挥下，徒弟们也配合了几次小的行动。

(《唐三藏西天取经的总结报告》)

到了"曲终奏雅"阶段，滑稽讽刺的意味表露无疑——西天取经的经验总结，最后成了唐僧个人贡献的直接罗列，暗讽了那种公然抢占他人功劳的作风。尽管文本自身有时并不首先追求政治讽刺效果，但是，对政治套语的化用、游戏本身已经是一种态度，几乎必然要形成讽刺的"附加效应"，一举多得。

从以上的几组例子我们可以看到，尽管有格式的起承转合、语气的跌宕起伏、行文的语气姿态等，网络语言中的政治套语都与一般的政治套语如出一辙，但其内在精神早已暗中偷换：政治话语"回落"为一种语言风格，不再属于特定人群专用，亦不再保有居高临下的地位。

4.广告套语

随着社会生活的消费化，商业传媒的广告轰炸越来越无孔不入；广告话语成为当代人的又一话语资源，在网络的语言游戏中有着如鱼得水的发挥。例如：

你想一夜成名平步青云深受大众关注吗？你想有了名再有利有了利再有名吗？你想最终像西门庆潘金莲一样青史留名吗？就请到王婆策划工作室来，或发电子邮件到wangpo-ch@163.net。王婆女士会帮助你满足欲望和实现梦想。

去年是我的本命年，我也怀了一个BABY，我怕影响体形，于是就与美国老公克森顿商量，进行了剖腹产。没想到我生过孩子体形还那么标准，这都是电视广告推荐的脂肪运动机的作用。宝钗姐姐想要的话，请赶快拨打下面的电话号码购买吧，早一天购买，早一天拥有一个良好的体形。她好，你也好。心动不如行动，快点上手呀！(《林妹妹给宝哥哥的一封E-MAIL》)

上网开工作室的王婆，嫁给美国人、满口美容推销的林黛玉，皆不复原作中的形象，呈露着商业广告一般的"标准笑容"：不需要继续保持古典文学经典人物的任何个性特征——她们只是一些方便的现成容器，供人注入诸种轻松娱乐的素材；这与流行多年的"戏说""秘史"类古装剧有异曲同工之妙。

5.说书人语

说书作为传统的通俗娱乐方式，其规模与内容皆无法与如今新兴的电子传媒匹敌；但是它海阔天空、从容优游的姿态，气势宏大、妙语连珠的谈讲，仍是至今几代人头脑中鲜活的文化记忆，其风格语调在网络中自然有一席之地。例如：

《乱弹奥斯卡之自由万岁》（节选）

话说德州大佬吉姆·麦金维尔因为爱国热情高涨而一再表现出对亚非拉劳动人民的轻视，并其本人乃绿色和平组织的高级成员，崇尚自然提出了亲水概念，拒不给大师杯加个盖子，ATP在工会的压力下把明年的旗子交给了上海。

就这样，奥斯卡，终于来到了美丽富饶的东方，那云和山的彼处，一盘丝错节洞，上书：自由地带。出来一位，英俊潇洒风流倜傥貌比潘安气死宋玉一枝梨花压海棠的官人模样。

对曰：神仙？妖怪？谢谢！

答曰：前世河蚌，今生赌徒。

对曰：可找到组织了。

答曰：欢迎你们，弃暗投明。

众人迎入自由地带，沐浴更衣，斋戒三日，神婆跳舞，八戒下凡。

三日后，是为良辰吉日。

浸淫了流行文化的"说书"，操持的话语不免加进了许多影视对白，既有后现代的《大话西游》，也有红色经典，杂烩在一起，效果奇突；更不缺少稀奇古怪的对仗（"神婆跳舞，八戒下凡"）、刁钻的命名（"盘丝错节洞"），这也是"无厘头"趣味一向擅长并喜爱的手法。

三、网络章法

1. 翻新主题

翻新主题，即以一个完整的经典文本为模板，另表现其他中心主题。由于模板先在的结构与细节安排，新的主题既受到它的限制，又常在它的框架下扩展、填充一些令人意想不到的细节，使人获得重温原文与新读此文的双重快感。由于被翻新的主题文本甚多、内容亦广，篇幅所限，下文仅列举两种典型。

（1）流行文化文本

如电影对白。网络言说者将冯小刚的《大腕》进行了十几个翻新，例如泡妞版、GMAT版、考研版、砸"大奔"版、电脑版、高中试验班版、考试版、建球场版、留学申请版、找老婆版、宿舍版、影院版，等等，列举其中一项如下：

《大腕》之考研版（每一部分的第一段是电影对白原文）

其一：

中国这音像产业这油水儿大着呢　没错　我跟你讲啊，中国现在有两千七百万台DVD　每一台机器每年消费十张DVD　每一张DVD我们抽一块钱的版税　这一块钱乘十是十块钱　十乘两千七百万　这就是两亿七千万哪　两亿七千万？没错

中国这考研产业这油水儿大着呢　没错　我跟你讲啊，中国今年有六十多万傻缺考研　每个傻缺政治英语各买两本参考书　每本参考书我们卖三十块钱　这三十块钱乘四是一百二十块钱　一百二十乘六十万　这码洋就是七千两百万哪　七千两百万？没错

其二：

想靠电子商务挣钱的那都是糊涂蛋　网站就得拿钱砸　舍不得孩子套不着狼啊　高薪聘几个骂人的枪手　再找几个文化名人当靶子　谁火就灭谁　网站靠什么呀？靠的就是点击率啊　点击率上去了，下家儿跟着就来了　你砸进去多少钱　加一零儿直接就卖给下家儿了　我还告诉你啊，有人谈收购立马儿就套现　给你股票你都免谈　你要是感兴趣

你投个八百万到一千万 多了我不敢说，我保你一年挣一个亿 真的？我说的可是美金啊

想靠专业课分高考上研的那都是糊涂蛋 考研就得拼英语 政治分不清主次套不着狼啊 一块钱买俩尼龙绳儿挂梁上 再弄几个十字花螺丝刀插屁股上 谁自虐不够谁死莱 考研靠什么呀？靠的就是英语政治啊 英语政治上去了，总分跟着就有了 英语卷面你考多少 乘以八分之十直接就出分了 我还告诉你啊，走路上捡张破报纸立马就背上头的国家大事 什么金曲黑哨的都免看 你要是把这本政治书背上一遍

多了我不敢说，我保你能碰着今年90％的题 真的？我说的可是知识点啊

其三：

一定得选最好的黄金地段 雇法国设计师 建就得建最高档次的公寓 电梯直接入户 户型最小也得四百平米 什么宽带呀，光缆呀，卫星呀 能给他接的全给他接上 楼上边有花园儿，楼里边有游泳池 楼子里站一个英国管家 戴假发，特绅士的那种 业主一进门儿，甭管有事儿没事（儿）都得跟人家说may I help you sir 一口地道的英国伦敦腔儿 倍儿有面子 社区里再建一所贵族学校 教材用哈佛的 一年光学费就得几万美金 再建一所美国诊所儿 二十四小时候诊 就是一个字儿，贵 看感冒就得花个万八千的 周围的邻居不是开宝马就是开奔驰 你要是开一日本车呀 你都不好意思跟人家打招呼 你说这样的公寓，一平米你得卖多少钱？我觉得怎么着也得两千美金吧？两千美金？那是成本 四千美金起 你别嫌贵 还不打折 你得研究业主的购物心理 愿意掏两千美金买房的业主根本不在乎再多掏两千 什么叫成功人士你知道吗？成功人士就是买什么东西都买最贵的不买最好的 所以，我们做房地产的口号儿就是 不求最好 但求最贵

一定得报北大清华 找最热门的系 考就考mm听了抛媚眼的专业 工作干脆甭打算找 每天复习时间最少也得二十四小时 什么毕设呀，实习呀，gf呀 能糊弄的全给它糊弄过去 枕头底下掖着张锦芯，马桶边上摆着任汝芬 手里捏着根签字笔 三块钱，博实买的那种

但凡碰见能写字的地方，有空就得练作文 There's no denying the fact that... 一口地道的朱太祺腔儿 倍儿有面子 包里再揣十沓笔记 一定得找出题老师讲的 光复印费就得几百 再订一本专业课试题 打有狗那年就有的卷子都搜罗来 就是一个字儿，全 英语阅读是重点 周围的傻缺不是错三个就是错四个 你要是错上五个呀 你都不好意思跟人家说你考研 你说这样的准备，到头你得考多少分？我觉得怎么着也得三百五吧？三百五？那是瞎忙活 四百分起 你还别嫌高 这才刚够复试 你得研究如今的考研形势 能逼着你考出三百五的专业 根本不在乎再多折腾你五十 什么叫成功人士你知道吗？成功人士就是不管答哪道题 都答最准的不答最对的 所以，我们考研的口号儿就是 不求最对 但求最准

文本为了保持电影中人物的独特的连贯语气，故意省略了大部分的标点符号；对于过来人，《大腕》之考研版尽管语气夸张，说出的却是地地道道的事实，正如电影中人物所讽刺的现代营销一样。在这样的文本中，先在的结构与新入的主题是如此和谐，根本上说就是二者在表达情绪、态度上具有一致性；网络言说者首先接受原文本对思路的梳理，然后循着这条思路将目光集中在另一个深有体会的主题上，便实现了新文本的熟滑、自然的书写。

（2）严肃作品

语文课本中要求背诵的课文或章节，如鲁迅的《孔乙己》《故乡》等，在网络中被改写的频率也颇高。如果说改写、化用、套用时尚文本是出于文化消费者的认同、喜爱之情，那么对革命经典、严肃作品的改写，则更多地源自学校教育的经历，是一代年轻人集体记忆的共鸣。

2. 风格化仿句

除了对文本字面的模仿重写之外，还有另一种模仿形式，那就是对写作风格的模仿，本文称之为风格化仿句。与对"小型模板"（单篇的文章、段子）的翻新套用有所不同，风格化仿句的模仿对象更为"高级"，素材更为丰实——能称得上是"风格"的，必然要特性鲜明、广为人知，这来自特定作家作品的长期流行——经典名著，几十年不衰的

武侠、言情，都是网络中常写常新的范本；另外，在读图时代，电影大片、热播剧集，也开始拥有自己的经典地位：每日网络中的更新出现的诸多文本，给人似曾相识之感的不在少数，便是经典阅读的共同经验使然。

对诸种经典文本风格的复制、效仿，除了对话语体系、常用词汇与固定句式熟练掌握之外，还需要有超乎"形似"之上的"神会"——模仿者可以对原文本或褒或贬，但首先他必须有相当的文字功夫，可以举重若轻地把玩"原本"——如此，方可施展以一己之力指点经典的才华。阅读者通常也抱着同样内行的态度对其加以"评判"。于是，风格化仿句的书写和阅读，一定程度上复制了原作的阅读场，成为同好知音的聚合之处。此种仿效，适用于短篇、段子，点到即止，一定程度上能够避免读者出现审美疲劳，也不至于出现仿写才力不继、露出马脚的问题。

《搓澡》

琼瑶版：

浴客静静地趴在搓澡床上，眼睛望着前方，仿佛在等待着什么！一双手轻轻地搭在了他的肩上，他那坚实而宽阔的臂膀开始微微颤抖。这种感觉？？？？浴客的心仿佛都要碎了，他轻轻地对搓澡工说："你用力搓吧，我甘愿承受这一切苦痛！"搓澡工微微一笑，眼角流露出关爱的目光，没有用任何语言去安慰他，只是用力的抚摸着他的后背。

浴客眼圈红了，几滴泪珠顺着脸流淌，他再也控制不住了，转过身来抓住搓澡工的双手："你就不能轻点吗？"

金庸版：

搓澡工的双掌夹带着劲风拍在了浴客的后背上，浴客顿觉背上一股内力绵绵不断攻入体内，心中不禁暗道一句："好身手！"暗自运功抵抗。无奈那双掌如同长眼一般，紧紧贴住浴客身体，上下翻飞，一掌快似一掌，一搓紧似一搓，令其难有喘息之机。浴客不由暗暗叫苦，脸上豆大的汗珠涔涔流下，身上的泥土四处飞溅。终于，浴客面如死灰，脱口喊道："师傅，您能轻点吗，皮都快掉了！"

古龙版：

四月十四，正午。

大众浴池。

无风，烟雾缭绕。

谁能忍受两年不洗澡？

他能！

但他现在正趴在搓澡的床上。

搓澡工出手了！

没有人能看清他出手的动作和速度。

浴客没有躲闪，他知道一切都是徒劳。

况且这次是他自愿的。

浴客的喉头有些发咸，胃也翻滚起来。

一种液体仿佛要涌出体内。

结束了……

床还是那张搓澡床……

人已不见……

地上除了一些泥，还有几块人皮……

空旷的澡堂子里回荡着浴客的惨叫……

网友聊天版：

浴客：你好，你现在忙吗？

搓澡工：你好！

浴客：你多大了？你家住哪儿？

（两分钟后）

浴客：你怎么不搓了呀！你在同时给几个人搓？

搓澡工：我就给你搓呀。

浴客：那你速度可够慢的！

搓澡工：不是啦，我刚才接了一个电话。

浴客：现在有空了吧？不过我要走了，你有邮箱或QQ吗？

搓澡工：都没有。

浴客：那我下回怎么联系你？

搓澡工：你到这个搓澡室就能找到我，我常来。

浴客：那好，886！

搓澡工：886！

《英雄》版：

"我要用我的双手，为'大秦澡堂'搓出一片大大的市场！！"

剧本节选：

这里本来应该是阒静无声，雾气每天准时地充满浴室，空气中酝酿着洗发水的清香，然而一阵清越的肌肤碰撞之声却在这时急促地震响，如同古井中投入了一粒石子，余音清畅无阻地在沉睡中激荡。

如月和无名相对而立，显然刚才已交锋一个回合了，如月胸部起伏不定，脸上升起的一抹嫣红在未落的水珠映衬之下，更显得娇艳似血。无名早已像他习惯的王宫一样恢复平静，如室内斑驳浓重的阴影一样岿然不动。眼神却如刀锋一样刺破晦暗的水气，让如月那愤恨的眼神也不禁轻若浮尘。如月的双肩如一泓秋水般妖娆地颤动。无名慢慢地伸出手持之毛巾，柔软如绢却又似乎使那点光影退避三舍。"姑娘，我搓的太重，你还是走吧！"眼神似坚冰初融。

鲁迅版：

浴室的门的确是开着的。几个浴客欣欣然蹩进澡堂，瞥了一眼搓澡工。那搓澡工颜色黑黄，眼珠间或一轮，慢慢说道："澡有四种搓法，你们知道么？"

村上春树版：

音乐是 rhythm of the rain。我的手指滑过 45 度的温水，静静趴在这奶白色的瓷砖之上。墙壁仿佛融化的奶酪，我融化在这甜蜜的感觉里。"可以为你搓澡吗？"一月一个晴朗的黄昏，我在原宿后街一个澡堂同一个百分之百的女孩面面相对。可以啊，我没有选择得点了点头。接着躺下，然后任由她手指滑过我的肌肤，音乐换成了 THE BEATLES 的 YESTERDAY。我不知道洗澡的时候为什么要听这个，请您以后洗澡的时候也想到我吧。

我略微有些惊讶，回过头看看这个奇怪的女孩子，然后对她说，可以，但请你轻一些。

重庆森林版：

我们分手的那天是愚人节，所以我一直当她是开玩笑，我愿意让她这个玩笑维持一个月。从分手的那一天开始，我买了 30 条一次性搓澡巾，每天用一条，因为阿 May 最喜欢让我为她搓澡，而 5 月 1 号是我的生日。我告诉我自己，当我用完 30 条的时候，她如果还不回来，这段感情就会用完。每一间澡堂里，一定有一位搓背小姐是你想泡的，去年这个时候，我非常成功地在两万五千英尺外上泡了一个。我以为会跟她在一起很久，就像一块加满了水的毛巾一样，可以搓很久。谁知道才搓到 1/10 的时候，我对他说：小姐，能早点结束吗？

非典版：

澡堂里烟雾弥漫，本以为是水汽，细细一闻，竟多少有一点过氧乙酸的味道，还有一丝檀香的味道，不像澡堂，像消毒后的庙。静静趴着，16 加 12 层的纱布，让人透不过气来，闷吼了一声：师傅，快一点。

：很拽啊，像宇航员！

：哼哼，防水的防化服，紧俏的很！

：橡胶的手套也能搓澡？

：您就瞧好吧！

：……

：您的体温有点偏高。

：你搓的。

：您的眼神有点呆滞。

：烟熏的。

：您的背肌有点酸痛吧？

：你再使点劲，它还会青呢。

：您哪的人？

：北京的。

：……

：……

：……

：……

：……

：师傅，就算是北京的，你也不能往死里掐啊……

这组文本可以接续上段的说明。同样描述"搓澡太用力"的场景，琼瑶、金庸、古龙、鲁迅、村上春树都是"文学专业户"，对他们的仿写可以直接从其作品中提取第一手材料。电影台词如《重庆森林》，已有十几年的历史，可称做当代流行电影中的一部经典，剧中人物的独白深入人心；而《英雄》并无现成文案可抄，乃是作者用自己的语言将影片的画面重新组合，并无电影原作的"风格"可寻；至于"网友聊天版"和"非典版"，原创性更强，前者采用了网络聊天的常用语句，后者则是借用了一个高度时事化的信息——北京一度非典患者甚多——与"搓澡"主题结合，识者自会会心一笑。

3. 全本仿写

曾经引起轰动、一度流行的网络文本，亦已成为网络仿写的对象。不同于传统纸质文本的网络仿写，这一类仿写可谓取自网络、归于网络，具有更纯粹的当下性和时尚感。

安妮宝贝是前两年风行一时的网络写手，其作品善于渲染都市生活的荒凉感，具有极为明显的矫饰风格；描写的主题不外乎混乱无序而又颇有颓废情调的生活，少年时代的美丽幻影，成人世界的绝对孤独与隔离，等等。她的语言亦颇见用心，如叙述语气的懒散，对细节看似不经意的刻意深描，以及一系列反复出现的意象、一再重复的爱情词汇等等。这都使得她的风格简单易学，以至于风行一时，演化成为"小资"专用的一套话语。

但是，若说安妮宝贝的作品就是迎合海派都市的小资情调，也并不尽然。安妮宝贝的代表作在网络流行之后迅速印行出版，某种意义上，在当时是担当了网络的"门面形象"——文本中的都市意象与网络的时尚面目是重合的。二者结合的号召力，与其说满足的是都市青年的颓废自恋，倒不如说也为迷惘探寻的当代年轻人提供了一套新的自我表述的话语。以下是一篇"安妮宝贝风"的网络文本的摘录：

《我们是生活在城市里的有病的孩子》(作者：雨中小伞)

只是一个人走着，看着人群如潮水般的汹涌着，阳光暧昧的在脸上游走着。大多数时间躲在家里睡觉，晚上的时候才会起来打开电脑，在网上发发帖子，看各种小说和诗歌

……

周围的孩子们脸上有温暖和幸福的味道，我只是一条寄生在城市里的虫子

睁开眼睛，看到窗外的天空，由明亮慢慢的变成昏黄，直到一片漆黑只剩下路灯

每天做的最多的事就是看下午的阳光在房间里慢慢蠕动，直到消失

我怕自己会淹死在高四的生活中，那只是一个长满各种有毒气的沼泽，散发出动物和植物腐烂的气息，进去有可能会出不来

经常对我笑，很单纯的笑，有时喝多了便会问我，活着是为了什么

我沉默，我知道他还是个孩子，怕自己有些想法会毁了他

……

活着是为了什么，我曾经问过捷这个问题，他总是笑着看着手中的杯子。有一次他说，我们活着只是为了像虫子一样的爬行，你背着自

己的绝望和疼痛，幻想着自己有一天可以走到梦里的地方，其实到哪都一样，我们是在城市的夹缝中长大的孩子，注定将带着阴影在城市爬行

南方的空气和阳光让人感到快要腐烂，她想去北方，北方的阳光照在脸上有疼的感觉

好几天没有去找晨生和洛洛，只是一个人睡到天黑，随便吃点东西，便开始在网上发帖，喝很多的水，有时候一个人在房间走来走去一直到天亮

有时会一个人都不想见，只想一个人在自己的世界腐烂，安静的呆着

晨生说过，洛洛要走了，我没有去送她，死亡和分离是随时有可能发生的事

记得那年跪在母亲的尸体前，没有什么话要说，微弱的灯光照在母亲安静的脸上，我用手摸着这张关心过我的脸，没有温度，没有呼吸，就那样一直到天亮

可以听到心里所有的声音在一瞬间丧失，人们在外面忙忙碌碌，我在自己无声的世界里挣扎着

死亡没有任何人可以抗拒，他只是上天对人们玩的一个游戏

每天一个人在黑暗中走着，越走越冷，怕自己会停不下来，一边走着一边荒凉，经常会想起她的声音，那是一个哭泣的人的声音

南方已经没有什么让人留恋的，人们都是忙碌的，自己却在一片黑暗中的水里，没有声音，没有阳光，没有温暖，只有冰冷的海水将自己淹没，真的很害怕自己有一天会永远的沉下去

我想我还是需要一些温暖来抵抗寒冷

只是拿着酒杯一口一口的喝着

我知道有种感觉叫温暖，容易让人沉沦，可是有些人他是走在宿命的旅途上

因为害怕绝望，拼命抓手里的温暖，可是到最后还是会失望的

温暖容易让人沉沦，那只是一瞬间的

孤独却是永恒而不可抗拒的

我依然每天睡觉，晚上起来喝水，上网，偶尔还会去那家酒吧，去找一个叫晨生的弹吉他的孩子喝酒，洛洛在我们身边像猫一样的跑来跑去

今天吃了好多药，最近感觉越来越差，什么都不想干，药物引起的副作用开始了

我看到自己站在西藏不知名的草原上，周围的孩子们快乐地跑着，太阳照在脸上发出滋滋的声音，微微有点疼的感觉，耳边有嘹亮的歌声，白花花的羊群在阳光下像块不规则的布

我的眼泪终于流了下来

此文中的人物形象、行为方式，皆与安妮宝贝诸作中的人物高度相似，如童年的创伤记忆、不动声色的感伤、冷静的消极态度，沉默的主人公形象，暗夜中在房间里走动、喝水，滥用药物的行为；安妮宝贝招牌风格的用词搭配也频频出现，如腐烂、温暖、沉沦、暧昧等等。毫无疑问，此文作者是安妮宝贝的忠实读者，他/她用这种复制式的书写来自娱娱人——此文所描写的主人公"高四"（高考失败复读一年）的精神状况（这是安妮宝贝没有写过的题材），完全淹没在安妮宝贝式的语言表达中。

网络语言的特性之一就是极易认知，以足够快的速度"渗透"读者；因此，能在网络中树立风格，除了别出心裁的叙事技巧，必须有足够的"外在"特征，如特殊的用词习惯，有个性并一再重复的人物形象，使广大读者轻松把握，且留下深刻印象——这也有利于仿写文本的大批出现，首创者的"个性"就借着这些如出一辙的文本而不断传播、扩大、延续。

再举一例。系列电影《大话西游》的成功，催生了一批重写《西游记》的影视及文学作品，其网络文学的代表为《悟空传》（作者今何在）。《悟空传》一方面引入了没有在《大话西游》里出现的天宫诸神的形象，继承了《西游记》嘲弄诸神的主题，一方面又扩展了《大话西游》中西游者的爱情故事，贯穿其中的则是当代人寻找个人自由、追求幸福的主题。——这也正是唤起广大年轻人共鸣的深层原因。下文例举

的《天蝎外传》，虽然人物设定、故事情节都是取自希腊神话，其主题脉络却与《悟空传》高度重合。

《天蝎外传·前世因缘》（摘录） 作者：霜天晓

宙斯主神殿的雕花拱顶上在熊熊地冒着白烟。

"失火啦！……救火呀！……"希腊神话里的众神提着水桶，跌跌撞撞地向主神殿赶来。

"吵什么吵什么！没有失火！"宙斯大神把权杖啪的一声扣在桌子上，"是我的头在冒烟！"

唰啦一道白光，殿里倒了一片。

"咳，"宙斯一面把啪啦啪啦电闪雷鸣的权杖收起来，一面有点儿抱歉地说，"又走火了。"

"上次老头子的权杖走火是因为盗火的普罗米修斯，不知道这次又因为谁？"太阳神阿波罗擦着鼻血偷偷问月神阿耳忒弥斯。

没有回答。阿波罗惊讶地看见妹妹泪流满面。

"那个狂妄的猎人！"宙斯咆哮起来。"人间竟有那种胆敢冒渎天神权威的家伙！"

"老头儿，这次多打发几个下来，俺不耐烦一个一个揍。"下界有人高叫。

众神一齐向下看，看见一个披着兽皮的猎户手执大棒在那里叫阵，燃烧的森林里，神和鬼的尸体横七竖八陈列了一地。

"他是谁？"

"他是谁？"

众神面面相觑。

一种阴柔而沉重的威压感从背后袭来，众神毛发倒竖地闪开，俯伏在地，让出一条路来。

一个面色冷白的美妇人踩着紫色的云缓缓走来，金黄色的裙裾逶迤一地。

"是猎户奥利安，天下最狂妄的人。"美妇人说。

森林大火越烧越旺。

"老头子，还不下旨派更多的神去收拾他！"天后赫拉对宙斯说。

众神立在云端，居高临下俯瞰战局。

"天后娘娘，不好了！那个猎户奥利安越战越勇，已经打翻七十二员大将了！"

"看本大神的手段。"阿波罗顺手揪下身边缪斯女神头上的金环，"哪个是奥利安？"

"就是那个穿狮皮的！"

"看我的法宝！"阿波罗一声大喝，把金环劈头丢下来。

缪斯女神撅着嘴眼泪汪汪地暗骂太阳神真小气，自己的东西舍不得扔扔别人的。

下界，一个激烈打斗中的人头上挨了一金环，应声而倒。

"哈哈哈！"阿波罗得意地大笑，忽见左右脸色不对，"怎么啦？"

"……您……您打错了。那个是自己人，不是奥利安。"

"不是穿狮皮的么？"

"是穿狮皮，可是您打的那个是穿虎皮的。"

"……哇呀呀气死我也！奥利安，你小子不要跑，吃我一记！"玉佩、香囊、橄榄枝像雨点一样打下来，被打着的人个个筋断骨折非死即伤。

九位缪斯女神连忙远远逃开。

"死了没有？"

"没，还挂着棒子说话呢！"

"说什么？"

"他说谢谢你呢！"

"……"

"让他尝尝疼痛致死的滋味。"天后赫拉不动声色地说，"哈得斯，叫你麾下第一勇士去对付他。"

冥王哈得斯的表情刹那间变得很僵硬。

"我为什么要费力气杀他？"

"为了天庭的荣誉。"

"屁话，荣誉是天庭的，力气可是我的。"

"少废话。"哈得斯手忙脚乱地替天蝎穿甲胄，捅了捅他的胳膊，让他把双臂伸平，把连接前后两片的黄金索在腋下系紧。

天蝎叹了口气："至少给我一个理由。"

"有一个理由。"哈得斯的脸在近距离忽然变得怪异地大，而且阴气森森，"荣誉是天庭的，你也是。"

"我不是！"

"你是。"

"我不是！"

"你是。"

"我不是我不是我不是！"天蝎像被踩了尾巴一样大喊，"我是自由的！"

哈得斯阴气森森地笑，替他慢慢收紧最后一根黄金索："相对的自由。"

当全副武装的天蝎头朝下向那一片熊熊燃烧的森林栽落下去的时候，口中还像念咒一样喃喃念叨着："相对的自由……"

"纪念伟大的普罗米修斯！"奥利安叫道，意气风发。"其他没用的天神统统给我滚蛋！自由的人类不要统治者！"

天蝎头一次产生力不从心的可怕感觉。

众神远远站在云端上，观看着猎人与猎物的残酷厮杀。

"天后娘娘不好了，天蝎抵敌不住，连连败退，已经快要退到海里了！"

"没用的东西！"赫拉冷哼一声，哼得哈得斯头皮嗖嗖发麻。

"待老夫助天蝎一臂之力！"哈得斯硬着头皮道，"小的们，取我的兵器来！"

"哈得斯伯伯，不要啊！"美丽的月女神跪下了，眼泪滚滚。

"阿耳忒弥斯，你有什么问题？"赫拉锐利地看着她——丈夫背着自己生的私生女。

"我……我……"

赫拉调转脸不看她："哼，哈得斯，那就有劳你了。"

阿耳忒弥斯忽然勇敢地抬起头："天后娘娘，请饶了猎户奥利安一命！"

赫拉的脸变青了。

众神一齐噤若寒蝉。

"你说什么？！"

"娘娘，阿耳忒弥斯是说，'祝哈得斯大人旗开得胜、马到成功'。"阿波罗赔笑道，当机立断地拖了妹妹就走。阿耳忒弥斯无助地挣扎着。

神殿的地上，流了一地月光似的眼泪。

"你……你希罕什么？"

"自由！"奥利安怒气勃发地大叫，棒子抡起来在空中呼呼舞了几圈，"我要自由，你能给吗？"

"这个又有何难？"

"哼哼，老头儿你站着说话不腰疼。你知道什么叫自由？"

"……"

奥利安拄棒而立昂首向天。

"我要爱我所爱恨我所恨，我要爱与恨的自由！

我要荡涤世上的愚昧和无知，我要思索与怀疑的自由！

我要打翻高高在上的神祇，我要把握自己命运的自由！"

"哈哈哈，你懂得自由吗？"奥利安狂笑着，"对了，你不懂，你自己就是个没有自由的神！ 你是万神之王的奴才！你不懂得自由！"

哈得斯的脸色变得极其难看。

下一个刹那他又和颜悦色微微笑了："哈哈，谁说老夫不懂得自由？这样吧年轻人，你要的这些，我全都给你。"

"什么？！"

"除了这些，我还答应给你超越生与死的自由。"

"不是我！是全人类！"奥利安大吼。

"好的好的，全人类。"哈得斯暗暗笑了，"看见没有，年轻人，那片森林。"

奥利安顺着哈得斯的手看去，只见熊熊燃烧的森林那一边，火光中隐隐约约透出一角宫阙。

"咦？这是什么地方？我怎么从来没见过？"

"那是我冥王哈得斯的秘密宫殿，掌握生杀予夺大权的一切玄机就在那里。"

奥利安的眼睛闪闪发光。

"勇敢的年轻人啊，去为全人类赢得自由吧！"哈得斯的声音从半空中飘散向四面八方，庄严有如布道。

"自由……"

奥利安纵身而起，没入了远处冲天的火光。

火光散了，燃烧着的森林在众神的大笑声中化为炼狱。

垂死的天蝎眼前晃动着一片血红，透过这血红，他看见奥利安的身影像一截烧焦的木炭一样倒下来。

"奴隶像英雄一样死去，英雄像奴隶一样活着……为什么……这个命题我想不明白……"

那一片血红渐渐变成了深黑。

烧焦的森林遗址。

"让他永远思索吧，"智慧女神雅典娜说，"既然他直到死亡还没有觉悟。"

"思索到世界末日。"哈得斯在灰烬中寻找着黄金甲胄的碎块，狠狠地说。

"世界的末日？……如果世界有末日，那么世界也会死了。"

"不是死，是换一种存在方式。"

"就像……"

"就像不灭的灵魂。"

上例中的天蝎对应的是《悟空传》中的孙悟空，月神阿尔忒弥斯近似紫霞仙子，放言自由的奥利安与《悟空传》里别具一格的唐僧形象恰好契合，希腊诸神的形象则与天庭诸神几乎毫无二致。神的反抗者纯真、顽强、被欺骗，诸神则是傲慢、狡猾、无法战胜。像《大话西游》一样，《悟空传》中的人物看似油滑、玩世不恭，实际上总是怀着真诚的生命冲动，践履的则是必然失败的命运。——这样的情节布局很容易唤起年轻人的共鸣，流行有其必然性。在这之后出现的《天蝎外传》，对《悟空传》的重复不可谓不精心，把人物和故事全部更换一新，细节描写中又加入了与大闹天宫高度相似的场面，但是，套路之所以叫做套路，就是因为已经广为人知，若无足够的新意与个性，便只能置身于原作的阴影之中。

作为语言的艺术，文学要求的创新不仅是叙事技术，还有完整的观念，二者的充分结合成为有特色的话语，进而才衍生为像样的"文学"——于是，网络在鼓励了"全民写作"、人人皆可以仿写、"创作"的同时，将真正的文学创作与所谓的网络"原创"拉开了更远的距离，后者越发热闹、繁荣，前者又尤觉孤栖、寂寞。

4. 双重语声

网络语言行为与传统的主流语言行为的一个很大的区别，就在于网络言说者对网络的虚拟性、不连续性有着感性的认识。言说者能够充分认识到："我"与"我的言说"之间存在时间、空间上的客观分离。这就带来了网络中人言说的"在场自觉"——言说不是唯一、确定的，而是偶然、随意的；不必刻意追求发言的深刻、"经典"，准确、浅明才是正道。这样，网络中人"三省吾身"，时时从他人的角度"旁观"自己，在评价他人的同时也自我评价，进而衍生出"旁白者"的副身份，在文本书写中，则表现为双重语声：

在一个月圆的夜晚，不知从何处降临的魔王，从城堡里带走了公主。

失去了公主的王子，一个人冲进及膝的海水中，满脸分不清是水是泪地向着满月大喊。

"你怎能如此狠心夺走我的爱？失去她我的人生就没有了意义，我的爱如潮水般永不止息，我的心却只能像岩石上的浪花碎成片片。命运啊！我要向你抗争，向你怒吼，向你挑战！我要用这双手从黑暗里找回我美丽的爱人，即使只是一秒钟的再次相会，我都愿意用生命交换！"

（翻译：我要去救她！）

魔王城里，却正充满另一种情绪。

"我是这样掏心掏肺地爱着你，你为什么不愿意接受我？我有哪一点比不上那个男人？"魔王挥手打翻今天的第三个花瓶，一面用颤抖的声音说道。

（翻译：你为什么不爱我？）

公主精准地将头转向斜下四十五度角，双目含泪："你不要再说了。我们只是相遇在错误时间的两个错误的人，相爱或分离都注定是一场痛苦。与其要在心上刻着这道疤度过一生，你还不如把我忘了吧！"

（翻译：把我忘了吧。）

"你以为我不想忘？可你以为我怎么能忘？你的眼神是我白日里的梦，你的声音是我梦里的呼吸，你的长发是我的水，你的笑容是我的光。忘了你，我还能是什么？只是个没有梦没有灵魂的空壳啊！"

（翻译：我做不到！）

公主双手交叉在胸前，激烈地摇头："我是不能爱你的。我的心已经给了另一个人，你怎么能要一个没有心的女人爱你？"

（翻译：我不能爱你。）

魔王紧紧抓住公主两肩："你把你的心给了另一个人，我也把我的心给了你。我胸中没有了心脏，却填满对你的爱，这爱比心跳更强烈、比血液更炙热，如果你不能接受这份感情，我想我会被它给融化。"

（翻译：可是我爱你啊！）

公主的双眼闪动着光芒，一滴晶莹的泪珠悄悄地滑落，无声地消失在华丽的地毯上。魔王将公主拥入怀中，无限感慨地叹了一口气，轻轻在公主耳边说道："公主，我们终于……"

"魔王！魔王陛下！王子闯进来了！"一名狗狗兵冲了进来，打断了这美好的时光。魔王还来不及反应，王子已经在一阵混乱中冲进大厅，站在魔王与公主面前。

"妳……"王子讲了一句难得出现的简短台词，同时双眼盯着魔王怀中的公主。公主回过神来，连忙挣脱出魔王的怀抱："王子！我……我不是……"

"你是，你是！我终于知道你…………"

为了篇幅的关系，接下来一百三十七集的剧情我们只作简短介绍。第二集中王子失意地离开魔王城。第三到三十六集魔王用心良苦地安慰公主，同时流浪在外的王子遇上一位温柔的女孩。第三十七集公主终于答应魔王的求婚。第三十八集时王子再度出现在婚礼上阻止两人结婚。第三十九到七十六集魔王与温柔女孩一起寻找失踪的王子与公主，而王子和公主却在一场意外车祸中双双丧失记忆。第七十七集找到失忆的王子与公主。第七十八到一百零五集魔王与女孩努力试图唤回王子与公主的记忆。第一百零六集王子记忆恢复。第一百一十集公主记忆也恢复。第一百一十一到一百三十六集四人陷入复杂的四角恋情中。第一百三十七集魔王不告而别、公主怀了不知是谁的小孩、王子酗酒、女孩自杀未遂送医急救。

前半部分精确到表情、动作、对白描写，最后一段却急转直下为剧情概括：人物对白效仿言情小说、爱情剧集所共有的甜腻风格，冗长伤感，而括号里的"翻译"——实际上就是作者旁白——则讽刺嘲弄；嘲弄是向着男女主人公的造作台词而发，而能够轻松写出如此造作对白、狗血剧情的自己，首先是对此类故事见多识广的资深观众。以双重语声的书写"自作自受"，这种游戏笔墨，也是对自身多年阅读观影经验的一种别样总结。

5. 归类集合

网络上常见的一类文本是围绕同一个话题集合起多个段落，段落间相对独立，又有信息上的连贯性和完整性。例如：《中国影视十大"老来俏"》《骂声最高的十大艺人》《十大风格女歌手报告》《男人的四大郁闷时刻》《十个女人看后会火冒三丈的经典故事》《中国人喝酒后的18种后果》《经典的14个口误》等等。此类文本排版清晰，阅读轻松，不乏妙笔，是网络文本的流行体裁。具体举例如下：

《版主的九种死法——欢迎对号入座》

上网不上墙，基本上等于白搭。这儿说的上墙，广大坛友都知道，盖指当上某版的版主。当上版主之后，ID被高高挂起，状如示众，看似风光，其实凶险，时刻有九死一生之虞。本人粗疏统计之后，概有以下九种死法：

1. 精疲力竭辛苦死：此类死法一般会落在某些过于恪尽职守的版主头上。论坛虽然不是什么事业，可有的版主为之付出的时间和精力却是惊人的。这样的版主就像居委会老太太一样，一天总有大半天的时间在版上溜哒，看见帖子就得回，看见新ID就得打招呼。长此以往，没日没夜，灌水过多，殷勤过甚，很容易得上关节风湿咽喉炎症生物钟颠倒什么的，免不了精神头耗完，意兴阑珊，鞠躬尽瘁，死而后已。

2. 狂轰滥炸中招死：此类死法一般会落在不太能抗摔打的版主头上。网上决不可能存在永远宁静的论坛，长时期过于宁静对于一个论坛来说，简直等于是关坛大吉的前奏。版主作为一个论坛前沿阵地上的人物，必须能够遵从属主的意图为本论坛冲锋陷阵，在掐架战中置个人得失于不顾，唯属主马首是瞻。既然是掐架，难免会有死伤，有些版主心软面薄，被对手几句话说得下不来台，羞愤之余，挥手自去，为论坛作出了英勇的牺牲。

3. 对付MM过劳死：此类死法一般是针对各坛的版草而言。每个论坛都会或多或少的有几名版草级人物，玉树临风才高八斗，平日里前呼后拥莺声燕语珠围翠绕好不惬意。妹妹多，是好事，也是坏事。凡事有一利必有一弊，妹妹一个个都需要安抚，一旦妹妹们起了内讧，闹将起来，杀伤力无穷。这样的教训早在春秋时期就有了。当年倜傥不群的孔夫子纠集了七十二名版主开了个声名远播的大论坛，鼎盛时期，已注册的版友就多达三千余人，没注册的看客那更是不计其数。可后来因为喜欢孔夫子的妹妹太多实在不好招架，论坛终于树倒猢狲散。孔夫子被迫关了论坛之后，深有感触地留下了一句经典名言："唯小人与女子难养也……"言下之意，咱惹不起还躲不起么？

4. 没人搭理郁闷死：这类版主多是夜猫子，深夜上版，版上了无人迹，跟了几张帖子之后实在寂寞得不行，此刻居然有个粉红ID露脸了，心中狂喜。版聊几句，感觉不错，约去Q上密谈，聊得投机之余，不免对MM的来龙去脉心生好奇，问："MM从哪来？" MM幽幽叹了一口气曰："短松冈。"问："这个村名新鲜，具体在哪旮搭？"答："酆都府。"恩恩？？三更半夜，月黑风高，夜半无人，倩女幽魂，彼时只觉得后脊梁一股阴风阵阵："鬼呀……"

5. 帖子太少无聊死：版主不怕辛苦，怕的是坛子太小，人气不旺，帖子太少，湿度不够。版主们费尽九牛二虎之力拉来几个写手，见点击率不高又纷纷弃坛逃遁，没有看客留不住写手出不了好帖，没有好帖吸引不了诸多看客的眼球，形成一个恶性循环，长此以往坛将不坛，野草遍地荒无人烟，气得版主们个个恨不得买块豆腐来撞死。

6. 神出鬼没诡秘死：有的版主纯粹是碍于属主的面子才上的墙，上墙后只发极少数几张主帖，之后便销声匿迹不知所终，哪还谈得上兢兢业业跟帖灌水。此类版主高来高去陆地飞腾，神龙见首不见尾，诡秘之极，使广大版友好奇心长期得不到满足，简直是占着那啥不那啥，其罪当诛。

7. 能力有限羞愧死：版主跟帖是件吃力不讨好的苦差事。所谓山外有山人外有人，网络当中藏龙卧虎高深莫测，看客比版主水平高出一大截的车载斗量。帖子贴上来，版主就有义务发表评论，你老说好话吧，看客嫌你没水平，想显得有点水平拍块砖吧，结果人家又比你纵横捭阖高屋建瓴得多。当版主的很需要胆大心细脸皮厚，要有一种不管不顾的劲头，要能经得起批评，想藏拙的肯定当不了版主，面子太薄的也够呛。上得山多终遇虎，难免哪天不小心发错了言跟错了帖，招来一干看客哂笑，最好的解决法子当然是，自绝于人民，辞版，走您。

8. 风光旖旎逍遥死：每个论坛都有每个论坛的招牌版主，此类ID多为深谙大众心理学的学者型人物，妙语如珠气势如虹，江湖闯荡浸淫已久，所到之处引无数看客尽折腰，耳边都是歌功颂德的溢美之辞，fans只有归顺的绝无背叛的。不时有极个别不知死活的毛头小子想靠偷袭名ID来扬名立万，脚跟还没站稳当，就准得被乱砖拍将出去。名ID见自己江湖地位稳固名头响亮，心中得意，保不住步程咬金后尘，哈哈哈大笑三声就气绝身亡，换得哀声遍野，到底也算死得其所。

9. 新陈代谢自然死：铁打的论坛流水的版主。新陈代谢是自然界不可逆转的规律，论坛上也不例外。当年叱咤风云的版主们一个个解甲归田隐退山林，不过看客们并不担心，倒下一个，站起一拨，走了这拨，还有下拨，论坛的版主就像韭菜，小刀割不尽，春风吹又生。这茬玩剩下的自然有下一茬捡起来接着玩。人嘛，吃饱了没事总得找乐子。

归类集合式的结构相当松散，容易把握，随时可以增添新的内容而不破坏通篇的结构，接续式的行文因之自成一格。

6. 文本重置

当网络书写者对某个文本深切喜爱、烂熟于胸时，除了亦步亦趋的仿写之外，还有一种更为微妙的写法，就是在尽可能沉浸于原作、尽可能保留原作内容的同时，对其进行拆解、颠倒、散装与改换，从而营造一个更称心的"改良版"。同样以对《大话西游》的重置为例：

《大话西游Ⅱ》（摘录）作者：南宁技安mokeqiang@163.net

警告：本影片涉及部分情节请参看电影《大话西游》，没看过《大话西游》的观众谢绝入内。中老年人不宜，无厘头者半价。

（八戒和沙僧走来）

八戒：吹个球，吹个大气球……嘻嘻，师兄果然又在这里，这次我又猜对了。

沙僧：为什么又是你赢？真是没创意。

八戒：因为我本领高你那么一点点。说那么多干吗？拿来。

（沙僧不情愿地递给八戒一锭银子）

沙僧：唉。大家都成神仙那么久了，大师兄还每天这样，真搞不懂那天边有什么好看的。

八戒：我虽然长得比他帅，智慧和武功又比他高一点点，可是论到情这个字我承认是比他要差那么一点点。

沙僧：他难道还在想着那个紫霞仙子吗？

八戒：一眼就看出来了，还问什么嘛！真是白痴？越问越伤心……

悟空：KAO！你们两个以后没事不要在这里婆婆妈妈，叽叽歪歪，影响我看日落。这么美丽和谐的气氛下有两只苍蝇在嗡……嗡……对不起，不是两只，是两堆苍蝇在嗡……嗡……飞到耳朵里，吵死人了！小心我抓住这两只苍蝇后挤破它们的肚皮把它们的肠子扯出来再用它们的肠子勒住他的脖子用力一拉，呵——整条舌头都伸出来啦！我再手起刀落，哗——整个世界清净了。

（西天雷音寺，气象巍巍。如来佛祖端坐大雄宝殿当中，诸佛菩萨，五百罗汉分列两旁）

唐僧：唉。你们师兄弟三个成仙后因为劳苦功高，虽然不必守佛门的清规戒律，可也不要捅出这么大的漏子，让师父来背这个黑锅吧。看看看，悟空头上的金箍刚刚摘下来，又闯祸了。悟空他也真是调皮呀！我都叫他不要乱毁公物，乱毁公物是不对的。天门是石头做的，乱毁它会破坏环境，那些陨石砸到小朋友怎么办？就算砸不到小朋友砸到花花草草也不好嘛……八戒，你太嚣张了吧，还把烤鸡翅带到这里来吃。（唐僧佛经念得太多，罗嗦的毛病又犯了）

（少女劈手夺过宝剑，刷的一下把剑从鞘里抽出，抵在悟空的喉咙）

画外音：当时那把剑离我的喉咙只有0.01公分，但是四分之一炷香之后，我希望那把剑的女主人会彻底原谅我，因为我决定说一个真话。虽然本人有很多真话要对她说，但是这一个我认为是最刻骨铭心的……

少女：齐天大圣！你听好，我不是紫霞。如果你再往前半步我就杀了你！

悟空：你应该这么做，我也应该死。曾经有一份真诚的爱情放在我面前，我没有珍惜，等我失去的时候我才后悔莫及，人世间最痛苦的事莫过于此。你的剑在我的咽喉上割下去吧！不用再犹豫了！如果上天能够给我一个再来一次的机会，我会对那个女孩子说三个字：我爱你。如果非要在这份爱上加上一个期限，我希望是……一万年！

（少女气得浑身发抖，宝剑几欲出手）

少女：你……还想用同样的话来骗我！（终于一剑挥出，悟空胸前的衣衫被划破了一道口子，血从那里渗了出来。悟空仍一动不动）

悟空：虽然这些话曾经是一个谎言，但我依然要说出来，因为现在说这些话的是我的良心。那个女孩子在我的心里面曾经流下了一滴眼泪，我完全可以感受到当时她是多么地伤心……

紫霞：我早已经决定嫁给至尊宝了。

玉帝：其实二郎神对你是一往情深嘛。

众人：哗！玉帝居然为二郎神说话？对了，他们是亲戚。（议论纷纷）

紫霞：可我爱的是至尊宝。

玉帝：论钱财论地位那只猴子哪点比得上二郎神？我不明白你怎么会爱他这样的人呢？

紫霞：爱一个人需要理由吗？

玉帝：不需要吗？

紫霞：需要吗？

玉帝：不需要吗？

紫霞：需要吗？

玉帝：不需要吗？

紫霞：哎，我是跟你研究研究嘛，干嘛那么认真呢？需要吗？

（八戒双手抱在胸前，背对着悟空和紫霞，作沉思状）

悟空：省省吧，睡啦！

八戒：私奔在你们心目中是不是一个惊叹号，还是一个句号，你们脑袋里是不是充满了问号……

悟空：私奔只不过是一个小小的设想！我们刚才说过一个私奔的想法，现在只不过心里面有点内疚而已。我越来越讨厌私奔了！我三天后就要去比武招亲了，你想怎么样嘛！

八戒：当你发现不得不去做最讨厌的私奔时，这种感觉才是最要命的。

悟空：可我怎么会做最讨厌的私奔呢？给我个理由好不好？

八戒：私奔需要理由吗？

悟空：不需要吗？

八戒：需要吗？

悟空：不需要吗？

八戒：需要吗？

悟空：不需要吗？

八戒：哎，我只是试探你一下嘛，干嘛那么认真呢？需要吗？不过话说回来，其实私奔有什么用呢？你们在这个监狱里跟在外面有什么分别呢？外面对你们来说只不过是个好一点的监狱罢了。

悟空：我真是太——高兴了。

紫霞：床下的人给我滚出来！

（八戒和沙僧从床底爬出来）

八戒沙僧：Hi，我们在抓蟋蟀。原来这里没有蟋蟀，那我们去别的地方抓。（逃跑）

（唐僧也从床底爬出）

悟空：师父，你也在这里？

唐僧：悟空，师父是来给你看一样东西的。（掏出一只漂亮的珠钗）这是师父的传家之宝，我一直留着它也没用处，唉。

悟空：师父！你对我真好，其实我一直想叫你一声老爸！（感动地想接过珠钗）

唐僧：你想要啊？悟空，你要是想要的话你就说话嘛，你不说我怎么知道你想要呢，虽然你很有诚意地看着我，可是你还是要跟我说你想要的。你真的想要吗？那你就拿去吧！你不是真的想要吧？难道你真的想要吗……

悟空：放手！（抓住珠钗）

唐僧：你干什么？你想要啊？你想要说清楚不就行了吗？你想要的话我会给你的，你想要我当然不会不给你啦！不可能你说要我不给你，你说不要我却偏要给你，大家讲道理嘛！现在我数三下，你要说清楚你要不要……

悟空：我Kao！（硬抢过珠钗，把唐僧推出门外）

（悟空细心地把珠钗戴在紫霞的发髻上。定睛一看，紫霞是如此美丽动人，不禁看呆了）

紫霞：哎！我现在郑重宣布，这间房子里所有的东西都是属于我的，包括你在内！

悟空：我？

紫霞：对呀！你要记住，以后有人欺负你，就报我的名字。还有，你以后不许再看别的女人，否则就有你好看。

悟空：嗯？

紫霞：爱我是要付出代价的，过了今晚你就是我的人了。

悟空：啊？不对吧？这些话应该是我说才对。

紫霞：你试试看啊！

悟空：你想怎样？

上例中的绝大部分台词都是《大话西游》里的原话，细节也有充分的再现，颠倒了顺序，改换了场景，添补了人物，还有许多台词改到了别的人物口中。最重要的，是参考了金庸《笑傲江湖》的结尾，以团圆取代了原作的悲剧收场。这样的重置改写颇能唤起同好者共鸣，说它是能够满足大家愿望的"改良版"也并不为过。就"含金量"而言，此类文本纯属游戏，不足为外人道，最令人印象深刻的，还是作者对电影原作的由衷喜爱之情——正是这种由衷的喜爱，造就了与原作气质惟妙惟肖的人物对白；也同样怀有由衷喜爱之情的同好者，构成了此类文本的阅读主体。

7. 随性独白

网络上还有一类随处可见的书写，那就是自说自话、旁若无人的独白，只要言说者姿态坦诚，文从字顺，同样会大受欢迎。实际上，随性独白的姿态在"水仙时代"知音众多，直接喊出自己的任性愿望，往往会被视为性格坦白直爽又可爱，例如《河东狮吼》中的著名台词：

从现在开始，你只许疼我一个人，要宠我，不能骗我，答应我的每一件事情都要做到，对我讲的每一句话都要真心，不许欺负我、骂我，要相信我。别人欺负我，你要在第一时间出来帮我。我开心呢，你要陪着我开心，我不开心呢，你要哄我开心。永远觉得我是最漂亮的，梦里面也要见到我，在你的心里面只有我！

这一连串"命令"看似无理霸道，却正好把女孩子全心相托的那种单纯无忌和盘托出。而如果愿望不是索取而是付出、相守，文本就更为动人、更加温馨了。譬如下例：

做一只会掏洞的老鼠应该是件很幸福的事。在一个向阳的山坡上，挖一个向阳的洞口，在洞里苫上带着阳光味道的草，做一个温暖的家。

如果有来世，就让我们做一对幸福的老鼠吧。我来告诉你，在下世里如何找到我，这些话你要切切地记住。

那一处地方，远望是皑皑的白雪，雪线下是莽莽的森林，森林的边缘是一个向阳的山坡，长着茵茵的青草。青草的中央有一个整洁的洞口，洞口边上长着一株勿忘我，四季不败开着淡蓝色的花。离洞口10米远，横过一条清彻的洞溪，淙淙的流水，一年到头唱着欢歌。记住洞口处趴着一只戴着眼镜的老鼠，天天都在晒太阳。那是世间独一无二的一只戴眼镜的老鼠，那就是我了。

看看我为你挖的家，在向阳的山坡，清新的山风带着雪的香气轻轻地吹，无边的青草带着晶莹的露水在阳光里闪烁，美吗？

和我一起做一对幸福的老鼠，没有忧愁没有烦恼。吃的都是绿色无污染的青草，呼吸的是森林过了滤的空气，喝的是岩石中渗下的洞水，住的是挖出来的洞房冬暖夏凉。不必每天为生计匆匆忙忙，不用辛苦地算计别人，也不害怕被人算计，每天做的事是依偎在一起晒太阳。晒晒后背，再翻过来晒晒肚肚，一路从山坡上滚到洞水边。

夜夜听我给你讲故事，讲山里有只狐狸，变成个美丽的少女，嫁给一个幸福的男子，我好想也遇上一只。你微笑着用鼠爪挠一下我的鼠脑门说，瞧你那鼠样，除了我这么笨的鼠鼠，还有谁会嫁你。呵呵，这个故事讲一辈子都不厌烦。

我们生一群小老鼠，不用担心房子不够住，我挖我挖我挖挖挖，保证每鼠一间房子。看他们成天地追逐着嬉闹，从我们的身上爬过，从无边的草地上爬过。我们依偎着，宽容地看着他们的天真烂漫，不用发愁他们上不了大学找不到好工作。到了吃晚饭时，听你唱歌般地呼唤：阿一、阿二、阿三、阿四、阿五、阿六……回家吃饭了，声音悠悠地传出，群山都在回响。

冬天时大雪封山，我们就躲在温暖的草堆里上网，看看前世那些和我们一起在网上的人，他们有多笨，还是选择做人。看他们为爱奔忙，就像熊熊掰棒子，见一个掰一个，掰一个往胳肢窝里夹一个，到最后两手空空什么也没有。看他们认认真真地吵架，面红脖子粗，吵的竟都是糊里糊涂的事情。呵呵，那一定会笑掉我们的鼠牙的。

做一对最傻的老鼠，笨笨地相爱，活着单纯就是为了相守，为了给对方依靠。做一对最忠贞的老鼠，一生一世眼里只有你和我，一生一世你我都是对方眼里的最美。爱就像那山坡上的草，纯出天然，不沾染尘世的一丝污垢。

等到小鼠们都长大，他们都远去寻找他们的幸福，山坡上又恢复我们初遇时的宁静。等到我们的鼠牙都落光了，我们还依偎在一起，让我把青草捣烂了喂你。我还给你讲故事，你还是那样纯纯地笑，我们再一起相约下一世仍一起做一对幸福的老鼠吧。

真的老鼠还要吃粮食，想象中的老鼠夫妇却只吃青草就能过活；与其说作者不通世事，想入非非，倒不如说是作者有意借用纯真恋曲，表达一种强烈的避世思想。避世思想与时代的功利风气始终并行，在网络叙事中呈现为"动物化"的自我认同；除了老鼠，还有猪、猫、狗、兔子，以及其他具有宠物性质、卡通形象的动物，都成了一大批年轻人衷心喜爱的自我投射，网络中自称"猪猪""猫猫""狗狗""兔兔"的比比皆是。当代人生存压力日益沉重，备感异化之苦，因此倾向于借用动物将自己"生灵化"——稚弱、单纯、弱点外露，外形可爱——以此强调自身的无辜与无助。

网络言说因字生词，因词生句，因句生文，文本随着流动不已的意绪摇曳多姿，在驳杂的表述中拓展着游戏笔墨的趣味意识。结合具体案例分析网络语法，其实是借助文本追索其蕴蓄的精神实质，这一过程中时刻都会遇到网络言说的灵感闪光；文言与外语并置，长句与断字同行，文体风格的杂糅成为理所当然。如此具有实验性的语言，现成的语法框架往往难以招架，我们大致能够归结的，乃是网络文本中导向创新的结构性因素。不过，成就文本之完整性与独立性的，依然是语法框架外沿的语义与"文气"。分析某一词语、某一句式在网络中的创制与流行，不能不对其所处的文本及文化语境进行足够切实的观察与思考；在这一层意义上，对网络语法的研究，就分头指向了语言的形式结构，与这些形式结构中内蕴的时代信息。

第六章　网络新语体

　　语体，是适应题旨和语境的需要，为实现交际功能而形成的语言运用体式。不同的诉求带来了语言材料在功能上的分化，形成了不同的语言运用的特征体系和方式。一般说来，语体首先分为口头语体与书面语体两大类。再次细分，口头语体又可分为谈话语体和演讲语体，书面语体则可分为公文语体、政论语体、科技语体和文艺语体。在网络中进行语体分析，其特殊性在于，交际功能在网络言说中占有很大比重，且信息传播亦不是传统的单向度过程，而是呈现越来越强的互动特征，故而书面语、口语的清晰分野在网络中不复存在。

　　言说、书写在网络中融为一体，故而传统语境中的语体分类及其特定的形式约束效应皆大大减弱，各语体之间的互相影响、渗透则相对加强——口头语体的生活化，丰富的俗语与方言成分，句式的省略、重复，话题的游移、跳跃，与传统书面语体的严密、文雅，修辞技术及其擅长的连贯逻辑并行呈现，修辞手段、语言风格不再"对号入座"地代入其专属的语体类别，而是更加灵活地适应网络各人群交际、交流的个性化需要，从中衍生出网络新语体的基本形态。

一、接龙体

　　接龙游戏是中国传统的文字游戏，典型的是成语接龙，一个人说一个成语，而下一个人说的成语的首字要与上个人所说的成语的尾字相同。这种"接龙"游戏在网络时代发扬光大，游戏者超越了地域空间的限制而齐聚于同一论坛，游戏的规模于是无限广延。各大论坛上都不乏此类游戏：由一个发帖人首先开一个接龙的主题，内容从成语诗词、故事小说到图片、话题不一而足，吸引人的"接龙"题目，往往能引来数千跟帖。再加上这些帖子在网络页面中顺次递延，形成了一种独特的文字样式，可称做"接龙体"。这一语体由于内容的不同又呈现出各自的特点。为分析的方便，我们不妨把它们分为三大类：一类是成语诗词等知识类接龙；二是图片、话题接龙；三是故事、小说等创造性书写的接龙。

1. 成语、诗词类接龙

成语接龙和诗词接龙这两种游戏规则几乎相同，都是要求上一帖的最后一个字和下一帖的第一个字是一样的。此类游戏靠的是接龙者的成语诗词的知识储备，其优胜之处在其长度上，以汇集尽可能多的成语诗词为佳。有个号称"历史上最牛的成语接龙"[1]的帖子，接龙了1788个成语，算是网络中成语接龙的一时之作。鉴于篇幅，仅截取其中一部分如下：

胸有成竹——竹报平安——安富尊荣——荣华富贵——贵而贱目——目无余子——子虚乌有——有目共睹——睹物思人——人中骐骥——骥子龙文——文质彬彬——彬彬有礼——礼贤下士——士饱马腾——腾云驾雾——雾里看花——花言巧语——语重心长——长此以往

各大论坛上此类成语接龙帖子很多，但大多没有如此之长，接到二三百个已经少见。诗词接龙在网上不如成语接龙那么流行，究其原因，大概是因为这一游戏对诗词类修养要求更高，要把分散在不同诗词中的句子首尾相连有一定难度，非文学酷爱者不能应付。这也为熟诵古典诗词的"才子佳人"们提供了一展博学的机会。有时放宽游戏的规则，只要下一句的首字和上一句的末字音同即可，佐以诗词在线搜索的便捷工具，这一游戏同样玩得有声有色，也更有美感。例如：

通守三春风——风烟万里愁——愁长梦短浑忘却，却钓松江烟

[1] http://hz9911.nease.net/meiwenxinshang.files/40.htm

月——月落乌啼霜满天——天苍苍，野茫茫，风吹草低见牛羊——羊公碑尚在，方留恋处——处处菱歌长——长相思，在长安——安得广厦千万间——间关莺语花底滑——华发寻春喜见梅——梅子黄时雨——雨打梨花深闭门——门前学种先生柳——柳丝长，玉骢难系——系我一生心——心忧炭贱愿天寒——寒梅最堪恨——恨无知音赏——赏心何处好——好一派北国风光——光阴荏苒须当惜——惜别且为欢——欢情薄——薄雾浓云愁永昼——昼闲惟与睡相宜——宜嗔宜喜春风面——面拂江风酒自开——开到荼蘼花事了——了然非默亦非言——言师采药去——去年初见早梅芳——芳草碧连天——天涯何处无芳草——草色遥看近却无——无愁稚子亦成愁——愁闻出塞曲——曲江花底宴群贤——闲庭曲槛无余雪

  当网页中的诗词名句接龙[1]以富有古典美的色彩图片背景展示出来时，观者能够切实地感受到集思广益的盛况与古典诗词的魅力。诗词接龙还有一种玩法，即围绕某个主题进行接龙，例如"月亮""思乡"之类，这种接龙对格式要求不如首尾接龙那样严格，给参与者们提供了更大的发挥空间。新华网上曾汇集了一个以"有关于成都的唐诗宋词"为主题的诗词接龙，在众多网虫的群策群力下，杜甫的《春夜喜雨》《蜀相》《成都府》《赠花卿》《成都书事》《登楼》、张籍《成都曲》、李白《蜀道难》《上皇西巡南京歌》之一、李商隐《杜工部蜀中离席》、陆游《成都行》、苏轼《临江仙（送王缄）》、柳永《一寸金·成都》、王建《寄蜀中薛涛校书》等众多有关成都的诗词纷纷登场，颇有繁华满眼、锦绣盈庭的效果。

  除了成语、诗词，现代文化生活中的各种习语，也成为接龙游戏的素材，如电影片名接龙、歌名接龙、歌词接龙等等。无论素材"格调"高低，接龙都有炫耀知识的意味，故而有时会刻意追求难度。例如一个电影片名接龙规则如下：除了写出电影的完整名称，还需要附加提出一个片中演员的名字，以从侧面证明曾经看过此片——这将知识炫耀

---

[1] 如http://www.zytx.com.cn/zrh/students/chengyu/

的意图更进一步表露无疑：这种游戏的乐趣在于从观影经验里提取第一手记忆，理论上说，越是阅片无数，游戏起来就越是得心应手，颇有高手过招的意思；假若只是借助搜索工具、电影名录展开片名的机械接续，则已经悖离了接龙游戏的本旨，自然谈不上乐趣了。

2.同主题接龙

同主题接龙可以算做最隐形的一种接龙形式，多是有人开帖首先提出一个话题，各位网友就这一话题，各自谈自己的看法、想法、经历等。有时主题可能相当琐屑，但同样有号召力。譬如：写下你最爱的人的名字；写下你的手记型号和开机语；写下你最喜欢的音乐等等。——同主题接龙与知识类接龙不同，不再只是一种现有知识的重新拼接呈现，所引入的各类信息中，私人信息、个人感受的含量很大，经由这些私人信息、感受的网络抒发，人进一步建立起对网络生活、网络群体的认同。参与讨论者可以从中了解他人的经历，获知别人所用的手机型号、喜爱的书籍、喜欢的音乐等等，其乐趣既在于发现"和我一样"的巧合，又在于"看看别人怎么样"、找到新鲜之物，不经意间扩充自己的见识。许多读书论坛上都有信息含量颇大的同主题接龙，就是论坛网友每周有一人推荐一本自己读过的书，对书的内容和自己的感想作介绍，可读性很强。

在篇幅上，同主题接龙多数要比知识类接龙要长，语言风格偏向口语化，甚至有时是直录口语，对修辞技巧不甚在意。例如校友录上有人发帖提议大家谈谈"毕业前的一天你在做什么"，有多人跟帖，畅谈自己当时所做所感。此类帖中纯粹灌水者很少，回复者大多颇为用心，所写内容亦易引起过来人的共鸣，略举两条：

——"听着那首《从开始到现在》，我想起了毕业时候的一幕幕：临离开学校前一个晚上我一个大男人在女生宿舍下抱着那个一生最爱的人哭了几十分钟，虽然她最后也没有跟我在一起。伤感！你还记得自己毕业前最后一天都做什么了吗？"[laoer-82-82]

——"和几个还没有走的同学，去银座，服务楼，然后回9号楼，想这可能是在曲师最后的线路了，然后一个同学给我一本留言册，于是

就写了这个路线。很可惜的样子，没有什么不平常的事情发生。"[怀念小易]

——"毕业前一天我把陪了我四年的床垫和褥子卖给宿舍楼下看楼的大爷了。"[岳亮]

男儿有泪不轻弹。第一条主题帖不惜"自曝家丑"，坦诚伤感，不由得人不作出回应，涂写几笔。各条回复中都洋溢着毕业季特有的感伤和温馨。"毕业"作为当代年轻人共同的成长里程碑，无疑是一个容量极大的话题。随着个人情感空间的扩张，与人交谈的需求迅速提高，一旦找到一个"对"的、人人心中都有的话题，帖子"火"起来、成为"热帖"几乎是一种必然。强大的外在秩序压制着人的情感、思考，话题的功用正在于为人群提供自我表达的突破口和交流站，在对谈式的众声喧哗中突破个人的孤立，实现与他人的共在。

3. 故事、小说接龙

相对于上述两种接龙，文学创作接龙大概是最有创造性的一种，是文学网站、BBS上常玩的游戏。这种接龙往往是楼主为故事写个开头，再由其他网友你一帖我一帖地把情节接续演绎开来。其游戏规则也多种多样，有的是一句话故事接龙，有的则不限制篇幅，或长或短随个人的发挥。例如在百度贴吧里有一个以"今天我像往常一样上班"为开头的故事接龙，一个网名"爱新瘸罗"的网友在第二帖中很恶俗地写道："上班的路上我踩到了一抛屎"，有了这样一个开头后，下面诸帖中写了屎是绿色的，大家围绕"绿色的屎"展开了丰富的想象，引出了绿魔、大盖帽、红脸的关公、梦中会三国，每一帖都出人意料。

由于回帖者文笔、知识、经历各有不同，接龙故事多充满了奇思异想，接得好的流畅连贯，不好的则突兀勉强，但二者在文字游戏的属性上并无二致——游戏的基本诉求乃是同站网友之间的联谊——大家在放松的游戏心态中书写，也以同样的心态阅读。当这种游戏玩熟了之后，出于对新鲜感的追求，又有新的创意出现，游戏的复杂性有所增加，譬如"同龄社区"聊天室里，接龙故事中加入了串联人名的成分，讲故事时有意将诸多网友的网名化用进去，甚至毋宁说是为了串联人名而生造"故事"，最后写成的文本如下：

一个阳光灿烂的清晨，雨后的天空斜挂着一条rainbow，一只加拿大鹰正在高空中盘旋，我牵着一条阿狗，踏上了一条road。路上遇到一头小懒猪猪，却长着大大的可爱的猪头，还学牛叫——moo——moo——！

我本好奇，走近一看原来是牛牛。忽然不知从哪冒出一条Alligator在旁虎视眈眈，眼疾手快突然血口大张，几乎在同一瞬间我只听到头上传来一连串尖利的鹰叫，猛抬头只见一条庞天大物正俯冲而下，一阵夏天的风，接着牛牛凌空而起。结果地面上Alligator扑了个空，血盆大口却亲上了大石，痛得像文宝宝似的哇哇大叫，嘴巴上还起了个超级强烈发泡……

我为牛牛的高超武艺赞叹不已，他得意地告诉我：俺师父是黄飞鸿！以前俺是只病蛹，现在已经是大名鼎鼎的铁血战车，师父夸俺是个天才！我师父武功高强，但人却很怪癖。长着一嘴的奇牙，每晚都睡在黑盒子里，没事就天天7212地在家数钱玩。

正当牛牛吹得忘乎所以，tndb(天南地北)之际，耳边忽然隐隐约约的响起他女朋友妞妞的呼救声。"不好，我的安妮宝贝——妞妞出事了！"一丝不详的预感闪过脑海，让牛牛即时陷入沉思中……正当他筹划着如何救他女朋友之际，旁边一只蒙眼的鸟悄然落在他肩上，似乎要向他暗示什么……

随着蒙眼的鸟，牛牛走到一片在茂盛的草地前，发现在蕉园草、酢浆草中露出了一个笑嘻嘻的稻草人……稻草人身上钉了一个纸条，纸上写着细细的几行字：

要救妞妞，务必找齐以下三样东西：雪香橙的橙皮、折翼孔雀的羽毛、四月鱼的鱼鳞，然后到城西十里山上的妙庙去找灵虚子道长。

——宁采臣）童话字

宁采臣）童话是谁呢？那么奇怪的东西去哪找呢，牛牛嘀咕着扬起他那大大的可爱的猪头看看蓝天，小懒猪猪似的对我说：已经是蓝月当空挂，月色如画，偷哭的星星也在笑，难怪肚子饿了，有没有元气饭团，和生津解渴的秋日麽麽茶，哪怕是烤焦面包……

牛牛边想边饥肠辘辘地往前走，走出茅草地后眼前豁然出现一片大大的田园地，农场主甜园小胖子正在刨坑挖地干活。甜园小胖子见牛牛可怜，从树上摘了个苹果递给他，牛牛三口两口下了肚。

填饱了肚子，牛牛想：走了这么半天也累了，是该做睡美人猪猪的时候了。然后在一棵巨大的sunflower下呼呼地睡了过去。

真是一个暖雨晴风的好季节，牛牛睡得正香，突然听到"噗噗"的声音，睁开迷迷糊糊的双眼定睛一看，一只wangmouse正在草垛上蹦来蹦去，还不时的露出 funnyface 冲牛牛"嘻嘻""哈哈"地怪笑。

哎……可惜妞妞还没着落……这时柔情响马黄飞鸿背着三少爷的剑来了，说这事交给偶了。牛牛高兴地握着黄飞鸿手说：你真是世界第一好人！黄飞鸿难为情地低下了头：人家没你说的那么好啦～～

蓝月高高的挂起，印着他的背影，夏天的风吹着她的头发。黄飞鸿偷偷地跟在了她的后面，暗笑她笨：哈～把我当成快乐老实人了。

就在黄飞鸿偷着乐之际，夏天的风忽然变成了一团粉红色的迷雾，水叮咚的 road 上一阵恋恋风尘，定睛一看，是酒精考验的 Alligator 头顶上弦月，驾着铁血战车，轻舞飞扬地赶了上来。Alligator 为这次营救行动卖掉了持有的经 updated 后的 tom.com 股票，准备了充足的纽约热狗，看到大伙儿都在，Alligator 艰难地从还挂着强烈发泡的嘴里吐出了几个字：是……是……流氓女匪把妞妞绑架了，说完因失血过多，再加上长途奔波，昏了过去。。。

多么见义勇为的Alligator……想起当初偷袭牛牛的那条Alligator，众人感慨万分～～～这时灵虚子道长骑着丹顶鹤路过此地，口中还abba，davidyingxi，098765……地振振有词。

丹顶鹤死死地看着下方的Alligator，突然猛地一翻身把灵虚子颠了下来，双眼通红地向Alligator冲去。灵虚子大惊，猛喝一声孽畜～反手抽出那把跟随他X年的幻の琉璃剑，唰地一声就往丹顶鹤砍去～

幻の琉璃剑乃当年伏羲氏（好像是这么写的……）用一条修炼千年 Smallworm 和一条万年病蛹的精血炼制而成～灵虚子骑着睡美人猪猪

在××山洞里的一个黑盒子里找到的,后来灵虚子用这把剑杀了N多个柔情响马,曾经用它除去了金身尊者和浪子三这两个魔头,而此刻却得砍向自己的坐骑……

幻の琉璃剑唰地一声把丹顶鹤的PP切了下来,丹顶鹤还是盯着Alligator,而后娇嗔一声:"妙庙!"

雪一直在下, 白色的地面上染着几滴鲜血, 灵虚子在一快大石上叹息不已……

如上故事重复无稽,可是在形式上做到了自圆其说,也的确串联起了诸多网名(行文中的名词多为网名),这种语体或者可以别称为"联谊体"。此类文本,很多都只能在其所属的小群体中欣赏(纵使是小群体内部,没有被写到的人也不大会欣赏),趣味不足为外人道,谈不上独立性与可读性。

需要补充的是,这种"写完就丢"的文本,却恰恰揭开了网络书写的一种本质属性——虚构故事,有时仅仅是以书写为形式的文化消费、娱乐行为。传统书写所追求的出版、发表、成名并不是创作的终极动力,在网络中,"写下来、贴上去"本身就是价值的实现——这就解释了为什么尽管"自己的创作"明明是泯然众人、平平无奇,作者还是会敝帚自珍、坚持到底:专心描绘自己喜欢的人物、情节,"完"成自己的幻想,做"完"自己的美梦,也是一种"生命的自足"。

二、跟帖评论体

随着各类论坛、BBS的兴起,新语体也随之产生,那就是"跟帖评论体"。这种语体主要有以下特点:一、首先依托于跟帖评论的对象,也就置于第一"楼"的主题帖,可以是新闻、评论,也可以是小说、散文,或随感随笔;二、交互性,跟帖评论不限于对楼主的帖子进行评论,也包括了"评论的评论",即对其以上每个帖子发表评论,形成一种类似于聚谈的讨论格局。

跟帖评论之所以可以称为一种语体,源自网络论坛不同于传统媒介的信息传播方式。阅读者以即时发表评论的方式与信息的发布者存在于同一页面空间中，构成一个"发布—反馈—再发布—再反馈"的交流循环。这种循环不是一对一的，而是多对多的，除了信息发布者与单个阅读者之间的对话，还有阅读者之间的交流，每个参与讨论者都以自己的言辞、观点"现身""存在"，并"分群"——当观点分化的两"派"势均力敌，便会出现"群殴""掐架"——观点一边倒时，落于下风的少数派难免要被"围观"、嘲笑。尽管现实中口头交流的时间先后顺序，在网络中为空间的前后排列所取代，但极口语化的言词、多样化的表情符号、帖与帖之间跳跃关联，充满了与现实交流相类似的"七嘴八舌""众声喧哗"；优于现实交流的是，每个人"说出"的话不会消失，而是以文字形式存在，可以追溯，这就增加了唇枪舌剑中"抠字眼"的成分。删去自己的帖子，则会被解释为心虚、回避，故而也是被谴责的ws（"猥琐"）行径。

被嘲笑、攻击并不是最糟的；无人理睬更为悲惨。互联网号称与现实功利主义相对抗的理想世界，其中尤为理想而又相当世俗的是，网络中人更多的是在与他人的关系中、在他人的语言中建构自己的存在。人在网络中更加热切地追求他人的直观认同，因而有"回帖是一种美德"的说法，对那些看帖不回帖的人公然表示"鄙视"，直言无隐地表达出寻求关注和认同的普遍心态。一篇题为《有一种友情叫跟帖》的帖子写道：

在这个用电缆和思维构筑的网上世界里，我们怀着这样或是那样的心情，来表达自己，释放自我，结交朋友。那一篇篇帖子，那一张张跟帖，在心和心之间架起了一座七彩的虹。这里就像是一个大家庭，大家相互倾听，相互鼓励，相互安慰，甚至是嘻笑打闹，都无不透露出一股脉脉温情。就如此刻吧，手指轻轻地敲击着键盘，心里就像有一把火温暖着，还是那句话，有朋友真好！当有人问我为什么对这个虚幻的世界如此的依恋，我一定会告诉他，有一种友情叫跟帖！

这个帖子说出了一种普遍的心声。保证每个帖子都有人回、"消灭零回复"是一种"厚道"；"浏览"、随便看看，不如"批阅"——依次浏览并回复——更"敬业"、更有网络情谊。

升级版的"跟帖评论体",则超越了集体参与的网页建构,而展现出对网络跟帖形态高屋建瓴的把握。譬如马伯庸的《几部热门名著在书站上的连载状况》(节录),就是以一人之力化身数人,甚是精彩:

《三国演义》

类别:历史军事 | 专栏作者:罗贯中【总68310点击】

[目前更新到 第一百零三回 上方谷司马被困 五丈原诸葛禳星]

却说司马懿被张翼、廖化一阵杀败,匹马单枪,望密林间而走。张翼收住后军,廖化当先追赶。看看赶上,懿着慌,绕树而转。化一刀砍去,正砍在树上;及拔出刀时,懿已走出林外。廖化随后赶出,却不知去向,但见树林之东,落下金盔一个。廖化捎在马上,一直望东追赶。原来司马懿把金盔弃于林东,却反向西走去了。廖化追了一程,不见踪迹,奔出谷口,遇见姜维,同回寨见孔明。张翼早驱木牛流马到寨,交割已毕,获粮万余石。廖化献上金盔,录为头功。魏延心中不悦,口出怨言。孔明只做不知……

[书友最新十条评论] [查看本书精华评论] [查看本书全部评论]

斑竹 贾仲明

□ [公告]严正声明:最近有人恶意在本书评区捣乱,并屡发不负责人的言论。对此罗贯中特此严正声明:三国演义确实脱胎于《三国志》,但只是借用了后者的世界观设定,情节与故事均为原创,不存在抄袭问题。感谢广大书友一直以来的支持!!我会一如继往地保持更新,绝不作太监。发言者:罗贯中

□ [公告] 罗贯中与施耐庵合写的另外一本部古代军事题材小说《水浒传》开始更新,希望大家多多捧场。发言者:贾仲明

□ [置顶][精华]《三国演义》是一部非常精彩的军文小说,美中不足的是诸葛亮这个人物塑造得太过完美,反而不够真实。不过在最新更新的章节里,我们看到作者刻意安排诸葛亮面临死亡时候的惶惑,让这个人物丰满起来,充分体现出了作者在构思上的用心。发言者:金圣叹

□ [置顶][精华]《平生不识罗贯中,识遍英雄也枉空——浅谈<三

国演义>中的文学运用》发言者：金圣叹

□[置顶][精华]《三国演义》QQ群：89132222，名字叫《录鬼簿续编》，希望大家积极加入，踊跃发言！所有惯犯们，一起来分享看三国的心得啊。发言者：贾仲明

□小弟的《水浒》也开始更新了！是和罗大大合著的，所以借此地打个广告，希望大家去看～～发言者：施耐庵

□笨啊，当然就是罗贯中的FANS啦，就好像曹雪芹的FANS就叫雪米，吴承恩的FANS就叫钨丝。上次PK你没看啊。发言者：贾仲明

□我们请问惯犯是什么意思啊～～听起来好变态。发言者：小毛头

□《三国演义》虽然设定和构想不错，可惜作者因为要保持更新速度，却牺牲了文字质量。如果作者能稍微注意一下文笔的洗练，并适当减少文中诗歌的数量就能更上一层楼了。如果有可能，我希望能帮作者进行一下修改，请作者与我联系，我的Q号是194372947。发言者：毛宗岗

□诸葛亮不能死！汉室还要靠他来复兴！强烈抗议作者写死诸葛亮的企图，罗贯中就是第二个田中！！发言者：诸葛后人

□本人对罗大大十分敬仰，也十分喜欢《三国演义》。大大的作品里，我最喜欢马超，为了表达敬意，我特意为他写了一篇同人，名字叫作《反三国演义》，如果大家喜欢我就贴出来。发言者：周大荒

□楼下，想看YY就滚到笑笑生那个流氓的专栏去看《金瓶梅》，这里是严肃的历史军事讨论区！！发言者：贾仲明

□诸葛亮的老婆太丑了！作者是怎么搞的。我预言这本书很快就会没人看的！！发言者：无名

□怎么改名字了？原来不是叫《三国志通俗演义》吗，害得我在推荐榜里找了半天都没有。你这样会影响点击率的哦，嘻嘻，估计MM都不爱看吧。发言者：毛纶

□无耻的抄袭之徒！罗贯中，你的这个《三国演义》根本就是抄袭陈寿巨巨的《三国志》，居然还好意思说是原创，简直就是三毛抄四！网络写手的素质堪忧！！大家不要再上他的当了！发言者：陈承

祚 （本帖已删）

上例帖子按照论坛页面的布局来排版，编写为文学论坛的页面形式，将《三国演义》设定为在当今网络论坛中首次张贴出来的情境——不是一次性发完全文，而是写一段发一段（"保持更新，不作太监"），读者随时"追文"跟进，类似于当代日韩电视剧制作时听取观众反馈的形式——"诸葛后人"的回复，就有这种干预接下来的情节发展的意味。标题正文下诸条跟帖评论，以方框（□）为起首标明；跟帖者里则包括了与《三国演义》渊源极深的一些文学史名人，如曾点评三国的金圣叹、编写三国的毛宗岗，也有通俗口味的阅读者，从书中角色外貌不美就断定小说不会流行的"无名"，等等。更为有趣的是，此文除了安排各种人物正面出场之外，还渲染出了更广阔的读者群体；从标题栏中的【总68310点击 】暗示的可观的访问人数，到追捧者的自我命名，惟妙惟肖地模仿了当代时尚文化中的明星待遇——"惯犯"，即"贯fan"（还有"雪米""钨丝"的竞争）——罗贯中粉丝之意；而陈寿名字后缀的"巨巨"，则是"大大"——"大人"——网络敬称的升级版。

这样随意"穿越"的文字游戏，从一个侧面展现了网络本身的"家常化"；尽管产生不到30年，网络的深层结构与外在形态，已经成为资深网民得心应手的游戏素材；——如果说《黑客帝国》还是用哲学的、艺术的手法"隐喻"网络，上例的跟帖虚构，则是实现了一种直写：作者集结古今人物，举重若轻，网络回帖的格式本身成为其搭建文本的基本骨干。

三、经典解构体

另一种更为常见的语体是经典解构体，这是对广为人知的、已经形成定论的故事、人物、传说、历史等进行"戏说"，按照作者自己的意愿进行重新解读。例如《唐僧劝孙悟空考研》《白雪公主和七个民工》《网络时代的孔乙己》《王婆与潘金莲》《岳不群同志的光荣一生》等等。我们把这种新语体称为"经典解构体"。"经典"，在当代可以泛指那些广为人知的历史、故事、传说、著作等等拥有较高知名度的文本，"解构"，则是对经典进行新的演绎，消解、颠覆经典的"常识"面目，衍生出新的时代风貌。

对"经典"的解构可分为三类：一种是"经典改写体"，保留了经典中的人物角色，但是对他们的命运和经历等进行改写，千年前的历史人物在新的时代背景下上演故事；一类是"经典套用体"，这种语体也可以用"旧瓶装新酒"称之，它保留了经典的行文样式，也即经典的情节脉络，而又填充了新的内容，营造出新的语境；三是"经典错位组合体"，多是对一些经典话语的解构，对这些话语没有作任何的改变，而是进行了一种错位组合，给它们安排了全然不同的语境，解构了原有的含义，呈现出新的意义。

1. 经典改写体

中国现代文学史上，对经典的改写可以追溯到鲁迅的《故事新编》。关于这个书名，钱理群解释道："故事"指中国古代的一些神话、传说以及古代典籍里的部分记载，表现了古代人对外部世界和自身的一种理解、想象；"新编"就是鲁迅在20世纪二三十年代里的重新编写、改写，某种程度上是鲁迅和古人的一次对话、相遇。这种改写必然注入了鲁迅所处时代的时代精神，注入了个人的生命体验。《奔月》中描写了为人们射掉九个太阳的大英雄后羿完成了英雄业绩之后的遭遇。无猎物可以猎杀，只能给妻子嫦娥吃"乌鸦炸酱面"；因射鸡而被鸡的主人谩骂；最后遭受弟子逢蒙和妻子嫦娥的背叛：逢蒙背后射他冷箭，妻子偷吃仙丹弃他奔月……这里的后羿不再是那个充满了传奇色彩的英雄，失去了浪漫主义的光环，淹没在柴米油盐的寻常生活中。鲁迅对启蒙者、先驱者的命运及其与"庸众"关系的思考和探究由此深入，贯穿其中的是一种彻底的怀疑主义的现代精神，作家自身痛苦而悲凉的生命体验融化于其中。

到了20世纪八九十年代，改写经典早已成为娱乐大众的主流手段。需要承认，到了文明发达的当代，随着历代经典的层层积累，真正的"凭空""编故事"已经成了非常困难的事。太多的情节、手法都已经存在，"改写""互文"几乎成为当代创作的必然命运。着力创新的作家或许会为此烦恼，但对大多数人来说，这却是理所当然的、"集文明之大成"的当代气象。《戏说乾隆》《宰相刘罗锅》《康熙微服私访记》等等，都多多少少是以平民趣味对正史或野史进行改写，说的是古代帝王的故事，演绎的却是平常百姓的喜怒哀乐。在网络中，所有作为当代人文化记忆的经典文本都"重获新生"，外国童话、民间传说，皆概莫能外。

《白雪公主后母的自诉》改写的经典童话《白雪公主》，人物的善恶有了一个180度的大转弯：坏心的巫婆后母，是原本和后来娶了白雪公主的王子相爱，因巫婆血统不被皇室接受而令人同情的美貌女子；纯洁的白雪公主，却变成了一个徒有其表、内心淫荡的虚荣女子；可爱的七个小矮人，则是白雪公主养的七个面首；原版童话中有毒的梳子和苹果，在这里变成了可以让白雪"拥有一颗只相信真爱的脑子"的有魔力的梳子和苹果。这样一个重写的故事，其实是成人世界三角恋爱的童话版，故事框架几乎和原来的童话一样，主旨却背道而驰。另一篇《牛郎织女现代版》，描写了牛郎织女这对苦命鸳鸯在网络时代的遭遇：本欲在网上寻找织女的牛郎，却遇到了化身"天堂美女"的西王母，事发后，王母与玉帝离婚，牛郎被判刑，织女下凡另觅佳偶。此类的文章多是借着经典中的人物的躯壳，演绎当代社会的故事。

以上两例，原作一中一西，一"洋"一"土"，却同为当代人熟读、熟知的童话故事；这般重写，当然可以说成是幼年记忆的重新激活，但加入了关键的"成人视角"，童真气息早已消散无余。幼年记忆与成年经验结合的杂烩口味，究竟是美好记忆的破坏还是别致的"昨日重现"，答案恐怕只能因人而异。张爱玲在《倾城之恋》结尾写道："香港的陷落成全了她。但是在这不可理喻的世界里，谁知道什么是因，什么是果？谁知道呢？也许就因为要成全她，一个大都市倾覆了。"写出的正是人在试图将自身放进历史的大逻辑中加以解释时体验到的恍惚与不确定感。在更"不可理喻"的、号称"后现代"的当今，每个人都有自己的故事，从"自己"的角度读解同一个故事，大肆派生所谓的"改写版""个人版""搞笑版""改良版""典藏版""终极版"……随着无止境的细分，"固定唯一"不仅不再理所当然，而且进一步成为绝不可能的存在。

网络中的经典解构体，除了上文所举的几种切入经典、重新审视、以当代想象填补历史逻辑漏洞的形式以外，还有一种是彻底置换经典的历史背景，将原来发生在特定历史时空的经典重新进行演绎。例如《打妖办主任唐僧是如何评先进的》演绎的是唐僧师徒四人取经后成立"打妖办"评选先进工作者的故事，荒诞不经的情节设计，明写了现实复杂的人情关系，实是一种借古讽今。《陈世美与秦香莲的故事新说》，结局是公主与陈世美离婚，陈世美沦为乞丐，表达了作者对陈世美之类背信弃义、贪图富贵的小人的由衷痛恨。从文字技巧、思想深度来说，这些文本皆无深奥之处，属于地地道道的"草根书写"，朴素简单正是其本色；于是，在网络光怪陆离的"时尚"风貌中，隐约透露出更广大的、奉行着淳朴的道德信念的"人"的存在。

2. 经典套用体

经典解构体的另一样式是"经典套用体"。所谓"套用"，即直接仿拟经典作品的格式、语言。"经典改写体"是对经典作不同角度的解读，或者把经典中的人物放在不同的时空演绎"现代版""网络版"；"经典套用体"则多是直接套用经典的行文，只是对其中的一些成分作出调整、改换，使之适应自己要表达的主题。例如：

多饮无益之一

朝辞白帝彩云间，千里江陵一日还。

忽觉内急憋不住，冲翻小船底朝天。

多饮无益之二

清明时节雨纷纷，路上行人似断魂。

东倒西歪缘何故，牧童遥指杏花村。

多饮无益之三

日照脑门生紫烟，遥看公厕远无边。

飞流欲下三千尺，又怕城管来罚钱。

以上这三首所谓的"爆笑唐诗"就是对李白《下江陵》、杜牧

《清明》、李白《望庐山瀑布》的分别套用。原作的优美诗意荡然无存，取而代之的是戏仿者对饮酒之无益的描述，用顺口溜式的语言和意象描摹出饮酒过多者的狼狈之态。在书写自由化的互联网上，此类的经典套用体的用意不在深刻玄妙，而以亲切劝世的形态受到欣赏。对刘禹锡《陋室铭》的套用版本也层出不穷：《为官铭》《开会铭》《公仆铭》《关系铭》《麻将铭》《教室铭》《女友铭》《网络铭》等等，可见这篇明快经典的深入人心。下文为《为官铭》：

> 山不在高，有官则名；学不在深，有权则灵。这个衙门，唯我独尊。前有吹鼓手，后有马屁精；谈笑有心腹，往来有小兵。可以搞特权，结帮亲。无批评之刺耳，有颂扬之雷鸣。青云直上天，随风显精神。群众曰："臭哉此翁。"

借着《陋室铭》的行文格式，把为官者的嘴脸栩栩如生地刻画出来。如此直接套用经典原文，操作起来更为容易，体现出当代人在说白话、写口语之余，对传统韵文、诗词形式之美的潜在认同，这也是对繁冗、"水"化的文风的一种反拨。

除了整篇文章的套用外，还有对名人名言的单句、集句套用。例如82岁的物理学家杨振宁与28岁的翁帆结婚的事件，因二人年龄差距悬殊，激起了广泛的关注和争论，网络中就出现了《名人一句话评杨翁》的帖子，现部分引用如下：

> 周星驰："曾经有一个叫翁帆的姑娘摆在我的面前，我没有珍惜，直到失去的时候，我才后悔莫及，人世间最痛苦的事情莫过于此，如果上天再给我一次机会，我会对她说：我要娶你。如果非要给这个机会加上一个期限，我希望它是：一万年。"

> 爱因斯坦："究竟是翁帆嫁振宁，或是振宁娶翁帆，取决于你的参考座标。"

> 达尔文："当人皮日渐退化，失去它的原本功能的时候，婚姻是更合理的进化方向。"

> 尼采："若你一直凝视着翁帆，所有的流言就开始不存在了。"

> 叔本华："作为意志的翁帆要嫁给作为表象的振宁。"

亚当斯密："有一只看不见的手要女孩嫁给他。"

萨特："为了秉持信念行事并对自己诚实，振宁觉得自己有必要娶翁帆。"

拿破仑："不想嫁振宁的女孩不是好女孩。"

阿姆斯特朗："对于这女孩来讲她是嫁了，对于有的人来讲，女孩还是什么都没嫁。"

欧阳修："娶之意不在女孩，在乎山水之间也。"

胡适："我不能告诉你翁帆该不该嫁人，只能告诉你科学的方法，大胆假设小心求证。"

钱钟书："嫁进来的想脱下去，娶进去的想穿上来。"

正如贴子标题写明的，每条评论都是对萨特、欧阳修、叔本华等中外古今名人的经典话语的套用；然而就其内容来说，却颇多语义含糊、不知所云之处，实为评而不评、论而未论。当经典的套用成为一种常态的书写，深思苦吟的创意成分便随之而减弱，借助文档操作系统迅捷的"复制""粘贴"，修改、替换几个关键词就能轻而易举地完成这样的"创作"。无论在创作者一方还是阅读者一方，这种语体都显示了其快捷的优势，在节奏超快的网络时代风行一时。

《大话西游》解构《西游记》，又在当代流行文化中赢得了新的"经典"地位，对它的"套用"尤其众多，例如《大话西游》之网络版，之mm聊天篇，之中国足球版，之灌蓝高手篇，之养猫篇等等，可以归类为一个系列；但究其质量，则可以用一句流行语概括："一直被模仿，从未被超越。"——《大话西游》中令人耳目一新的颠覆性语言，启发并定义了许多"标准表达"，例如："（爱一个人）需要理由吗？需要吗？不需要吗？……"——"需要"与"不需要"的彼此驳诘是没有结论的，唯一能够坚持的就是自己的原来立场。这种无奈的驳诘、对现实的无奈接受，都是当代人常常感受的困境，故而主语可以无限替换，诸如"（中国队）冲出亚洲""选错一个大学"等等。

《大话西游》中被套用更多的则是那段貌似真挚的冗长独白："曾经有一段真挚的感情放在我面前，我没有珍惜，等到失去的时候，我才后悔莫及。尘世间最痛苦的事莫过于此。你的剑在我的咽喉上割下去吧，不要再犹豫了！如果上天能够再给一个让我重来一次的机会，我会对那个女孩说三个字，我——爱——你！如果非要在这份爱上加个期限，我希望是，一——万——年！"主题词《一段真挚的感情》，可以被一台M100、一副好牌、一个游戏、一个单杠和一份工作等等所替代，——"它"是重要的，不然不必如此费尽口舌；同时又不是那么重要，因为"我"还有闲情"耍嘴皮子"——其中微妙的张力，折射了当代人的常有心态：一方面强调自己的欲望，大力追求"值得珍惜"的东西，同时，对自己的追求的虚妄和夸大又心底有数，虚夸的语气，也是一种自嘲。

3. 经典错位组合体

经典解构体中，除了"经典改写体"和"经典套用体"以外，还有一种较为特殊的"经典错位组合体"。所谓"经典错位组合体"与"经典套用体"有些相似，都是对于篇章短小的诗词、名言警句的解构，只是手段不同。后者是修改了一些关键词令其面目全非从而达到解构的目的；"经典错位组合体"的手法则更为高端，对经典语句只字未改，而为其设计了全然不同的语境，在不动声色中使其意蕴大变，完成了对原版原意的解构。简言之，就是把经典话语与毫不相关的语境进行错位组合，在错位中解构经典的"经典含义"。下面这篇《鲁迅对早恋问题的精辟回答》就将"经典错位组合体"的移花接木之妙发挥到了极致。

问：父母应该怎样看待早恋问题？

答：他们应该有新的生活，为我们所未经生活过的。

问：您怎样看待早恋现象在校园里的蔓延呢？

答：其实地上本没有路，走的人多了也便成了路。

问：您对已经被老师家长发现了的早恋学生有何建议呢？

答：不在沉默中爆发，就在沉默中灭亡。

问：你怎样评价那些排斥早恋的学生呢？

答：无情未必真豪杰。

问：您对早恋中的男女有何劝告呢？

答：不能只为了爱，而将别的人生要义全盘忽略了。

问：您对早恋本身的看法是？

答：他是这样的使人快活，可是没有他，人们也便这么过。

问：请您将国内外同龄人的早恋问题作一个比较？

答：东京也无非是这样。

问：您对教师干涉学生早恋抱什么态度？

答：我将深味这浓黑的悲凉，以我的最大哀痛显示于非人间，使他们快意于我的苦痛。

问：您对教师不干涉学生早恋又抱什么态度？

答：则普天下之人民其欣喜为何如。

问：您对早恋者的评价是什么？

答：这是怎样的哀痛者和幸福者。

问：您对学生某某因早恋事发被其父殴打有何看法？

答：我已经出离愤怒了。

问：您认为早恋的学生应具有什么样的气质？

答：横眉冷对千夫指。

问：胆量呢？

答：我以我血荐轩辕。

问：您觉得早恋者该怎样面对师长呢？

答：我们的第一要著，是在改变他们的精神。

问：您自己有过早恋的经历吗？当然您可以不回答。

答：我在年轻时候也曾经做过许多梦，后来大半忘却了，但自己也并不以为可惜。

在这里，作者把鲁迅散文、小说中广为人知的经典语句与关于早恋问题的采访语境进行了错位组合，一问一答，严丝合缝，让人在莞尔之余不得不佩服作者的才思敏捷、博闻广记。

还有一篇流传很广的搞笑帖子，是将广告词结合进学生与校长对话的语境之中，与上例有异曲同工之妙。现引用如下：

有个人爬墙出校。

被校长抓到了~

校长问他：为什么不从校门走？

他说：美特斯邦威，不走寻常路。

校长又问：这么高的墙怎么翻过去的啊？

他指了指裤子说：李宁，一切皆有可能。

校长又问：翻墙是什么感觉？

他指了指鞋子说：特步，飞一般的感觉。

第二天他从正门进学校，校长问他：怎么不翻墙了？

他说：安踏，我选择，我喜欢。

第三天他穿混混装，校长说他：不能穿混混装！

他说：穿什么就什么，森玛服饰！

第四天他穿背心上学，校长说：不能穿背心上学！

他说：男人简单就好，爱登堡服饰！

校长说：我要记你大过！

他说：为什么？

校长说：动感地带，我的地盘我做主！

　　这种"经典错位组合体"在"经典解构体"中比重不算很大，因为它不像"经典重写体"那样有随意发挥的充分余地，也不像"经典套用体"那样简单省力、有依葫芦画瓢的框架优势：要紧扣主题、重组"名言"，作者的心思创意、知识的熟练掌握缺一不可；而与之相当的是，错位组合比一般的解构、重写往往具有更多的可读性，亦是其架构精巧、编织完整使然。

　　经典解构体已经成为网络常用的基本语体之一，拥有稳固的地位，究其原因，主要可以归纳为以下几点：一、经典文本的号召力。在信息高速更新的互联网中，如果不能以"领先全球"的高度创新抓人眼球，那么，"站在巨人的肩膀上"、借用经典的固有影响力加以重新发挥，也不失为一条稳健之路。二、当代人对以往时代经典具有自己的见解，在读解、接受往昔各种经典之时，自然会产生审美情趣及价值观上的差异，网络给了他们"介入经典"、自我表达的机会。三、嬉玩心态。在当代文化转型中，人们对于所谓的"经典"通常并非膜拜、崇仰，而是常有平视、把玩的放松态度，将经典放在与流行文化平行的位置上，依照个人的创意和喜好随意取舍。四、操作的易行性。由于依托经典，又不以经典为负担，书写可以毫无顾忌，在现成的文笔和知识的基础上展开。五、固化的语体风格。以《大话西游》为代表，经典解构的招牌风格就是轻松搞笑，这迎合了广大上网者休闲娱乐的目的。总之，很少有人能在搞笑中融入严肃的主题（但是成功的解构体却做到了），对经典的解构最终往往流于浮浅恶俗；这种娱乐只消解意义，不追求价值的确立与重构。

四、戏仿体

杰姆逊的"后现代"理论认为，后现代没有所谓"独创性"这回事，若说有的话，那就是"复制"，所有的东西都是按原本复制出来的。戏仿体可说是典型的"复制"。所谓"戏仿体"，就是用游戏的态度进行模仿的一种语体，其模仿的范本很多，多数是常用的已经形成固定套路的文本样式，例如产品说明书、宪法章程、公开信、试卷、出售说明、判决书、工作报告、离婚协议书、退稿信、家书、情书、章程、清单等等。这些文本样式原本多是用于一些严肃正式的场合，进行的是所谓的"宏大叙事"；但是戏仿体则消解了这种"宏大叙事"，进行的是自我的、私己的、幽默的表达，且多含有搞笑因素。

在网恋随着网络聊天而名声鹊起之时，《"网恋"路线图》《网络世界网恋宪法》《全国网恋等级考试(ELT)大纲样卷》《网恋"二十二条军规"》也都纷纷出台，煞有介事、惟妙惟肖的"专业"姿态，令人绝倒。恋爱之后是分手，这也有了专门的文书样本，譬如《网络男友出售启事》《网虫的离婚协议书》等。《新娘守则》《男人守则》《贵妃守则》《宿舍爱情公约》，也纷纷问世。

如果说对宪法、试卷、离婚协议书的"戏仿"，多是以宏大叙事"包裹"对网络现象的思考、追求搞笑效果的话，接下来的几则"戏仿"，则更多了讽刺现实的辛辣味道。

例如《孙悟空的工作报告》一文，模仿了工作报告的行文样式，介绍自己的姓名、籍贯、工作经历等等，文章结束时还按照惯例，列出自己发表的文章。这些戏仿的文章颇具讽刺效果。例如《绝对隐私——唐僧背后的女人》《我和白骨精——不得不说的故事》《看上去很美——我眼中的猪八戒》，不着痕迹地讽刺着娱乐圈名人出书的现象和当今严重的学术腐败问题。《给白居易先生的退稿信》通过建议白乐天把《长恨歌》书名改为《公公儿媳乱伦记》此类艳俗的名字、增加艳俗描写和让贵妃的《霓裳羽衣舞》变为绝世武功等等，讽刺了现实中低级趣味的所谓"俗文学"。

这些戏仿语体在或搞笑或讽喻的同时，也解构了这些文本样式的严肃性，同样构成了讽喻的效果。从小到大，人从小学开始就要写种种感想、汇报，之后有各类的申请书，工作后则要交工作报告，还有一些形式化的公开信之类，多数是些套话、空话，许多人皆深受其烦；通过网络书写将其调侃一番，也算是"一泄心头之恨"的代偿方式。

在众多戏仿体的文章中，试卷戏仿以明快而精细的形式，格外引人注目，亦可以专门名之为"试卷体"。在应试教育制度下成长起来的一代，很多人对试卷有种彻骨的痛恨。正如下面一则笑话所揭示的那样，当代网民很大一部分都是从试卷中突围出来、或正在与试卷纠缠的群体。例如以下这则小文：

小强说："老师，为什么我们天天都做试卷？" 老师说："因为人生就是一张试卷。" 小强说："一张试卷？那为什么我们总有做不完的试卷呢？" 老师说："这不是普通的试卷，这张试卷需要我们用一生的时间去做。我们活着，所以我们就要不断地做各种试卷。"小强说："啊，太痛苦了！原来我们活着就是为了答试卷。"

这个所谓的"笑话"其实透着凄凉。对不能穷尽的试卷，对应试教育制度本身，当代年轻人都有切身的体会。从小学到高中的大小考试且不说，就是到了大学也还有应付不尽的考试。有必须通过的英语等级考试，要出国的人还要考托福、GRE、雅思等。很多考试都是"一卷定乾坤"，高考试卷更是属于国家机密，如此，试卷就成了权威标准的象征。而网络试卷体的创制者，就此接管了"考官"的权威，并以"资深考试者"的身份，轻松设计出一本正经的完整试卷来——行文格式多严格按照试卷的文本样式进行，单项选择体、多项选择题、判断题、简答题、论述题等各种题型俱全，"查考"内容，则涵盖当代文化生活的方方面面，网恋、武侠小说、娱乐新闻、新兴的口头语等等。

编写"试题"娱人娱己，也是对青春记忆的别样重温。在这种重温的过程中，与应试考试绝不关联的种种"课外"文化公然登堂入室，与被试卷"迫害"的求学生涯"亲密合作"、握手言和。针对近年来的高考综合课考试的"无孔不入"，《搞笑高考综合试卷——金庸群侠传版》以金庸武侠小说内容为题面，捏造出极为"变态"的题目，公然与人为难：其第八题论述题乃是："利用热力学第二定律'能量不可能自发由低向高流动'，论述吸星大法是否符合科学原理。（提示：把令狐冲（任我行）看做绝热的孤立系统。）"要求以科学术语附会解释武侠玄想的功夫的题目，讽喻一语双关。

任何具备足够信息量的主题都可以设计成试卷，例如号称为巩俐入学北大而设计的《巩俐北大入学考试试卷及解答》，内容多是一些娱乐新闻；CS迷设计的《CS试卷》，考的是CS的游戏规则；更有深受英语考试之苦的网虫设计各种《中文托福》《中文GRE》《汉语六级考试试卷》《全真中文托福听力试题》等等。例如其中一道听力选择题：

男：看那个妹妹，好靓哦！

女：看你个大头鬼！

问：这个女的是什么意思？

答：A. 这个男的头有病；　　　B. 这个男的头比较大；

　　C. 这个男的看见的是鬼；　D. 这个女的有点吃醋。

在煞费苦心捏造选项、迷惑外国考试者的同时，也实现了对日常用语的"陌生化"审视，四个选项的设计从字面延伸开来，在既定的语义之外展开释义"恶作剧"，这其实是英语考试中常常会遇到的根据只字片语猜想文意的情境翻版。

除了对试卷、公文、新闻报道一类文本格式的戏仿，还有对流行综艺节目、人物访谈等的戏仿。出场人物不论中外，常常是当前炙手可热的名人，借用问答访谈的，除了富有喜剧色彩，其"应景"、表达当前大众的普遍认识，是其亮点所在。例如《拉登做客开心词典》一帖，就套用了开心词典的游戏流程，只是把角色换成拉登、布什，题目变成了五角大楼、萨达姆之类的国际时政信息，可以看到当时民间对拉登的高度关注。另外一个《大头鲈鱼上康熙，被小S奚落》的帖子，虚拟、戏仿台湾综艺访谈节目《康熙来了》对中央台某主持人的访谈，对其主持风格极尽讽刺之能事，被评价为"看过好解气"，说出了很多人的心声。无论是对书面文本还是对媒体节目进行戏仿，"常识""普遍看法"都是这一写作方式的语境前提——前台人物直观存在的对面，是"观看者"——他们默不作声地看着自己"顺眼"的表演，不动声色地享受着"度身定做"的观念表述与情感宣泄。

五、自动写作体

网上除了上述的各种新语体以外，还大量存在着不以"网络特色"著称的"旧"语体，本文称为之"自动写作体"——"自动"二字，言其具备固有现成的写作套路规范，不以网络为语体首创之地；而需要专门指出的是，网络中的"自动写作"并非专业写手为了赶数量、赚稿费而施展修辞手段充字数的"流水线化"书写，而是听凭心中情感涌动流泻而"自然成文"，对文字的外在形式持一种"不执著"的态度，如同文字"自动"浮现一般。

1. 直抒胸臆体

我们把行文样式与传统的文学样式没有多大差别的诸如小说、散文、随想之类的文本形式归结为"直抒胸臆体"。它与纸制媒体的文学样式并无显著区别，只是发表空间不同；正是因为存在于不同空间，这些"传统体式"的小说、散文、随感，便不再受制于编辑、教师、文艺评论者的把关筛选，有了"随我取舍"的底气；再加上网络书写的匿名性，进一步鼓励了书写者情感的直接抒发。这种直抒胸臆的文本写作，是对文学"劳者歌其事，饥者歌其食"的原初动机的充分回归，书写者和阅读者都能在其间体验到精神的充分释放和净化。被称为"网络三驾马车"之一的邢育森在获得网易第一次网络文学大奖一银一铜时说："说实在的，在没有上网之前，我生命中很多东西都被压抑在社会角色和日常生活之中。是网络，是在网络上的交流，让我感受到了自己本身一些很纯粹的东西，解脱释放了出来成为我生命的主体。"资格老道的网络写手是如此，网络中大批无名的创作更是如此。——心态的共通，直接跳过了文字技巧的品评，情感的真挚坦诚才是王道。如《我和MM之间》（浙大bbs首发）：

5岁　于学校午睡，尿床，突然惊醒，遂偷偷爬起，将一旁睡得正香的mm推到我的铺位，在mm旁边安然躺下做了个好梦。

6岁　一日mm跑着摔了一跤，我费了九牛二虎之力将mm背回家。mm的老妈问：谁把你推倒的？mm默默想了好久，用手一指我便大哭起来（到现在每次去见mm的父母都要被他们用这件事苛责我一顿）。

7岁　我下象棋有了半年，一日看图识字，见一牛绘于图上，遂写上一"马"字。mm见一羊绘于图上，提笔就写了个"牛"字，头一抬说道：牛字简单，好写呗！

8岁　老师让我当班长，mm眼红一定也要做个官，于是老师让她当了个路队长。我暗中乐坏了。谁知道，至此以后，每次放学都要多走10分钟送mm回家，再一边喊着"一二、一二"自己一个人往回走。到今天，每当和mm分开，我都要默念"一二、一二"才有勇气离去。

9岁　一日我画了一张mm的画像，mm要我给她。我死活不答应。结果mm软的不行来硬的，追着我要抢。无奈之下奔入厕所。mm怒道：有本事永远别出来。我乐而忘形，一扭头看见我们语文老师用一种杀死你的眼光盯着我。（系一女老师）

10岁　mm好吃泡泡糖，我省下早饭钱给mm买了两个，偷偷藏在mm的书包里面。结果那天老师检查书包，数落了mm好长时间。最后还被班里的同学诬为好吃懒做的女孩。放学后，mm于墙角痛哭。我劝之不听。末了，mm说了一句让我倾倒一生的话：你那两毛钱给我（我早饭钱1块2，泡泡糖5毛一个。mm一天零花钱3毛）。

11岁　mm有了自行车，却不会骑。每天都要我给她作示范。结果一个礼拜下来，全身都散了架。最终mm得出结论，要一辈子坐自行车，决不自己骑。

12岁　mm刚学英语，遂到我家向我炫耀。mm指着一本书说，this is a book，that is a ——。于是mm开始满屋子找一种叫做pen的东西，找了整整半个钟头。最后坐在地上大哭起来，一边哭一边拿起脚边的铅笔、铅笔盒，this is a pencil，that is a pencilbox（我现在还有时刻带着pen的习惯，每次mm抱着我，就在我耳边轻轻的说：that is a pen）。

13岁　mm突然喜欢上了蛊惑仔，也就是流氓。每天都怂恿我和这个打架和那个打架。于是我从班里打到年级，再打到学校，再打到社会，等到职高，技校的老大都把我当兄弟的时候，mm站在我家凉台上对我说：你要是再打架，我就从这跳下去（我现在身上有三个疤痕，一个是小时候留下的，还有两个就是那时候被人寻仇暴打不敢还手留下的）。

14岁　mm说要去读中专，我说我也去。mm摇头说我要考大学。于是我对mm说我们一起读高中，一起考大学。mm一瞪眼说道：你是我什么人？我为什么要听你的（从那以后，我再也不敢对mm提任何建议）？

15岁　刚开学那天，突然见mm一蹦一跳地跑到我面前，笑着对我说：我们一起考大学。那个时候的她很美丽，仿佛全身都发着光。我觉得自己很幸福。就在那个时候。

16岁　mm对我说她要去学画画，我说好。于是我去给mm买画板，买画笔买水彩。每天都去接mm回家。有一天，mm把我叫到画室的天台，用深情的眼光看着我，对我说她没有灵感，她没有画画的冲动了，说完还扭头朝天台的外面看过去。我当时一冲动，一鼓作气从天台跳了下去。后来mm对我说，说她当时只是想知道接吻的滋味。

17岁　mm说她不想学画画了，我说好。mm说她要去学跳舞，我说好。于是我到处打听哪儿有最好的舞蹈老师，接着还是每天都去接mm回家。一个礼拜以后mm说她不想学跳舞了，我说好。mm说她要去学唱歌，我说好。我没有问为什么，因为我了解mm，从看图识字那天起，我就知道既然跳舞也要学唱歌，那为什么不干脆学唱歌算了呢？

18岁　mm高考落榜了，我来到了浙大。我每天都给mm打电话，mm每次都不接。好不容易放假，我一回到家就去找mm。mm拉着我的手对我说：你一定找女朋友了。我说：没有。mm说：有，一定有，你一定找了。我说：真的没有，我真的没有找。mm哭了，一边哭一边抱着我，mm说：that is a pen。

19岁　mm说她等我三年，我不懂等我三年是什么意思。但我知道mm说等就一定会等我。我还是每天都给mm打电话，我跟她讲学校的事情讲身边的事情，讲她的事情，就是不敢说我喜欢mm。因为mm说了等我三年，在这三年里我不能对mm说这些。有一天，mm打电话告诉我，说她有男朋友了，说她不等我了。我不相信，我对mm说：我不读了，我退学，我要和你结婚。mm没有说话，mm只是轻轻地挂了电话。我不停地给mm打电话，mm说什么都不接。放假了，我回到家。我没有去找mm，我躺在床上看天花板。好多天都这样，我就躺着看天花板。mm来找我，mm坐在我的床边。mm坐了好久，但mm不说话。我躺着，我没有看mm，我知道我不能看她。我要是看她我会忍不住哭的。我没有说话，我躺着看天花板。mm站了起来，她走到门口却突然回过头对我说：我们生个孩子吧！我对mm说：我要娶你，娶了你以后，我们再生个孩子。mm摇摇头，mm没有说什么，mm就那样走了。我再也没见到mm，在那个假期里面。

20岁　有一天，mm突然打电话给我。她在那边一个劲的哭，什么都不肯说。我没有安慰mm，我知道mm哭过以后就会告诉我的。mm说那个男的打她，说那个男的动不动就打她，我一句话都没说就搁下电话，接着直接去火车站买票去了mm的学校。我见到mm的时候正好是黄昏。mm很憔悴，mm憔悴得让我心痛。我用力地抱着mm，我不知道该说些什么来安慰mm。我看到一个男的怒气冲冲地朝我们跑来，我不知道他是谁，我也懒得去知道他是谁。我只知道我把他打翻在地，我对他拳脚相加。我忘了mm说过不让我再打架的话，我只是需要把愤懑宣泄出来。 mm送我回旅馆，我抱着mm说：我们生个孩子吧。mm没有回答我，mm推开我的手，一个人朝学校去了。mm喃喃的说：晚了——我不知道我有没有听到，或许那只是我自己心中的声音。

21岁　mm给我电话要我去找她，见到mm才知道mm怀孕了，mm怀上了别人的孩子要去流产。我陪着mm，我陪着她去医院，一大帮医生护士围着我对我进行教育，末了还没有忘记叮嘱我给mm炖一只鸡补补身子。

22岁　我现在在等，等mm哪天突然给我打个电话，告诉我她想回家了……

从5岁写到22岁，流水账般的记述，充满了琐碎而传神的细节，且信息高度浓缩，可说是"一生一文"，作者的无怨无悔令人动容。普通的、不以立言扬名为诉求的"非专业"书写者，撷取历年情感记忆而成的这篇短文，可以典型地体现网络中直抒胸臆体"自己写给自己"的坦白简洁。书写过于频繁，总会流于"水化"，不免被文字技术所操纵，且在堆积如山的文字中助长琐碎的自恋；倒是不常写文的人，偶尔谈谈自己的感想，来得反而流畅充实。

2. 汇集列举体

在自动写作体中，还有另外一种常见的新语体"知识汇集体"，此类语体的特点正如其名，是知识、材料、经验等的综合汇集整理，诸如《女人变美十大秘笈》《分手对白全攻略》《追女孩招数小全》《男生女生风情大比拼》之类，搞笑之中有实用，故而得以在各大网站之间来回转贴。

此类文体多用逐条列举的行文格式，例如：《十种中国人》《云南十八怪》《异性对你有好感的三十个信号》《最精彩的十部电影台词》《男生应该学会的100句话》《要嫁给刘翔哥哥的七大理由》《十大经典学生上课插嘴》《版主的九种死法》《不找女友的十八条理由》《拨电话十一招》《吹牛的九重境界》《中国名人里的十大恶心》等等。这种语体的特点是：一篇文章多是围绕一个话题进行逐条展开；各条之间的关系多是独立平行的，有时逻辑上还相差甚远；就其内容总的说来严肃者不多，但颇有引起读者共鸣的别致之处；语言轻松幽默，多有调侃搞笑。

此种语体的盛行，除了因其具有一定的信息含量和实用价值以外，还能分辨出另外三种因素。其一，对数字的文化自觉。传统文化里的数字不仅具有计算功能，还有独特的文化功能。对数字的崇拜和禁忌皆有发达的传统，"凑数"成为一种行为习惯，人之求多、求全的心理，也通过数字的明确标示传达出来——究其背后的原因，未必全然是"十景病"作怪，现代社会生活中"精确记录数目字"的日常习惯同样在起作用。其二，易于创作。汇集列举不强调各条之间的联系，省去段与段之间的过渡，写作起来更随意、更简单。其三，便于阅读。汇集列举体多按数字编码，顺次排开，一目了然；即使没有数字标明，也多有明确的分段，同样眉目清晰，方便读者快速获得信息，满足了高速浏览的需要。

六、对话体

互联网能够风靡全球，除了它惊人的信息传播力之外，最令人亲近的，就是它加强人际即时交流的强大功能。从各类主题的论坛、聊天室，到链接个人帐号的QQ、MSN，触网良久却不启用软件聊天功能，简直比"火星人"还要稀奇。第一部成功的网络小说《第一次亲密接触》中，占有大半篇幅的对话，以思路敏捷、幽默风趣的风格，再现了网上聊天的原生态。在网络上以对话形式进行创作的也越来越多。我们把这种较少情景描写、主要由对话形式构成的文本样式，称为"对话体"。

网络"对话体"文本的主要特点有：一、整个文本由对话形式构成，有的用"某某说"引出对话，有的则直接用引号和分行的形式标明不同的说话人和所说的话；二、几乎没有任何叙述性的文字说明，类似于剧本，但是少了剧本的动作、场景布置等等；三、语言风格多样化。譬如有清淡感伤的，如《水和鱼的对话》：

鱼对水说：你看不见我的眼泪，因为我在水中。

水对鱼说：我能感觉到你的眼泪，因为你在我心中。

狡黠浪漫的，如《经典的爱情对白》：

男：我可以向你问路吗？

女：到哪里？

男：到你心里。

男：你的腿一定很累吧！

女：为什么？

男：因为你在我的脑海中跑了一整天。

俏皮撒娇的，如《先生和莞尔的夫妻对话》：

莞尔：你为什么不给我打电话？！

先生：倒打一耙！今天不是说好你给我打电话的嘛。结果我等了一天，还是我打给你的。

莞尔：我是说过，可我又改主意了。张爱玲说：女人有改主意的特权。

先生：那你改主意没跟我说呀！

莞尔：我说了，我心里说的，谁让你和我心灵不相通的。

如同剧本对白，这些简洁的对话有其丰富的表现力，令读者轻松地进入对话的情感语境；《水和鱼的对话》浮现的是鱼忧伤的眼泪和水深情的凝视，并在二者的涵融无间中表达一种温柔的凄婉；《经典的爱情对白》令人直观地看到求爱者的机智，与女子听懂表白前后的茫然和恍然；《先生和莞尔的夫妻对话》则活现出恃宠撒娇的妻子和温厚老实的丈夫，以及小夫妻之间的温馨。

对话体在网络时代盛行，究其原因，除了网络信息交流方式的直观作用、《第一次亲密接触》之类网络小说的示范效应之外，影视作品在当代文化生活中的举足轻重也是不容忽视的原因。电影作为一种融视觉、听觉享受于一体的艺术样式，以其阳春白雪、下里巴人兼容的多样化风格深受欢迎，网络的"资源共享"精神、强大的下载复制功能，又更进一步地促进了电影的消费。"读图时代"发达的影像传播，无形之中削弱了对纯文字表达的需求，文字与图像"同台献艺"时，常常缩减、"退守"到旁白与对白之中；空间的缩小，促成了文字的创意和更精妙的表达。电影对白的生动性，为网络对话体提供了另一种直观的榜样。

另外，对话体的活跃，与当代人的生活方式有关。当电脑成为"基本生活资料"、诉诸网络成为人自我表达的基础手段，就反过来加强了人随时记录现实妙语的自觉性——"刚才的对话不错，发到网上去吧。"从口头到文字，看似只要单纯记录真实的对白，实则经历了一道自然的筛选：浑成的对话必须"自足"，或者不受特定语境的限制，或者能同时呈现对话所处的语境；"写下来就没意思了"的那种对话，则够不上"对话体"的水准。对话体可以有前缀的说明、旁白，或者文后的补充解释，但必须简单扼要，否则对话不免会呆滞笨重，不值一读。

可以预见，对话体的创制和流行，会培养更细腻的语感、更敏锐的捕捉语言之妙的能力；"仓廪实而知礼节"的文化规律随之亦显现。越来越多的人讲究口头的言辞、注重谈吐的生动，日常对话、谈话便不单纯讲求交换信息的实用性，还加入了对"生活艺术"的细腻讲究。在这层意义上，网络作为当代重要的文化生活空间，已经超越了虚拟/现实的二元分界，呈现出引导文化生活的力量。

接龙体、跟帖评论体、经典解构体、戏仿体、自动写作体、对话体，如上列举的诸种网络新语体，形态各异，受众不一，又有交叉重合之处；这些语体共同展示了网络书写的多样风貌。从网络新语体的宏观风貌来看，网络书写行为体现出强烈的游戏精神，并在游戏精神中折射出当代的文化生态。网络中众声喧哗、争奇斗艳，自古及今无数文本都可以在网上找到，表面上看来是各时代文化成果"百川归海"、归总进入一个空前广大的资料库，但是这一现象并不意味着当代已经有资格被称为"总结的时代"，或者应当进一步呼唤接下来的"突破的时代"；就网络书写的状态与效果而言，当代文化的现状是在过于丰盛的文化集群中飘浮不定的、不自主的嬉游状态。网络中的书写，有太多样板可以模仿、太多辞藻可以堆积、太多情节可以抄袭、太多主题可以重复——面对这些"无限量供应"，书写者似乎可以"随心所欲"地剪裁、化用，实际上却往往落个"理不胜辞"的失衡面目。某一风格、某一题材、某一写法一旦走红，跟风者便如同雨后蘑菇般扎堆冒现；讲求"华丽"炫目，实则过分琐屑的细节堆砌，"缔造"了动辄上百万字的流行文本——网络号称个性舞台，过多的书写、"重复建设""泡沫化"的虚假繁荣，最终是忠实地体现了当代社会人云亦云、千人一面的生存现状，袒露出实质的庸俗与贫瘠。

　　作为文字整合形式的"新"语体，其"新"处，与其说是涌现出一批代表时代文化、从此有资格进入"殿堂"的经典文本，不如说是为当代"人人得而言说"的"文化平权"贡献了方便好用的文本格式，更多的人得以从亲自输写中实践、体会"我"与"文本"间复杂的关联，领悟文字本身的"不够准确""不够真实"，最终得以"浮华落尽见真淳"——不再需要包装、粉饰、喋喋不休的自恋书写，而是懂得了恰到好处的言说与不必多言的沉静。

第七章 网络语言风格——谐趣

　　在网络的性情文字中，谐趣文是相当受欢迎的一种。"谐趣文"并不是文类学上的提法，而是为了指称网络中大量存在的以幽默、滑稽、搞笑为阅读效果的文字而提出的泛称；如果要下一个描述性的定义，谐趣文大致要包括简捷利落的语言表达、入微传神的细节、坦率幽默的语气，以及最重要的"笑"的效果。之所以要提出"谐趣文"的说法，是因为它的形式多样，既有传统的笑话、小品文，也有网络色彩很浓的跟帖、叙评，以现有的定义无法包括；同时，这种种不同形式的文本有同样的精神气质，远离宏大叙事和既定行文逻辑，却能自圆其说，有声有色，诙谐自然。

　　尽管网络谐趣文如野草闲花遍地生长，但在随机的大量阅读之后，我们可以看到，漫不经心与自然而然背后，谐趣文生动地透露了这个时代共同的心理诉求，包含了值得关注的独特价值。从来就没有比无拘无束的笑声更能让人感受到轻松自在，以及放纵灵魂飞翔的快感了；凭借笑声，谐趣文充分利用了网络提供给参与者的自由感。身体的自由感、智慧的自由感与道德的自由感——现代人的自由感在很大程度上是一种形式的变化而非本质的提升，帮助人从身份、信息和德行压力中"金蝉脱壳"，网络谐趣文已经达到了这样的效果。

一、语言的显现与身体的自由感

　　《聊聊jms遇到过的尴尬事？》（节选）

　　作者：平脸儿小黑人儿　提交日期：2004-5-18　15：40：00

幼儿园时：提到这个真是无地自容。记得那时我拉在了床上（东北话叫拉被窝），幼儿园阿姨帮我把裤子拿去洗，我就一个人光个小屁股在屋里可怜兮兮的站着等，这时围过来一群小朋友（我印象里好像都是男的……）看我光屁股的模样，其中一个还要求我把pp抬起来给他瞧瞧……结果……结果……哎。年少无知的我居然答应了……我对于儿时的记忆很少很模糊，但偏偏这件事记得很深刻，也许自己也觉得很丢脸吧……

中学：mc来了但是没有措施。结果只好问同学借校服系在腰上垂下来掩人耳目，只怪男同学们实在是知道得太多了。看我的样子都猜了个八九不离十，于是都交头接耳的笑……当时一整天坐立难安。

作者：图图图图　回复日期：2004-5-18　15：46：05

读初中的时候有一次放学，很多班都放学了，大家一起到单车棚拿单车准备骑车回家，我和几个女同学走在前面，后面的男同学用小石子打到我的头，我当时很气愤地边回头看边走，结果一转头撞到电线竿上，郁闷啊!!!!

作者：我忘记密码了　回复日期：2004-5-18　15：56：14

和BF刚开始谈恋爱，被拉着去吃韩国料理，还装出羞答答的样子，结果烤牛舌一上来，口水也跟着流下来了，被BF看个正着。我恨不得找块豆腐撞死。

作者：爬爬鱼　回复日期：2004-5-18　16：10：41

还有去年夏天一次，偶穿了新买的连衣裙上班，看见有个老太太上来就让了座，结果偶站了很久，旁边座位的MM说，你拉链没拉……偶耳朵也不好，还凑上去听，她又说了一遍，偶突然反应过来，原来偶腰侧的拉链只拉了一半！！！天呐，偶皮肤白白，又是黑裙子，完全走光……最可怕的是，后排坐了好几个帅哥……

偶觉得自己很强的是，十分镇静地拉好拉链，然后面不改色继续站到终点……

作者：猫尤　回复日期：2004-5-18　16：19：30

上海的公交车特挤，有一次上车时被前后左右那么一挤，内衣背扣竟然掉开了……

只好一路抱胸掩饰。

作者：jiaoyoubushen　回复日期：2004-5-18　22：04：37

我是老师，有一次朋友送我一款变色口红，没说清楚。我上课前涂了一下，以为是无色的，还把嘴角重点涂了一下，结果五分钟以后就血盆大口，自己还不知道就进教室了……

作者：蛋蛋和宝宝　回复日期：2004-5-19　1：39：06

高中时候有次午睡醒了跑去上课，眼睛还没有睁开，上楼梯的时候跌倒了，扑到前一个男生的脚后跟了，还好反应快，人家刚回头偶就爬起来了。

大学有次晚上要出去跑步，在宿舍门口绊倒了，结结实实摔了个狗狗啃泥巴，一抬头旁边一个等mm的gg惊讶地看着偶，呜，摔痛死了回去歇着了。

作者：林寄　回复日期：2004-5-19　11：09：06

初中的时候放学太晚了，我们班在的那层楼女厕所刚好关门了，我不想跑到5楼去，就在男厕所门口试探性地喊了一声：里面有没有人啊~本来想着那么晚了黑黑的怎么会有人呢，结果里面还真有一个男声回答：有啊~~~吓得我拔腿就跑。

上两个星期，头昏脑涨地回宿舍，路过教学楼，想去上厕所，又走错了，又不小心进了男厕所……

作者：really_999　回复日期：2004-5-19　13：47：55

还有经常发生的就是，穿上高跟鞋自我感觉非常好地走在大街上，正感受着众人的目光时来了个"踉跄"。

作者：凉七七　回复日期：2004-5-19　16：55：35

配乐诗歌朗诵会

我瞪大眼睛把嘴巴张得老大准备发第一个音的时候

全场人都发现配乐没响

于是我闭嘴

于是全场人都笑

作者：游鱼浅潜　回复日期：2004-5-19　20：34：08

还有刚工作的时候去接一个外国专家，本来就迟到了，气喘吁吁地跑上去自我介绍，居然从嘴巴里冒出来一个口水泡，啪地破了，那老外呆呆地看着我。我……我恨不得从空气里消失……

作者：牧蝶儿　回复日期：2004-5-20　8：46：52

上学的时候住校，一天同一宿舍的一JM剪了一个当时极为流行的板儿寸，回来的时候还没进宿舍呢，就在外面向我们大呼："快看，快看，我剪了一个酷头……"话音刚落就只听的隔壁宿舍的JM说："哪呢？哪呢？那裤头是我的……"

作者：NEUHAUS　回复日期：2004-6-8　16：38：49

我也来…

上班要穿公司发的一步裙，一次上完厕所，拉好连裤袜，进了办公室，正好对面办公桌的同事有事问我，我就趴在桌上跟她讲了很久，后来发觉大家的目光很怪异，回头一看，我把屁股后的裙摆都塞在连裤袜里了，啊呀，那个尴尬啊，我羞得赶快回家休息了半天调整情绪。

作者：茶花猫　回复日期：2004-6-13　7:29:58

中学时候打扫卫生，擦门，门上天窗很高，要踩着桌子擦。和一个男生开玩笑，他一晃我的桌子，我就从桌上跳了下来。落地没有站稳，一直往后退，竟然一屁股坐在投抹布的水盆里……当时的心情简直是×※……￥#）至今还记得那男生在大笑的前一秒闪现出的愧疚表情。

作者：热带植物会跳舞　回复日期：2004-6-14　19：07：43

我是老师，和学生很融洽，不过偶尔也扮严肃状镇压镇压他们，有一次刚发完飙，下课了，我镇定地走下讲台，突然就没有任何先兆地摔倒了。没有听到学生的哗然，庆幸他们都在收拾书包没看到，突然听到一阵议论声：

老师呢？老师呢？老师今天怎么这么快就不见了？

我徐徐地从地上爬起来，学生诧异中……

作者：超级肚肚　回复日期：2004-7-6　12：47：48

比较难为情的事……

昨天走在路上半低着头和BF煲电话粥，撞到电线杆一次、停着的卡车一次，走到家具城，撞到大门一次…="=

作为"不完美的人"在世间成长生活，遇到类似的种种尴尬实属正常；但因为这些经历直接证明了人的脆弱、疏忽、不可避免的缺陷、理想和现实的差距，记录了不愉快的经验，随时随地干扰着人心目中关于"自我"形象的美好愿望。人们对这类经验通常采取的是默然会心、却又讳莫如深羞于启齿的态度——以宽容和忍让对待这个"丢脸"的自我，把它放在一个被回避、被否定的位置上，对它发出拒绝的嘲笑。但另一方面，正视生活真实面貌的愿望又使得人们下意识地寻找将自己的感触经历"合法化"的途径。在网络交流环境中，人人都按自己的愿望表现自我，对这一类负面经验的回避也在不知不觉之间松懈。以上所引的例证都是女生的发言，年轻女孩通常是最注重面子、对尴尬出丑的经历最为忌讳的，但是看跟帖中的语气，她们却是坦率而幽默地表达了自己的经历和感受。在"专聊尴尬事"的特殊话题下，发言者不知不觉之间游离于日常自我之外，进入了"尴尬事"的语境：当你对别人说起自己的尴尬经历时，表现出来的坦诚信赖的态度通常会引起对方的共鸣和回报——也就是说出自己的类似经历。由此，这个文本便创造出了一个集所有尴尬事于一身的"她"，容纳了每一个跟帖发表者的经历，克服了她们单独个体的"隐痛"，并将其消弭在齐声欢笑之中：无论是身体在无意识状态下的被窥视，体液的流出，还是有损于个人形象的摔倒、冲撞等问题，都变得异常平常，不值得大惊小怪了。

从对于上例的分析我们可以看到，网络谐趣文给人提供了隐私共享的空间。隐私之所以可以共享，网络语言的过滤机制起着决定性的作用：虽然力求忠实地表述"事实"，网络言说的行文技巧仍然无时无刻不在发挥着作用。以上例子中的每一条都可以单独拿出来作为妙文，不在于什么独到的技巧，而在于它们本身具有的那种女孩子的轻快（因为事情好笑）、干脆（毕竟是尴尬事，要说出来还得下点决心）、闪烁其词（习惯性地加以修饰美化）的特征。

今天的网络中，这种亦为掩饰亦为强调的语言已经无所不在。为了寻求最为"切肤"的表达方式，网络发展出了一套通用的符号语言，举例而言，如tt（套套，避孕套的昵称）、kj（口交）、bj（blowing job，同kj）、ml（make love）、mc（monthly curse月经）、jj/dd（男性器官的昵称）、jy（精液）、yd（女性器官）等等，这些词语乃是张挂一整套牵涉身体语言之网的"挂钩"："性"意义上的身体也许是最接近"隐私"与"个人"的了，直接抵达了"性"这一层面，身体与身体经验就被完全地放在了一个公共场合，巧妙地绕过了礼仪规范和语言习惯的禁忌。这并不是"挑战"或者"改造"现有的话语，而是以另一空间为"容器"，让另一种语言自然而然地涌流出来。"密码代号"的出现让这些信息的传递有了包装，有了这层包装，它的传递就不再那么显眼，从而大大减低了尴尬和顾忌，它所指称的内容又并未减少；逃避与挑战成了同一行为的两个方面，个人就在这语言的游戏中反复辨认自己的兴趣，以把注意力放在有关身体的文本上的方式满足自我掌控的心理需要，而谐趣文正好能够让人毫不脸红地"看到"一切。不仅如此，用隐语"文雅"地表达"粗俗"的内容，本身就是一种游戏，可以给人以"口是心非"的语言快感，与人们对身体的态度不谋而合。

二、语言的重写与智慧的自由感

由于信息爆炸，人们在自我欣赏、自感优裕的同时也越来越多地面对着如何反馈、选择、"归化"外部信息的问题。而鉴于人们对于现状比较满足的态度，欣赏力与相关的心理倾向也随之培养起来。对机智话语的喜爱成了一种风尚，这种风尚特别偏好语言的游戏，把隽言妙语当做恩泽众人的智慧之花而大加推崇；语言的后现代拼贴，是一种天马行空式的自由表演，将有限的知识储备用异想天开的联想充分调动，不断翻新。从知识的标准来看，个体的人现成具备的信息储备是有限且不系统的，要在大量的外来信息面前保持兴致与自信，全凭个性化的充分调动与融合。因此知识的体系不再是只属于个人的规范和航标，而成了现成的自我发挥的素材，书写者以之自我炫耀、引人注目，从而获得兴奋与满足。

1. 集合

《爆笑车后窗标语集萃》

（1）大龄女司机，多关照！

（2）超级面瓜闪亮登场。

（3）人老车新，离我远点！

（4）新手（女）

（5）您是师傅随便超。

（6）不会坡起，小心！随时倒车！

（7）奥拓车：别欺负我小，我哥是奥迪。

（8）新手手潮，越催越面。

（9）女司机+磨合+头一次＝女魔头。

（10）当您看到这行字时，您的车离我太近了。

（11）开不好瞎开，挤我跟你急！

（12）手心冒汗。

（13）人老车破又磨合。

（14）出租车：大修磨合，欢迎超车！

（15）一小面贴的是：面中面。

（16）新车上路，内有杀手。

（17）我见过一大婶开车，后面贴了一个："您就当我是红灯。"

（18）一档以上不会挂，熟练中。

（19）刹车油门分不清，都好使！

（20）别看我，看路！！

（21）您着急，您先走。

（22）我是肉肉，车是磨磨，大家都叫我们"肉夹馍"。好吃！别尝！

（23）驾龄两年，第一次摸车！看着办！

类似的文本还有：《爆笑签名档》《爆笑产品说明书》《教育新人——新婚闹洞房大全》《各BBS上的变态网名》《宪哥语录》等等。这一类文本形式松散或者说干脆没有形式，而只是内容的堆积罗列。但也正因为每一条都是并列关系，所以容量无限，可以不断刷新、增加，惊喜在不经意之间。

2. 述评

网络本身就是一个允许个人随时自我表现的语境。发帖人若不与读帖人交流，简直是"不解风情"；在传统出版物中"到此为止"的趣闻集锦，在网络中也可以"更进一步"，且若不加上恰到好处的风趣点评，在网络语境中不免也有沉闷之嫌。述评体由此显得不可或缺。此类文本既有客观的第三人称，同时也有第一人称，多个声音、多种角色的扮演，经常以加入括号的方式干脆利落地出现。

《美国联邦法律规定》

（1）不得与豪猪发生x关系。（*，谁敢呀）

（2）每周四晚6:00以后不得放P。（以后还真要小心了，别一不留神坐牢了还不知为啥）

（3）任何人不得销售其子女。（好像中国也不许吧）

阿拉巴马州：

无论任何时候，将冰激凌卷放在口袋里是违法的。（有病丫）

阿肯色州：

男性可以合法殴打其配偶，但每月最多一次。（可也有例外呀，克林顿就是阿肯色的前州长，咋老被希拉里痛扁呀）

夏威夷州：

不得将谷物放在耳朵里。（神经病，以为偷太空种子呀）

印第安纳州：

圆周率在该州法定为4。（活活气死咱祖冲之前辈呀！）

爱荷华州：

（1）任何只有一只上臂的钢琴演奏者必须免费演奏。（严重歧视残疾艺术表演家）

（2）任何有胃病的男性不得在公共场所与女性接吻。（接吻和胃有关系吗？男性胃癌晚期患者的福音）

纽约州：

（1）不得仅为娱乐而将球砸向他人脑袋。（谋杀可以么？脑子进水了）

（2）10：00以后不得穿拖鞋。（光脚吧）

北卡州：

任何一位未婚男性与一位未婚女性，如果在任何旅馆或汽车旅馆登记为已婚，那么他们即算合法夫妻了。（乱点鸳鸯丫）

南卡州：

仅在每周六，男性被允许在法院的门前台阶上合法殴打其配偶。（这是啥规定，狂汗ing）

犹他州：

（1）不喝牛奶违法。（喝不完援助非洲难民呀，干么为难自己！难怪听说一位一喝牛奶就拉肚子的朋友从犹他转到纽约了，保命要紧呀）

（2）不得在正在执行急救任务的救护车后座上ml。（这好理解，怕病人看见血管爆裂么！）

在这个文本中，我们关注的不是这些有趣的法律条文何以通过，或者作为背景的美国联邦法律的目的和取向，而是这些条款本身的搞笑潜力；点评所挖掘的也正是这一点。大千世界无奇不有，要做到古希腊哲人所谓的"万事勿表惊奇"，人们或者要力求做到见多识广、不动声色，或者要凭着俏皮的趣味把一切都化解在自己的"脱口秀"中。面对着日益膨胀的信息世界，举重若轻的才智来得尤其得天独厚。有不少文本信息，若非内行人巧妙点拨，简直就是不可卒读、不知所云；反过来，若是能够舌灿莲花，慧眼识珠，也不难达到中西合璧、神采飞扬的化境。例如以下这组与网络游戏直接挂钩的"信息集成"：

《三国无双3的美国版人名》

魏

曹操 The Majestic Premier 威严的首相 意译：擎天柱（当之无愧！！）

司马懿 Brain of The Darkness 暗黑之脑 意译：通天晓（毫无疑问，邪恶的人都很聪明）

夏侯惇 Mighty Commander 强大司令官 意译：猛大帅（不过

正史这位爷没打过几次胜仗）

夏侯渊　The Swift Vanguard　飞翔先锋　意译：急先锋（妙才比另外一位"急先锋"说话简洁多了）

张辽　The Prussian Blue Trooper　普鲁士蓝军（张文远大战阿尔萨斯，直杀得法国小儿听其名而不敢夜啼）

徐晃　The White Knight　白骑士（……白……这才是地道的雅利安种儿呀，楼上的张辽算什么普鲁士人）

张郃　Dance of The Deadly Butterfly　冥蝶之舞（敢情诸葛亮在木门道射死的是天妖星巴比伦……）

曹仁　The Heavy metal Matador　重金属斗牛士　意译：闹翻天（"仁少时不修行检……"《三国志·曹仁传》）

许褚　The Silent Tiger　安静之虎　意译：卧虎（这是形容他裸衣斗马超中箭之后的样子……）

典韦　The Loyal Body-Guards　忠诚近卫（非典，吾命休矣！）

甄姬　The Violet Queen　紫罗兰皇后（她若是跟了曹子建，这皇后二字就叫不得了）

吴

孙坚　The Lion-Hearted King　狮心王（**……）

孙策　The Red Cyclone　红色风暴

孙权　Deep Green Eyes　碧绿之眼（中规中矩）

孙尚香　The Angel of Wrath　怒天使（"初，孙权以妹妻先主……侍婢百余人，皆亲执刀侍立……"《三国志·法正传》）

周瑜　Passion of Crimson　深红激情（我记得有这么个成人聊天室来着）

黄盖　Gentle Heart Cyclops　独眼绅士　意译：兽面人心（黄盖老是老点，但也不至于长成这样……）

吕蒙　Stormy Warrior　风暴勇者

陆逊　Sonic Swallow　超音速飞燕　超飞燕（和那个谁谁的名字只是谐音而已哟）

甘宁　The Courageous Brawler　悍匪　极道枭雄（差不多吧）

太史慈　The Rising Thunderbolt　大霹雳（素还真！）

周泰　The Silent Fencer　安静剑客（我觉得比起叶孤城，更像是西门吹雪）

大乔　The Innocent Mermaid　小美人鱼（孙策在攻打刘表的时候，掉进了长江，被美人鱼大乔所救。大乔因此爱上了孙策，就向于吉讨来药吃，变成人类的样子接近孙策。孙策着迷于军事，对大乔漠不关心。于吉说若得不到孙策的心，就要把他杀死，否则自己就会变成泡沫，于是大乔就联系了一群自称许贡门客的人……）

小乔　The Angelic Doll　天使娃娃（当天使遭遇激情）

蜀

刘备　The Lord of Virtue　道德皇帝　意译：德皇（备·冯·佛瑞德里希·刘）

关羽　The God of Battle　战神

张飞　The Strength　大汉

诸葛亮　The Wizard of Fortune　命运巫师（诸葛亮出场：我是巫师）

赵云　The Blue Dragon　蓝龙（那不是高丽人的汽车么……）

马超　The Justice Avenger　正义复仇者　意译：基督山伯爵（太帅了，这个）

黄忠　The Shooting Star　射击明星　意译：射手座

魏延　Murder in the Battlefield　战场凶手（就因为人有反骨就叫人凶手？？）

庞统　Intellectual Black Bird　聪明的黑鸟（就是乌鸦吧？）

姜维　Gallant Unicorn　雍容独角兽（所以翻译名里属这个最为华丽）

月英　Mrs. Moonlight　月光女士

其他

董卓　The Demonic Ruler　恶魔领主（哦哦哦，眉坞地下城）

吕布　Violence Hurricane　暴力暴风（匹夫，匹夫）

貂蝉　The Fatal Lady　致命女士　意译：销魂之女（流口水，王司徒，其实我很容易中计的）

张角　Miracle Sorcerer　奇迹男巫

袁绍　The Sword of Honor　荣耀之剑（因为是四世三公么……）

孟获　The King of Woods　森林国王　意译：丛林之王（捶胸：啊里啊里啊里——）

祝融　The Empress of Blaze　火焰女帝（祝融夫人，还真是一个字都翻译得不差）

这一典型文本，是经典与游戏最为亲密的结合，以家喻户晓的《三国》人物为对象，点评可谓洋洋洒洒，除了网络游戏实战经验，英文水平也是必要条件。作者引用了中国史书《三国志》，改编了安徒生童话《海的女儿》，涉及了日本动漫《圣斗士星矢》、流行短信"非典，吾命休矣"，插播了欧洲历史常识（雅利安人种、德国贵族姓名）、美国电影《金刚》、汽车品牌（韩国蓝龙）等等内容，更传神的是作者变化多端的语气，反问、猜想、想入非非、灵光一闪，如此驾轻就熟地解构经典，已经不仅是"语言的艺术"，而是进一步标榜了一种富有个性的生活态度。

3. 改写

表象的文本下面有一个潜文本，前者故作高深，后者则简单浅显。如果"戳穿"这种语言的戏法，将过于简单的内容直接呈露出来，不免无趣；而若表面文本的装饰性与潜文本的易读性彼此平衡、相得益彰，便能够如轻取的战争一般令人愉悦。

囡困圊回圕囲。曰圐团圙：圉圊圉！固囚圆：囡囡圉＝团圙+国圐

（水木有口古井。一女子言：吾有幸！古人云：女水民＝才女+玉女）

女口果人尔能看日月白这段言舌，那言兑日月人尔白勺目艮目青有严重白勺散光。

（如果你能看明白这段话，那说明你的眼睛有严重的散光）

中国文字博大精深，人们不免遇到不认识的字，产生尴尬之感。做文字游戏是亲近文化的传统方式，虽然这种亲近不一定以学习为目的，却足以令人消除尴尬，心安理得地接受自己的"才疏学浅"。当人们在"文化"和"经典"面前感到力不从心时，一种典型的对策便是转而采取不在意的姿态，以"只求有趣"的态度戏谑经典，身为现代人的文化优越感尽在其中。

某年月日，佛陀捻花，迦叶一笑。

众皆莫名，问诸迦叶。

迦叶曰：捻花手者，二指捻花，余者三指微抬。

昨夜佛祖自摸三条，杠上开花，盖由此喜不自胜，炫耀吾辈者也。

众皆绝倒。

摩西携带了一群可怜的家伙在红海造了一座浮桥，乐呵呵地走了过去，全然不知他们即将陆续被罗马人和日耳曼人虐待屠杀。这时候，埃及法老拉美西斯率领几千个士兵赶来，打算追讨摩西欠下不还的几千块赌债。

走投无路之下，摩西祈求上帝的保护。

奇迹出现了，桥头忽然出现了一个收费站，而且还打着牌子：

"只收美元！"

愤怒的法老只好带着士兵回家了……

改写并不只是随意捏合传统情节与现代手法，还可直接"楔入"经典文本，或挪用抽象理论：

今天晚上理图一楼，本子上有铅笔痕数处要擦除。拿起橡皮猛力一擦，桌子剧晃。抬头，右边mm瞪我一眼。遂改为轻轻擦，桌仍轻晃。抬头，对面mm瞪我。又改为橡皮与本子轻接触，并且做高频反复擦动，桌子无摇晃感。抬头，没人看我。铁一般的事实证明，理图课桌在低阻尼接触和远高于桌子固有频率的外界力激励下响应衰减迅速。（并由鄙人手速估计其固有频率在0.4–0.7HZ范围内。）

上例是用"专业语言"表述日常琐屑，给生活一种"陌生化"的新面目；这种创造意在印证个性，并由此试图以自己的专业——自己被归的一类——表述这个超专业门类的世界；而反过来，不同语言之间的能力差距经常会给人造成莫名的压力，又如何补齐母语与第二语言的技能落差呢？

自号：十好十无十足无能之辈。

所谓：好色无胆；好酒无量；好斗无勇；好勇无智；

好智无断；好高无志；好赌无财；好财无谋；

好诗无韵；好文无才；世皆明明，我独昏昏。

众人皆醒我独睡；

但愿长睡不复醒。

From number: 10 good 10 do not have real incompetent generation.

Claim: Good colour does not have gall bladder； Good wine is boundless； It is brave that good cup do not have； It can be brave to do not have wisdom； Good wisdom does not have to break； Do not have will high； Gamble to do not have wealth； Good wealth does not have plan； Good poetry is rhymeless； Good writing do not have just； Shi all obviously， I faint alone to faint. Everybody wake up all me sleep alone； Hope length to sleep no more wake up.

古文可以写得很通，但英文极糟。上例即是如此。古典文言与英文按字面死译的组合非常滑稽，这段表白充满中国传统文人式的自负与自怜。"凑合"着讲听不懂的英文，是信息爆炸时代人的一种变通，"我知道不够但我没法做到足够"，并在这种让知识"弯下腰"的方式中自我欣赏。我们在冰冷的严格标准中向往稚拙、简单、以不变应万变的单纯心态，这种对知识的抗拒以故作笨拙的方式表达出来。还有许多"chinglish"（中式英文）故意搞笑的例子，也是出于同样的心态。

三、语言的隔离与道德的自由感

最为精彩的也最说明问题的就是网络谐趣文的道德自由感了。我们在这里说的"道德"实际上只是对某些敏感话题如伦理、德行或责任的一种通常态度。因为世俗习见，谨慎的沉默通常被认为是更为聪明的选择，过于热心谈论"不得体"的话题则会招致批评，但是谐趣文可以"百无禁忌"，不穷形尽相便不够格，所有能够想到的"奇喻"都不妨讲出来。

谐趣文之所以出彩，一大原因在于充满幽默感的作者经常有意识地"炫技"，用时下流行的小报语言演绎传统故事，偏还要浓墨重彩、淋漓尽致。

下面的这一个例子，由于不是编古而是述今，其中的遣词造句就有些过头，也正好提供了一个讨论的实例。

《老爸也搞笑：退休记》
网友沧海一声笑哈哈原创

父亲终于退了，父亲毕竟退了，虽然他已经树立了为人民奋斗到落气的那一天的远大理想，但是组织还是请他老人家在饭店饱撮了一顿后举着酒杯告诉他，作为秋后的蚂蚱，他老人家剩余的日子恐怕只能在家里蹦了。

父亲回到家的第一句话是："简直就是活生生的现代版杯酒释兵权嘛！"

姐姐的纠正很及时地扑灭了老头心里再度复萌的野心："爸，作为您的亲属，我很同情您的遭遇，并向您表示真挚的慰问。但是我不得不提醒您，一是您的那点权力和石守信先生比起来还是有一定差距的；二是人民会放心让一个爬三级台阶都直喘粗气的老人为他们服务吗？"

"你这个同志就是不会实事求是，谁说我爬三级台阶就喘粗气，这简直就是污蔑和造谣嘛。"父亲还是心存幻想。

"不，我错了，应该是四级台阶。"姐姐慌忙痛心疾首地加以纠正。

晚饭父亲没有出席。

全家虽然对父亲工作更年期的痛苦都流露出了极大的同情和关怀，就连家里那条平时活蹦乱跳的小狗也对父亲的遭遇用沉默的形式进行着慰问，但是还是于事无补，父亲就像小时侯我们和大人生气一样，躲进自己的小屋进行着默默的抗争。到了后半夜，父亲终于扛不住了，偷偷地溜进厨房把冰箱里的东西"粉刺一扫光"和"脚癣一次净"。我慌忙向大家报告父亲已经和冰箱里的食物开始了今天的第一次亲密接触，母亲长长地舒了一口气，并很肯定地表示："看来你爸是要化悲痛为饭量了。"

第二天，父亲向全家表示，在今后的日子里，他要将精力投入到研究中国神秘的悬棺文化上，姐姐马上表示，以父亲的年龄，还到不了和棺材发生关系的时候，并严重建议父亲是否先研究一下老年痴呆症的预防和控制。最后，父亲决定每天早上定时用他的杀伤力极大的嗓门糟蹋京剧。

从此后，我们家和邻居的关系可谓江河日下。纷纷表示每天早上的噪音给他们的身心健康造成了很大的伤害，父亲的声音老是让他们无一例外地想起了多年以前本地发生的一起地震，如果父亲再不停止他鬼哭狼嚎般的怪叫，他们就集体到北京上访。父亲在巨大的压力下，不得不停止了他对京剧的酷爱。经过慎重考虑，父亲选取了一个很折中的爱好，画画，这个项目既不会让邻居愤怒，也很符合父亲安静的性格特点。

父亲的画是我平生见到的最奇怪的流派，我和姐姐还有母亲都坚持父亲的画属于绝对抽象派，可父亲死活坚持他属于写实派。他将一幅题为《奔马》的作品让我们欣赏，我和姐姐横看，竖看，上看，下看，通过各种角度观察得出的结论都是父亲画的的的确确是一只猫，而且这只猫根本没有奔跑的想法，因为从形状上看，这是一只正在熟睡的猫。

虽然我和姐姐对父亲的绘画事业进行了惨无人道的讽刺和打击，但这位饱经考验的老干部还是以他坚强的毅力和不凡的忍劲坚持了下来。半年后，我们终于可以依稀辨别出父亲绘画作品的内容。父亲为此还专门请我们去饱吃了一顿肯德基。

一年后，父亲忽然宣布，他要举行一次告别工作岗位一周年家庭纪念会。纪念会上，父亲朗诵了他发自肺腑创作的一首诗：

为人上岗的门紧闭着

为人退休的门敞开着

我渴望上岗

但我深深地知道

人的工作

哪能一直干到老死

……

我希望有一天

地下的国度

能将我并连同我的职位一起带到那里

继续燃烧

　　按照传统的行文习惯，如上滑稽讽刺的语言是不能用在"父亲"身上的，即使这个父亲笑料百出；且这位父亲退休后的种种行为并非笑料，只不过是作者使用的语言把一切都喜剧化了，例如"吃光"变成了"粉刺一扫光"和"脚癣一次净"，又比如用"秋后的蚂蚱蹦跶不了几天了"来比方父亲的晚年生活，这样的父亲便成了受到嘲笑的人物。幽默的语言有其自动的生产机制，语言游戏玩得过头，在不知不觉之间就越过了原本默认的界限，指向了应当顾及的对象，轻松的玩笑由此也变质为不可接受的冒犯了。

　　谐趣文在完全轻松、外露的表述中会或多或少地涉及道德禁忌和礼仪禁忌，如本文开头引的《聊聊jms遇到过的尴尬事》，很多措辞在日常的语境中会带来非议和批评，只是特定的网络语境使其变得自然而然；而上例中"老干部退休"这个语境与《尴尬事》的语境有根本的区别，想要在涉及到天伦礼貌的素材中发掘"喜剧"，触雷的几率就大大提高了。

　　谐趣文的优点首先在于它语言的轻灵和坦率，叙述的简捷、集中，在这个意义上，谐趣文所使用的网络语言绝对是富有生命力的"第一线语言"。这些年轻的语言传递的是一种轻巧的放肆和粗野，品味无所顾忌，漫不经心却又无伤大雅。这样的效果与谐趣文疏远严肃的文字目的而专注于细节的"花招"有密不可分的关系。无"意义"的花招绝非细枝末节——从效果来说，它们的精细与自然都是一气呵成，是用语言去营造图片式的效果，且这些文字本身就是图像化的描述；这种描述并非出于有意操纵，而几乎是下意识的行为，是读图时代欣赏趣味的本能发挥。

《色狼为什么叫做狼而不是色虎？色狮？》

"因为狼很花心。"

"因为狼是群居动物。"

"因为色狼像狼一样凶狠。"

"因为两者叫声很像。"

《今天差点自焚！》

穿得太厚，走的路太多，热死了！

文字乃是传导体温、触感、寻求存在感的一种充满"魔力"的介质，谐趣文不需要太多的铺垫，就可以直接把那个令人会心一笑的亮点放到我们面前。在这类语言游戏中，真/假是非常暧昧、难以固化的。滑稽的语言是对一切严肃争论的挡箭牌，你可以说它是欣赏、戏谑、嘲讽或者其他，但是无法苛求。因为真诚地沉浸在描述与表达中，文本经常"物我两忘"，不知不觉之间使规则和惯例失去了意义。禁忌被消解了，用某种特别的方式谈论特别的事物，或者把事物变得特别，这样的特例反而变成了代表与典型，受到瞩目与效仿。在如此敞开的节律、易于体认的思维跳跃中，我们可以看到这个时代的创造精神的直观形态——网上冲浪无拘无束的表象激起人们包罗这一切的自然意欲，但他们也在同时被膨胀着的信息不断吞没；无论他们对这种"吞没"是主动认同，还是反抗不满——前者是热情的陶醉与投入，后者则是神经质的挣扎——其共同的行动却都是寻求"个性"的言说。

当谐趣文以这样无往不利的姿态出现在网络之中时，它所包含的善意的或天真的充满活力的意图，将疲惫与乏味变成了无拘无束的大笑，随之而来的是生理的愉快感与精神的坚实感。丰富地、鲜明地、跳跃地，网络言说者以"智慧"操作"身体"绕过"道德"，以"身体"对抗"道德"的习惯性束缚，并为这种对抗举出机智的理由。游移不定的言说方式把一切都转化成了对自己的捍卫与宽解。

可以说，笑，是谐趣文的生命线。不是人的头脑，而是全身都参与了"笑"的创造，记忆、体认、假想在此中浑然一体。对于笑的需要造就了一种超逸于人的身份、个性之外的"公共意志"。人们渴望有机会成为单纯、纯粹的反应者和感知者，在笑中达到一种放松的休战状态，达到对有限自我的宽容与认同，进而获得自在的拥有感与充实感。我们在谐趣文阅读中所获得的自在感还远不是全部：随着熟稔的语言、活泼的节奏与坦率的姿态，同时扩展的，还有人对生活本身的宽容与幽默感，人由此得以更自觉地与自己的境遇和睦相处。在这层意义上，谐趣文本身就是对生活的热情和灵感，对于创作者与阅读者来说都是如此。

第八章 网络语言风格——夸张

在网络之中，"夸张"无所不在，它是网络语言的一大主调，其含量之高，手法之多，与传统的文本截然不同。一方面，对于网络语言，夸张是必不可少的成分，在言说之中扮演着活性剂的角色，人人必备，无处不在；另一方面，夸张手法的发挥是"天外有天，人外有人"，"只有更夸张，没有最夸张"，有意的节制与刻意的使用一样难以奏效。"夸张"风格的螺旋膨胀使得我们只得在不断生产出来的文本当中体会它的气质，而无法预见其尽头究竟是何等光景：如果存在着"夸张得过分"的想法，你会感到网络语言无比荒诞、难以理解；如果你也加入夸张言说的大军，便会了解，夸张在网络世界中已不仅是一种语言技巧或风格，而成了一种精神潮流，不断地吸引、影响和"修改"着网络言说者的精神面貌与情感表达。

以下我们将对网络上常见的用词造句进行简单介绍，并在大量的网文中选取一两篇进行"成分"分析，以之更具体地说明"夸张"元素在网络语言中的存在形态和生产情况。

一、夸张风格格式举例

1. 前缀

要夸张，最简单的一种方法就是在现成的词语前面加上些前缀的修饰成分。网络上大量存在特有的程度副词，如粉、巨、暴、狂、疯、N、乱，置于形容词和动词前面，是夸张语气最常见、最方便的表述方式，略举几例：

粉：粉好，粉多粉多，粉聪明，粉准，粉强，粉久，粉好看，粉精彩，粉幸福，粉喜欢，粉期待，粉有创意，粉感人，粉搞笑，粉像中国人，粉欠揍，粉不容易，粉不固定，粉难，粉恐怖，粉暴力，粉急，粉郁闷，粉忙，粉烂，粉失败；

暴：暴打，暴笑，暴晕，暴哭，暴吐，暴汗，暴爱，暴严肃，暴多，暴强，暴顶，暴帅，暴pl（漂亮），暴高，暴寒；

狂：狂顶，狂搞笑，狂有个性，狂像贾靖雯，狂倒，狂胜，狂哭，狂愤怒，狂鄙视，狂谢，狂支持，狂帅，狂红，狂冷，狂贱，狂渴，狂喜欢，狂愤怒，狂降，狂call（打电话），狂无聊，狂开心，狂晕；

巨：巨高，巨多，巨骚，巨快，巨牛，巨铁，巨贱，巨寒，巨恶，巨好消息，巨便宜，巨讨厌，巨漂亮，巨靠，巨好听，巨有型，巨凶，巨吃惊，与日巨增，巨肥，巨晴朗，巨血腥，巨富，巨差，巨文雅，巨傻。

"粉"字在这里实际上是"很"字的故意走音，使"很"带上了色彩和质感，在使用、表达时兼容了柔和、细腻的感觉；"暴"字使力度加大、节奏加快，表达的是明快、干脆、直截的语气；"狂"的突破指向则主要在于向外扩张、推开的无限动势，比"暴"字要来得飘逸些；"巨"则有坚实的重量感和垂直拔高的线条，大有一步登天的潜力。——运用之妙，存乎一心。还不仅如此。前缀可以过分发达到什么程度，可以再举一个文本《好帖》为例。之所以称之为"文本"，是因为尽管此文没有什么写作上的起承转合，却包含了丰富的形象，而其规模亦宏大到不能以"词语"称之了：

好帖

很好帖

确实好帖

少见的好帖

真TMD好帖

难得一见的好帖

千年等一回的好帖

好得不能再好的好帖

惊天地且泣鬼神的好帖

让人阅毕击掌三叹的好帖

让人佩服得五体投地的好帖

让人奔走相告曰须阅读的好帖

让斑竹看后决定加精固顶的好帖

让人看后在各论坛纷纷转贴的好帖

让人看后连成人网站都没兴趣的好帖

让人看完后就要往上顶往死里顶的好帖

让人一见面就问你看过某某好帖没有的好帖

让人半夜上厕所都要打开电脑再看一遍的好帖

让人读过后都下载在硬盘里详细研究欣赏的好帖

让人走路吃饭睡觉干什么事连做梦都梦到它的好帖

让人翻译成36种不同外语流传国内外世界各地的好帖

让人纷纷唱道过年过节不送礼要送就送某某帖子的好帖

让国家领导人命令将该帖刻在纯金版上当国礼送人的好帖

让网络上纷纷冒出该帖的真人版卡通版搞笑版成人版的好帖

让人在公共厕所里不再乱涂乱画而是纷纷对它引经据典的好帖

让某位想成名的少女向媒体说她与该帖作者发生过性关系的好帖

让人根据它写成小说又被不同导演拍成48个不同版本的电影的好帖

让某名导演根据此帖改拍的电影在奥斯卡上一连拿了11个奖项的好帖

让人大代表们看完后联名要求根据该帖的内容对宪法作适当修改的好帖

让人为了谁是它的原始作者纷纷地闹上法院打官司要争得它的版权的好帖

让各大学府纷纷邀请该帖作者去就如何发表优秀网络文学为题目演讲的好帖

让人为了该帖而成立了各种学会来研究并为不同的理解争得眼红脖子粗的好帖

让美国警察于今后逮捕人说你有权保持沉默还有权阅读某某帖子要不要啊的好帖

让本拉登躲在山洞里还命令他手下冒着被美军发现的危险去上网下载来阅读的好帖

2. 大词小用

仅仅是些修饰成分，不足以煽动起夸张的灵感。超级、终极、无敌、最——这些习惯用法虽然容易吸引人的目光，如《史上最恐怖的十个鬼故事》《史上最牛B的跨专业考研人》《史上最欠揍的成语谜题》《世上最bt的案例》《史上最强的中国式英文》《大学生混的最高境界》等等，其魅力终究也有限。想象力的扩散带来了语词的全面刷新，且不说对于形容词、成语、习语用法的革新，连动词也带上了新鲜的灵动色彩，传递着丰富的感情信号。试举几例如下：

恐怖——原用于人感到生命受威胁而产生的恐惧，在网络语言中则是表示受到心理/视觉/听觉冲击的常用词，比如：

我给老公短信说，他可以先睡一会儿，没想到他回我说：不要，要是梦到了你就恐怖了@-@

意淫、YY——原来是指在头脑中幻想色情场面，现在在网络语言中YY则是"尽情想象""心驰神往"的代名词。例如：

一想到放假之后可以去旅游，忍不住YYing……

倒——表示感到非常意外、不知该作何反应了：狂倒、蹶倒、栽倒、倒了、暴倒、翻倒、倒地、再倒、倒死、彻底倒了、倒地不起、砸出一个人形大坑。

晕——承受不住眼前的状况、受不了了；晕死、狂晕、晕了晕了、蚊香眼、两眼翻白。

汗——表示这种情况让我无话可说。可以有非常丰富的"派生"，如：一滴大汗、狂汗、巨汗、汗死，狂汗不已、庐山瀑布汗、花果山瀑布汗、黄果树瀑布汗、尼亚加拉瀑布汗、北冰洋汗、太平洋汗、海啸汗……几乎所有的水体都可以与之"匹配"。

鄙视——传统上只用于道德情感的表达，现在则兼表示"叫人大失所望而产生不满"。

吼——原意是喊叫，在网络语言中往往是表示不痛快到了想要发泄的程度。

刚被偷了钱包，出了食堂又发现车锁打不开了，吼——！难道我的rp这么差么……

郁闷——这个词的使用频率极高，心中不快又无可奈何，是很多人日常生活的共同体验，在网络语言中达到了无所不在的程度。

变态（bt）——原意是指人的生理、心理的不正常状态，有病理学层次上的缺陷，现在则是"令人无法可想"的意思。

偶的BF为什么会是这个BTBT的BT呢！

3. 不当修辞

以夸张的方式越过了现成的用词界限，便出现了"错误的用词"；顺着这条线索，"拔起萝卜带出泥"的"不当修辞"，也需顺便一提。

简单重复，违反递进的修辞逻辑：

可爱又可爱，郁闷又郁闷，yd又yd（yd，淫荡）

语言悖谬：

追求她，就像狂奔的蜗牛……

一个很帅的转身，很帅地被水坑滑倒，很帅地爬起来

上知天文下知地理中间知缝补的天才级学生

修饰过度：

万人迷千人宠百人敬十人赞没人厌

逻辑好得找不着破绽每个论据分ABCABC下又有123123下又有①②③

以惊人的肺活量爆发出一阵灵长类动物返祖时的吼叫

慢慢慢慢慢慢慢以连乌龟都感到可耻的速度

以3*10的8次方M/S的速度光速撤退

以水晶墙般的防御力和瞬间移动式的避实就虚功底作出了星光灭绝般天花乱坠的回答

比该死的北极星还亮丽的眼睛，比混账的奥多礼非山麓还挺直的鼻梁，比天杀的加拿大枫叶还红艳的嘴唇，比见鬼的长颈鹿还修长的脖子

作为一种风格，夸张从语言策略到思维模式的推进是如此自然而然，以至于我们可以看到的神来之笔堆积如山，令人应接不暇，"目迷五色"。在品味这些妙趣横生的词和短语时，我们可以感到书写者个人情绪与感觉的极大舒张，这种舒张与当代人放松精神的普遍需求是不谋而合的。

自我表达的意图凭借语言的纯度和浓度调整，可以根据人的偏好将局部的感受提纯放大。若用绘画的色彩来表述的话，夸张乃是透明的水彩颜色，反复渲染也好，一挥而就也好，都保留着清晰可见的痕迹，又有混合之后无法分割的奇妙效果——语言艺术四个字，在网络语言中

成了人人得而戏弄之的技艺，叠床架屋的细节，反而最见语言的鲜活魅力。

二、自我张扬：夸张风格的心理基础

在表现主义大行其道的今天，网络语言走在了正统文学生产的前面，把文字的写意手法发挥得淋漓尽致，例如：

七孔冒出蘑菇云

两眼冒着小行星

眼睛电压猛至100000000000000V

听到了心碎的声音，而且淅沥哗啦了撒了一地

鼻血与口水齐流，星星与红心并飞的壮观啊……

这样的表达方式很新奇，但它的技巧与我们常论的文学的"陌生化"手法恰恰相反。虽然在文字表达上是新创，这些表述却是流行视觉文化——电影、漫画等——在二级符号系统中的复制，令人一见，眼前就浮现出曾经看过的漫画或娱乐电影中过目不忘的爆笑场面。电影、虚拟偶像、漫画等等视觉综合艺术正在变成日常生活的一部分，这一部分"日常功课"做过之后，人们品味网络语言的技术就自然驾轻就熟，一见如故。此类搞笑可能"不入流"，但其所渲染、表达的青春四射、超常、自如、情感充沛的特质、形象，却是很多人的趣味。

夸张风格如何在文本中运作，可以举一例说明：

大一：发现有条虫，整碗饭都倒了；

大二时：发现有条虫，把虫挑出来继续吃；

大三时：发现有条虫，当做没有虫一起吃了；

大四时：发现没有虫，抗议，没虫咋吃得下饭！

读研时：发现一种虫，叹气，这样式太单一；

读博时：发现只有虫，感慨，学校伙食有改善了……

写到"大三时"还合乎情理，下面三条就"假"了；文本的顺势推理之下是一个转折，有着明确的言外之意。在80年代后出生的大学生眼中，有虫的伙食令人极不舒服，卫生倒在其次，主要还是感到自己无

足轻重、被忽视而产生委屈感。虽然这种感觉很快会因习惯而消失，但敏感的年轻人在意识到、记录下这种变化时，不能不为自己感到有些"怨念"，故而在书写策略中采取了夸张手法——利用"习惯有虫"到"食不能无虫"的顺势夸张，声明自己的洒脱和泼辣，一种"能奈我何"的神气扑面而来。

网络语言所塑造的，是一个不知疲倦、青春永驻的形象。这个人凭着感知力的极大丰富而超越了贫瘠枯燥的现实生活，转动着眼睛，随时看到生活的可笑可乐，随随便便说一句话就引得众人哄堂大笑，使人相信他拥有绝对的自信与不可置疑的才情；他甚至可以把一切都"点化"为喜剧，烦心的世俗根本无法拘束，更无法伤害他——没有比这更吸引人的气质了。这样的感觉正是需要自信心的现代人所向往的安慰剂，当人想要张扬、强调自我而又缺乏可靠资源的时候，他们便会退而求其次地在现成的形式手法内模仿翻新；何况在网络这样的一个高效的生产传播体制中，"精选"出来的光彩范本尤其令人难以抗拒。

一个值得注意的问题是，网络语言游戏花样的确繁多，正因为有发达形式的对比，作为内容的情绪、感觉就显得薄弱些；其表述对象也有"避重就轻"之嫌，简单的感情上堆积了大量的文字，复杂的感情则往往被一言以蔽之，一个"郁闷""汗"就给打发了。同样用绘画来比方，夸张的手法是色彩多于线条，轮廓倍于形体，有模糊、平面化的倾向，或许很漂亮，但是却轻飘飘，缺乏力度。

牛B

绝对的，牛B这个词在北京话里面不可替代。

有这么一个人。出身于贫苦的农村，但是天赋异秉，谈吐幽默深沉，交游极广，自6岁起每时刻身边至少有3个漂亮MM在追。

16岁出国到斯坦福大学深造，17岁回国参加世界大学生运动会获得田径十项全能冠军。20岁博士即将毕业，此时已取得n项专利。导师劝他说："别回去了，这里环境好。"他拒绝。导师说："回去没有博士学位！"他轻轻鞠躬，回宿舍收拾了行李就回国了。

20岁开始凭自己的专利开公司。3年上市，5年进入全国100强，10年进入世界100强。

30岁忽然觉得没劲，卖掉了全部股份，移民美国，为华纳兄弟唱片公司做词曲作者。1年后正式受聘于华纳唱片做制作人。极其成功，使华纳占据了世界80%的市场。号称21世纪流行音乐之父。此时又觉得华纳的垄断行为恶心，对老板提出异议遭否决。辞职做独立制作人，给谁都做，就是不给华纳做。1年后，华纳兄弟唱片公司宣布破产。

40岁退出艺坛，举办全球巡回告别音乐会，大批明星参加，大批歌迷追随，致使世界经济格局发生以下变化：世界首强——波音；第二：麦道……

45岁投资威尼斯队，连续5年取得意甲冠军，4年欧洲冠军杯冠军。50岁卖掉股份回杭州钓鱼隐居。发现当年世界摄影大奖作品《渔翁》中照的是自己。

55岁出版一部哲学、伦理学、美学著作，因其文笔太美，获得了当年的诺贝尔文学奖。

60岁父母因癌症双亡。毅然深入民间搜寻验方，2年后在杭州建了一座实验室，3年后推出新药，可完全杀死体内癌细胞而无副作用。其间有一次配药失败，发现副产品可以根治帕金森氏综合症。获得诺贝尔医学奖，但因评奖主席有种族歧视倾向拒领。当年瑞典皇家学会宣布不再评选诺贝尔奖，基金全部捐献给国际反种族主义基金会。

65岁当选联合国评选的世界十大杰出人物，受NASA邀请上太空一游。在太空忽然发觉木星上有不明阴影，回到地球编了一个汇编程序一算，就发现了太阳系第十大行星。

70岁娶好莱坞第一美女为妻，75岁生下四胞胎。

80岁美国和欧盟互射核弹，第三次世界大战爆发。掀起反战运动，自己游泳横渡太平洋。记者招待会上有记者问："怕不怕危险？"回答："没什么可怕的，就是担心鲨鱼。"全世界渔人动员起来，3月后世界野生鲨鱼基本灭绝。

花了三个月从厦门游到智利海域，终于力竭，沉入海中。联合国一周没升旗以示哀悼，欧美政府停战，台湾感于高义回归祖国。世界联合打捞队在智利打捞尸体，发现尸体躺在古玛雅文化的沉船上。里面有数亿吨黄金，从此世界金融秩序发生革命。

2年后，天上金光迸现，此人扇着翅膀拉着一个老头的手"扑腾扑腾"飞到地球指着老头对世界上的人说："我可以证明上帝存在，此人便是。"

上帝拍着他的肩膀对世界上所有人说："我数3下，你们找一个词形容这个人，不满意我就毁灭世界。1……2……"

全世界人民异口同声南腔北调地说了两个字：

"牛B！"

绝对的，YY这个词在网络语言中不可替代。在网络上"造砖"（认真写帖子）的大虾水鬼（资深网民）们调动浑身知识积累写出文本，很大一部分只是为了自我安慰。在《牛B》主人公如此"全能"的才华面前，现实中大大小小的"成功者"都要矮上三分；既然如此，值得奋斗的目标难以达到，我又何必牵缠在艰难的"上进"中呢："成功"是表面的主题，"乐生"才是不变的精神常量。

这种"避重就轻"的表述失衡也可以在流行文化上找到解释。大众传媒推销的是娱乐化的现成智慧，以挥洒自如的姿态煽动气氛，令人感到"痛快""过瘾""爽"。说到流行文化的娱乐精神，很容易举出风行一时的娱乐节目作为证明；但是归根结底，始终活动着、享受着存在的快感，悦纳自我、得到外部世界的友善肯定，这种大众共同的精神需求才是文化工业的"原动力"——把一切都处理得舒舒服服、可以接受，而不需要专注于现实、作麻烦而艰苦的改变，只用观看与想象就能实现心理的平衡。

例如接下来的这个文本，洋洋洒洒，归结起来无非"倒霉"二字；似乎命运专门与人作对，种种不幸接连发生。作者最终写出的仍是笑看人生的处事态度，与此同时，充满想象力的集合设计也担当了炫耀才智的功能。

意外

我知道这只是意外，你是个非常活泼开朗的大学生，你盼星星盼月亮，终于盼到了周末，我也为你高兴，所以替你准备了你一生中最美好的一天。

今天是星期天，阳光明媚，你因此比平常早起了半个小时。此时你的心情非常舒畅，于是你以最快的速度起床，顺手拿了牙刷、洗脸毛巾，正当你得意洋洋拿着东西回寝室时，你最不愿听到寝室的同学说什么话？

A. 我的牙刷呢？（一个口中有着很浓气息的人大声叫喊）

B. 我两面针盒子装的白色鞋油谁看见了？

C. 刷皮鞋用的牙刷谁拿了？

D. 靠，谁又把我的洗脚毛巾拿走了？

你的脸色一下子变得煞白，我知道现在的你心里堵塞得厉害，和一开始起来时的眉飞色舞截然相反。你很郁闷，无精打彩地走进食堂，买了一个馒头和一小碟酸豆角，心不在焉地吃着早饭，耳畔突然传来了炊事员的惊叫。此时，你最不愿听到的是炊事员的什么话？

A. 馒头呢？我刚才扔桌子上用来毒老鼠用的馒头哪去了？

B. 呀！我刚才把杀虫剂不小心弄洒了，没有人买酸豆角吧？

C. 喂，那位同学，刚才卖给你的馒头和酸豆角你还没吃下去吧？

D. 医院离这不远，要不要我们派一个人送你去看看？

"早干什么去了！"你勃然大怒，拔脚就开始往外跑，心想着回来再找他们算账。医院并不远，隔条街就可以到了，你快步走到了马路中间，头突然有些眩晕，不会是毒发作了吧！！正当你思索的同时，一辆汽车向你飞驰而来。现在的你最不愿听到汽车司机说的是什么话？

A. 我就操！这车没闸！

B. 惨了，我把油门当刹车踩了！

C. 冷静，一定要冷静，这只是个恶梦！

D. 我的唇膏哪里去了？

你在瞬间失去了知觉，等你稍微有些意识时，已经感觉自己被几个人抬到了医院，你恍恍惚惚，在半清醒状态下感叹上天无眼。正当你心存感激，想着自己虽说倒霉，但这世上还是好人多的同时。医生开口了。此时的你最不愿听到医生说的是什么话？

A. 请告诉我，你们抬着的是什么？

B. 完了，医生都开会去了，怎么办，只能让实习生上了！

C. 试试吧，也许还有希望。

D. 糟糕，麻醉剂最后一支刚巧用完。

你再次晕厥过去，他们对你做了什么，你并不晓得，为了让你安心，我帮你描述一下：他们费尽心思，终于找到了一支过期的麻醉剂，勉强将你麻醉，然后将你送到手术室，途中一个不小心将你摔下去一次，没什么大事，只是断了一两根肋骨……而已。好了，你终于有救了，天无绝人之路。

也许是那支麻醉剂真的过期了，所以你在手术过程中突然有了那么一点点意识，此时的你最不愿听到的是什么话？

A. 都别乱翻了，翻得乱七八糟的，我一会不好整理。

B. 老师，这只是个实验，是吗？

C. 等一下，如果盘子里的这个是他的肝，那现在手里的这个又是什么？

D. 大家都站着别动，我的手术刀不见了！

终于，你踏出了手术室，（这样也能存活？）我除了感慨这家医院医术高明之外，我还为你的勇气倾倒。知道吗，能活着走出这家医院的，已经是寥寥无几了，你为这个医院创造了奇迹，也为自己创造了奇迹。你呼吸着清新的空气，虽然有些不顺畅。正当你准备跃（跃？？神奇！！）过马路的同时，你又听见了医院医生的叫喊，气喘吁吁，虽然你已经不愿再选择了，但我还是给你最后一次机会。

A. 那位同学，你的肝还在手术室放着没放进去。

B. 先别走！手术室丢失了一把手术刀和一只手术时用的手套

C. 千万别冲动，我们还没帮你缝针！

D. 这是你的器官捐赠报告！

"倒霉事一箩筐"，这种同类集合是夸张手法的集中运用。手法也好，效果也好，在人们的认真阅读中，"夸张"消失于荒诞的情境之中，在文字中站立起来的，是一种实用的"生活智慧"：如果觉得自己生活不顺，看看这类帖子，它绝对可以令你在开怀大笑之后变得心气平和一些。此类帖子常有一个共同的别名：《觉得自己倒霉的可以进来看看》——清楚地说明了夸张的情境化对于人们的心理调整是一种何等有效的策略。

总之，以传统的行文来说，夸张风格虽然早已存在，但它的发挥无度只会造成文本的尾大不掉；而在网络言说的世界中，却非如此不能尽兴。网络语言近似"本能"的夸张风格已经不仅仅是技法，而是一种精神，一种风尚，一种"得体"而"有个性"的行为方式，甚至可以说是一种世界观，即有意取消道德评判、层次分级、身份担当等种种困惑的"唯乐"心态。

三、自我维护："夸张"的潜在容量

在经济过热的时代，与"笑贫不笑娼"的风气呈对偶关系的，是对自我炫耀行为的"坚决打击"。无论炫耀者有没有够格的资本，神经敏感的人一旦嗅到对方的炫耀意图，便会一概BS（鄙视）之；若炫耀得过于过火，则会引起更大范围的围攻。即使在戏谑玩笑中，人也不能容忍自己的存在受到质疑；网络中大量的文本以"无所不用其极"的夸张风格来表达自己的不认同态度，并以冷嘲热讽、举重若轻的姿态化解、拒绝别人的辩白，将自己的批评以更强烈的效果表达出来。

还是举一个文本为例：

原帖：我是博士生，我深知学习的重要性。通过这么多年的学习，我已成功地使自己由一个农家孩子变成了处级干部。现在不但有专车接我上下班，而且还住着一百多平方的房子，月收入达到了三千多块，还娶了一个漂亮的太太，我过上了幸福的生活。我感谢生活……

a. 回帖如下：我是硕士生，我深知知识的重要，于是我选择了学

医。现在是某眼科医院的主治医生。月入万元有余，我不但买了房，还轻松地供了车。医院最漂亮的护士mm，天天要求我和她结婚。说实话，这婚有什么好结的。在一起睡不就得了。

b. 回帖如下：我是本科生。现在一房地产公司搞策划。去年分红才十几万。真是一年不如一年，前年还分到二十多万，今年就成了这样……

c. 回帖如下：我是大专生，经过多年的努力，终于当上了公司的财务经理。也不知为什么，老总对我总是那么好。不但月月给我六位数的工资，而且还送了一套房子和一辆汽车给我。银行里的钱够我好好过完这辈子了……对了，我们是上市公司。

d. 回帖如下：我是中专生。唉，也就算个高中文凭。找不到好的工作于是就做了报关员。我充分启动了我的大脑，也有房有车了。与你不同的是，这些都是我自己买的。想想挺不容易。我儿子上美国留学的钱，我都替他存够了。下一步计划，就是找谁替我生个女儿……

e. 回帖如下：你们吵什么吵呀？我没什么文化。初中都没毕业。找不到好工作只好天天在家打麻将。由于没有文化吧，算牌老是不准。今年输了一百多万。对了，你们要是有兴趣，有空一起打牌呀。我家住深圳某某村的。我爸是村长。我的电话139029x8888……

f. 回帖如下：我是文盲，一不小心当上了董事长，手下只有二十六个上市公司。几个不孝子一张口就要300万去唱KTV，改天再找一个14娘好好管管这几个不孝子……

g. 回帖如下：我是法盲，一不小心当上黑社会老大，手下兄弟百十个，掌管60多条街，若干店铺和娱乐城，每年收入几个亿，每天傍我的妞几十个。对了，由于没有文化，现在正请博士帮忙上市呢……一个月给他个三四千人民币，跟我喝瓶啤酒的钱差不多。

h. 回帖如下：我是白痴，他们选我当美国总统，我没事就打打阿富汗，攻攻伊拉克，没事死它一两万。一天花他几个亿……

在所描写的人物形象上，文本是层层推进、不断"升级"的，但其书写的用意却恰恰是逆转的：第一帖的主题是自己依靠学历获得成

261

功，心满意足，下面的跟帖则反驳之，学历逐级降低，行径也从中规中矩变为无法无天，其成功指数（主要是金钱指数）则逐级上升，使原帖显得器局狭小、平庸无奇。回帖者的真实情况无从考证，但众人对原帖的"反击"却口径一致，一气呵成。这正是出自回帖者对原帖"炫耀"的共同反应，其对夸张手法的偏好也是一致的。这种手法的运用避免了直接的人身攻击，既将嘲笑的话说得相当艺术，又瓦解了批评对象的原有立场和论点，将说话人的态度表达得更加明确。比起原帖平板的表述，这群"人多势众"的围攻者来得更加跳脱飞扬，读者一旦发笑，就不自觉地站到他们的立场上去了。

还有更精彩的例证，来自天涯论坛的一场口水战。[1]有网友称"行走论坛，此帖独尊"，择取相关报道摘要如下：

南方网讯　这是一个网络上传闻已久的帖子，一个看完需要7个小时以上的帖子，一个据说能红到年尾的长命帖子，一个"有史以来最牛的超强帖子"。

从今年2月22日开始，一出大戏在互联网上的"天涯社区"轰轰烈烈地上演，看客多达22.3万多人次，近4000人参与其中。两个分别叫"北纬67度3分"和"易烨卿"的主角，进行着一场关于财富、关于服装、关于赛马的"上流社会"的大辩论。这一切，最终归结到一个由来已久的话题——富人该不该歧视穷人。

易烨卿一贯强调着自己的身份——"高贵的上海人"，并再三宣扬："人是分三六九等、高低贵贱的。"

从2004年开始，她在网上撰文数篇，表达自己对农民、民工、外地人、乞丐的鄙夷，其中被网民痛批的文章《今天，我看见一个民工不穿鞋》里，有这样的句子："这个民工，他竟然连世界上最穷的国家的土人都不如……观念这么落后！鄙视他！"

另一篇《我看中国的大学住房条件（真吓了我一大跳）》里，易烨

---

[1] 关于此事可详见南方网http://www.southcn.com/news/community/netlife/200509080316.htm。

卿把去上海某高校参观形容为"经历了一些可怕的事情"："天哪，一间房间竟然住4个人！真是闻所未闻。更令人不可思议的是竟然4个人用一个洗手间，真是不卫生……可悲可悲！"

面对网友的打击，易烨卿从不退缩。她坚持自己的意见，一次次耐心地对网友解释自己的高收入、高档次及高品位，始终不改自己鄙视民工之流的初衷。

打击傲慢的，只能是抽去其傲慢的资本。一个"高人"——北纬67度3分（下称"北纬"）登场了。

北纬直往易烨卿的要害处杀去，选择"比富"对她进行打击。

易烨卿曾说自己的家人"一眨眼的工夫几千美元就花掉了"，几乎每2至3天就要坐一次飞机，从欧洲的俄罗斯到美国的三藩，一个月的机票钱都要好几万美元。北纬回应："我们坐飞机从来不买票的，因为是私人飞机。"

易烨卿说自己在除夕夜里喝的红酒是一两千元的；北纬说，他和朋友在除夕夜里喝了一瓶法国1986年的"拉菲"，价值1.3万美金。

接下来的问答，把争辩推向了最高潮，也演变成"上流社会生活大揭秘"。

……

四天下来，二人口水战的结果是易烨卿落败，北纬悠悠然离去。他用来击败易烨卿的九个问题，也招来了一片回应：谁是贵族？当今中国有没有贵族？绝大部分网友认为，北纬自称的贵族身份和生活纯属虚构，他提出的那些标准是照抄欧洲王室贵族的生活细节，漏洞颇多；在围攻易烨卿时，北纬尚能得到一致支持，但在"战争"结束之后，他自称的"贵族"身份也受到了网民的质疑与解构。——对于假冒贵族的行径，中国人历来是瞧不起的——表达的方式是："大家都来华丽的自我鉴定吧！"

1. 你经常穿什么颜色的衣服？是什么牌子的？你戴什么手表？你戴首饰吗？如果戴你什么时候什么场合戴？你的首饰是在哪里买的？

地球人的衣服牌子偶从来搞不清楚，喜欢就穿喽。手表？从来不戴，偶们不按地球时间作息滴～～也不戴首饰。

2.你自己开车还是有司机？你的车是什么牌子什么颜色？

偶们不开车，都坐UFO，机器人开。

3.你的财务顾问和律师每年为你报多少税？

火星不征税，地球没人敢征偶滴税^^

4.你每年给慈善机构捐多少钱？捐给哪些慈善机构？

偶捐粉多钱给NASA哦，让他们隐藏火星人存在的证据。

5.你每年养游艇要花费多少？（如果你有的话！）

都说了只坐UFO。

6.你小时候在哪里上学？你从小到大有几位家庭教师？

在家。建了个射电望远镜，接受火星远程教育。偶们不兴家庭教师这一套。

7.你家养几匹赛马？参加过哪些比赛？拿过什么奖？是什么血统？

没养过马，小时候喂过几回恐龙。

8.你家的狗是什么品种？什么血统？

只养过恐龙……

9.你听什么音乐？在哪里听？

只听火星音乐，偶尔也找几个搞音乐的，教他们写写歌剧什么的。

——这是一个火星人的回帖。超出三界外，不在五行中。

1.你经常穿什么颜色的衣服？是什么牌子的？你戴什么手表？你戴首饰吗？如果戴你什么时候什么场合戴？你的首饰是在哪里买的？

喜欢什么颜色穿什么颜色。不知道牌子，不戴表。不戴首饰所以不买。

2.你自己开车还是有司机？你的车是什么牌子什么颜色？

有公交车司机，颜色牌子一天一个样，随时换！

3.你的财务顾问和律师每年为你报多少税？

我不交税，我爸帮我交。

4.你每年给慈善机构捐多少钱？捐给哪些慈善机构？

我每年从慈善机构拿钱！

5.你每年养游艇要花费多少？（如果你有的话！）

我不知道！我不在乎，我没算过，不是我的！

6.你小时候在哪里上学？你从小到大有几位家庭教师？

镇上，有N位家庭老师，我爸爸，我妈妈，我二姨，我二姨夫等等！

7.你家养几匹赛马？参加过哪些比赛？拿过什么奖？是什么血统？

我小时候有过竹马，常常参加青少年儿童大赛，从一名到N名都拿过，此马没血~所以不知道血统！

8.你家的狗是什么品种？什么血统？

狗是狗种的，狗血统！

9.你听什么音乐？在哪里听？

自己唱给自己听，天天听！随时听~

——我是穷人，照样过得潇洒热闹。

来来来，大家看看标准答案咯，西西~~~

1.你经常穿什么颜色的衣服？是什么牌子的？你戴什么手表？你戴首饰吗？如果戴你什么时候什么场合戴？你的首饰是在哪里买的？

颜色？看吧，看当年的巴黎时装周上设计师们设计的衣服咯，或者问问自己家的服装设计师和顾问……牌子么，倒没有很注意，反正也就上万美金一件，便宜着呢~ 手表么，偶尔出去运动的时候戴块运动手表了，其他时间不戴，有私人秘书提醒呢。首饰大多是别人送的，自己不常买，也不常戴——我人很低调的！！！

2.你自己开车还是有司机？你的车是什么牌子什么颜色？

和朋友出去玩的时候多是自己开车，其他时候多是司机开车，家里车多，八九辆吧，也没太注意牌子，多是概念车和房车。

3.你的财务顾问和律师每年为你报多少税？

税？税？这个得去问我的财务顾问和律师了，我不清楚，应该不会太多。他们很聪明的，知道会常常帮我办个什么慈善捐款之类的，这样可以省很多的税……

4. 你每年给慈善机构捐多少钱？捐给哪些慈善机构？

呵呵，这个捐款也得去问财务顾问了，我不清楚。

5. 你每年养游艇要花费多少？（如果你有的话！）

答案同上……

6. 你小时候在哪里上学？你从小到大有几位家庭教师？

小时候在家上学啊，家庭教师啊，不多，20来个吧，直到后来进了哈佛才没请家教了……

7. 你家养几匹赛马？参加过哪些比赛？拿过什么奖？是什么血统？

我家……我爹地，妈咪，还有我，各有一匹马，我的那匹是伊丽莎白，血统则是汉诺威马，娇贵着呢……

8. 你家的狗是什么品种？什么血统？

狗狗？家里狗狗三只，马尔济斯、圣伯纳还有贵宾狗。

9. 你听什么音乐？在哪里听？

平时去歌剧院比较多，偶尔也飞意大利听纯正的意大利歌剧……

PS：各位，各位，这个是本人的YY而已，万不可当真，也不欢迎砸石头来，最多鸡蛋，哦，不行～～老妈说最近天气开始转热，鸡蛋会比较容易坏掉，不适合储藏……>_< 那我欢迎你们砸鲜花～～～

关于那个马，我其实是不知道的，是网上抄的。"汉诺威马是德国竞赛马中的领先者，它是跳跃马和盛装舞步的表演马。它有异乎寻常的力量，华贵而正确的动作和特别良好的性格。它是纯血马、荷尔斯泰因马、特雷克纳马的后代。体高1.62米左右。"

狗狗也是平时看来的…呵呵，呵呵，呵呵……

回答得不好不要介意…认为这个回答太小家子气的JJMM们尽管上，可以来更夸张DI，西西～～～～

——这是以其人之道还治其人之身的贵族策略

接下来许多网友的回帖来得更加别出心裁：

5. 你每年养游艇要花费多少？（如果你有的话！）

基本就买的时候花了5rmb，平时放在电视柜上积灰。（原始游艇——小木舟模型）

——这也是游艇！

7. 你家养几匹赛马？参加过哪些比赛？拿过什么奖？是什么血统？

3匹，高分子血统（玩具塑料河马），参加过家庭比赛，家庭第一第二第三奖。

——我们可以搞虚拟"赛马"！

5. 你每年养游艇要花费多少？（如果你有的话！）

一周二十左右。我们市就养了那么几艘，最近出海很少，前天发现游艇4号该洗洗了。

——这位是港务局的工作人员。

8. 你家的狗是什么品种？什么血统？

我刚满月的时候家里的大黄狗爬到床上踩了我一脚，我哭了，舅舅提刀追了几条街（目击者称当时场面极其残忍）……后来没有狗想去我家了。

——养狗有什么了不起，我还"屠狗"呢！

1. 你经常穿什么颜色的衣服？是什么牌子的？你戴什么手表？你戴首饰吗？如果戴你什么时候什么场合戴？你的首饰是在哪里买的？

衣服啊，皇帝的新装啊。手表，一秒换一块，同一块手表戴多了时间误差大。现在不戴首饰了，改装成英国女王的王冠手杖啥的送走了。至于哪里买的，家里自己有首饰加工室，至于宝石，全是让周公子去中非开采来的，顺便给他报销了在那大草原打猎的差旅费。

2. 你自己开车还是有司机？你的车是什么牌子什么颜色？

一般都不用车，短途我从来不跑，要不就是找周公子开我的飞机去。至于颜色，我已经严格叮嘱他了，咱贵族要低调，让飞机也穿皇帝的新装，隐形的呗。

3. 你的财务顾问和律师每年为你报多少税？

从来不知道税这个概念，在各国都有产业，交一个国家的税就会又出来一个美国，不好，会引起全球大乱的。

4.你每年给慈善机构捐多少钱？捐给哪些慈善机构？

已经委托周公子把我名下的慈善资金转到他名下代为募捐，贵族嘛，就讲求个低调。

5.你每年养游艇要花费多少？（如果你有的话！）

没有游艇，那玩意不经折腾，倒是养了几个小航母。

6.你小时候在哪里上学？你从小到大有几位家庭教师？

从来不上学啊，贵族的子女天生就是天才，我一出生就跟我妈交流非洲的土著语了。家庭教师当然就更不需要了。

7.你家养几匹赛马？参加过哪些比赛？拿过什么奖？是什么血统？

养啥马啊，我在家里盖了个侏罗纪公园，气候条件完全按侏罗纪时期来的，养了百来头恐龙吧，那个正点啊！当然不能拿来比赛了，一比赛，当成给他们喂食怎么办？

8.你家的狗是什么品种？什么血统？

不喜欢养狗，就喜欢恐龙了。

9.你听什么音乐？在哪里听？

音乐方面我没啥爱好，就喜欢听周公子给我唱苏州弹词、山东快板。要是唱得我心花怒放，我就赏他几车金子花花。

——这位是周公子（北纬）的衣食父母，他能招摇也全靠别人养着。

1.你经常穿什么颜色的衣服？是什么牌子的？你戴什么手表？你戴首饰吗？如果戴你什么时候什么场合戴？你的首饰是在哪里买的？

土黄色。中国佛教协会制定。不带手表，心如止水，时间是异次元之物。首饰？佛珠一串。一般场合都带，做法事会多带两串。老和尚送的，中国佛教协会发的。

2.你自己开车还是有司机？你的车是什么牌子什么颜色？

大方丈有五辆车，我是替他开其中一辆黑色宝马的司机。

3.你的财务顾问和律师每年为你报多少税？

待小僧年底查查捐款箱。

4.你每年给慈善机构捐多少钱？捐给哪些慈善机构？

同上，待小僧年底查查捐款箱。50%作为我庙香火。门票钱那不能动，否则油水哪里来。

5.你每年养游艇要花费多少？（如果你有的话！）

庙在河中小岛上，小僧每日开游艇买菜，这真的是游艇，只是你的眼睛看到的是竹筏而已，说明你没慧根。

6.你小时候在哪里上学？你从小到大有几位家庭教师？

小时候在重点小学上学上得好好的，自从来要饭的大方丈成了我的第一位家庭老师……唉，一入佛门岁月…

7.你家养几匹赛马？参加过哪些比赛？拿过什么奖？是什么血统？

人是人他妈生的，畜生是畜生它妈生的……

8.你家的狗是什么品种？什么血统？

我佛慈悲，众生平等。

9.你听什么音乐？在哪里听？

太多了，在家里听，每天都听，边听边唱，朝九晚五。

——僧人师父现身！贵族那一套，不过是虚张声势罢啦，万法皆空。

1.你经常穿什么颜色的衣服？是什么牌子的？你戴什么手表？你戴首饰吗？如果戴你什么时候什么场合戴？你的首饰是在哪里买的？

我十岁前穿的衣服是妈妈曾经穿的衣服改的，棉袄改成外套，外套改成裤子，裤子改成 T-shirt，T-shirt改成内裤，内裤改成袜子，所以颜色都是老妈的喜好。十岁到现在因为我的眼光在进化而老妈却没有，所以我更看中表姐的衣服了，不要改也可以拿来穿。牌子到现在还没看过，据说第一个穿的人还看过，到我的时候早没有了。

手表没看过，每天带着个沙漏，每过一小时翻转一次，基本可以知道时间，就算有小失误也在两个小时之内。（沙漏是拣的，要没它还真不方便啊！！）

带首饰的，因为我爱美嘛！！！有的是用河边的小石头穿起来的，还有用拣来的小珠子穿的。最喜欢的是个从柴火堆里精挑细选的小木块做的小手镯，带起来蛮有气质的！！！！除了洗澡时不带，因为木块沾水会腐烂。。。

2.你自己开车还是有司机？你的车是什么牌子什么颜色？

自己开车，开的是不多见的车，比自行车多个轮子比汽车少个轮子——三轮车。必要时还得驮着八个弟弟妹妹去上课，挺累的～～～～～～～忘了说，车子是迷彩的，因为太旧掉漆了～～～～～～～！！！！

3.你的财务顾问和律师每年为你报多少税？

财务就是钱吧！顾问不知道啥意思！那就是管钱的嘛！是我妈妈，因为是她每月分配我们一家老小的零用钱，谁拿的多谁拿的少全在老妈一念之间～～～～～～～所以不能得罪啊！！！！律师就是我了，弟弟妹妹打架，来上诉都是找我的！！（顺便问一句，报税虾米东东？？？）

4.你每年给慈善机构捐多少钱？捐给哪些慈善机构？

每年都可以拿到别人捐给我的钱，反正是老师给我的，我以前都还以为是老师给我买糖吃的呢！！看完这个帖子才知道原来都是各位捐的啊～～～～～～谢谢！！！！！

5.你每年养游艇要花费多少？（如果你有的话！）

以前每天都要折很多小纸船，见人就给一个，其实不花钱的，只要有纸就可以了，用过的也行，而且不会坏，不要钱，不用养，可以根据自己的喜好随时改变它的外型，比那虾米游艇赖用多了。唯一不如游艇也不过是不能下水，不能载人而已～～～～～～

6.你小时候在哪里上学？你从小到大有几位家庭教师？

小时候是妈妈教的，所以发音有点不太准，不过也算是一位家庭教师吧！！！！

长大一点以后就去教别的小孩，因为徒弟太多，所以比我小的都和我一个口音～～～～～～～结果被别人家小孩的妈妈跑来和我妈妈说我误人子弟，还学我那口音～～～结果被我妈妈扫地出门！！！！

7.你家养几匹赛马？参加过哪些比赛？拿过什么奖？是什么血统？

家里墙上贴着不少马的照片，数数也有十来匹吧！！！！能上杂志的应该蛮厉害的吧，拿个奖应该不成问题吧~~~~我可是把它们当成我家的来养的啊 ~~~~~~~所以应该是我家的血统啊！！！

8. 你家的狗是什么品种？什么血统？

我家的狗可多了，全是从街上拣来的，而且我这人拣狗还有个嗜好，没有残疾的不要，非要瘸个腿的、少个胳膊的在我看来才有魅力呢 ~~~~~血统嘛~~~和马一样，生是我家的狗，死了应该也是吧！！！除非他自己跑了~~~

9. 你听什么音乐？在哪里听？

心情好的时候自己唱给自己听，会唱的歌蛮多，但都只会唱一句，都是站在商场里的电视前看了学会的，心情不好的时候就叫妹妹唱唱儿歌给我听。随身听、CD、MP3啥的有什么好听的，哪有现场的好听。晚上可以听听青蛙叫啊，老鼠叫啊什么的，多原汁原味啊！！！

还是大合唱呢~~~~~

——超级赤贫！比你更潇洒！更有格调！

1. 你经常穿什么颜色的衣服？是什么牌子的？你戴什么手表？你戴首饰吗？如果戴你什么时候什么场合戴？你的首饰是在哪里买的？

我穿护士小姐拿来的衣服，他们不懂事的人管这叫"病号服"，其实他们错了，这是贵族才能穿的，白色的底子，蓝色的条状花纹，可好看了。

护士小姐说，这里是贵族住宅，规矩多，金属制品是不能让我们拿着的，所以暂时没有手表。

同上，所以暂时也没有首饰。

2. 你自己开车还是有司机？你的车是什么牌子什么颜色？

我有司机，但是我不认识他。车很大，通体是白色的，牌子？……我坐这辆车来的时候，好像是听见有人说什么"这就是那个××市精神病院的车吧！"所以应该是××市精神病院牌吧。是不是很有名？

3. 你的财务顾问和律师每年为你报多少税？

我的财务顾问和律师就住我隔壁，你等着我去问问他们……（三分钟后）……哦，今天问不了了，护士小姐说他们打了针之后还没醒。

4. 你每年给慈善机构捐多少钱？捐给哪些慈善机构？

我的财务顾问和律师就住我隔壁，你等着我再去问问他们……（又三分钟后）……哦，今天问不了了，护士小姐说告诉你两遍了他们打了针之后还没醒。

你这人也真是的，怎么都告诉你两遍了你还问，你是不是有病呀？害得我被护士小姐讨厌了……555，护士小姐不要讨厌我呀！护士小姐我爱你！！！

5. 你每年养游艇要花费多少？（如果你有的话！）

我在楼下的喷水池里养游艇，不用花钱，有一个别人都叫他"院长"的人说只要我们玩得高兴就行了，过两天再上百货大楼给我们买几个去。

6. 你小时候在哪里上学？你从小到大有几位家庭教师？

好像上过学。我的家庭教师也住在我隔壁，你等着我去数一数……（再三分钟后）……哦，今天数不了了，护士小姐说自由活动时间结束了不能乱串病房。

7. 你家养几匹赛马？参加过哪些比赛？拿过什么奖？是什么血统？

我在楼下后院里养马，曾经想过带它们去参加比赛，但它们太沉了我搬不动所以放弃了。它们都是纯正的木制血统，好木头呢，呵呵。

8. 你家的狗是什么品种？什么血统？

曾经在楼道里发现过几只小狗，但护士小姐不让我养，还用杀虫剂把小狗们杀死了。（护士：那是蟑螂好不好……）

9. 你听什么音乐？在哪里听？

有时晚上护士小姐会给我们放音乐，那个音乐，我一听了就想睡，奇怪……

——疯人院的也来凑热闹啦。

1. 你经常穿什么颜色的衣服？是什么牌子的？你戴什么手表？你戴首饰吗？如果戴你什么时候什么场合戴？你的首饰是在哪里买的？

我初中高中都穿校服，以至于毕业后校服全部破破烂烂，物尽其用。大学后我自己买的都是七浦路上的讨价还价无品牌衣服，有时奢侈点买点正在打折的斑尼路的。我自大学后不戴手表，有诺基亚3610作为表就够了。我的首饰则是我朋友在"珠宝玉器一律五元通通五元全部五元"地方买的一串据说是水晶手链送我当生日礼物戴到现在。

2. 你自己开车还是有司机？你的车是什么牌子什么颜色？

没钱的时候发现坐空调公交车是件极其奢侈的事，要2元了……

3. 你的财务顾问和律师每年为你报多少税？

我好像认识一个正在学法律的朋友……

4. 你每年给慈善机构捐多少钱？捐给哪些慈善机构？

学校规定捐多少就捐多少，唯一一次自愿的是被陷害发了2到8858。

5. 你每年养游艇要花费多少？（如果你有的话！）

游戏游艇算不算？以前玩过。

6. 你小时候在哪里上学？你从小到大有几位家庭教师？

小时候在附近上学，高三那年请了语文数学外语和历史的家教……就算家庭教师吧。

7. 你家养几匹赛马？参加过哪些比赛？拿过什么奖？是什么血统？

我在公园骑过两次马，一次也没摔下来。

8. 你家的狗是什么品种？什么血统？

我妈妈怕狗没养，不过我姑姑家养的，是路上捡来的狮子狗，相当可爱，经常被自己的口水呛到。

9. 你听什么音乐？在哪里听？

上网下载或者买十元钱三张的盗版CD，最奢侈的一次是去看F4的演唱会，什么都没看到，只听到前面女孩的尖叫声。

——我情况普通，不过满不在乎！

妙帖甚多，不能一一列举，只得忍痛割爱，举其一隅。大略浏览下来，尽管每个人的书写方式各不相同，或者假托身份（如火星人、疯子等），或者偷换概念（用属狗代替真正的狗），各逞巧思，不甘示弱。虽然说是顺着"周公子"的问题亦步亦趋地回答，"华丽的自我鉴定"

的结果却大大转移了原来问题的意义："贵族格调"成了制造笑料的引子，那些叫人自惭形秽的财富变得无足轻重；顺着原来"易北之争"思路给出的两个"贵族帖"夹杂在各具匠心的滑稽答案之中，在文本排序上并无整饬的递进效果，但是却保持着很好的节奏，即始终坚持了"反击"和"质疑"的主题，并通过夸大财富而把所谓的"格调"彻底庸俗化。"攀比"的反面是力求大的反差和对立，夸张的效果由此也得到了多层次的表现：每个作答的人都似乎非常认真，给出一长串答案，其真正的目的却都是要表明对"贵族标准"的不以为然；这是以态度的不对称来消解问题原本的意图——"平民"在话语上以漫不经心、嬉皮笑脸的态度实现了与"贵族"的分庭抗礼，并以此种方式取消了"贵族"话语对普通人的心理压力，把"对立"和"对比"化解在哈哈一笑中。

网络中的语词游戏何止千百，"夸张"这一网络语言的招牌风格，实在包含了太多的"笑果"：诚如雨果所言，微笑表示赞同，大笑却往往是表示拒绝。冷笑可能是对着自己的缺陷，狂笑也许出自陌生的无意识反应：汇集了种种夸张表述的网络，倒映出的是敏感、灵巧、机智而又有些固执己见的普通人的形象——感情外露，欲望平凡，始终如一地寻找着赞同和欣赏，随时防御来自他人的刺激。网络社会赋予了人人得而言之的权利，热衷于玩弄文字游戏的言说者心中的那些真实诉求，便在他们有意无意的淡化、回避或片面强调之中，静默而天真地流露出来。

第九章　网络中的自我命名——id、nick、qmd及smd研究

　　id，词源为英文identity（身份），指网络论坛的注册账号；

　　nick，紧跟在注册账号后面的"昵称"，供id所有者填入希望得到的称呼；

　　qmd，"签名档"，附在该id发表的每一篇帖子末尾的特定文字；

　　smd，"说明档"，为id拥有者进一步自我说明、自我展示而提供的专门文字空间。

　　以上四者，唯有id是获得、保有固定网络身份的必要条件，后三者则皆为id的附丽之物。朴素无华，不设qmd、smd的id固然不在少数，乐于在nick、qmd的方寸之地精耕细作、花样翻新的，亦大有人在。此中神来之笔无数，折射出网中人在芸芸众生中表白、标明自身的热心诉求，印证着当代人自我塑造、自我呈现的普遍意愿。

　　虽说id只是一个身份代号，与现实中的人并无必然的对应关系，但取"网名"仍然相当于给自己"下定义"——同一网络站点不允许出现重名，要求必须一人一名，无形之中强化了人对于这份"独一无二"的自觉——这就诱导着人在id及其衍生附丽中刻意地注入自己的观念、态度和愿望。网络中的自我命名的案例无限多样、不可穷举，但其中的id命名的构词法则，以及id与nick、qmd及smd之间可能存在的指涉关联，其纷繁复杂的表象之下，亦有规律可循，值得专门探讨，从中梳理网络

中人营造自我形象的多元样貌。

一、id的设定及其与nick的互释关系：跨语际的表述延展

1.id命名的多个路向：个人呈示、人际关系的揭示及群体的自觉构成

最为质朴的id命名方式当数"半实名"的拼音组合，也即id采用的是本人真名的汉语拼音，如DaiWeifeng；或者真名的首字母缩写。由于中文网页的注册账号都使用拼音字母，因此大量id采用的都是英语单词，这与十几年来中国教育界大力推行英语课程有直接因果关系，亦与年轻人追逐欧美时尚、喜欢给自己取个英文名字的风气一拍即合：英文名，以及英文名加上中文名首字母缩写，是常见的id格式。如Jessicajmx、Leocheung等。

从理论上说，字母组合具有无限的多样性，但在实际的注册中，却经常会遇到重名、类似的情况；寓意美好的英文词汇在id命名中出现频率极高、极易重复，如love（爱）、offer（录取通知），money（钱），lucky（幸运的），都是在id编写中常常采用的字段。这类积极的自我命名往往颇为直白，princess（公主）、lady（淑女）、angel（天使）、cat（猫）、fox（狐）、pink（粉红）、belle（美人）之类女性气质强烈的词语，历来受到女性网民的欢迎；而中外名人、明星的姓名，以及hero（英雄）、strong（强大）、power（力量）、wolf（狼）、tiger（虎）之类的阳刚词汇，则在男性网民的自我命名中大量流行。当出现重名时，许多人不会完全放弃自己选定的词汇，而是会在其基础上添加一些成分，因此出现了英文单词+姓名缩写、英文单词+英文单词的组合结构id，如shirleyxue、joejuliette之类。

自己选定的身份代码，有些情况下比外来赋予的身份（譬如人的真实姓名）更容易唤起人"敝帚自珍"的坚持愿望，拥有一个出众、独特且响亮的id，能够在不同网站上注册同一个id，因此也成为一种愿望、一种追求。有些人甚至会长期盯住自己心仪的、已经被注册了的id，期待其有朝一日因为种种原因而过期失效，从而"抢注"到自己名下。

有一些特殊的专有名词id具有"时效性"，多与新闻人物或热词

"重名"，如zhouzhenglong（周正龙）、xieyalong（谢亚龙）、McCain（下届美国总统）、SARS（非典型肺炎）等；多因时事的热门新闻而"应运"注册。前两个例子具有浓厚的时事批评、讽刺的意味，第三个则是2009年美国总统选战结果尚未揭晓时的一种推测表达。注册此类人名id，可以对涉及"自己"的新闻报道作出直接、快速的"独家回应"。另外，此类id的产生，还与网络上流行的"第一人称代言体"书写方式关系密切——变换角度、以各种第一人称叙述同一事件的文章层出不穷，体现了当代人对于各种事件"罗生门"式表述陷阱的认识——每个人都从自己的角度来叙述事件，以巧妙、不落痕迹的方式将事件呈现为对自己有利的状态；而注册同名的id、直接操控"此人"进行说谎或表演，可以实现一般的批评难以实现的强烈效果。

有时，两个或多个id之间可能会标明其特定关联。第一类，如childchild与childchildgg，体现的是女孩与其男朋友（gg）的关系，myclassic与myclassicmm，则是男孩与其女朋友（mm）的关系；第二类，则是一个人的主id与"马甲"（并非最常使用的id）关系的直接标明，这类id之间十分相似，例如DiabIoLK 与DiabloLK两个id，唯一不同的就是id第五个字符一个是大写英文字母I，一个是数字1；在临时遭遇封禁的时候，这样的id"前仆后继"地使用起来格外有效，如同《西游记》孙悟空与金角、银角大王斗法一段，收了"孙行者"还有"行者孙"、败了"行者孙"还有"者行孙"一般，旁人若不细辨，很容易错怪版主处罚徇私、说封不封，闹出笑话。

当然，根据id推导人际关系并非完全准确，mm、gg可能只是标明id所有者的性别，不一定是女朋友、男朋友的意思；id的相似，也可能使得毫不相干的两个人被误判为同一人。反过来说，正是因为能够营造戏剧化的效果，有人故意注册极其相似的id，追求"闹鬼"的效果，或者注册与自己感兴趣的id几乎雷同的id，譬如zishuijing的崇拜者注册的zishujing，就成功引起了"偶像"的注意。

在特定的条件下，会出现多人有意注册同一格式id的情形。例如日月光华joke版的"野派"，其"创始者"wildsk善写笑话、品性出众，具有强大的个人魅力，折服得许多人纷纷注册前缀为"wild-"的id，以这种方式来表达钦佩与认同；"wild"一派于是不断壮大，竟达到数十人之多。凭着前缀相同的id而分享同声相应、同气相求的亲切关系，各位兄弟姐妹"欢聚一堂"谈笑风生，亦成为网站的一大景观。

2. id与nick的跨语际互释

观察网络中的自我命名现象，多种符号的结合形式无法回避。id账号使用拼音字母，而nick可以使用汉字，二者结合的形式产生意义。

id为英文、nick为中文的中英文对译现象，最单纯的，是直接把id中的英语翻译成中文，例，如：BlueFantasy（蓝色幻想）、elysion（楽園）；有些则加入了更多的新意，不是用nick里的汉字为英文id释义，而是将id的英文反过来更单纯化为nick的表音形式，不取其义，单表发音，譬如：

Shining（心宁）——id英文单词原意为"闪亮"，此处不取其义，而是利用谐音以汉字重新注音赋义。

shinny（山泥~日子还得往下过）——id英文单词有两个意思，名词"简易曲棍球棒"，与动词"击球，攀爬"；同样谐音赋义，写做"山泥"，而"日子还得往下过"来注脚"山泥"，可知其意在传达"山中之泥"一般的耐受坚持。

SimonFullman（西门大官人）——音译意译结合并加以进一步"中国化"。英文男名Simon一般音译作西蒙或赛门，谐音稍加变通便成为"西门"，Fullman本是姓氏，理当译做福尔曼或富曼，此处加以意译，将"丰富的人"、"完满的人"附会为"大官人"：前后组合，就把"西门大官人"这个原指《水浒》人物西门庆的专属称谓，挪用了到一个"洋味十足"的形象上来，两相对照，别有意味。

基于英语单词的自由创造，——比如littlion（小狮子），将little lion中间的字母e略掉，连写成一个单词——又与当代的世界文化潮流遥相呼应：今天，英语作为世界语言，"broken English"（英语不正宗）已经不再是一个问题，人们越来越认识到，追求英语保持高度的"纯正性"，与时代的"全球化"进程实为悖反：不以英语为母语的国家并无"维护英语纯洁性"的义务，尊重自己的语言习惯、为了使用便利而对英语加以改装、创造，乃是便利交流的天经地义——这也降低了使用英语的门槛，反过来保证了英语的出场率，且为英语增添了更多的文化来源。这也是一种"双赢"。

对于汉语世界的网络中人而言，其"改装英语"的一大乐趣是以汉语为原模来创造新词，这一点也在注册id中体现出来。例如aardbean这一id，就是截取aardwolf（英语单词，土狼）及aardvark（土豚）的前缀aard–与bean（豆子）结合，生造出aardbean一词，——把"土豆"二字逐字地翻译到英语，置现成的potato（土豆、马铃薯）于不用，追求的就是这种曲里拐弯的猜谜之乐。另一例——SkyNet（天网恢恢，疏而不漏）——则更有微妙之处：skynet一词英文中是有的，所指的是卫星；而将这个单词用首字母大写的形式一分为二，成为中国传统所说的代表正义力量的"天网"，同样包含了一个重新赋义的过程。

Geist（Ghost， spirit or 该死的）一例又是另外一种情况。英语单词geist源自德文，是感性、理智感受性之意；而结合nick来看，这里的geist乃是将英文单词ghost（鬼魂）、spirit（精神）拼凑在一起，意指一种既亡的暧昧存在，——"该死的"的谐音，将这一意指更充分地表露出来。

一些隐晦、不可直接辨识、乍看上去莫名其妙的id拼写，也可以结合nick，来辨识出id所有者命名的意图与灵感所自，譬如：dzh（大智慧），shuashua（师—呜—啊—刷），nahai（海纳百川，我纳四海），等等。又如：SoC（Soul of China）——结合nick里的英文词组方可理解，SoC意指"中国之魂"。

Id与nick的创意组合不限于英语和汉语，而是包含字母拼写注音的多个语种，例如：Yier（bonjour tristesse）中的法文、Progressht（Trailblazer）中的德文、Caesar（nos morituri te salutamus)中的拉丁文等；除此之外，也有日语注音拼写id加汉文释义nick的组合，例如：soraumi（空海）；Osake（酒）；oresama（俺樣）；MouriKogorou（最被低估的男人——毛利小五郎），以及韩语拼音id如ShinGiJun（神机箭），还有粤语注音的dimgaai（點解？）等等。

另外，由于nick不同于id，其输入内容没有语种、字符种类的限制，因此样式更为丰富，可以加入特殊字符、表情符号等，展现出或多或少的图画特征，如：wan（卍）、Thelonious（まぼろし）、door（我要吃肉~~~>.<）、tearinheaven（不许说我声音像猫555～）、geistj（0522·Geistl不一定每天^_^，至少每天=v=）——在最后一个nick中，表情符号甚至成为句子表意完整之不可缺少的部分，完全替代了形容词，且引人联想，效果更加别致，十分醒目。

3. nick功能的扩展形态

一般说来，nick会给id做意义上的注脚，例如Muwawa（想回家的娃娃）、Pianist（其实我只是一个琴童）等等；但有时其功用会有所转移，转而用做"标语栏"，输入言简意赅的一句话或几个短语，与id的意思关系不大甚至全然无关。

这一类nick中，有不少是自勉之辞，例如：Renwf（只要我们不断努力就一定会有成果！F-22）、first（嘴角向上，目光向前）、gobetween（静心工作享受生活），以及精练的成句成语，如Heidegger（無鞿無䩭，斲鏤小碎）、Greenest（期待·春暖花开）等。喜欢恶搞的也有，CMuplouder（猪是的念来过倒）即是信手拈来的例证。

还有一些是描述id所有者当下的状态、心境，如TeaMiaoWu（喵呜*奔跑在少女漫画的歧路上一去不回头），nick中的"喵呜"注明了id"MiaoWu"的文字形态，而"*"号之后的句子则是描述id所有者近来迷恋少女漫画的状态；Toptrader（压力在积累）则直述自身感受到压力的情形；dodobird（渡渡鸟-|-闭关修炼ing...）nick前半部分为dodobird的中文名称，后半部分同样是描述当前的个人状态。

这样的nick，兼任了"状态栏"的功能，寥寥数语勾勒出id拥有者的近况，熟人、朋友可以方便地掌握情况，从而决定是否约请、聚会或者不便打扰，及时分享快乐、对波动低落的情绪发出安抚、慰问，由此，阅读nick就成为网际沟通的又一种快捷方式。

二、qmd"签名"效果的几种实现路径

1. 以"名词解释"营造集约效应

比起id和nick，qmd可以容纳更多的字符数，这就为id拥有者的形象建构提供了更大的发挥空间。其中典型的一类，是qmd与id、nick保持呼应的"套系"，上有id、紧跟nick，下有与之紧密呼应的qmd，帖子得以首尾相应，从而呈现严整紧凑的效果。

例1

id、nick为：mikeegg（虎皮蛋）

qmd为：虎皮蛋制法：（1）将鸡蛋煮熟，捞起放冷水中冷却，剥壳。（2）炒锅置火上，加入花生油烧至八成热，逐个放入鸡蛋炸至色呈金黄捞出，原锅倒去油复置火上，放少许油，加桂皮、八角炸出香味，加适量清水、白糖、酱油、虾籽、姜片、葱段、绍酒，放入鸡蛋，烧沸后移小火焖一下，使蛋卤透。拣去桂皮、八角、姜片、葱段，捞起鸡蛋，每只蛋切成4瓣，排入碗内，倒上卤汁，上笼蒸透取下，蛋装盘内。卤汁入锅，置火上烧沸，用水淀粉勾芡，淋麻油，浇在鸡蛋上即成。

例2

id、nick为：ruochen（世事纷飞孰难料，尘缘未断情怎了）

qmd为：雾影梦花，尽是虚空，因心想杂乱，方随逐诸尘，不如万般皆散。瑶宫寂寞锁千秋，九天御风只影游，不如笑归红尘去，共我飞花携满袖。

例1为名词解释型，其呼应格式最为规整；例2则为意合，诸般说法都围绕一个"尘"字展开。二者比较而言，前者讲的是莫名其妙的"虎皮蛋"，却以名称别致取胜；后者则虽然修辞华丽，却意象空泛：名词是核心之物，形容词再怎么花俏，也无法达到那种直指人心的具体实在。因此可以解释，qmd虽然可以比nick长很多，却与nick一样，需要营造鲜明生动的形象。譬如下面这个qmd：

我是一只招潮蟹，每天蹲在海边看潮起潮落，它们是我最好的朋友。

每天总要分别，但是难分难舍，无尽的不舍也只能寄托在那简单的

挥手中，久而久之，我们习惯了这一切，直到有一天……

……老子的手怎么不对称了？

招潮蟹也好，虎皮蛋也罢，都靠着名字自身的俏皮有趣而拥有先发的吸引力。"蹲在海边的招潮蟹"这一可爱的卡通形象，其"挥手分别"的纯情态度，与最后"手不对称"的"囧相"形成了逗人的反差，也合上了招潮蟹蟹钳一大一小的基本特征，因此令人过目不忘。

2. 浅显、单纯亦为特色

可以说，与id或nick关联度并非qmd成功的必要条件，或者说，评价qmd，讲求的不是签名用字是否"精确"、"可读"，而是首论其"气韵"、"笔体"、立意高下，简单地说，就是要有可以一眼把握的神气。

好的qmd必须抢眼。"抢眼"的方便法门之一就是搞笑，能让人哈哈一笑，顿时就记住。《百条爆笑签名档》之类的帖子向来流行，可见搞笑手法受欢迎的程度。但令人为难的是，如果不是出自原创，单凭转帖，则越是有名、成功的爆笑段子，放在qmd里就越是暗淡无光——qmd必须保持个性化，而个性是会因为模仿和复制而销蚀的。这也是抄来的qmd要不时更新、"与时俱进"的原因之一。

相反，渊源深奥的qmd，纵使高明，也难逃曲高和寡之嫌，不容易被广泛地欣赏、接受：

孔明曰："大官人，你听我说：今番但要捱过，要五件事俱全，方才行得。第一件，潘阳湖练的水军；第二件，驴马都搬运不完的粮草；第三件，要似邓通有钱；第四件，有通军法的小兄弟领军；第五件，要有刘豫州般的帮闲趁手：——这五件，唤作'潘、驴、邓、小、闲'。五件俱全，此事便获着。"

上例将《金瓶梅》"潘驴邓小闲"的提法置于《三国演义》的人物情节中重新阐发，用语却是纯粹的《水浒》语风，如此妙不可言的羼杂，不仅需要读者"动脑"、从头消化陌生的信息，而且要求读者必须对三部经典都有先在的记忆和积累，否则即便认真阅读，仍无法领会其中的妙处。

若说qmd必然要追求人人皆懂、一目了然，也并不尽然。利用"绝对不理解"，有时也能达到出奇制胜的效果，譬如下例：

aggagtgggggtgaccttggggttcctaatcctacgtgaccctcctcttctcttctctgcaggtttgcaat
agcaaccat

gaccatgacaccttcctgctggccatgctcctcagcg/atcctgctgcctctgctcccaggg/
cgccggcctggcctggt

ccaggtgcagagagcagccccagaggccatggaaagaagtagctttgaacaggaggttccagtgg
cctc

此qmd的字母序列是DNA表达式的一部分。读者可以不知道这到底写的是什么，但其构成简单，形式特征可以直观把握，也能营造特别的印象。

符合既定欣赏习惯、有一定"审美群众基础"的文字，相对来说更容易被采用，也容易被更广泛地接受。无厘头却有秩序的连缀，是其典型风格之一：

狮子头黄牛肩胛啊呜卵老虎脚爪胯下一匹猪头三脚猫

往事尽付笑谈中 但悲不见九州同 千门万户瞳瞳日 立马巫山第一封

这个qmd有两行文字，第一行是"驴唇对马嘴"纠结在一起的古怪动物形象，第二行则是古诗的连缀，整体押韵，句意却毫无关联。虽然字句荒唐无稽，这个qmd却十分"好读"。其易读性来源于其大部分"组件"的为人熟知，再加上格式整齐的连缀，引得读者主动去寻找、理解其中的意象，展开自己的联想、想象去"补足"字句之间的逻辑关系，从而完成对qmd的仔细阅读和品味。

一只乌鸦肚子饿了，到处找吃的。乌鸦看到一个核桃。可是核桃很硬，它怎么啄也啄不开。怎么办呢？乌鸦看到旁边有条马路，路上车来车往。它就想出办法来了。乌鸦把核桃衔起来扔到马路上。汽车开过去，把核桃压碎了。红灯了，汽车停了下来。乌鸦把压开的核桃叼走。乌鸦就吃到核桃了。

上例qmd改写了《一只乌鸦口渴了》的小学课文，充满了儿化叙事的纯净平实，可说是读者对幼年时期留在心底的单纯记忆的一次再现与重温，颇能营造"同属一代人"的记忆共鸣；匠心之处不在于怎样改写乌鸦的课文，而是选择了乌鸦的课文来进行改写本身；读者自己去发现其"出处"，会有一种自我满足感，并在获得这种满足感的同时，产生对此id的好感。

qmd的"单纯"气质，还常常来自其简短、平实，得益于汉字构型与达意的张力，从而呈显出图像化的效果。

例1：

晃来晃去~

晃来晃去~

例2：

来，来，我是一个陀螺……

以上两个qmd几乎没有"内容"，语言极简单，似随口道出，形象却如在眼前。例1的"晃"字本是眼下年轻人的常用词，描绘的是心不在焉、无所事事之感，与"来"、"去"二字穿插，再后缀一个同样具有"晃"的感觉的波浪线"~"，且重复两遍，闲适、懒洋洋的放松状态毕显，同时又开启了更多的联想空间。"晃"着的形象可能是胖胖的，穿着肥大宽松的衣服的年轻男女，或者干脆就是直立行走的卡通动物形象。

例2明显契合于改编自19世纪法国音乐家奥芬巴赫《康康舞曲》的广告歌"来，来，我们都是水果（果果果果果果）"的旋律，可以唱出来，原歌曲活泼紧凑的节拍也自然带入其中；"我是一个陀螺"，是个快乐的、精神百倍的形象，同时又是天真无邪、不知人间险恶的形象——陀螺是要被"抽"才能转起来的，"来，来"既可以理解成是语气词，也可以理解作召唤、祈使语，恰恰构成"欢迎来抽"的意思，蓦然会心之处，除了快乐、忙碌、天真之外，还有隐含的善良和信任，唤起他人的微妙感动。

3. 格式严整的装饰效果

另外，qmd文字排版的整齐、美观，能构成明显的装饰性，内容不论，"上眼"的效果就自然悦目。

例1：

知道得少，說得也少，

汝為智士，汝為賢人；

知道得多，說得也多，

吾為枯骨，吾為亡魂。

例2：

见或不见

你见，或者不见我，我就在那里，不悲不喜

你念，或者不念我，情就在那里，不来不去

你爱，或者不爱我，爱就在那里，不增不减

例1的文字内容颇有些愤世嫉俗，但由于采用了繁体字、文言词，为读者"抓取"文意设置了一道装饰性的围墙；繁体文言的古雅、稳重、含蓄，多少冲销了文意的露骨"怨气"，将其平衡为睿智平静的判断阐述；整齐的四言句，以双行四列呈现，又重复加强了古雅、稳重之态。例2的qmd截取自扎西拉姆·多多的诗《班扎古鲁白玛的沉默》（往往被误传为仓央嘉措之作），起首加了标题，有些破坏文字排列的对称效果，不过好在正文的三句话格式齐整、修辞呼应，加上用字又讨巧，"情"、"爱"、"你"、"我"的万金油式措辞，描绘一种无怨无悔、无欲无求的平和心境，阅读效果同样达到了"一览无余"的单纯。

例3：

西安事变　张无忌杨不悔

火烧连营　孙不二陆无双

安史之乱　郭破虏李莫愁

台湾回归　胡一刀陈家落

整齐的文字也未必都浅俗，上例就是通俗之中见功夫的典型，文字的"技术含量"可谓极高——不是简单地将历史事件与金庸武侠小说人物的姓名相连缀，而是利用汉字人名的表意可能性，以小说人物的姓氏指代历史人物，而将其名字用作叙事成分，实现了别出心裁的双关概括：张，张学良，杨，杨虎城，无忌、不悔，言其发动西安事变的决绝之态；孙，孙权，陆，陆逊，不二、无双，形容火烧连营的赫赫武功；郭，郭子仪，李，李隆基，隐含了臣破虏、君莫愁的因果关系；胡，胡锦涛，陈，陈水扁，则是用时典，描绘对台海局势走向的一种期待。这四行字就是一个引经据典的极短篇，以金庸小说的深入人心为创作基底，对历史人物、历史事件作出工巧的描绘指涉——金庸人物明明"在场"，却又随着释义还原而"隐去"，亦真亦幻的效果，令人叹为观止。

4. 加入文化批评意识

尽管qmd的装饰技法甚多，也可以直接贴图片、以独特精美的图像引人注目，最具有"可看性"、值得严肃对待的，仍然是有观点、具有时代特色和一定批评意识的那一类。尽管如今的网络论坛"纯水"（不追求有质量的内容的回帖）泛滥，有质量的回帖配上有见解的qmd，依然具有相得益彰的效果；有批评意识的qmd，反过来也提醒发帖者注重回帖质量，从而促进思考与表述技巧的提高。此外，随着回帖的不断积累增加，qmd中表达的观念、态度也便随之"滚动播出"、"广而告之"，在一遍遍的重复中争取到更多人的阅读、理解，形成一种良性循环。

例1：

以上内容完全是复制粘贴，

本人并不明白其意思，

故本人不对以上内容负法律责任。

请不要跨省追捕。

要详查请自己联系原作者。

谢谢！

公共论坛上多有类似申明"张贴内容不代表本站立场"的免责条款；而将免责条款置于qmd中，表面上是id所有者谨小慎微、每说一句话都要"开脱"一次"罪责"，实际表达的，乃是对于当代网络言论环境的批评，恰是以锋芒毕露取胜。——"跨省追捕"是一种"时事典故"，2009年3月6日，因在天涯社区发帖反映市政府违法征地，在上海工作的河南省灵宝市青年王帅以涉嫌"诽谤政府"被跨省追捕，押解回乡，在看守所里关了八天。消息传出，网上舆论大哗，《人民日报》和人民网随后亦频频抨击基层政府恣意剥夺网民的"知情权、参与权、表达权和监督权"，指出把新生的网络渠道当做"不正常渠道"，对网络民意动辄以"涉嫌诽谤政府，败坏政府名声"为由实施刑罚，与中央的努力"不啻南辕北辙"。——qmd一句"请不要跨省追捕"，勾画出对"跨省追捕"者大为光火、大动干戈又虚实不辨、举止失措之态的冷眼嘲讽。

例2：

幼儿园的时候我不谈恋爱，因为不知道什么是贼；

小学的时候我不谈恋爱，因为知道没有贼心也没有贼胆；

初中的时候我不谈恋爱，因为有贼胆没贼心；

高中的时候我不谈恋爱，因为有贼心没贼胆；

大学的时候我不谈恋爱，因为有了贼心，也有了贼胆，贼却没了。

此qmd以幼儿园—小学—初中—高中—大学为时间线索，与当代青年人的成长经历具有广泛的一致性，再加上与"早恋"主题结合，很容易激起阅读者的兴趣；而以"做贼"喻"恋爱"，"不谈恋爱"的一贯状态之下，隐含了不为人察觉的情势变化，以及永远无法"运命两济"的淡淡失意之情，心酸而又幽默；除此之外，"做贼"的禁忌，指涉的可以不仅仅是早恋一事，而是从恋爱生发开去，扩展到更多"不被应许的美好之物"，读者可以根据个人经验选择性地自动代入，从而产生微妙的共鸣。

例3：

运气这种东西，往往有几分女人的气质，你越是想要得到她的时候，她就离你越远；

然而当你已经对她不再抱有任何幻想时候，她反倒有可能自己找上门来。

——《资本论》卷3，17页

这段qmd的真实出处并非《资本论》，而是网络奇幻小说作家天下霸唱的《迷踪之国》；假托一个以严肃、高度政治性著称的经典出处，且煞有介事地给出卷数页码，与句中以"反复无常的女人"比喻运气的议论形成了文风上的滑稽反差，也使得这个并不新奇的比喻（运气像女人一样反复无常）陡添了几分深思熟虑、郑重其事的腔调，整个qmd于是有了层次感和个性特色。

5. 轮回播放的套系组合

许多站点都有随机qmd功能——id所有者可以设置几个qmd，在其发表的帖子末尾交替轮换出现，这就为更多精彩的qmd提供了出场的机会；而"轮值制度"启发了qmd的套系化，一个套系的多个qmd轮番出现，格外相映成趣。譬如下例四条qmd：

莫装B，装B被雷劈

no zhuangbility，zhuangbility leads to leipility

more jone bee，jone bee berry P

More zombie，zombie be rapid. =.=

"装B"，即装模作样、故作高雅玄虚；表面容色平淡，实则热心于炫耀——这类现象在网络中十分常见，其背后的动力常常是强烈却又单纯的个人虚荣心。在网络的公共空间中，"装B"虽然无害，却有些"碍眼"，叫人在审美疲劳之余，痛陈这种无聊之举真配得上"雷劈"程度的严重"报应"——于是出现了第一条警告式的口号，算是说出了"广大人民群众"的心声。第二条是第一条的英文版，语法是纯英文的，两个名词则是Chinglish（中式英语）词汇、英式词法——为zhuangbi和leipi两个动词加上形容词转名词的后缀–lity，令其更加符合英文语法规则。最后两条，貌似英文句子，但其实只是英文单词的连缀，模拟的都是第一条qmd的汉语发音，自身并无语法可言；然而，"弃义拟音"地找到句子的真实意指，并不因此就驱走这些"无关"的英文词的形象，——蜜蜂（bee）、女孩名（Jone）、浆果（berry），以及"更多的僵尸"（more zombie），而且还是跑得飞快的僵尸（zombie be rapid）——循着"声音"聚拢起来的奇奇怪怪的形象，令人大惑不解之余又忍不住"强迫症"地要为这些形象找寻、虚构出合乎逻辑的联系，也算是头脑游戏的一种，自有其特殊的趣味在。

这四条qmd轮换出现，隐含了谜语的提出与谜底的揭示，四者互为注脚，且分散在不同帖子中。这延长了读者发现、读懂的过程，营造了留白的效果，也连缀起一段完整的网络活动，成为一个小小的循环。

三、smd与qmd的类似与区别

1. smd与id的配合形态

smd与qmd有类似之处。二者内容都全然由id所有者决定，除了输入各种语言文字、特殊符号之外，也能粘贴图片；但smd的容量比qmd更大些，可以输入更长的文本。和qmd一样，smd可以讲究"配套"，与id、nick、qmd形成呼应关系，譬如下例：

nick为：为了新中国，前进！

qmd为：生命总是美丽的。

smd为：　世界如此喧嚣

　　　　我一丁点儿都不烦躁

　　　　　　很好

　　　　　　很好

三者内容形式并不严格呼应，但都以积极、向上、乐观的情绪一以贯之。又如：

nick为：无话可说

qmd为：就是不说

smd为：看也不说

三者都是标明自己"不说"、有意沉默的态度，而说法上有所变换，形成一种递进的关系；结合起来看，对"不说"的坚持有一点有意耍赖的意味，也别有风趣。

smd之于qmd，又有隐含的递进关系，qmd作为附在每篇帖子末尾的"签名"，时时都在标明id的个性身份；smd则有所隐藏，并不与贴子同步呈现，需要点击id链接才能看到。也就是说，smd是id所有者为对自己感兴趣的旁人进一步了解自己而准备的，放进的是更进一步希望别人了解的内容——罗列最近阅读的书目、看过的电影、展览、打算做的事情、详细的日程表、自己的各种联系方式、常用的电话号码、个人主页或blog的地址、自己的照片或喜爱的图片等等。例如下例一则smd：

2009.5.28　　麻木了……

2009.5.27　　梦，挣扎，痛并痛苦着

2009.5.26　　一碟小咸菜，芥菜做的，麻油和辣椒拌过的

一个馒头，软软的，香喷喷的

一碗粥，熬的爽滑美味

一份小葱炒鸡蛋，小葱嫩嫩的

一份油煎豆腐，黄焦黄焦的

——梦想早餐

2009.5.25　　我喜欢听引擎的轰鸣和窗外的暴雨声

——动感101，音乐早餐

2009.5.24　　2：00睡，4：20醒，7：00起

这一smd，id所有者的状态、趣味都包括在内，读者可以看到其生活的具体细节，如爱听的收音机频道、想吃的早餐、些许混乱无序的生活节拍，以及无以名之的恍惚心境。旁人固然可以从字里行间推想此人音容，smd的功能于是实现；同时，这份smd也可以做成是给id所有者自己看的日记，依循日期顺序保持固定频率的更新，随时跟进观察自身的生活状态，亦是smd的又一种"玩法"。

2. 警句的陈列

一些深刻或玄妙的句子，因为读起来诘屈聱牙，放在qmd里效果不佳，smd里倒显得庄重，例如：

一个人得确信，即使这个世界在他看来愚陋不堪，

根本不值得他为之献身，他仍能无悔无怨；

尽管面对这样的局面，他仍能够说："等着瞧吧！"

只有做到了这一步，才能说他听到了政治的"召唤"。

这是德国政治经济学家、社会学家马克斯·韦伯的演说"以政治为业"的结尾句。既然旁人有兴趣来看smd，自然有耐性花些时间细读、深思其中的道理。也有隽永含蓄、短小精悍的：

敬业乐群，守先待后

是时是命，不悱不怨

如此短小整齐的文字完全可以作为qmd，而将其设为smd，得益于

页面宽阔、空间富余，视觉效果更为清爽洁净，文字气象便更为开舒，与句中之义相得益彰。

3. "反tk"式smd

由于smd的功用首先在于供旁人查看、获取更多信息，不喜为人窥察的，甚至反过来对旁人的眼光表示排拒，利用smd对tk（"偷窥"）行为进行反击。如以下数例：

哇！又一个看星座看性别看说明档的……

不许tk~

看什么看！

不要用这么崇拜的眼神偷窥我~

tk我 还在tk我 再tk就把你吃掉

总体来说，这类smd虽然意在"反tk"，语气仍以撒娇俏皮为主——前来tk者完全有可能是出于善意好奇，故而不能一概冷眼斥之；因此，smd在表示"我抓住你了"的同时，需要语气上有所缓和，加入一些"领情"的成分，这样，"反tk"的最终效果总是在严正拒斥与半推半就之间。

真正有用的"反tk"，乃是返璞归真，不设smd，不设qmd，甚至nick也仅是简单地重复输入一下id而已。这一注册形态传递的信号乃是：此id所有者并非典型的、热心的网络中人，缺乏人之常情的表现欲。再加上因缺乏足够的文字信息，id不易指称，甚至不易记忆，用此等id，不是荒疏，必为傲慢；又有可能，这等id是某个人的"马甲"，所有者精心经营主id，马甲仅供偶尔应急，故不事雕琢——这两种推断都导向同一种结论，也即，此id不必加以格外的关注。

不过，nick、qmd及smd朴素无华，绝不等于id所有者在现实中就是为人枯燥乏味；经由id及其附属修饰构建的网络形象鲜明与否，主要还是取决于人在网络世界的自我命名意愿的强弱。这与人对网络世界的情感认同程度有关——若是单纯将网络当做中性信息工具、不以个人意见参与其中、不寻求在其中"发声"，id的"装修"自然漫不经心；越是把网络作为日常生活必不可少的组成部分、在网络中越是"自在"，在

nick、qmd、smd的推敲上就越发精心。

"融入"网络本来就是一个过程；当人的"网络生命"延伸到一定程度，花费的时间渐渐积累，其经营id形象的技术开始走向自觉，文字素材的安排渐有心得之后，nick、qmd、smd的选取和安排会更为精细，寻求网络中同道者的认同意识也会逐渐返璞归真、走向真诚与平和——这也是网络世界中的"人"生生不息、情味浓郁的自然之理。

第十章　网络广告语境

一、网络时代广告文化的新变

"我们呼吸的空气是由氧气、氮气和广告所组成的。"[1] 此话形容的是广告在当代社会生活中的无所不在，移到网络世界未尝不可，只是网络中的呼吸甚至不需要氧气和氮气。互联网作为广告传播工具的功能已然得到了极大的开发。目前的互联网世界，广告的存在形式十分丰富：横幅广告、按钮广告、弹出广告、定向广告、全流量广告、浮动标识/流媒体广告、画中画广告、摩天柱广告、通栏广告、全屏广告、对联广告、视窗广告、声音广告、导航条广告、焦点图广告、视频广告、背投广告、固定文字链广告、富媒体广告、电子邮件广告、数字杂志类广告、游戏嵌入广告、IM即时通讯广告……[2] 无所不在又美轮美奂，悄无声息又绵绵不绝，无微不至又无坚不摧，这张广告的天罗地网在互联网中以几何级数铺陈开来。

　　凭着活泼的形式、鲜艳的色彩、随时逗引人去点击的闪烁图像链接，甚至不由分说自动弹出的广告窗口，当代的商业力量极大地动用了互联网的广阔与快捷，将广告延伸到虚拟空间的每一处。广告延伸到互联网，是当代社会机制运作的必然，互联网广告超越地域、疆界、时空

---

[1] 刘志明、倪宁：《广告传播学》，中国人民大学出版社1991年版，第21页。

[2] 王建宁：《互联网广告文化的发展趋势》，《新闻爱好者》2008年第11期。

限制，可以说天然地就是一个强有力的、影响遍及全球的营销工具。互联网民则将广告作为自己身边理所当然的一部分而痛快地接受了；这一层实利关系的落实，令互联网的虚拟空间最终"归化"于现实。

广告能够广泛渗透互联网，源于广告文化在当代社会意识形态中的重要地位。社会学者很早就认识到了广告"亲民"表象背后的那一股对世道人心的强大操纵力："论社会影响，广告可以同由来已久的机构（如学校、教会）相比，它统治了媒介，对大众标准的形成有巨大影响，它是很有限的几个起社会控制作用的机构中货真价实的一个。"[1]广告与现代传媒能够构成一个互相支持、不可分割的利益共同体，不能简单解释为传媒"自身的独立性"、"屈服于广告商的金钱诱惑"。对人的生命需求的充分介入和有效操纵，是广告在当代社会机制中成功"上位"的基础。

正如麦克卢汉所说："报纸、杂志中任何一则吸引人注目的广告注入的思想和心思和心血，都大大超过了特写文章和社论中投入的思想和心血。任何耗资巨大的广告，都精心构筑在已经验证的公众的陈规意见或'成套'的既定态度上，正如摩天大楼建立在基岩上一样。……任何受欢迎的广告都是公众经验生动有力的戏剧化表现。……广告队伍在研究和测试公众的反映上，每年有以十亿计的经费，他们的产品积累了有关这个社区共同经验和情感的大量资料。倘若广告偏离了上述共同经验的中心，它们就会立即发生崩溃，因为它们将失去对我们情感的控制。"[2]——当然，够格的广告绝不会"偏离共同经验的中心"；广告创意只是在形式上追求创新别致、"吸引眼球"，而作为意义表征/再现系统，广告采纳的乃是文化系统中现成的、被广泛接受的意义与观念，其主题最终还是要落入、回归于受众既定的刻板印象。

广告不负责推动价值观念的进步；但是，发达的广告文化、"大众文化王国的总理"，必然会倚恃雄厚的资本实力，暗中染指现代社会的

---

[1] 梅尔文·L·德弗勒，埃雷特·E·尼斯：《大众传播通论》，华夏出版社1989年版，第471页。

[2] 麦克卢汉：《理解媒介》，商务印书馆2000年版，第283~284页。

"教育者"角色，诱导大众服膺、追随于其所宣传的特定价值观念和生活方式。这就实际上操纵了社会价值观念的发展方向。作为社会文化最大众化、最时尚、最活跃的一部分，广告文化表面上只是"推销"时尚，实质上，则是暗中操控大众心理；好像只是给成功的人生进行锦上添花的装扮，实则是定义人生的成功、生活的价值。——透过对当代消费行为的严密包围，广告愈来愈多地潜入了文化价值审美领域，大力推行着商品拜物教和时尚崇拜，重塑着"人"的知觉方式和知觉内容，将人生的价值取向牢牢地"绑定"在消费活动上。

广告的这种"寓教于乐"，恰恰"迎合"、"补偿"了现代人生存的贫瘠处境——"广告行之有效是因为购物乃城市中唯一的游戏；购物乃城市中唯一的游戏却不是因为广告行之有效。"在工业时代，人的身份与生产密切地联系在一起，体现为职业或专业。在后工业社会中，随着休闲时间和活动的大量增加，经济与政治机构的价值与文化的价值有了脱节，身份转而越来越建立在生活方式和消费模式的基础上。[1]——广告以新商品、高档商品（非必须品、实用品、适用品）为归宿而对时尚和成功进行了功利主义和表象主义的诠释。通过商品来推销一种生活理念，一种在"变化的世界"、"消费品层出不穷的世界"里如何保持生命的活力和尊严的生活方式。

广告在形式上弥合了阶级差别，这也是它拥有强大号召力的重要理由。精美的广告本意指向中产阶级，而由于传播的"一视同仁"，这些广告对普通劳动阶层同样发挥了精神上的吸纳力，灌输、占领他们的头脑。因此，一旦有了条件，那些上升了的劳动阶层也不会去寻求价值的"另一种"实现方式，而是迫不及待地投入到早就梦想着的、广告所鼓吹的"那种"生活之中——这就促成了貌似人人平等、实则人人"一律"的虚假自由。就这样，广告文化圈定现代人的生活意愿，也吸纳、收容当代人的生命热情；皈依其下的人形成了对消费的行为依赖，把消费作为了生活的基本动力。

---

[1] 莫特：《消费文化》，余宁平译，南京大学出版社2001年版，第38页。

对于传媒来说，出于自身生存的需要和对利润的渴求，它就不得不与商业广告进行合谋，担任广告传播最具有劝服力和影响力的平台。在传统的社会信息传播结构中，消费者并无对话、分析的充裕机会，而只有"买或不买"的有限选择，最终则是退化为"买这还是买那"的被动思维。

相对于传统的广告语境，网络中的人面对广告时具有更大的选择空间。在网络中，可以利用上网软件最大限度地将广告窗口屏蔽掉，这体现了更多的"信息主动权"；除此之外，经由网络，消费者个人对产品的评价获取了直接公布的机会，打破了由商业资本一手操控的评价机制。另一方面，随着现实生活中消费文化语境的普泛化，人对商业广告的嗅觉也开始逐渐发达，对广告手法有了更高的鉴别力，针对广告文化本身，亦形成了一定的批判意识和抵抗力——广告"忽悠人"的力量在磨损、散失。不过，在理解、认清广告机理的过程中，广告商业思维又潜移默化为当代人观念的一部分——对广告消费本身不甚排斥拒绝，而是主动借用、化用广告手法，使其成为表情达意的一种基本技巧。

就这样，由现实到网络，广告语境成为一种泛化的存在，甚至网络将广告文化更推进一步：借助网络，普通的作为"消费者"的人，获得了实践广告原理的丰富机会，实现了对广告的"双重消费"——从以追随广告获得生活的充实感，到以嘲笑广告来强化个人的存在感；从对商业广告欺骗手法的见怪不怪，到对商业外广告式信息传播机制的刻意抨击——都成了网民实现自我欣赏与心智满足的方便法门。

二、广告语境的网络泛化

1."软文"机制的直露存在

传统商业广告的操作机制已然广为人知，其边际效用由是不断递减，这就催生了新的广告形式——"软文"。"软文"之得名，源自其广告效果好似绵里藏针，含而不露，以其貌似新闻的客观格式争取消费者的信任。"软文"主要是通过传统纸面媒体发布，面向的是广大读报的市民。而在网络中，对于"软文"的制造机制，已有文章将其和盘托出，这有利于加速"软文"营销策略的淘汰，网络中人正是对"软文"免疫的第一批受益者。

百度对"软文"的解释是：相对于硬性广告而言，由企业的市场策划人员或广告公司的文案人员来负责撰写的"文字广告"。软文精妙之处在于"软"，克"敌"于无形，等到你发现这是一篇软文的时候，已经冷不丁掉入了精心设计的广告陷阱。它追求一种春风化雨、润物无声的传播效果；如果说硬广告是外家的少林功夫，那么，软文则是绵里藏针、以柔克刚的武当拳法，软硬兼施、内外兼修，才是最有力的营销手段。[1]

网络中，软文写作已俨然成为一个职业，有专门的软文写作网站，另外还有许多专业人士的总结经验之作在网络上流传，仅题为《作天下最美的软文》的连载就有42篇，对软文写作要点、禁忌、包装、推销以及对消费者心态的把握等都有细致论说。对"软文"的机理进一步介绍如下：

软文之所以备受推崇，第一个原因就是硬广告的效果下降、电视媒体的费用上涨，第二个原因就是媒体最初对软文的收费比硬广告要低好多，在资金不是很雄厚的情况下软文的投入产出比较科学合理。所以企业从各个角度出发愿意以软文试水，以便使市场快速启动。

软文虽然千变万化，但是万变不离其宗，主要有以下几种方式：

1. 悬念式：也可以叫设问式。核心是提出一个问题，然后围绕这个问题自问自答。例如"人类可以长生不老？""什么使她重获新生？""牛皮癣，真的可以治愈吗？"等，通过设问引起话题和关注是这种方式的优势。但是必须掌握火候，首先提出的问题要有吸引力，答案要符合常识，不能作茧自缚漏洞百出。

2. 故事式：通过讲一个完整的故事带出产品，使产品的"光环效应"和"神秘性"给消费者心理造成强暗示，使销售成为必然。例如"1.2亿买不走的秘方"、"神奇的植物胰岛素"、"印第安人的秘密"

---

[1] http://baike.baidu.com/view/98524.html

等。讲故事不是目的，故事背后的产品线索是文章的关键。听故事是人类最古老的知识接受方式，所以故事的知识性、趣味性、合理性是软文成功的关键。

3. 情感式：情感一直是广告的一个重要媒介，软文的情感表达由于信息传达量大、针对性强，当然更可以叫人心灵相通。如"老公，烟戒不了，洗洗肺吧"、"女人，你的名字是天使"、"写给那些战'痘'的青春"等。情感最大的特色就是容易打动人，容易走进消费者的内心，所以"情感营销"一直是营销百试不爽的灵丹妙药。

4. 恐吓式：恐吓式软文属于反情感式诉求，情感诉说美好，恐吓直击软肋——"高血脂，瘫痪的前兆！""天啊，骨质增生害死人！""洗血洗出一桶油"。实际上恐吓形成的效果要比赞美和爱更具备记忆力，但是也往往会遭人诟病，所以一定要把握度，不要过火。

5. 促销式：促销式软文常常跟进在上述几种软文见效时——"北京人抢购***"、"***，在香港卖疯了"、"一天断货三次，西单某厂家告急"……这样的软文或者是直接配合促销使用，或者就是使用"买托"造成产品的供不应求，通过"攀比心理"、"影响力效应"多种因素来促使你产生购买欲。

6. 新闻式：所谓事件新闻体，就是为宣传寻找一个由头，以新闻事件的手法去写，让读者认为就仿佛是昨天刚刚发生的事件。这样的文体有对企业本身技术力量的体现，但是，告诫文案要结合企业的自身条件，多与策划沟通，不要天马行空地写，否则，多数会造成负面影响。

上述五类软文绝对不是孤立使用的，是企业根据战略整体推进过程的重要战役，如何使用就是布局的问题了。

上文对软文的诸多"骗术"如数家珍，呈现了"软文"写作的诸多专业技巧，意在"炫技"并招徕网络中的潜在商业客户；而对普通消费者，此文则不啻是一篇"传销手法揭秘"，读过之后便不再那么容易被"软文"迷惑——当然，商家对于"软文"的重视和关注仍然远远强于作为消费者的普通网民，软文的商业价值、从事软文写作的"专业队伍"在相当时间内仍会兴旺发达。不过，得益于网络信息获取的特有机制，一旦听说"软文"这个名词，网络中人就可以通过网络搜索，立即链接到上例一类的"内部揭秘"；软文作为营销手段，其效用打折扣的速度便会大大加速，人们对于广告文化、商业机制的认识也进一步随之深化。

2. "炫富帖"的对照与拒否——符号消费"滑稽化"

与广告文化的发达相伴生，符号消费在当代中国也开始流行。符号消费最大的特征就是表征性和象征性，即通过对商品的消费来表现个性、品位、生活风格、社会地位和社会认同："消费文化中，一直存在着种种声望经济（prestige economics），它意味着拥有短缺的商品，花相当多的时间进行投资、恰当地获取、有效地运用金钱和知识。通过解读这样的商品，可以将他们的持有者予以等级分类。"[1]人们看重物品蕴涵的符号价值意义，以此标明自身的阶层归属，从而获得一种超越物质、生理满足的心理、精神及社会性满足。[2]

要完成符号消费行为，除了购买特定商品之外，还需要将这种购买和消费"公开化"，令他人尽可能清晰、快捷地认识到自己消费的特殊之处。符号消费品，尤其是奢侈品的拥有者，自然也会从网络中寻求这种"被见证"的成就感，于是，"炫富"就成了网络社会生活的几乎必经的阶段——这是"富起来"以后，社会身份的诉求自然提升，却又没有现成的礼仪规范可以依循的结果。

对于更多承担不起奢侈消费的人来说，讨论奢侈品，可以作为一种对身份、地位、成功的追求甚至代偿。比奢侈品讨论更为煽情、更为惹眼的是"炫富帖"。如果说前者自矜贵重、追求细腻的品味和精辟的点评，后者则是追求高昂的价格数字、奢侈品的直观堆集带来的视觉冲击。再加上"炫富"往往要伴随着对"穷人"、"中国人"素质的不屑和嘲笑，由此也不可避免地引发了广大网民对此类行为的口诛笔伐。

相当讽刺的是，网民口诛笔伐的道德反应，也被用做了网络赚钱

---

[1] 费瑟斯通：《消费文化与后现代主义》，刘精明译，译林出版社2000年版，第39页。

[2] 陈昕：《消费文化：鲍德里亚如是说》，《读书》1998年第8期。

的手段，最终还是归于广告机制的营利诉求——为了提升点击率，从而吸引商业投资，许多网站主动炒作"炫富"视频；不光是网站能靠视频赚钱，一些视频网站还推出了点击率分红的制度，点一次就给视频发布者一定数额的奖励。这又刺激了视频制作者刻意搜寻乃至直接捏造容易"走红"的"猛料"，"热帖"的生产链和生产网就在强大的利益驱动下发展壮大。[1]

如此这般生产出来的"热帖"，本质上也是一种文化消费品。"炫富帖"有意刺激时下中国人头脑中的"暴发情结"：由于中国国情，近年崛起的"新富"、"新贵"总归难逃"暴发"之嫌，"暴发户"于是成为一种相当接近现实的敏感话题，暴发户的生活方式也极易引起人们的兴趣；在这一前提下，"炫富帖"还刻意采取"犯众怒"的方式，在自我炫耀的同时大肆崇洋媚外、嘲笑穷人……如此种种，都为芸芸众生发泄心中的隐隐羡妒与朴素的道德激昂提供了绝好的靶子。

不过，暗含的羡妒与迂腐的道德说教不是网络价值观的核心。非凡的想象力和活泼的生活态度，才最具有超越"真实"或"炒作"的创造力。以图片合集帖《一只MM玉手引发的BT恐怖》[2]为例：南宁时空网一网友，自称是女性，声称自己年少多金，月薪20多万，开宝马，带江诗丹顿表，并发布了一张戴着名表的手部照片，背景为数捆百元人民币。作为回应，各路网友纷纷回帖，上传同格式照片"pk"，有的是戴着更贵重的腕表、钻戒；更多的人大秀创意：用圆珠笔画在手腕上的手表，把闹钟置于手腕部位，甚至是毛茸茸的男人脚腕部位放上个巨大的圆形石英钟，等等；与百元大钞"一较高下"的则是旧版的一分纸币、粮票、越南盾、打废了的电话卡……出人意表的搞笑创意，才气横溢之外也透露了"不以财势论人"的正气与自信，原帖主的炫富炫贵只能露出恶俗的本相，最终黯然失色。

另一方面，围绕金钱的话题毕竟太"贴近生活"了，不断刺激人

---

[1] 参见《"炫富女"谎言调查：商业利益是幕后推手》，http://news.qq.com/a/20080921/000131.htm。

[2] 参见http://bbs0.house.sina.com.cn/thread-275223-1-1-46-1453.html。

自尊心的"炫富帖",确实有效地抓住了当代人的精神兴奋点。一系列以《等咱有了钱》为标题的帖子,翻新出各式各样的"最新版"、"女性版"、"经典版"、"明星版",表面上同样是以"炫富"为主题,"等咱有了钱"着力刻画的却是"我"成了"有钱人"后大肆炫耀的丑态,深层则是对自身"没钱人"状态的清醒且自尊的态度,寄寓的情绪十分微妙:对"钱"有诚实的渴望、承认钱的巨大力量,同时态度务实,并不以想象补偿现实,且明了自己想象的一朝暴富只是白日做梦——于是,一边纵容自己肆意想象,一边对自己yy之无聊进行自我调侃。试抽取其中一则为例:

等咱有了钱,先买个冰箱,妈的想吃冻豆腐就吃冻豆腐,想喝冰啤酒就喝冰啤酒,洗衣机买个双缸的,一缸装面,一缸装米。

因为有钱,生活可以"随意",人的意愿也随之得以无限放大。不过,当下的意愿总是以先前的生活经历为基础的,上例便是典型的"穷人"想象——想买电冰箱、洗衣机,视吃冻豆腐、喝冰啤酒为奢侈之事。这种戏拟目的不是嘲笑穷人,而是对自身"暴富"想象的"欲抑先扬":见识短浅的穷人认真规划"有钱之后做什么",只是以当下的生活愿望去指导未来的幸福生活,经常造成滑稽可笑的效果。此类帖子也包含了对金钱力量的相当细腻的认识:金钱不仅可以把人"抬举"到更高的社会阶层,而且能给人任意屈身"贱流"的底气,比一味地抬高身份更显金钱的威力:

等我有钱了,我白天到街上当乞丐,有人给我鞠躬我就给他发钞票;我晚上到酒楼卖艺,谁听完我一整首二胡我就给谁钞票。

乞丐也好,卖艺也好,在"我有钱了"的前提下都不再是仰人鼻息的辛酸生涯,而成了有钱人寻开心的一种游戏——其对于金钱"颠倒社会身份"之力量的思考已经到了相当深刻的程度。

3. "抹黑文"与"复仇帖"

"抹黑文",顾名思义,是以"抹黑"行文对象为目的的文字。其与软文的修辞手段如出一辙,如借用新闻写作体式、言之凿凿、声称"内部爆料",等等;其效用亦与"软文"异曲同工,只不过传播的是"丑名"而非

"美名"罢了。许多"抹黑文"都具有广告操作的性质，所针对的对象有商家、社会机构、明星、政客等等。有时我们很难判断，某些"抹黑文"是否出自竞争对手的有意捏造；当然，也有完全是出于情感诉求的"抹黑文"，典型代表就是追捧不同明星的球迷之间的互相攻讦——对应于"某粉"（某人、某团体的"粉丝"），出现了"某黑"的称法，指称对某人、某团体持敌意、反对态度的人。此种称法取了"抹黑"之意，又与"粉"同为色彩词汇，构成质感上的对比反差，可称妙对。

"复仇帖"如何定义，则众说纷纭。一种理解为以"复仇"为内容主题，另一种则理解为以发帖行为本身实现复仇；前者类似"抹黑文"，历数复仇对象之言行，渲染乃至歪曲其行为事迹；后者则是采用中性的或明褒暗贬的手法，诱导网友对复仇对象进行质疑、嘲笑，从而达到"复仇"的目的——有人将"复仇帖"概括为："自己随便贴个东西报个吸引人的价，留的电话是别人的"；也有人描述说："楼主贴自己照片，然后标上一句'我美吗'？——相信回帖全部是'复仇帖'！"质而言之，后一种体现了明确的广告思维，如例所示：

贴上真人照

然后说

X校第一全球无二完全非人类极度漂亮令人疯狂少女找男友

然后要求身高比你高30公分

有车，玛莎拉蒂以上

年龄25以下

房子必须是翠湖天地一期这个级别

学校必须是ivy

这一"复仇帖"的设计，对受众心理有着明确的操纵意识。毫无疑问，普通人的真人照显然不大可能达到"极度漂亮令人疯狂"的效果，既然不是极度漂亮，又有什么资格要求有"完美男性"来匹配呢？利用人们推崇"男才（财）女貌"的一般观念，这个帖子的构思能够有效地诱导读者形成"这是一个没有自知之明的丑女"的主观判断，引发他们随意"踩"、"拍"的大量回帖。如此，发帖者对真人照中的那个真人的"复仇"——让她被一群人大大嘲笑挖苦一番——就大功告成了。

4. 广告手法的娱乐化运用

无可否认，精心设计的广告给观者带来的审美乐趣是无可替代的，有时广告甚至比电视节目还要精彩。这样"寓教于乐"，消费者\观众"边玩边学"，潜移默化之间掌握了不少广告手法，包括对广告语的熟记和套用，并进一步对商业营销常用的那套美丽的包装言辞越来越有心得，对其中的"微言大义"看得烂熟：

房地产广告忽悠人招数揭秘

位于偏远地段：远离城市喧嚣，尽享静谧人生

位于郊区乡镇：回归自然，享受田园风光

紧邻闹市：坐拥城市繁华

挨着臭水沟：绝版水岸名邸，上风上水

挖个水池子：东方威尼斯，演绎浪漫风情

地势高：视野开阔，俯瞰全城

地势低洼：私属领地，冬暖夏凉

楼顶是圆的：巴洛克风格

楼顶是尖的：哥特式风格

户型很烂：个性化户型设计，紧跟时尚潮流

楼间距小：邻里亲近，和谐温馨

边上是荒地：超大绿化，满眼绿色

边上是银行：紧邻中央商务区

边上是居委会：中心政务区核心地标

边上是学校：浓厚人文学术氛围

边上是诊所：拥抱健康，安享惬意

边上是小卖部：便利生活，触手可及

边上是垃圾站：人性化环境管理

边上是火车站：交通便利，四通八达

边上什么也没有：简约生活，闲适安逸

　　房地产商家玩弄文字、逗弄人心的娴熟包装，"偷梁换柱"的技艺，在此处——罗列开来，将奢华修辞之下的卑琐真实揭露无遗。下面这篇《当中餐使用西餐命名方式》有所不同，其创作的用意不在忽悠欺瞒，而更类似于纯粹的文字游戏：

加索焖鸡排香菜碎末配德式浓酱（白斩鸡）

法式糖心荷包浇意面（煎蛋面）

甜点微烤黄金小甜饼（南瓜饼）

五分熟神户小牛肉配珍珠甜米饭（牛肉盖浇饭）

法式卷心菜微甜浓汤（白菜汤）

特调微辣酸甜汁焗猪柳伴长葱（鱼香肉丝）

木炭火焦烤微煎法国小填鸭（烤鸭）

蜜糖配白醋焗野猪背脊嫩肉（糖醋里脊）

意式秘制浓酱鸡肝烩波尔多酒渍青椒（炒鸡下水）

墨西哥特辣炖过油精致阿根廷小牛肉配当下时蔬（水煮牛肉）

芝士浓酱伴意大利面条（热干面）

陈年俄罗斯酸汤加小辣椒煮深海鳕鱼（酸菜鱼）

墨西哥特辣秘制浓汤杂烩配什锦鲜蔬（火锅）

鲜香蒜茸浇汁精选各式杂肉（麻辣烫）

意式蒜蓉微酸浇汁鲜猪嫩柳（凉拌白肉）

西安精炖小牛肉浇汁配蒜蓉小面饼/美式上选鲜嫩猪肉汉堡（肉夹馍）

……

　　最土风、朴素的菜式，用西餐厅菜单的语言重写，给最典型的中餐穿上了充满"洋味儿"的外衣，具有强烈的"陌生化"效果。同一味菜品因命名方式不同而产生的"土"、"洋"反差，除了一味好玩，或许还包含了几分移用兼戏谑"西洋情调"的用意。

　　到了纯粹的文字游戏，广告在个人生活中扮演的角色开始"触底"。触动个人、令人心甘情愿被魅惑的广告力开始耗竭。得益于网络，人们不仅对实际的购物消费有了更多的反思，而且还能够亲自操作、使用广告化手法实现自己的种种目的。这两种情境，都是在反复揭露、强调广告的虚假属性："广告最终所能带给人和人的生活的，只是一连串无法贯通的感觉片段。在这些感觉片段上，人为自己找到了感性发泄的通道，却永远无法真正进入生活的本真状态。"[1] 经历了对自身之于广告、之于消费主义的受益/受害双重身份的渐悟过程，消费者/网络中人逐渐脱离"模范消费者"的既定轨道，从单向的追随、接受广告推销的格局中逃逸出来，寻觅商品符号之外的人生价值——看破、厌倦、审美疲劳，这些负面的词汇也就转而具有了积极的力量。

在这个意义上，网络确乎已经成为当今社会观念革命的策源地。借助网络提供的多样的信息渠道，被物化、平面化了的人于是获得了揭露自身被操控处境的知识支援，不再听任广告文化的摆布，而对自身的虚荣心、功利心有了某种程度上的反思。不仅如此，人可以更为冷静、主动地利用强大的广告机制、广告逻辑来谋取个人利益。基于"出名就有钱"这一规律，籍籍无名的小人物千方百计"博出位"、"炒作"自己，同样可以大有"钱途"。这方面的成功范例就是"芙蓉姐姐"——借助"雷人"的图片、视频及言论引起瞩目而最终闻名遐迩，于是有了"身价"，赚得一笔笔出场费、广告费。"成名"真正成为了消费主义人生观的内化表征，反过来，又承担了将这一人生观切实外化的条件。

综上所述，互联网将"广告"的意义泛化了：一切夸大自我的行为都可以带有"广告"的性质；可以换成钱的"名气"固然可以归入其中，纯粹精神层面"自我暴露"的满足感同样可以成为典型——现实社会活动中需要借助符号消费来实现的存在感、特别感、个性与"成功"感，在网络世界中，通过人的自我张扬而直接实现了；尽管这种"实现"有不少水分，其虚假的程度却也并不比商业广告推销给消费者的满足感更多。

三、非商业的广告语境："围观"与政治社会身份的消费化

"围观"一词，2009年以来在网络语境中大为流行。在传统语境中，

---

[1] 王德胜：《视像与快感》，安徽教育出版社2008年版，第42～44页。

"围观"经常与"看客心态"紧密关联，是鲁迅所发扬光大的"国民劣根性批判"中的重要命题。时至今日，"看客心态"依然是一种恶的现实存在；对发生在眼前的犯罪、失德行为的漠然旁观，折射出的是"独善其身"的中国传统陋习与利己主义的当代思潮相叠加所导致的精神危机与道德危机。

在网络语境中，与"看客"直接关联的"围观"一词，却常常用做自我描述的词汇，其原来带有的贬义大大地淡化了。有人自命为"围观团团长"，渲染自身围观行为之多、对围观之热衷；另外，"围观"被广泛地应用于描述"多对一"的中性关系，与现实语境距离更远。譬如下例：

只有上帝能制服汉语了[1]

当一个人听不懂另一个人在说啥的时候，他会怎么发牢骚呢？各国群众纷纷表示：

英语："It is Greek to me!"（简直就是希腊语！）

南非语："Dis Grieks vir my!"（又是希腊语）

拉丁语："Graecum est；non potestlegi."（还是希腊语）

葡萄牙语："E grego para mim."（继续希腊语）

波兰语："To jest dla mnie greka!"（仍然希腊语）

但是波兰语也有另一种说法："To jest dla mnie chinszczyzna!"（汉语）

荷兰语："Dat is Latijns voor mij!"（拉丁语，这是最常用的一种说法，另外倒霉的还有汉语和西班牙语）

那么被大量群众围观的希腊语又是怎么来表示这个意思的呢？

希腊语："μου φαινεται κινεζικο"（听着就跟汉语似的）

然后汉语开始惨遭围观：

希伯来语："Nishma c'moh sinit!"（它听起来像汉语！）

罗马尼亚语："Parca e Chineza!"（看着像汉语！）

---

[1] 参见：http://www.cs.umass.edu/~rsnbrg/hardest.pdf。

俄语："Это для меня китайская грамота."（对我来说这就是个汉语文献）

塞尔维亚-克罗地亚语："To je za mene kineski."（对我来说这是汉语）

据说汉语还被另外的语言围观了，但是找不到具体说法，包括：

爱沙尼亚语，弗勒芒语，匈牙利语，瑞士德语，塔加路族文。

还有些语言同时围观了汉语和其他语言：

芬兰语："Onpas Kiinalainen jutuu!"（这都什么汉语似的玩意儿啊！）

芬兰语："Se on minulle taytta hepreaa.（这对我来说就是希伯来语）

希伯来语也经常被围观：

法语："C'est de l'hébreu pour moi."（对我来说这是希伯来语）

德语和捷克语喜欢围观西班牙语：

捷克语："To je pro mne Španělska vesnice."

德语："Das kommt mir spanish vor."

那么西班牙语围观谁呢：

西班牙语："Para mi es chino."（又是汉语……）

意大利语围观土耳其语：

意大利语："Questo e turco per me."

土耳其语围观阿拉伯语："Anladimsa arab olayim."（我能听懂的话我就是阿拉伯人了）

阿拉伯语围观波斯语："Kalam ajami."（对我来说像波斯语）

波斯语围观土耳其语："Turki gofti?"（刚才你说的是土耳其语？）

然后有一些语言实在不知道围观谁才好了，就：

保加利亚语："Tova za mene sa ieroglifi."（我看这些像象形文字）

丹麦语："Det er det rene volapyk for mig."（"对我来说这纯粹是沃拉普克语。"这句话太强了，我去google了一下才搞清楚：沃拉普克语（Volapük）是人工语言较成功的第一个，是世界语的先驱。）

最后是最强大的一个说法：

汉语:"简直就是听天书!"

上例中反复出现的"围观"一词,在例文中意为"纷纷表示看不懂"之意;单论其语感,则隐含了一种不认可、不接受的态度。在上例这个"跨语种习语比较"中,"多数人意见"是不断呈现又被不断替换的——评判的权力只是暂时抓在"围观者"的手里;"被围观"者虽要暂作承受周围观点、评语的客体存在,但"被围观者亦围观人"。这种"风水轮流转",暗示的是"绝对主体"的虚无不定,"围观"便不再那么具有"压倒性"的心理优势了。

就网络论坛回帖中大量存在的"围观"一词的表意效果而言,这个词既表示了对"被围观者"观点的不认可,又避免了与其人的正面争论,可以说是适用范围极广的回帖手法。"围观"的否决、不认同的效果还可以进一步强化,这主要是将围观主体进一步明确化,或者加上更多的形容词,例如:

代表广大不明真相的群众对lz(注:楼主)进行惨无人道的围观~

表面上,"围观"不仅无聊,且大有粗俗无礼之嫌——"围观"的主体总是"不明真相的群众",以典型的"群氓"形象存在,这一群麻木、愚昧、单纯看热闹的角色,直接复制了鲁迅笔下那些凑热闹、看杀人的"中国人"形象;然而,在网络世界,被言说者有意呈现的这个并不光彩的"我",以及被蒙蔽、被操纵的自我处境,却寄寓了对当代信息生产和传播机制的深刻洞见:在种种争执、辩驳之中,每个人所持的立场必然不同,对事理的表述也是各取所需,这样各说各的一套话语,沟通在很多情况下都是无效的、不可能的;尤其是经过各种专业媒体反复叙述的事件,其真相如何尚不能确定,被过滤、留白的信息无法立即呈示,遑论扎实地"就事论事"了。在这一语境下,太过较真,倒是一种愚蠢;不若冷眼旁观,以观后效。

有鉴于此,"围观"的道德批评意味大大降低了;其营造的意象效果,则平添了滑稽娱乐的成分:与"打酱油"、"躲猫猫"、"俯卧撑"、"被自杀"等"新成语"一样,"围观"的散漫姿态,可说是一种貌似消极的抨击手法。用"动作"而不用"言论","围观"其实加入了魏晋之风式的"礼法岂为吾辈设耶"的立场自信；更何况，既是"围"观，站在"我"这一边的必然是多数："被围观"的则是罕见稀奇的人物，值得"广大人民群众"放肆、轻蔑地对待；从"打酱油"、"飘过"，到驻足"围观"，表态的效果其实是更为明显了。

对于普通人/大多数人来说，无论是在现实社会还是网络社会，从广告机制到舆论传媒，自身所扮演的基本都是"受众"的角色，处于貌似被迎合、实则被欺瞒的被动地位；不过，在"娱乐至死"的文化氛围中，当代人依然有寻求一个"更好的世界"的意愿——广告所鼓励的浮浅的理想主义，与民间舆论中流行的怀疑风气居然一拍即合，二者共同导向了抗拒广告操纵的伦理意识。本着对广告"推销"思维的熟稔，人们从"消费者"的角度认识、接受商业社会的理念，享受这种商品经济之下的共谋关系；同时，本着对自身被欺瞒、被设计的处境日益自觉，人们又不难认识到，自己对现实的批判"不过过一下嘴瘾和思考的快感而已"，即自己只能是无奈的追问者和徒劳的思考者。

然而，如果以乐观的理想主义来规划未来的"人"，我们可以认为，也正是基于如上的"幻灭"，被置于绝地的"人"得以进一步追问：自己究竟能做到什么。精简掉无聊的形而上学、高歌的理论与单纯的"信念"，人开始逐步撤回对任何机构、任何团体、任何他人的无保留信任与绝对认同，而开始以稳健、保守的姿态重新投放自己的力量，从个人的实践活动出发，逐渐积累、建构自己的价值观。不需要广告来告诉自己该追求什么；在脱离了全民性的宏大叙事之后，人们将有机会再次认识到，现实生活中"狭窄"的人际关联和情感关系，比电视传媒、网络新锐、世界巨星引发的新鲜炫目的"激情"和"兴趣"来得更有价值、更有个性。届时，"流离失所"的感觉逐渐消失，平庸的自我得以拥有踏实的自信。但是，这一点有赖于人对自身所处广告语境的始终警惕，对自己判断力的始终存疑，以及个人知识谱系的自觉扩展与对时事的主动关心，并最终真正做到个人与时代的"并肩而行"。这正是广告一向假意应许、实则无法提供的。

第十一章　网络文学

　　"传统文学越来越衰退，而网络文学越来越兴盛"，此话究竟道出了多少事实，值得商量；不过，这句印象式的评论，确实直观地表达了互联网络之于当代文学的巨大推力——一代网络作家大获成功，并被传统纸媒所接纳；安妮宝贝新作的印数能达到上百万，这在文学出版不甚景气的大环境下十分引人瞩目。网络的自由发表机制，促成了更多人动手开写自己的文学作品，良莠不齐的小说、散文、诗歌，在各大文学论坛遍地开花。在这一进程中涌现出了几种集中反映当代网民欣赏趣味的文体，除了传统的言情、武侠之外，玄幻、同人、穿越等新的题材样式备受追捧。此外，一些几乎淡出当代文坛的文体，如古典诗词、文言史论，也获得了发表问世的新空间。

　　鉴于网络本身就是文字符号的集群，网络"文学"能够囊括的范围极为广阔。典型的"文学创作"之外，文学因素更为广泛地存在于网络书写之中，这就是文学性的泛化。网络畅销作家的文风、技法，在诸多跟风模仿中迅速"普及"为流行，对网络的整体文风、书写观念产生了持续的影响。华丽的语言、精巧的修辞已非文学专有，而是成为一种本能的粉饰元素，渗透在日常的网络言说之中。当技法成为本能，文学书写的难度亦相对降低，创作意识则更为提升：文学文本、文学化的文本如同热带雨林中彼此交织生长的藤蔓植物，此与彼、虚与实、深与浅、新与旧，在不断的置换之中衍生壮大，仅凭一花一叶，殊难追根溯源；不拘泥于显在的文学性因素，则网络文学的意义、价值标准、自我定位，都需要重新厘定。

本章研究的"网络文学"，拟从三个角度对这一概念"望文生义"，进而展开阐述。首先，是以网络为主角、以网络生活为小说内容的文学作品，第一代网络小说如《第一次亲密接触》，以及后来的《告别薇安》，是这一类文本的代表；第二种是经由网络平台而大为流行的文学，包括网络玄幻小说、同人小说、架空小说、穿越小说等等，这些作品具有商业文化性，与大众流行文化如电视剧、电影等关系密切；第三种则是体现典型"网络精神"、具有鲜明文学性与创新特征的文本，本章则以"警句体"文本为例展开分析。

一、描写网络与网络生活的文学

描写网络生活、以网络活动为内容的文学文本，网络爱情小说最为典型。

1. 网络爱情小说的"纯爱"精神及其消逝

掀起网络文学第一波热潮的《第一次亲密接触》（痞子蔡），其男女主角的情缘萌生，依赖于主人公在网络世界的巧妙独白和机智对话。这种语言塑造的爱与男女纯情的"不谋而合"，浓缩了当时对于网络人际关系的热切期待——以纯情的语言纯净地表述纯粹的情感和纯洁的人物，网络传情的准确、神奇、惊喜，尽在其中；网络魅影遭逢现实之后的幻灭，小说则将其美化为崇高的悲剧结局。《第一次亲密接触》既是网络爱情的一次成功广告，也固定了网络爱情小说的一种模式：文字吸引——网络交流——现实接触——真心相爱——意外分离；这样的模式的结局是，当事人留下的是刻骨铭心的爱情，网中爱人却注定消失，只留下网络这个伤心之地，寄托着无限的忧郁和回忆。小说的凄婉结局，反过来为网络加上了一重"纯爱"的光环。

这一光环带有网络初兴时期特有的青春之美，成为一代经典；因其套路分明，这一文体颇易仿制。譬如下例：

"你的名字告诉我的。通常叫'火玫瑰'的人只有两种情况，一种是温柔的女生才希望自己是一朵玫瑰，因为漂亮的玫瑰更能吸引男生的目光；而另一种是你是个boy却有心理变态的倾向，在现实中没有勇气去面对社会所以才借助网络这个虚拟的东东来发泄自己。现在用反证法来证明你是女生：我的第六感觉告诉我你是个girl，假如你是个玻璃，可以推出我的第六感觉出错误了。而我的第六感觉是很准确的，因此产生了矛盾，所以假设不成立。综上可证，你是个小姐而不是先生。"

"小人斗胆敢问小姐又怎么知道我是个先生而不是小姐呢？"

"也是你的名字啊。通常叫幽谷草的也只有两种情况：第一种是boy才会愿意做花下的小草，因为他有机会可以看到美丽的玫瑰；第二种是女生从来不愿意做小草，因为女生都是很爱美的，所以都会把自己打扮的像美丽的玫瑰。现在经过我'奔腾1000'的大脑严密的计算，你有0.001%的概率是girl，有9.999%的概率是阴阳人，还有90%的概率是boy。又因为我相信科学的计算，所以知道你是个boy了。"

厉害！我不禁想起了古人的一句话——棋逢对手，将遇良才！（《盛开在网络中的玫瑰》）

这段"打机锋"模仿《第一次亲密接触》轻舞飞扬和痞子蔡之网络对话的痕迹颇重，且充满了不值一驳的漏洞，远不如"原版"的逻辑推理（《倒水与爱情》）那么严密。说是"棋逢对手，将遇良才"，无非是暗示读者，对话非常合拍，爱情非常美好，纵然这种暗示不见得会成功，作者的用意却是明显的。网中相逢有缘人的愿望始终存在。

在网络爱情描写中，语言的机巧乃是首要的因素，作品要展现"爱从何来"，基本都会罗列"聊天纪录"，这既是对话，又是心理描写。对未知"对方"的揣测推断过程，是网络人际交往的普遍经验，唤起读者的普遍共鸣。

"如假包换的女孩子！……你真的是男孩子么？"报复一下。

[faint！如假包换的男孩子，……其实真的就是真的，怎么换？]

xixi……有趣。

"你是九几级的？"

[97的呀……]

"ok……叫姐吧，比你大！小DD……"先叫他一声把便宜占足再说。

[你知道么？……我不是大本生……我是研究生……]

faint！这次可真是糗到了家。

"hehe……"

[hehe……没关系，浪子守则第一条：MM永远是对的]

"第二条是不是：如果MM不对，参看第一条？"

[咦？你也知道的说？]我当然知道，这笑话比我奶奶大两岁。

"你平时最喜欢干什么？"

[睡觉……]

"shake hands with ganr……同志啊，我可找到你了！"

在反映网络生活的文学中，对话体是一种标志性的存在。网聊的语言"推手"乃是自我满足和自我欣赏的重要活动，很多作品力求把对话写的最为出彩，因为它是语言中的语言，是在网络中的"那个人"在说话：在形象正面示人之前，全靠"说话"吸引人。由此，对话部分通常集中了写作者的最高水准，所谓的机智、从容、优雅、风趣，尽在其中。同时，要写网络生活，聊天纪录也是可以随意粘贴的法宝，因为它是网络人际交往的全纪录，可以将有效信息和盘托出；不仅如此，网聊记录具有直观的趣味性，容易把握，读者可以方便地把自己代入其中，取得心领神会的效果。

随着网络普及，幻想退却，网络人际交往的整体风貌不可避免地变得泥沙俱下、缭乱混杂，"纯爱"不再那么所向披靡，网络谈情的虚假性开始司空见惯：

如果我是在写网络爱情小说，那么写到这应该是我们两个默契地双双坠入情网了，hehe……对不起读者，两条懒虫默契地双双不肯坠入，一直默契到今天。

并非我怀疑网上爱情的可能性，不！从理论上说，教兔子抽烟都是有可能的。只是，网上看到的只能是代表了充分的感情色彩的方块字，一个对你很苍凉地说着"你不懂"的人，可能正对着屏幕挤他的青春豆；而一个给你发信说你是他所见到过的最善解人意的女孩子的人，说不定把这封老少咸宜的信copy了10封，不偏不倚地寄给了10位从8岁到80的女性。

……

如果是小说的话，现在应该是美丽的女主角因为客观的原因而难以和男主角天长地久，于是含泪而去，剩下男主人公贾宝玉般地两眼凄迷，望着对方远去。hehe，问题是我虽然快要走了，但是，我们俩的美丽，才气，爱情……好像都和上述充分必要条件有点儿出入，所以，这个网络交往故事的结尾有点问题，我称不上美丽，也难说它就是"最是那一后脑勺的温柔"。（我一直不明白为什么小说里总是让女主角倒霉，我快要走了，时间不允许，否则我会写篇爱情小说请那男主角尝尝植物人的滋味……）《恐龙手记》

游戏文字成为爱情的代偿形式。把时间花费在堆砌文字上，流露的则是对爱情只是"徒劳向往"的自觉。作者、读者都清楚，网络爱情多为虚构，发生了的故事是两个人的虚构，只用文字写写的故事是一个人的虚构，两者并无本质区别。虚拟世界的爱情缺乏现实交流的直观性和可信性，由语言交流产生的"爱情"总是需要依仗更大的"晕轮效应"，即向往、主动追求网络爱情的意识和愿望。在网络中，若随时抱着可能恋爱的"革命警惕性"，情感就带上了人为造作的性质，实际网恋如此，以网恋为题材的写作更是如此。

可以说，网络爱情小说的人物给读者的不实感是网络的虚拟属性决定的，与其说这是必须正视的网络文学创作的问题，倒不如说是必须"绕过"的网络存在状态本身的问题；在这层意义上，网络小说描写的，与其说是网络中人的爱情际会，不如说是人对网络的恋爱——写作者借助网络，以自己的虚构和想象达到对"爱情理想"的掌控和超越，并对自己一切在握的智商/情商水准乐此不疲。

后起的网络"爱情"小说，无论是出名的《告别薇安》还是一般的无名作品，其共同特点就是充斥着花哨的"装饰音"：有关都市生活情调、文化品位等的描绘比比皆是，网络作为时尚文化阵地的属性也显得越来越重要。"爱情"自身退避三舍，只起到挂名号召作用，实质内容则让位于个人内心的"孤寂"和最终的"孤独"，以及对这一状态的自恋欣赏。网络在这些作品中被描绘为沉闷的现实生活的一个"通风口"，主人公总是自顾自地释放"致命的魅力"，对招来的"猎获物"则表现出超然的冷漠和疏离：综观安妮宝贝所塑造的孤高自许的人物形象，除了"空前光明起来"的电脑屏幕，还少不了浓郁的长发、名牌的香水、棉质的衣物、异国情调的化妆、"干净锐利"的眼神等"软性包装"。这些频频出现的"标志物"和特定用词，都具有高度的可模仿性。随着追捧者的效仿泛滥，这类文本的内容和形式都无可避免地庸俗化，最终成为一代"小资"的套话集合。

2. 网络生活的正面呈现

要评估、界定一个网络文学文本是成是败，有时不得不在"网络"与"文学"二者之间寻求兼顾平衡。若不谈"爱情"而论"网络"，内容平庸，文学技巧也平庸的文本倒有资格列做网络文本的典型——关于"初次触网"的新鲜喜悦，累赘生硬的描写偏能传神。譬如下例：

拨通96300的电话，电脑立刻联上互联网。没有费什么周折就联结到深圳的BBS站上。刚一进站，KEN这小子就拼命呼叫我。没办法，只好应答他。

我和KEN闲聊了一会，就跟他说再见。我在BBS站上四处游看，一会去专题栏中读文章，一会又POST（邮发）了一些自己的论点。哎，也没有什么新的惊人之语。于是，我选取了屏幕上的监视用户的选项，站上各人的活动情况一览表就显示在我的屏幕上。

好半天，发现都是旧日常常来此的网友。正当我想按"E"键切离系统时，发现屏幕一显，网友活动表内容已更新。原来，又有一个新人上来了，一看她的昵称叫"嘟嘟"。好几分钟，这个嘟嘟一直都没什么动静。一定是个新手。就像我当初上网一样，磕磕碰碰的，行动极其迟缓。好吧，去会会这个新朋友。

哼，先查查你是从哪里来的"游魂"。我键入命令"U"查阅用户的注册资料，嘟嘟的个人资料和网络地址立即显示在我的屏幕上：哦，又是深圳来的客人。

我键入命令"T"进入谈天说地系统，再按"T"键就开始呼叫她。好半天，她终于应答了。

于是，显示屏上出现了一行行我俩对话的文字：（下略）

我回到主菜单，将光标移到"离开BBS站"的选项，关机出去吃饭。

……

星期一的下午，一散会，我迫不及待地联上深圳的BBS站，进入谈天说地系统，开始呼叫她，很快地嘟嘟就回应我了。屏幕上上下两栏我俩对话的界面。

":-):-)波，又见到你了，怎么这么晚才来？"

"我们下午开会，讨论一个方案，直到现在才散会。嗨！你上网没几天，就知道用':-)'这个符号了，可见进步神速。"

"死坏波，你又来挖苦我了，你怎么不记得了，这个符号是你昨天教我的，嗯，是微笑的意思吧。我把它的意思扩展了一下，你就当成象声词'嘻嘻'得了。"

"嘟嘟，认识你都快半个月了，还不知道你长得什么模样呢。可不可以将你的芳容和声音mail（寄）给我？"

"波，我还不知道怎么用电脑来制作图象和录制声音呢。"

"那好办，你用一扫描仪将照片扫成计算机能处理的图象文件，用声卡接一小麦克风将你的声音制成声音文件，然后用电子邮件POST给我……"

之后的几天里，我总是魂不守舍。每次CHECK（检查）自己的邮箱，总是见不到嘟嘟的伊妹儿（电子邮件）。终于在第四天收到了嘟嘟的伊妹儿。我迅速将文件下载到机器硬盘里，果然有一个图象文件和一个声音文件。哇！屏幕上的女孩一脸清纯，洋溢着灿烂的微笑，再用媒体播放声音文件，我那个小喇叭里传来甜甜的声音：（下略）

上例的网络爱情故事中加入了太多操作网络的"技术细节"，几乎沦为网络行为的罗列，"网恋"的描写则并不成功：情感故事并没有成为文本的重心，反而成了串联起操作技术的中性线索。然而，作为"触网"初期特定状态的呈示，则此文本具有相当的可读性：作者本人仍然处于对网络操作的新奇感中，其生硬吃力的描写时时透露出对网络生活的认真看重。网络操作对网络爱情形成的"牵制"，体现了这样一种认识，也即，有必要正面呈现网络的存在，因为它直接改换了爱情的模式。这一感受是网络"青春时代"所特有的。随着网络日趋普及化、日常化，"网外人"群体趋于缩减、消失，初次触网的生涩喜悦亦将成为绝响——习惯了网上生活的人根本不再作"键入命令"、"使用软件"之类操作过程的细节交代。随着对网络人际交往的习以为常，网络在个人情感生活中亦不复拥有当初的新鲜感觉。

不过，网络的"家常化"并不意味着网络生活不再唤起文学描写的意愿；作为文学描写对象的网络自身不具备足够的"美感"，它的"可写性"始终附丽于网络中人的感性。在经历了最初的网络罗曼司之后，网络生活庸常状态的陈述逐渐取代了戏剧化的铺张扬厉，多了平实真切，少了忘乎所以。现举一例，关于网络多人在线游戏（MUD）：

我进入泥潭的过程不是很顺利，只是听说那儿很好玩，就一口气看了两天泥虫论坛精华板然后进了xkx（厦门大学「侠客行I」泥潭。凡狗注）。

进去了才发觉自己是路盲，居然在酒楼下面问人到哪儿买吃的，xixi……

chat*blush

【闲聊】阿朱的脸「唰」的一下红了起来。

身上一个子儿也没有，肚子饿得咕咕叫，sigh，当时真是好惨。

chat*xbc97

【闲聊】阿朱叹道：我的命怎么那么苦呀，就像那小白菜一样。

（注：像blush、xbc97这些动作都是泥潭里面的emotes，经常玩泥巴的网友都会很熟悉，作这些注释，是考虑到不挖泥巴的同学可能看不懂，并非班门弄斧）（此系作者原注）

……

第二次入泥的时候就比较惨了。我刚从鬼门关出来，又学会了向老玩家讨钱，刚在奸商唐楠那里买了点东西，得意洋洋地站在当铺门口，一个叫读书写字的家伙走过来，他看了我一眼，一下子拔出剑来向我乱砍，我当时连兔子都打不过，怎么打得过他？一下子，屏幕上就是："你的眼前一黑，接着什么也不知道了……"

说实话，当时屏幕前我确实是眼前一黑，这是什么人嘛？！

多人在线游戏比网聊、发邮件"专业"许多，但此文不必行家才能欣赏，即使完全弄不清楚在线游戏的原理，也不妨碍感受"我"从"得意洋洋"到"眼前一黑"的经历，更何况这个"眼前一黑"还包含了虚拟与现实的"通感"。玄奥的"行话"（挖泥巴——玩MUD游戏；入泥——进入MUD游戏界面）与感性的画面彼此交叉，不至于令读者对叙述产生厌倦；这样的写法生动有趣得多，也"自然"得多。

以平实、如同谈论家常的文风来讲述网络经历，这便开始贴近真正意义上的"个人自传"了——不借助虚构和修辞来满足个人的炫耀心、虚荣心，跨过网络活动的特殊性不提，而只是尽量准确地追述自己的心路历程。

我用水水这个名字注册，结果屏幕上出现一行字，告诉我这个名字已经有人注册了。我换了好几个名字，中文的英文的，只要是我能想到的都有人使用了，情急之下，只好用"泗阳"这个名字，这是一个很不出名的小县城的名字，是我丈夫的老家。结果，我得以顺利进入聊天室。但是，一进去我就傻了，一屋子的人，叫的喊的哭的笑的打情骂俏的，我根本不知道该怎么办。看了好半天，才怯怯地说了声："嗨，大家好。"又过了好久，根本没有人搭理我，他们都在高声谈笑，我又说："我是新来的，我叫泗阳。"

……照例是在网上浏览一下，然后进聊天室。但进聊天室的第一件事就是先看看帅克在不在，如果他不在，我会立刻退出。这并不是所谓的网恋，有了第一次进聊天室遭到的冷落，以后总希望在那里能遇到个熟人什么的。

同样也是描写上网活动，但网络操作描写基本"现实化"，将在线者众多写为"一屋子的人"，把网友之间热烈、高速的回帖描述成"叫的喊的哭的笑的打情骂俏的"、"高声谈笑"，自己的姿态则是"怯怯地"：虚拟世界并非信息的中性交换，而是能够由个人观感引申成为不同的环境气氛，网中人因此超越了网络人际关系的崭新表象，注入了感性生动的生活经验。

3. 网中独白倾诉的文学实用化

描写网络生活的绝大部分文学文本质量平平，并无希望进入传统的正规出版渠道；网络家常化、社会对网络的陌生感消失之后，描写网络生活的文学也已经不再具有初期一般容易实现的商业价值。然而，以网络生活为主题的文学作品，其对网络生活经验的反思始终存在，且依然在演进探寻之中。这一题材的文学，可圈可点的文学技巧创新并不重要，关键是能够"真实"，能够与特定的读者心灵相通、感觉共鸣。无名作者的无名文章本来就具有私人性（并非刻意保守，只是因其水准、机遇，文本常常在相对固定的小圈子交流），通常是在同一文学论坛上共处的人群之中发表，含有一定的社交性质。网中人以跟帖的形式相互交流，虽然通常只是彼此赞一句、顶一顶，已足以生发温馨的人情味，实现"你我共在"的充实感。以下是几条从"榕树下"网站中随机选取的跟帖：

你的文章赚取了我的眼泪。我其实很明白，我的眼泪不是为你而流，是在为自己。

理科的人你写的也不错啊，真的，其实感情是真的，就可以写的出来的。

为什么你的文章让我想起一个人，为什么这么像，为什么我每次总觉是他在对我说的，我真希望是他，可是我知道他不会逛水。

帖子是我帮她发上来的~~ 里面写的那个是我，都是真实的故事。~~ 只是后面她说我们相见后~~~ 是她虚构的~~~ 我看了后心好痛~~~也许我知道她为什么要虚构后面的那段。

我正在扮演这个故事的女人角色，我多想能给我一点提示，或安慰。可是，为什么是虚拟的?悲伤ING~~~~

如果以正统的文学评论的标准来看，如上一系列跟帖完全可以划进忽略之列；然而，此类评论在网络的泛滥，却揭示了网络的"文学公有化"属性——每个人都可以插嘴议论，没有哪个人的意见是应该完全无视的。跟帖者对于网络文本之虚构性与写实性的分化讨论，给了我们不少提示。"写的是自己的故事"与"虚构"被混为一谈，网络文学的功能性在此显露无疑：把文本制造出来，就是用来与"事实"彼此纠缠的，"文学"成了八卦谈资。现代文学理论有"作者死了"的观点，认为作品一旦写成，就开始独立于作者，读者获得了从自己的立场解释演绎的权力；而在网络中，不是"作者死了"——文本可以被反复编辑修改，作者可以与读者直接交谈，文本不再具有脱离于作者掌控的相对确定性，甚至读者可以转载、改写原作来实现自己的文本期待。如此说来，"读者永远不死"才是更恰当的表述。不同水准的评论随时都会闯进作者/读者的视野，文本作为独立主体的可能性也进一步减少了。

记得第一次来到社区，看到了那么多的帖子并没有感受到有多少真正的涵义，到了后来，发现竟然有那么多优美的文字和动情的文章可以欣赏和品味，有时欣慰，有时感动，有时流泪，有时狂喜。在这里也结识了好多朋友，欢乐时和他们一起发帖，聊QQ，忧愁时会和他们一起谈天说地，相互倾诉相互安慰。

从传统视角看，没有独立性、被随便评论"灌水"的文本并不能增添文学的光荣；当然，网络文学也从不曾宣称要继承传统文学"德高望重"的头衔。文学之于网络，首先是整合个体生活的文字符号的一部分、一种形式，是具有更多"艺术性"的文字，立足于广大网民自我倾诉的需要；消遣、沉溺都是七情之常，严肃、深入的探求则有些强人所难。

网络的平凡文学只是白日梦的一部分，以完成书写为目的，以得到回应为满足；故而除了描述网络行为、呈现网络形象的文学，还有情绪宣泄的"独白体"：

在一个阳光明媚的午后，纵横交错的思绪下，闻着浓浓的咖啡香，你会想起些什么呢？我想起了曾经的一个梦：一个平凡的女孩，对于爱情她有着最绚烂的向往；对于未来也有着许多美好的憧憬！就这样一个19岁的女孩好比清晨初升的太阳，有着无限的未来，可她却早早地掉进了爱情的坟墓，成了永恒的牺牲品！

当再次面对母亲因为赌博而进拘留所，父亲喝酒彻夜未归之类的事情，我只有惨淡的近乎麻木的苦笑，笑自己可悲的家庭，笑自己的无助。在外人看来我的人生应该是精彩的，家庭经济充裕，生活无忧，殊不知，美丽的光圈下，微微透着的那点点斑驳瑕疵，犹如人们只是欣赏星空中的月儿，并未发现月光中夹杂着的那代表山峦的黑影。曾几何时，住校的我连夜返回家中，为的就是在硝烟战火中，做一名勇敢的战士，独挡一面，挡住父亲挥向母亲的硬拳，抵住母亲舞向父亲的利甲，任由血液和疼痛蔓延全身。那一刻，他们镇住了，但并没有为我擦拭伤痕，这让我明白，他们的震惊，并不是因为我的受伤，而是我眼神中透射的绝望的寒光。血流了，可以止干，肌肤疼痛了，可以在修养中消失，那么，心碎了，还能缝补吗？

我要给她一切，我的一切，别人有的我要给，别人没有的，我也尽量给，只要她能高兴起来。死，这个字曾经n次出现在我的幻想中，我曾经想象我以壮烈的一死来换得她的新生，而最后她能为我流几滴泪就够了。假如我的一死可以换得她的解脱的话，我是高兴的，义无反顾。

一粒珍珠是痛苦围绕着一粒沙子建造起来的庙宇。是什么愿望围绕着什么样的沙砾建造起来了我们的爱情？

心固定方向以后就成了磐石，最后的雪在枝头燃烧，你将以怎样的温柔浸润我短暂的一生？

任何故事都要有个结局，这是爱情因果的必然。就像我的尾巴，是藏不住的。那些结局或甜蜜如婴宁，与王子服相安于世俗的生活里，鱼水交欢。或悲哀如白娘子，被自己所爱的人亲手罩在紫钵之内，永镇雷峰塔。或悲戚如林黛玉，戚戚终死。

而我的爱，是不耽于俗世的因果里的。

就如纪伯伦所说：爱除自身外无施与，除自身外无接受。爱不占有，也不被占有。因为爱在爱中满足了。爱没有别的愿望，只要成全自己。

我的爱仅此而已。

独白自述可算做网络文学的一种代表类型。理所当然、自怜自赏的意味在此类文本中呼之欲出。"我就是我的语言"，自我表现的虚荣心变得无所不在；借助网络对个人现实属性的掩蔽，网络中人脱离了现实加诸自身的种种"泼凉水"的评估，一心追随虚构境界；滥用语言的快感、自我暴露的冲动、引起瞩目的渴求，都助长了多言而浮华的写作风格，以华丽词藻和松散结构为特征的宣泄独白于是大行其道。这些文本很少对纾泄的节制意识，反而追求夸大张扬，笔调看似无所不指，实则一无所指。

　　我不知道究竟我们可以走到哪里。假如要跳出身外顾盼此刻的一己，我也看不清情深几许。问世间情为何物？情为何物呢？

　　"千里姻缘一线牵"。古人这么说是一句预言？还是一句祝福？时代造就了可以凭借一根网线、一根电话的线，连接起天涯海角各一方的两个人。姻缘，音缘，抑是因缘？倘若不必牵连到生活的真实，我愿意这空灵的千里相思化做流水，与青山同在，地老天荒。也许惟其难以成为真实方能永恒，惟其悲凉方能打动人心。"千红一哭，万绪同悲"，《红楼梦》情高千古；梁祝化蝶，玉环尘土，"七月七日长生殿，夜半无人私语时"，惟其凄楚无限，却万年不朽。尘俗多病，纯洁到了极点也便成了一枕清梦，柏拉图的精神之爱，是否可以真的呈现在这个时代？身外是如潮的人声鼎沸纸醉金迷，灯红酒绿下也有无数的诱惑。反观于此，我反而更心仪那虚幻的相思吗？然而尚有声音在耳，又不是虚幻。如此或许只存了一段感觉，斯事美矣，且自欣享。

　　你一定怪我想得迷离了，不好。我也知道这不过是遐想，遐想就难免瞎想了是吗？我把思绪收回来，只一下便轻轻地收回来了。其实我知道，我渴望着与你相见，与你执手相看，与你长天比翼，我的心里，盼着与你结成连理枝，开出并蒂莲。你笑我了吗？

　　也不记得是何时开始了一种新的心灵记忆，而这种发自内心的微妙只有自己才能深刻地体会到，想用言语来修饰一番，却发觉有些力不从心，害怕一用错词就会带来一种心灵的遗憾。

　　或者一个人最记得的是遗憾和错过。是没有完成的故事，是系在心里的一个结。相爱不能相守，离开后漫漫地蹉跎。山盟海誓，锦书难托，或者时空分隔或者生死两茫，又或许年少轻狂高傲不谙世事地错过，终换不得眼前的怜惜和相依。遗憾似乎很美，很应该记得，残缺矗立成突兀的心结，剪不去理还乱，眉头心头缠绕。因此就该记得么？长长的把她叹息成为一个遥远迫近的梦，但梦终归是梦了。不在一起总是有理由的，在一起就更好吗？也许就是没有理由的南辕北辙、背道而驰时候包含了缘与分。走不到一起，那样的背影和故事就应该笼罩一生吗？但这时候就是爱，是否就是记得了？人是否应该活在过去，潜伏在当下的暗流里追忆流年似水？也许是因为对现时的不满，才无比追忆往昔，往昔停留成一张张发黄的老照片，去了不好，只剩下美丽。当时的错与怨都不见了，只有一些美好片断，那样一次温煦的对视，那样一次美好的下午茶时光。回忆是否就是爱情，是否就应该记得，是否是一种理由，成为继续爱的借口，但是你真的爱她吗？你爱的是什么？你还是爱着自己，为自己的不和她在一起寻找借口。得到某种平衡安慰，如同饮酒，怀旧是精神的迷醉。

求不得不是爱，因此无须记得。伤离别不是爱，因此无须记得。这两者确是缠人的梦想和依恋，心情煎熬了岁月，消耗了青春，纵有闲情几许，怎敌得过春来冬往，眼前景色？不如怜惜眼前人，眼前桃花春风，旧时小楼明月毕竟随波而去。

熟极而流的堆砌有自动写作的意味，行文依赖着先在文句的记忆而自动衍生，而少有创新，连缀而成的文本不免冗长空洞。"抄来的"语言貌似抬升了文本的文学性，实则稀释了内容的浓度，令其最终"水化"，满纸写"情"，却不见"人"。在以满足自我需要为动机的网络书写中，人物形象往往徒具悦目的外壳，不过是传统言情小说人物的时髦翻版而已。唯有不执着于"形象"，低首下心地体会、思考，方可引向真诚和智慧的结合：

在措词和遣句中发现，原本的语言是需要用心灵去培养的，一样来不得半点虚假。每当在夜深人静的时候才会发觉，心灵的最深处需要一种释然表达的方式。

情感需要总要寻求释放的途径，在网络之中，这种释放就是书写；正是因此，网络中才会有那么多的心情故事、抒情散文；民族情感、亲情、爱情、理想，烦恼、喜悦、愤怒、激动……网络的确是一个"多情"的世界，所有的文字都携带着深重或清淡、认真或随意的情感，彼此交换，相互连通。

网络文学的宏观语境，乃是现实存在与网络幻境在人心中的争持制衡。网络鼓励、普及了一种虚构化的生活思维，并将这种虚构的智慧延及现实。作为文学的对象，网络表层的可写性已然罗掘一空；哲学化的、形而上的思考批判曲高和寡，恰如批判精神不是大众文化的主流一样：思想精英的居高临下只是一种假象与自欺，凡人的庸俗命运才是真正的必然。在现实难以获得的认同与自由，网络制造的光彩照人的言语形象，这两者之间的巨大落差，恰好鼓励了网络中人的自我虚构倾向，由此造就了文本的狂欢。

二、经由网络流行的文学

网络文化首先是大众文化，网络中流行的文学自然首先要体现大众口味。网络文学的初发阶段，除了萌生第一批网络作家，凡是流传达到一定规模、时间、受到喜爱的通俗作品，也差不多都在网络上催生了大量语言相近、套路相似的仿作。根据网络文本所依托的经典格式，可以将其进行多样的大系归类——如作为中华文化遗产的文言系、骈文系、三国系、红楼系、明清小说系；多年来流行的大众文化的金庸系、古龙系、琼瑶系、席娟系、王朔系、大话西游系；产生于网络的痞子蔡系、安妮宝贝系、今何在系，等等。不论是昙花一现还是"江山永固"，这些文本大系多多少少都偏离了传统的文学"创作"套路，在笔法、结构上普遍流行对经典文本的极似或别致模仿。

1. 仿写经典：网络文学的基本衍生模式

网络文学创作最主要的条件不在于作者的独创性，而在于其能否对某种语言风格作出熟练的掌握与自然的发挥；无论这套话语是从哪位作家、哪本作品中搬用过来的，只要使用得足够熟练，就能保证文本效果的连贯和谐，达到"好看"的基本要求。也许正是由于将"自己的经典"用做模板，网络书写以一种与经典平等的姿态出现，不是谦卑地亦步亦趋或激烈的反叛，而是以一种轻松嬉玩的心态"向大师致敬"，对经典文本展开仿写、改写、套用、镶嵌、拼贴，后现代的精神贯穿其中。经典语言被打散、重新组织并撒播在文本中，它所携带的经典文本的气息和感触仍得以继续发挥，并呈现翻新的效果。这可以解释为什么网络文学总能够写得非常漂亮。托网络的福，经典纵然被拆得七零八散，其昔日的光彩仍游荡在"最新写成"的篇章里。

原本说来，经典之所以是经典，正是由于它们不可模仿、独一无二；而在网络中，模仿却是理所当然的事：一方面，享有深远影响力的经典塑造了当代作者的文字口味；另一方面，被反复阅读的经典是写手最熟悉、掌握最熟练的、可以自由回忆及发挥的文本——这两个方面共同决定了网络书写与经典文学的亲密与悖离。成功的模仿可以天衣无缝，并不高明的刻意模仿也不会招来嘲笑——因为习惯、因为喜欢，所以模仿。如同古人将小说称为"小道"而把对它的迷恋算做细枝末节而拒绝放弃一样，仿写拼接的文本承认自己是二手文本，以退为进地坚持了模仿的合法性。例如中学语文课本所要求背诵的多篇鲁迅作品，如《记念刘和珍君》、《孔乙己》，都成了网络时代写人记事的流行模板，套在各种时尚人物身上。

受到喜爱、广为人知的作品总会被模仿，且这种仿制品出现的频率与原作的影响成正比，跟风实属正常。但是在新鲜感过后，一切的"创新"都不得不辞去"独树一帜"的荣衔，而归于某"类"；网络文本谱系的膨胀机制大致如此。当然，仿写文本的集群决不仅是语言风格或创作题材的归类，它们集合起来的，还有趣味、思路，以及持有这种趣味和思路的人，大大小小的亚文化圈子随之形成。网络是集群流行之地，所谓的"另类"或者一直保持寂寂无名的状态，或者进入流行而成为大众文化现象，听任模仿、使用，最后失去独特性：不仅传统的经典文本，网络所成就的那一批曾经新锐的写手也都因模仿者的蜂起而失去了曾经相当"个性"的声音。

2. 对历史的架空与凭附：穿越小说与奇幻小说

最近几年来，网络中最引人瞩目的文学现象，乃是架空小说、穿越小说、奇幻小说的异军突起。它们不仅使文学的天平又一次倾向"大众"，还进一步细致地揭示了当代流行文化之影视—文学—电子游戏的关系网，推进了网络文学整体风貌的"大洗牌"。网络文学的发展进入了新的时期，商业化—文化产业化—文学消费化的风格进一步明确。

穿越小说和奇幻小说都依托于想象/YY（意淫），前者以当代普通人因某种机缘穿越时空、回到古代为缘起，后者则以超自然的人物及其他存在为小说的主体语境。

穿越小说的兴盛与当今古装电视剧的大量生产有着直接的因果关系，最为典型的乃是"清穿"（即清朝穿越小说）的盛行。"清宫戏"的铺天盖地一方面颇受批评，另一方面，作为一大批男男女女的日常精神食粮，它们自行其是地造就了相当亲切直观的"影像记忆"：以这些影像记忆为酵母，穿越小说作者兼采武侠、言情的丰富素材，不断炮制出阴谋加爱情、文才兼武功的长篇故事，其流连忘返的劲头，正合了一句"爱完四阿哥，再爱八阿哥，或者两个一起爱"，梦里不知身是客，一晌贪欢了。

中国有五千年的文明历史，"穿越爱好者"多彩多姿的人生梦幻也并不限于清代，而是大汉、盛唐任我遨游，"男性热衷于吹'回到明朝当王爷'的大牛，女孩则不惮于表达'拐个老公回现代'的心愿"[1]。女性写手的构思总不外是：在遥远的古代，变身绝代佳人，被英俊、位尊、多金、重情的一个或几个男人所爱。与爱情大主线交织的，还有宫廷斗争、武林恩怨、商业贸易、身世谜团等诸种情节，林林总总，不一而足。

奇幻小说，则是传统志怪、奇侠小说与外来魔法小说的合流产物，多用科幻、魔幻、玄幻等小说技法，超自然的人物角色，魔法、巫术等细节，而情节多为世界出现灾祸，英雄挺身而出，解救世界；思想

---

[1] 汪涌豪：《"穿越小说"：是穿越还是逃避？》，《文汇读书周报》2008年2月22日。

上则常具有浓郁的英雄主义色彩，学界有人将其界定为："以通过非现实虚构描摹奇崛的幻想世界，展示心灵的想象力，表达生命理想的文学作品。"[1] 前承《蜀山奇侠传》的玄幻传统，侧挟《哈利波特》、《指环王》的好莱坞攻势，奇幻小说席卷网络，其堪比杂志合订本厚度的十六开纸质版本转眼就"深入群众"，尤其成为众多体力劳动者的酷爱之作。奇幻小说与穿越小说一样一面挂靠于中西文化历史资料，同时极力发挥个人的趣味想象，《鬼吹灯》、《盗墓笔记》对民间传说的漫天发挥，从来不缺少好莱坞式的华美场景、惊悚大片式"宽屏广角"的"高清镜头"；《诛仙》、《九州》中虚拟的神话世界，也时时游走着网络游戏的风云族类。

对于穿越小说"架空历史"的做法，当代文化批评颇有微词："可能因现实生活的挫折和职场生存的艰难，在找不到可以执手同行之人，甚至好的倾听者的时候，她们往往会用一种虚妄的假想，通过笔下的人物完成最直捷的心理代偿。"[2] 从"现实中十缺十无"直接跳到"回到古代后的十足十有"的白日梦，确有逃避现实之嫌；然而，此类小说"艳史+野史"的敷衍套路，在深层上响应了中国传统民间文化生活中对于演义、评书一类文化游戏的顽强酷爱。架空历史的虚妄有悲哀之处，顽固的、单向度的恣意幻想，却也是一种对平庸人生的极端化的反拨。

渺小人生，素来需要"螺蛳壳里做道场"式的自我完满；现代社会的"人"，其身份、行动皆被局限在社会分工的格式之内，往往不得不凭借假想来实现"精神的"生活。好莱坞电影即素来具有"看一部片，又能好好活上一个礼拜"的充电效应，读一部虚妄华丽的人生传奇，也能收到同样的效果：虽说这些作品只是"缓释人精神焦虑的虚妄祷文"，未尝不可喻做洒在平庸人生之路上的金粉，来得莫名其妙，却能增添几许只可意会的欣快欢愉。

---

［1］叶祝弟：《奇幻小说的诞生及创作进展》，《小说评论》2004年第4期。
［2］汪涌豪：《"穿越小说"：是穿越还是逃避？》，《文汇读书周报》2008年2月22日。

当然，在文字人人得而用之的网络时代，"挂靠历史"的神游乐趣从单纯的听受扩展到亲力亲为的自创，"娱乐方式"又升级了许多，"作家的白日梦"也大众化为"人人的白日梦"，书写和阅读都带上了商业文化、消费行为的色彩。"文学"的书写行为，在当代承担了芸芸众生寻求永恒与宏大又超不出世俗名利的价值观念：网络把原本潜在的yy书写公开化、堂皇化，大批消磨时间的良品于是不断产出。视觉化描写的流行，折射出现代传媒对个人精神世界的大肆侵占。商业化的强横力量推动着消费人生的功利做法；被消费的，不仅是人头脑中的影像记忆，还有人的想象力本身。

奇幻小说书写的立意虽然表面上高一些，但其强烈的出世愿望、根深蒂固的神话情结，依然是与现代人的囚徒身份局促地并蒂而生："当英雄最后的帆影消失在遥远的天际，我们还拥有什么？我们还能做什么？在我们这个时代，天空没有诸神的翅膀，大地不再行走英雄，璀璨的星空丧失了远古的神秘，自然被剥去了壮丽威严的外衣，到处弥漫着工业流水线令人窒息的味道，灵魂在功利的漩涡中不断迷失方向，现实主义的飓风涤荡着我们不堪一击的梦想。"[1]

奇幻小说能够更加疏离于、"超脱出"现实世界的力量，来自于其在世界运行基本规律层面上的"自我做主"："创建一个奇异的世界，并向读者介绍这个世界。但好的奇幻小说还得设定所有的自然定律，在作品的开头说明，并在余下的部分如实遵守它们。"[2]这样精美、宏大的编制空间，比重言情的穿越小说有了更多的"技术含量"；它引入了新的知识资源库，在观念结构上，也比穿越小说更贴合现代化的洞穴生活，其中包含了对"更高世界"的想象——在现代人的思维方式中，把握结构规律的抽象意识占据了非常重要的地位，因此，当代读者更有兴趣了解"不同世界"的规则、规律，并且在了解的基础上，展开智力、想象力的精致游戏，从中获得自我满足。奇幻小说中充斥着奇异华

---

[1] 张文联：《玄幻小说刍议》，《文艺争鸣》2008年第8期。

[2] 奥森·司考特·卡特：《如何写作科幻/奇幻小说》，http://book.kanunu.org/files/sf/200805/573/32027.html。

丽的意象，响应了人对于"壮美的超自然之物"的审美需求；盔甲、神剑、出神入化的武功、时间旅行、魔法、奇诡生物的进化，又融入了武侠小说的营养成分，传统中国文化中以短小精悍的笔记小说、鬼故事的形式记载的超现实元素，亦被充分激活；此外，还加入了日本动漫、美国大片的卖座手法——构想一个"异"世界比理解真实世界、真实历史、真实人物来得更为浅易、更为轻松，也更为新鲜有趣，"全盘在握"的充裕存在感随之实现。

穿越小说与奇幻小说的流行有时代的必然性。除了社会商业化、消费化，文学作为消闲品的功用随之自然凸显，当代人对"历史"的刚性需求，同样是推动这些文类壮大的客观动力。单向度、扁平的现代人在现实生活中失去的时间感，往往能够在"宫廷秘史"、"英雄传奇"这些俗不可耐却极易理解的形式中得到弥补；在"全球化"的鼓噪中迷失了的自我身份，也多少在此中感受到了文化认同的回归与在场——凭附历史、架空历史，将历史速食化、媚俗化，皆是因为虚构的永远比真实的更为清晰，更贴近"大众"的观念状态。此外，这些小说中的各种流行元素趋向于混杂一体，日益呈现出暴力、情色、神秘面面俱到的畅销书样态。

网络能够制造知名作家与出版明星，不少出自网络的写手已经成名；而玄幻小说进入纸质媒体，不仅是其写手获得了可观的版税收成，其与网络游戏联手的商用价值更是未可限量。"大卖的文学"成为常态之后，又将培养起固定的读者群，对新人新作的稳定需求也就随之养成。长此以往，终将成就一代亦商亦文的"网络文学大户"。

三、凝于只言片语的网络精神：以集句体为例

架空历史的无限神游虽然光景热闹，但只是个人阅读的一个阶段，过于遥远的yy会磨损、耗竭人的想象欲，审美疲劳无可避免。鉴于此，虽然穿越小说、奇幻小说"钱"程远大，且其面貌如同《黑客帝国》一般光怪陆离，却不能作为网络精神的真正代表。语言的极致在于简约，达到对观念的高度浓缩，"一字而境界全出"；这在讲求速度和效率、同时受制于个人信息接受能力与阅读量的网络阅读中是意义非

凡的。

不仅如此，"文学"本就不限于长篇小说的叙事虚构。作为"语言的艺术"，杂文、散文，下笔运字皆有可观之处。更何况在汉语中，尤为精擅的成语文化、注重凝练的文言书写传统，说文解字、传解注疏的知识传承方式，都培养了中国人对文字细腻隐微的审美眼光。而在网络中，先发的"短信"文学、发帖与跟帖的交流方式，都是隽言妙语随时萌生的优势语境：精短的句子、段落偶然猬集，便成"经典好帖"，是为"集句体"。

"集句体"文本符合网络阅读的习惯，同时体现了网络的精神。这类文本通常每句起首都标有数字序号，排版清晰，一目了然，特别适合在电脑上阅读；篇幅短小精悍，便于更广泛的口头传播；标题则简单醒目，譬如《yy帖——100年后哈佛bbs的十大》《爆笑口误2008新版》《2009年最贱的话》《80后偷偷"变老"的20种表现》《武侠电影的99个常规镜头》《110段笑话，心情不好的时候来看看》等。

由于是集句，其内容排列不要求严格的逻辑顺序，这又增加了阅读的轻松度，读者可以专注于欣赏奇特的表达方式，静心揣摩字与字之间的相映成趣——对"有趣的表达"的兴趣，除了汉字的美感、号召力之外，大抵与当代年轻人注重口头交流、乐于积累段子妙语有关。然而，对精警语言的欣赏、把玩，可以就是简单的哈哈一笑，却又往往不止于此。在此类文本中，时代的批判精神往往与纯无厘头的逗趣"亲密无间"，令人难以说清，自己过目不忘、"到处传颂"的，到底是几个字的特定排列组合，还是其中承载的某种观念态度。

如果人长了尾巴

1. 幼儿园里的小朋友会互相牵着尾巴玩老鹰捉小鸡的游戏。

2. "三条腿的蛤蟆不好找，一条尾巴的人有的是"将会成为某些恋爱失败者的口头禅。

3. 人每天除了梳头发，还会梳尾巴。

4. 尾巴美容师将是一个很热门的职业。

5. 武功高的人会在玩"一指禅"的同时玩"一尾禅"。

6. 公园里会有很多尾巴牵着尾巴的青年男女在谈恋爱。

7. 人类交流感情会继语言、文字、手语之后出现尾语。

8. 女人结婚将不再需要别人帮着扯婚纱。

9. 父母会采用尾巴抽打的方式惩罚不听话的孩子。

10. 淘气的孩子会用尾巴缠住父母的脖子在街上玩倒立。

11. 人的稳定性将会增加，花样滑冰及体操的可观赏性也会增强。

12. 因摔倒原因造成的腿骨骨折人数将大为减少。

13. 男人的求婚方式会增加亲吻女人尾巴一项。

14. 医院会增加尾科。

15. 与尾巴有关的美尾、护尾等相关产品及产业会空前发达。

16. 与尾巴有关的文学、绘画、舞蹈、电影等艺术形式会层出不穷。

17. 电视里会出现"今日说尾"之类的专题节目。

18. 模特大赛对选手的要求将增加尾长一项。

19. 人们见面寒暄的话也许会是："哟，几天不见，尾巴长得挺长啊！"

20. 公安局破案有可能借助"尾纹"。控制不法分子自由的不会仅限于手铐、脚铐，还会增加尾铐。

21. 本着吃啥补啥的理论，猪尾、牛尾、羊尾等将会销量大增。

22. 人会在疲劳时坐在尾巴上小憩。

23. 椅子的形象可能更像马桶。

24. 广告会出现这样的词："没尾巴，这是病，得治！"

25. 下属在奉承领导时会说："×总，你的尾巴可真长呀！"

散漫无稽的联想既有成人思维，又有孩童趣味。一些条目（如4、14、18、20、24等）结合了现代社会的常识，譬如医疗机构、美容、司法、广告传媒、选美，等等；也包括了人际文化（19、25），譬如寒暄、吹捧；此外，还延展到小朋友牵着尾巴做游戏、恋人"尾巴牵着尾巴"、父母"用尾巴抽打"孩子的动漫式人生图景：如此这般的杂乱与单纯，恰是现代人精神世界具体而微的活泼镜像。对现实进行实用化的联想和想象，已经成为现代人的文化本能，这是现代社会高度程式化的定局所致，也寄托着"人"对这一定局的软性抵抗。

对文学经典段落的改写集群则是另一路风格。读者对此类帖子的反应是两极化的，一端是赞不绝口，一端则是直接表示"根本看不懂"。从中可以看到，各种知识谱系的分野在网络世界中一直存在。譬如下例中《水浒》《三国》《西游》的杂烩：

> 话说诸葛亮除发妻黄硕外却也有二野子，亮各以名字分名之，一曰孔明，号毛头星；一曰孔亮，号独火星。此二人拜郓城押司宋江为师，均有一身好武艺。这宋江却有一结拜唤作行者的，曾在阳谷打过虎而得了个步兵都头的职衔，却不料入了佛门后打虎打习惯了惹恼了师父三藏，被套上个紧箍儿动弹不得。

利用《水浒》中孔明、孔亮名字与诸葛亮的巧合关系建构起三者之间的"血缘关系"，将水浒好汉孔明、孔亮附会为诸葛亮的私生子，并通过宋江与"行者"的结拜兄弟身份，把武松事迹套在了孙悟空头上。这种"东一榔头西一棒"的大杂烩，带来了三部名著阅读记忆层层叠印的难得体验。

又如下面一段拼帖《水浒》《红楼》：

> 智深抢到山门下，见关了门便以手扣门。两个门子便说道："都睡下了，明儿再来罢！"智深素知门子们的情性，他们彼此顽耍惯了，恐怕门子没听真是他的声音，只当是别的和尚们来了，所以不开门，因而又高声说道："是我，还不开么？"门子偏生还使性子说道："凭你是谁，长老吩咐的，一概不许放人进来呢！"智深听了不觉气忿在门外，待要高声问他，逗起气来，自己又回思一番："虽说是五台山如同赵员外家一样，到底是客边。如今无依无靠在他家依栖。便是认真淘气，也觉没趣。"一面想，一面又滚下泪珠来。

通过"叩门"一事，鲁智深醉闹五台山的粗豪形象被偷换成了林黛玉的细心多思，这个别扭的"花和尚"形象与其"正身"尖锐反差，有力地唤起了形象错置的滑稽感，智深/黛玉、门子/晴雯、和尚/姑娘，各各相映成趣。

又如《西游》与《三国》的剪接：

纵马过桥，行二十余里，见玄德与众人憩于树下。云下马伏地而泣。玄德亦泣。云喘息而言曰："赵云之罪，万死犹轻！糜夫人身带重伤，不肯上马，投井而死，云只得推土墙掩之。怀抱公子，身突重围；赖主公洪福，幸而得脱。适来公子尚在怀中啼哭，此一会不见动静，多是不能保也。"遂解视之，原来阿斗正睡着未醒。云喜曰："幸得公子无恙！"双手递与玄德。玄德接过，曰："为汝这孺子，几损我一员大将！"抓过他来，往那路旁边赖石头上滑辣的一掼，将尸骸掼得像个肉饼一般，还恐他又无礼，索性将四肢扯下，丢在路两边，俱粉碎了。

此段前半部分为有名的三国故事，最后一句则是《西游记》中孙悟空摔死红孩儿的描写。"迅雷不及掩耳盗铃"式的无稽连缀，产生蒙太奇式大惊大笑的有趣效果。

幽默戳穿神话，并且解放我们。以上"后现代"的喜剧化拼帖，是在作者、读者喜爱且熟悉经典文本的基础上实现的；了解导向热爱，蕴含了当代回归传统的文化认同。尽管是在经典中"嬉玩"，这些名著的改装版却并不是对经典文学的叛逆性颠覆，而是透射出与古典、与传统"和解"的精神。

网络改变了文学的地位，或者说，在网络中，文学在人类文明史中逐渐积累起来的庄重形象出现了一个时代性的断裂：文学依然有它的光环，但是写手们不是匍匐其下，而是以平等、习以为常的姿态"分享"它的光彩。在社会立场、价值观、文化品位等各个方面，网络文学都没有一致的评判标准。"江山一笼统"的局面下，网络文学的阅读感觉如戈壁滩上行车磕磕碰碰，各种各样、"历朝历代"的文本，在彼此之间比较争胜之后，既各显其长，又各曝其短。

不过，网络依然年轻，直到目前，我们仍然可以说"这一代"网络写手仍然主要由传统文学造就的。也正因此，网络文学虽然浮躁、张扬，与传统文学有很大差别，却并未完全脱出文学原有的格局；但是谁能预见，当网络文学成为新一代阅读者的首要资源，时代的文学观将又会发生什么样的变化？也许，传统文学将会退回到少数派的位置上，与网络代表的大众趣味分庭抗礼；也许网络的青春话语将重新开始追求经典，在最初的浮华迷茫之后，将有名副其实的精英入主其中；又也许，传统经典所标举的责任与义务的沉重命题，始终与网络代表的边缘冲动、另类理想构成着对立与距离；再或者，在网络释放、安抚了年轻人的急切热情之后，再经由经典，指引成长了的人走向更高处，网络最终成为社会文化结构中稳定的一部分——网络文学的崛起所包含的当代文化价值转型的诸多可能性，是值得我们长期探讨的课题。

第十二章　网络心理

随着网络的普及，其最初的先锋光晕渐渐退去，所产生的种种问题也逐渐明朗。可以说，正是因为人们对网络的熟悉程度日渐加深，网络才成为信息时代精神问题的"大宗供应商"。心理角度的、对网络的审视渐渐升温。从现有的网络心理方面的文本来看，一种是从自己的亲身经历出发，讨论网络生存方式带来的情感与理性的认识；一种是从精神健康角度，针对网络带来的种种精神疾患，提出病理学上的解释，并给出治疗的方法；还有一种是立足于心理学及相关理论，探讨网络给"现代人"带来的生存挑战和精神考验。一般来说，前两种讨论趋向于浅白和实用，但是在宏观的心理分析方面十分薄弱，无法给人提供全景式的认识；后一种则试图建构学科式的完整体系，透彻地剖析网络心理的来龙去脉，但是由于话语的专业性，难以被有实际需要的一般读者所完全理解。网络文化作为一种大众文化，本身就在不断消解"精英主义"，学术研究作为文化运作结构中的一支重要力量，要在大众文化时代真正尽到自己的社会义务，则必须有所行动，整合这两套话语；不仅如此，在网络带来的巨大冲击面前，实际上，依托于系统理论的分析研究者与一个普通的参与者并没有本质性的区别，因为二者同样受制于网络，必须时时刻刻抵抗网络的消极力量，没有谁能够真正凌驾于网络世界之上。

本章试图从网络行为出发，认识网络对人行为心理的引导，以理解人们在虚拟网络生活中的心理状态；并在此基础上，讨论网络对于人的生存的正面价值和潜在威胁。

一、网络行为：单向性的应激碰撞

网络与人的互动尽管相当复杂，但它与现实相对照的结构仍然历历可辨；网络行为，可以大致圈定为人在电脑前面上网的行为。首先，必须承认，网络行为与网络生活实际上是无法截然分开的，当"进入网络"这个行为发生时，网络生活便开始了，且网络生活总是依靠网络行为的接续而发生。

说得更形象一点，网络给人提供的是与现实生活相"悖反"的行为空间也不为过：现实能够给你的空间是如此有限，当发现自己能够在网络上任意游走，那种宾至如归的感觉已经足够令人惊喜；一面是熟滥、拘谨、有限的现实，另一面则是未知、自由、无限的网络。无论出于消极的逃避或者积极的探险，要进入网络是如此便捷，以至于似乎没有人能够拒绝。我们之所以要单独探讨网络行为，是因为它可以说是"现实"和"虚拟"的交接地带，很多在完全虚拟的网络生活中"隐形"的问题，在网络行为中则都可以清楚地辨认。

每一个进入网络"新大陆"的人都是自己的拓荒者。面对这完全不存在"自己"的虚拟空间，他必须一点一点积累经验、辨认网络的规则、学习网络的语言。从独步天下到睥睨众生，"一个人的战争"也造就了"孤独"的爱好者。他毫不犹豫地进入了自愿选择的独处状态，他所要求的不过是网络操作系统，剩下的便是不为旁人所知、完全自主的"心法"修炼了。投入网络之时，上网者能够达到的"非常"状态有时令人瞠目。有人这样总结：

在网吧里，任何时间都会有人在吃饭；都会有人在睡觉；都会有人在玩。不论是清晨、中午，还是深夜，都有一些人挺不住了，他们用疲惫无神的双眼仔细地注视着屏幕，仿佛创作中的马克思。他们是铁人，史瓦辛格死了他们都死不了，马克思挺不住了他们都挺得住，埃塞俄比亚的难民觉得饿了他们都不觉得饿，沙漠的非洲土著渴了他们也不会渴，他们是神的化身，是精神力量的体现。

——网吧有不怕困的人。

你玩的时候他也在玩。你睡觉了他还在玩。等你睡醒了他仍然在玩。等你又睡了他依旧在玩。

——网吧有不怕冷的人。

你穿着羽绒服还是觉得凉气袭人，他却只穿了一件薄毛衣，还把袖子挽起来了。最难得的是他们满面红光。

——网吧有不怕饿的人。

整整24小时了，这期间你吃了两分炒饼，一瓶啤酒，5个茶叶蛋，一份炒饭和好几瓶可乐。但是他什么都没吃，却比你还精神。

——网吧有不怕脏的人。

他屏幕旁边的桌子上有一个方便面的碗，里面有两厘米厚的剩下的汤，已经和烟灰烟头和成泥了，你看一眼都会把隔夜饭吐出来，而他却还在心安理得的往里吐痰。

——网吧有不怕粘的人。

他的头发和脸上的油比你家抽油烟机上的都多了，但是他还露出了天真灿烂的笑容。

——网吧有不用新陈代谢的人。

已经整整48小时了，这期间别说是拉屎撒尿，他连个屁也没放过。

——网吧有诚实的人。

一个满脸麻子，有白头发，戴着眼镜还龅牙的女胖子在QQ里对他的男网友说："其实我不是很漂亮的。"

——网吧里有虚伪的人。

那个男网友给他回信息："没关系，我这个人不是很注重外表的。"

——网吧里有*人。

他同时下载了5首MP3，同时下着一盘四国军棋、一盘围棋、一盘五子棋、打着一桌麻将、玩着5张ShowHand，后台运行打开着四五个明星新闻的网页，另外还在Kele8打着台球。整个网吧的资源让他一个人占走70%，喊："老板，我死机了，你来给我看看吧。"

妙趣横生的写照追求戏剧效果，而真实却有残酷的一面：某高校的一位大四男学生，在网吧里面对声泪俱下的母亲，仍手拿鼠标，眼盯屏幕，无动于衷；母亲对眼前这个已连续七天呆在网吧里蓬头垢面、面黄肌瘦的儿子也毫无办法。入网者能够对现实视而不见，这是一种普遍存在的现象，因为进入网络本来就是从正常的现实生活"转出"，每个上网者都会有类似的经历。然而，即便是"入迷"的状态，一般说来也只能持续几个小时，尚无大害；严重的入迷者却会连正常的生理需要都抛到脑后，不吃、不睡，对于周围环境视而不见、听而不闻，甚至对疲倦、恶心、眩晕这样的生理反应也忽略不计，大有"泰山崩于前而不变色"的气概。多伦多大学麦克卢汉研究中心主任纳尔逊·塔尔（Nelson Thall）指出："今天，电子技术将人脑加速到一个异乎寻常的速度，而人的肉体却原地不动。这样形成的鸿沟造成了巨大的精神压力。人的大脑被赋予了能够浮出肉体、进入电子虚空的能力，它可以在一瞬间达到任何地方。于是你就不再只是血与肉了。"[1]大脑在虚拟世界里生龙活虎时，肉体却"槁木死灰"，如此巨大的反差正是网络威力的不二证据。

在上网时，人把肉体控制权交了出去，一心一意地沿着网络链接长途跋涉、上下求索；肉体和精神的分离究竟对人意味着什么，这个问题且不去讨论，而在网络中脱离了肉体的精神是否就因之而得自由了呢？就像进入任何一个群体一样，加入者必须首先经过重重"洗礼"，而网络给人的精神洗礼足够造就一个"他者"——和"自我"同处一体却天差地远的人。

1. 网络语言："个性"的复制

在对虚拟网络表示认同时，人们常列举的一个理由就是，网络能够使你发出自己的声音。但是不容否定的是，"网络语言"已经形成，要在网络上畅行无阻，必须先要掌握这门"新语言"，接受它的改造。

---

[1] 戴维·申克：《信息烟尘：在信息爆炸中求生存》，黄锫坚等译，江西教育出版社2001年版。

从目前已经完成的大量分析研究看来，网络语言已经由量变到质变，开始成为一个自足的话语王国，除非进入其中，便无法领会网络交流的实景，无法进行"地道的"网络交流；反过来说，当你开始操用网络语言，便无法绕开它揭示给你的存在状态，也无法回避它所赖以运作的话语逻辑与话语习惯。与现实生活中言论与情感的拘束状态不同，网络语言表达力求直白、形象，要求人从自我抑制的现实生活法则中解脱出来；当网络形成了这样的形象，后进者就不得不检点自己的语言，免得在那些嬉笑怒骂、天真坦诚的词句中制造出不和谐的"网络外"气氛。因此，尽管与传统语言相比，网络语言充满了新奇、叛逆的特色，但是在其内部，网络语言却同样是依据特定的"权威"规则来生产运作的，使用它的人同样也要被贴上种种标签。网络语言网络言说者是被网络语言塑造出来的，这种说法并不夸张。

2. 非实名制："身份"的失重

如同虚构文学一样，网络语言以一字一句的书写潜移默化地塑造上网者的网络形象，而这本"书"的"封面"便是非实名制下的自我界定。从ID账号、昵称到各种各样的"身份信息"（如所在地、网络经验值、性别信息、年龄信息、职业信息），这些信息的真实性都无法确定，上网者在网络社会中的行为，又都是在这种具有随意性的"自定义标题"下展开的。

在现实中背负着正负两面评价并无法随时改写的身份，在网络中如同空头支票一般可以随意签发；这也是上网的诸多乐趣中的一种。四川省完成的一项大型青年调查显示，在接受调查的上网青年中，有16.52％的个人完全隐瞒真实身份，有37.86％的人基本隐瞒身份，两者合计超过了一半，而从不隐瞒身份的只有12.98％。网络要求入网者自我介绍，为自己命名，这就打开了自我虚构的关口，表现欲旺盛的网中人喜欢频频更换自己的名字、形象、性别和个性，如同同时创作几本"小说"，如果没有悬疑大片编剧般的清醒头脑与"多线程思维"，很难说他们会不会颠三倒四、前言不搭后语。

网络身份如同网络语言一样，看似是你在操纵和使用它，实质上却是受它的控制。单以在网络上改换性别为例，据一份来自5所高校的不完全统计，经常上网的大学生中有近四成的人在网上改换性别。有人现实交往中很难交到知心朋友，故改换性别以便在网上吸引更多的人，据研究，这部分人多以男学生为主，他们往往以纯情少女的面目出现在网上，且还大受欢迎。但是，在极端的情况下，网上的性别错位也会导致现实生活中行为错位，以至于离开电脑和鼠标便不敢和人正常接触，这种"走火入魔"只能求助于心理治疗。

失重的身份已经不再是身份，而应仅仅被视为是一个假想的符号；然而，这个符号却是百分百由自己创造出来的，谁又能保证不会"入戏"太深？从现实中有限的交往对象、交流空间中逸出，人不再受到现实环境的考量与定位，"摆脱"了自己的缺陷和短处，进入一种平均状态的完美中；正因为有这样的"自我"武装，人们才更敢于以自己为中心坐标，展开网上的生活。诸如此类的"解放"／"变形"受到上网者的喜爱与热衷，由此也助长了一种在意志上自我放纵的风气——如果现实生活有足够的空间供上网者自我扩张、自我实现，现实与虚拟生活便会形成一种彼此间的牵制，从而达到"精神生态平衡"；但是对于那些全心投入网络世界、在虚拟空间中感到更加如鱼得水的人，如果他/她没有足够的驾驭现实的能力，则其能否在精神上保持正常的"新陈代谢"，就是值得担忧的问题了。

……20出头的小丫头片子愣要用"白活"这个词儿。

我吃惊地问她这个词儿又是从何说起？她说："我的号码丢了，我在网上用一年多时间积攒下来的所有的朋友也就失散了，从此我在网上一个人也不认识孤苦伶仃，我的网络生活被整整齐齐地从中砍断，一切都要从头开始。"我想了想她说的也有道理，就好言安抚一番，但这小丫头死活不能忘怀丢失号码带来的巨大苦痛，又说她自从丢了号码开始一直痛不欲生，考试也没考好，一天到晚神思恍惚地郁郁寡欢，就像…她幽幽地对我说："就像灵魂被吸走了一样。"我干咳两声，很严肃地对她说，何至于此呢？

小丫头叹了口气，说："你不明白，我的网络身份被洗白了，我现在在网络上什么都没有了。"

……

当上网者向网络中投注的热情和精力达到了可观的量之后，就像任何一项事业一样，当事人会本能地倾向于不断追加而不是中止"投资"。如果把现实生活直接"搬"到虚拟世界中，如上文中的女孩一样过分投入，那么，在虚拟世界里的损失所引起的痛苦之感，与现实生活中感受到的损失痛苦也会并无二致。

3. 存在模式：自我坐标下的信息交换

同现实生活中一样，网络世界的人是以"我"为坐标进行思考的，尽管网名可以换来换去，论坛可以随便进出，其发言还是在努力维持"自己"的声音；另一方面，无论是发新话题、跟帖、投票还是网聊，网中人都在不自觉地扮演"信息处理器"的角色，由此也被外来的信息与观点所牵制——收到信息然后作出反应，或者发出信息等待回应，收信息和取得回应都无法由自己控制，这与现实生活中即时互动的交谈模式有根本不同，显出了网络行为本质上的单向性。正是由于这种本质上的单向性，网络中人第十四次CNNIC调查结果显示，将获取信息作为上网最主要目的的网民所占比例最多，达到42.3%；其次是休闲娱乐，有34.5%的网民选择；排在第三的是学习，有9.1%的网民选择；选择其他上网目的的网民所占比例则很小。"获取信息"与"学习"的差别，在于它往往不具备学习的必须性和难度；与"休闲娱乐"的差别，则在于它的内容远远超过休闲娱乐的范围，所承载的动机和情感也不一定都是那么轻松愉快：一言以蔽之，由于其广泛的包容性，在网上最多的就是"浏览"行为；当然，这个"浏览"不仅仅指点击阅读，还包括大量的随意留言，即"灌水"。网上有人作《十级灌水歌》，就形形色色的灌水人物作了总结：

十级灌水歌

一级灌水岸上行，见了砖头就要停，停下也无其他话，只会说上一个顶。

二级灌水脚入水，见了砖头就要跟，跟帖不是真喜欢，哪儿人多在哪晕。

三级灌水水洗脸，见了砖头没语言，无语不是不发言，发言只是一笑脸。

四级灌水入水了，见了砖头不看了，不看帖子还说话，每次都说我来了。

五级灌水是水手，见了砖头头就疼，头疼心里就发蒙，发帖字节就是零。

六级灌水潜水员，寻常人们看不见，偶尔出来晒马甲，衣服能占一版面。

七级灌水是水鬼，虾兵蟹将来开会，水淹砖头坛成潭，斑竹还得扮小二。

八级灌水是水王，他一到来水必涨，翻江倒海砖化泥，网管见他也发慌。

九级灌水是水神，子夜时分二三人，诗词唱和对联戏，不到天亮不闪银。

十级灌水是水仙，自己只和自己玩，自问自答像犯病，蝴蝶黄粱一梦间。

上帖给BBS里的灌水行为"分级"。与其说从"一级"到"十级"是人人必经的境界提升，不如将它看成网络中各色人物的不同偏好：有些人喜欢看有分量的文本，不大发帖；有些人喜欢手眼并用，不时发言；有些人上BBS的主要目的就是"自己和自己玩"，看中的就是BBS的回帖形式可以"借鸡生蛋"，方便地开一个新帖供自己无限量地跟帖、自由发挥。我们可以看到，有足够心力"造砖"（精心地写有分量的帖子）的人只是少数，大部分要发表的意见都是类似、重复且简单的"水"而已。"灌水"实在是网络吸引人们参与其中的重要方式；它不仅仅是发表意见的形式，也是网络公开接纳各种观点、多样个性的基本形态。即便被发表的只是毫无意义的重复罗嗦，网络照样一本正经地把它"发表"出来。在这层意义上，网络就是一个"综合水利系统"，随便你往里面"灌"什么，都会得到容纳和处理，不会因为你的"过度排放"而产生"倒灌"，逼得你不得不承担"严重后果"；即便发帖者的言论违背了论坛的基本公约，其所受到的惩罚也通常不过是删帖、暂时禁言，更严厉的惩罚则是被直接"销号"、ID被直接删除。但是，发言者仍然可以重新注册另一ID，改头换面，"卷土重来"。

从上网者到网络空间，信息的输入得到了开放；同样，从网络到上网者，信息的输出也是开放的。打开搜狐网2005年1月1日的BBS首页，我们可以看到论坛列表17个大项，内容涉及文学、情感、生活时尚、医学健康、教育考试、旅游、音乐影视、体育、城市、财经、房产、科技等各方面，其下又各有6到34个论坛不等，窥一斑而知全豹，网络提供的内容对于每一个体来说，都包括了大量生疏的、甚至完全不知道的信息。容易想见，在如此丰富多样的主题内容面前，上网者要做的就是依照自己的趣味"随意"选择，尽管这种"随意"总是受到他/她的现有品位、知识的引导与限制。上网者以自主的选择确认自己的存在；但是，从上网之初的那个点开始，网络信息的连接结构便开始"改写"上网人的知识构架，对于渴望新信息的人，网络是一个无限广阔而又"即插即用"的体外大脑——你随时都可以从网络上取到现成的、不断更新的知识。

无论是从容量、种类还是层次上，网络都以压倒性的集群优势超越了每一个人的信息视野；由于每个人都被淹没了，网络便在一定程度上把判断力"平均分配"到所有上网者的手中，这便培育了它独具优势的"集体独裁"精神。"话语权"不是属于哪个特定的人或群体，而是所有的人都有不被无故排斥的权利；同时，网络中没有权威的意见仲裁者，每个人都有倾向于实现保持自己意见的权利，既拒绝他人的干涉，同时又对着别人评头论足，对自己爱听的照单全收，不爱听的便装聋作哑或者干脆破口大骂。

争先恐后的言说却没有公认权威的评价机制，每个人都可以一厢情愿地赞同自己，把反对与怀疑统统拒之门外。因此，如果上网者没有足够的自我批判意识，则他/她往往会将网络运用为一种自我迎合的工具；如果他/她又恰好是一个迫切渴望自我肯定的人，我们又可以看到，结果就是把言说当做自我肯定的依据。网络一方面用"不否定"的方式允许人们产生自我肯定的感觉，另一方面，当人与人通过网络发生对等的交谈时，问题就出现了：上网者无往不利的幻觉被打破了，若对话双方都在执着于维持这种"胜利"，不断自我辩护、自我主张，便会出现当事人极端较真而旁观者无谓发笑的局面。有人对在网络对话中的种种现象作了归纳：

1. 总认为对方没有明白自己的意思，于是总想表达清楚，一发而不可收。可问题是越说越糊涂，到了后来谁都听不懂谁的话了。于是双方都进入某种"应激"，语无伦次屡见不鲜。能感觉到谁说得也没有错。只是感觉有些话"该停了还不停"。

2. 总想找到大家都认可的状态。其实这是不可能的。即便不可能也不是问题，问题可能出现在"非要统一"上。这种热情可能成为后来的"某种争斗"。

3. 网络上人们愿意说"实话"，因为安全。但一些实话说来说去，挺伤感情。

4. 面对网络，人们总想找自己的"影子"和别人的"影子"。这种心理，到了后来就变成"对人不对事"了。到了这种状态，没有人"讲理"，只是发泄自己的"愤怒"和喜好。

5. 有些人的言语过分哗众取宠。这种心理到后来就是互相敌视。

6. 面对网络，人们容易把日常的生活和网络混淆了。这容易产生"前言不搭后语"。

语言的更新、非实名之下的身份隐形、信息的自我选择，都为人提供了营造网络"私人空间"的自由感：你的表达究竟以什么为限度，靠自己把握；对于外来信息要作出何种反应，由自己决定；最后，要不要对这一切认真，仍然看你的心情——在网络中，每个人都是自己的决策者。然而，这种自由感也是一把双刃剑，如何恰当地把控它，有赖于网络中人对网络生活的认识。

二、网络生活：虚拟的自由与完满

除了网络，没有什么事物能给人如此直观的开阔感与同步感。如果没有网络，人们根本无法想象，怎么会有那么多人满怀兴趣地坐在电脑前揿动鼠标、敲打键盘；所有的人都在说着新的语言、展示着现实中会引来闲言碎语或恶意批评的一面，我们似乎从来没有如此相似，如此活跃而坦诚。网络本身就是一张神奇的面具，在隔离了真实与虚拟、自我和他人之后，又打开了彼此混淆、相互交叉的通道。尤其令人感到安慰的是，在这个"美丽新世界"中，人们所追求的仍然是友谊、爱情、成功这些光彩照人的永恒目标。

网络通常被视为人的现实生活的次要补充。但实际上，当人的网络生活达到一定深度，网络便成为人的日常生活所不可或缺的一部分，不仅仅在"实用"层面上发挥作用，还负责提供人的精神生活所要追求的欣快与满足感；也正是因为这种充实的感受，人们才理直气壮地选择在网络上安下自己的精神家园。下面这篇关于介绍网吧生活的新闻报导，描绘的与其说是网络的使用方式，倒不如说是在网络上如鱼得水的欣喜之情。

《网吧生活的第N种模式》《大众科技报》（2004-12-30）

网吧，是一个在虚拟世界中找寻或隐藏我们真实自我的地方；网吧给我们带来了像雾像雨又像风的朦胧距离感；网吧生活让浮躁困惑的现代人拥有人群的归属感和悠闲的自由，让我们流连忘返。不经意间，网吧已经成为生活中的第三地，一个都市自由港。网吧生活也已经演绎出N种模式，你的网吧生活是第几种模式？

网吧生活模式之——网游

无论你是老成持重的成年人，还是年轻热情的青春一族，在网吧，很少有人能够阻挡网络游戏的诱惑。在网游的天地里，你可以是《倚天屠龙记》中神功盖世的张无忌，也可以是《天龙八部》里面娇媚百变的阿紫。置身其间，你可以体验"剑侠情缘"的浪漫，也可以释放"帝国时代"的激情，网游你随心所欲打造着你的虚拟人生。

网吧生活模式之——网聊

高度紧张、节奏如狂风的现代生活使你一定有着倾诉的冲动。好吧，走进网吧，忘掉现实生活中的喧嚣，打开QQ、MSN或者进入某个聊天室，找个你所欣赏的ID的人说说话吧。在这里，你可以尽情讲述你的梦想和失望、欢乐与痛苦、成功与失败、失去和期待。或许你是轻舞飞扬，或许你是痞子蔡，你是否期待生命中有一次激情相遇？网聊可以实现你的浪漫梦想和N次亲密接触。

网吧生活模式之——看新闻，收邮件

最快最新的新闻在哪儿？在网上！互联网的开放胸怀使它能够及时奉献给我们最新的新闻。走进网吧，你将能第一时间阅读到你关注的新闻以及你偶像的最新、最靓风采。

网吧生活模式之——网拍

工作太多，生活太烦，梦想来袭，朋友，你还有时间逛街Shopping吗？想给自己或者朋友选购一份礼物吗？好吧，在你玩网游、网聊、看新闻收邮件之余，请打开一拍网，你就会拥有太多惊喜。从手机挂链到MP3播放器，再到数码相机甚至珠宝、房子，你都可以通过网拍的方式轻松拥有。足不出户，无逛街之劳神，无人言乱耳，平静从容中拥有一切，感觉真美！

生活因为网络的存在而锦上添花，这是商业传媒的"生意经"，也道出了网络生活极尽美好的一面。网络激发了无数人的热情和想象力，不依托于商业利益的有效驱动，没有IT业的营利目的，便不可能有组织有序、精密复杂的程序编制和网络架构，虚拟社会、网络游戏这样高统筹的网上社群便不可能存在。但与实体经济的运行状态一样，普通公众表面上通常是付出少、获得多的受益者——网络上有大量的免费资源，要付费也是"物超所值"。基于这一认识，为网络付款便成了再自然不过的事。可以说，为网络付费、在网络上消费的行为如同一种仪式，把网络行为整合进了在当代商业社会每天必须要从事的购买行为之中。随着购买行为，网络本身也顺理成章地生活化了；在年轻人观念中，上网已经成了与运动、逛街这些日常消闲活动并列的选项。

网络可以扮演现实生活的"补偿"角色，但是，虚拟世界比现实更为"理想"，它提供给上网者的，可以是比现实更为"完整"的生活——人可以同步处于几种不同的生活状态中，与严肃、局限、压力重重的现实生活相比，网络似乎更加亲切和真实；在现实中不可能发生的事可以在网络中发生，被现实条件打断、无法继续的事件可以在网络上找到几种不同的结局；不仅如此，在现实中令人无所适从、无法控制并会长期为之困扰的事件，在网络上可以被"浓缩"在有限的时间长度中，只要你愿意，它可以随时开始，随时结束。网络活动的这种"意愿先行性"营造了一种虚假的安全感与自由感，仿佛一切尽在自己掌握；也正是因为这种心态的普遍存在，现实社会环境中人们不敢轻易涉足的事件（如一夜情、诈骗），在网络上获得了更大的传播空间和更多的尝试者。

1. 网络交友：倾吐即目的

网络中人对网络本身抱有明确的亲近感和信赖感，其情感诉求转向网络交际实属顺理成章。一般说来，人们在两种情况下说心里话：一是对着知心好友，另一则是对着陌生人，二者都同样出自保密的意图。知心好友对你抱着尊重的态度，你对其人品也极为信任，不害怕自己说出来的秘密被传播出去；陌生人则是对你知之甚少，你的秘密对他来说可以是任何其他人的秘密，即使转述给别人，效果也与杂志上的情感故事相差无几，不再与你这个特定的个体捆在一起。找陌生人倾诉心中的秘密并不是网络的发明，但全民动员的"吐槽"行动，则不能不说是网络的功劳。一个网民对网上交友的感受作了如下总结：

> 过去每个人与人群的接触面要比现在小，培养一个朋友不容易。现代生活方式的冲击使传统的情感赖以生存的条件丧失了，友谊显得那样脆弱，极易夭折。而在现实中交友也非易事，人们被网络拉远，每个人都在冰冷的网络上试图找回迷失在现实的情感。诚然网络上随时可以找到朋友，可那种感觉那么不真实，就像游戏一样。

"网络上随时可以找到朋友"，这一感受清楚地表明，"朋友"这个定义在网络上被表面化了。在现实中，能够在日常交际中把握自如、准确选择朋友的人只是少数，大部分人都只能把一起消磨时光、说点心里话当做朋友的定义，这是现实的客观局限性。网络作为现实的补偿，天然地承载了上网者消遣时光、排泄感情的自我诉求，然而当"网友"们抱着"找朋友"的热切意图投入网络时，所能找到的依然是"那么不真实"的"游戏"感觉。在视频聊天工具大行其道之前，网络交际以文字对话为主要手段；虽然对话双方能通过话语彼此沟通，但是不处于同一时空的语言文字交流与面对面谈话相比，二者传递信息的质量、调动起来的思维和情感是大不一样的：虚假的情感、敷衍了事的态度以及游戏的意图在面对面的交流中经常无所遁形，因此交流的双方必须自我约束，时时刻刻尊重对方的存在；而在网络这个完全以文字图像与声音为内容的交流场中，网络语言的类型化——或者幼稚可爱，或者幽默诡异，或者纯真坦诚，或者是几种风格的混合——使交谈者无从切实判断对方的真实性格，即便说话者抱着真实的自我表达的意图、做出种种迫切的努力，其能够输出的往往也只是缺乏个性的文字，收到的回应不外乎大同小异的附和与"回报"而已。这样，网络交谈一方面以可观的文字堆积给人以某种实在感，另一方面又令人一再感觉"纯文字"的不能尽意，网中人的判断随着情感的波动而左右摇摆，在怀疑和确信、充实与空虚之间重复往来。文字的交际效能终归有限，以文字之外的图像、影像自我表达、相互交流，便来得顺理成章、不可或缺。

2. 网恋与网婚：伊甸园游戏

要探讨网络世界的虚拟生活状态，不能不提一提网络恋爱与网络婚姻。网络中有很多智能游戏，玩家可以和虚拟的人物恋爱、生活；但是，它的"虚拟性"、"虚假性"是一望而知的，尽管也有人沉迷其中，但大多数人都不会将其与真实的婚恋相混淆；网恋和网婚则复杂得多，你的玩伴是网络另一端的"人"。人的意图和感情不是计算机程序，它们的"编写"和"执行"也不是数学逻辑的自动运算，从加入到退出，网恋/网婚者的认识、意图、趣味、观念都处于发展变化之中，在结束"探险"之前，谁也不能够保证自己能够始终清醒地"全身而退"；网络上的情感互动不仅可能是假戏真做，有时还会物极必反。

《一个网虫的自白》

第一个聊友是咖啡女孩。我跟她说的第一句话是：我可以爱你吗？（想不到这句话成为我以后使用频率最高的对女孩说的话了）。我注册的网名很多，有情圣、色狼、癞蛤蟆、白马王子、禽兽、e代情圣……这些只是我用过多次的，其他的临时想出来的就数不完了。上聊天室的唯一目的就是泡妞。生活中真正的我是非常腼腆的，所以几乎没有女人缘，桃花运就更不必说了。我真的想找到一个我喜欢的女孩。我只能到聊天室里找女朋友了。也许是急功近利了，我总是说出了我想说的话，这在女孩子的眼里，简直是一个花花公子，一个非常不正经的男人，即使她们见到我，看过我的人，也都还是没有改变她们心中的看法。我很痛苦，我很自卑，这也越发使我玩世不恭了，我到处地找女孩子聊天，讲了很多不该说的话，现在想起来真是有点后悔，这不是本来的我，这也不是我的本意。虚幻的网络造就了虚伪的我。我的ｏｉｃｑ里有了成百的女孩，电话簿里也多了许多的电话号码。这又能怎么样？能带给我幸福吗？能带来我想要的吗？

网络中的恋爱者已经"饱经沧桑"，回到现实却仍是原地踏步。这一滑稽的反差似乎是当事人求仁得仁，有苦难言。

现实中亦有以恋爱为儿戏者，婚姻却比恋爱来得更为严肃，但即便是"终身大事"，在网络中也被简化、游戏化了。比网恋要"高"上一层，网恋可能只要QQ聊天，网婚就必须有和现实社会相似的一整套"硬件"结构，即网上的虚拟社区。在虚拟社区，有医院、法院、房产中心等等，网民可以在其中打工挣钱、买房安家甚至结婚、领养孩子。当一个社区"人口"过多，还会推出"移民"政策，给"移民"们发放"补贴"。这颇像儿童玩的"过家家"游戏，只不过虚拟社区乃是由专业的程序员精心编写，参加其中的又多为成人罢了。玩生活游戏的人形形色色，其对于网络婚姻的游戏兴趣与认真态度又多有混杂，无法一概而论。

《结过三次"婚"的女大学生》

她说她的ID（指网名）叫玉玲珑，是新取的，她说她每次想"刷新"自己，给自己一个新开始时，就改网名。……她有三次网婚记录，第一个"配偶"是武汉人，去年夏天在OICQ（网上寻呼台）上认识的，聊得熟了，也互留传呼号偶尔通通电话（其实刚开始通电话是为了证实对方是不是异性）。后来两人都进了一个网上虚拟社区，社区里从菜市场到医院什么都有（当然是虚拟的），有一天对方到"社区婚姻登记处"给她留了帖子向她"求婚"，她同意了，一起去"领养孩子"、"买家具"、"买房子"，真有点像过家家，半真半假地"网婚"了。再后来两人吵架了，"协议离婚"不成，她便停了传呼机，换个网名从此在武汉男孩的世界里逃遁得无影无踪。……后来的两次"网婚"也都没什么"结果",她说:"刚开始还认真,有点那么回事,再后来都有点闹着玩,不当真的。"

小陈是南京某高校法律专业大三学生,他对记者介绍说,自己有一位"同居"快一年的女友。两人是偶然在网络上认识的,开始因比较谈得来就一直保持联络,后来渐渐熟络就谈起了"恋爱"。"恋爱"后不久就"同居"了。小陈介绍说,女友是学艺术设计的,常常将自己设计的"家"发过来给他看,还要他参考怎么布置新"家"。两人常常会因为书房或其他的一处布置争论不休、换来换去、乐此不疲。问到将来,小陈坦言两人都没考虑过,至于是否相爱自己都不清楚,只是两人这样相互倾诉已成了一种生活习惯。平时生活两人没任何关系,周末在网络上两人就俨然是同居良久的恋人了。另一位会计专业大四的王同学的话更是耐人寻味:"没房子、没女朋友,就业压力又那么大,真的不行,只好找个假的来安慰自己了。而且还能同时和几个女友交往,这是现实生活所不允许的。"[1]

网恋、网婚是由上网者自己控制的游戏,既然在其中获得了刺激、发泄或疏导,参与者不免也要反过来受到游戏的影响,上例中那位女大学生便产生了厌倦、"闹着玩"的态度。这样的网络生活到底是现实生活的预演还是替代品,是对真实自我的积极激励还是消极补偿,不可骤下结论;但必须承认,网络已经渗入了现实生活的各个方面,其虚拟性也开始覆盖人的第一手经验,这种"源于生活又高于生活"的属性令人迷失。人在现实生活中所要追求的一切都会拿到虚拟空间中"挑战极限"、"美梦成真",网中人游戏范围的不断扩展,又对现实生活形成了一种"十面埋伏",亦真亦幻、假作真时真亦假,便成了网络生活的基本情态。

不论是网聊、网恋还是网婚,我们都可以看到网络交际对于传统人际交往形式的"威胁":网络完全颠倒了人际关系建构的传统过程。

---

[1]《当今大学生眼中的"网络同居"》,《江南时报》2006年03月26日。

在网络上，个人的兴趣与选择权被明明白白地摆在了第一位，上网者不必考虑实际利益、礼仪规范与时空限制，而是可以无忧无虑地执行自己的情感偏好。由于网络身份的虚拟性，上网者往往会将自己的身份、形象"调整"到最满意的条件和状态，在这个基础上选择"对手"，交际的心态是放松而挑剔的。其次，上网者所选择的网际交往对象的身份、形象也都是被网络另一端的人"设计"出来的，无论这种身份、形象是完全的虚构还是完全的事实，它都是与他人交流对话的"第一名片"。第三，在虚拟世界匆忙的相遇之中，上网者不得不对其"遇见"的"人"进行武断的选择，这又放大了上网者的"感觉"的重要性。第四，在虚拟世界参与网络交往者随时可以选择退出，无论是改变ID、退出论坛这样一劳永逸地断交，还是临时起意结束当下的一段交谈，都只需要轻点鼠标，不受礼仪与交际规则的限制，也没有现实中从对方视线中逃离的尴尬。最后，本着以上的种种条件，网络中的人可以直接跳过现实生活中必须的社交禁忌、礼仪约束而"直奔主题"，甚至走向极端，为自己虚构种种形象、身份，并以这些形象的虚构性质规避道德的严肃考问。

现实生活往往不符合"情理"，令人倍感荒谬，虚拟世界反倒合"情"合"理"，因而更接近"真实"。在这个"真实世界"中，人们循着自己的思维和情感逻辑做出行动，在穿越了礼仪、交际法则之后，开始以想象力来挑战道德伦理问题了。从这个角度看来，网络其实也在最大程度上表达了"白日梦"这个心理学领域超越善恶的母题。也正因此，心理学家把对自我期望特别、有强烈的自卑感、缺乏现实交际能力的人归为特别容易染上"网瘾"的人群：这几类人对自我现状存在严重不满，他们"自我再造"的欲望也来得格外强烈迫切，因此，他们在网络上"篡改"自己本来面目的现象便特别严重。很多相关报道都提到在现实中沉默寡言、不善交际的年轻人在网上"变身"为恋爱高手的例子：现实生活中的爱情往往附加着许多苛刻的条件，自尊心甚高而自我评价甚低的自卑者甚至不敢涉足；而在网络这片"爱情伊甸园"中，获得"新生"的男性、女性皆相当之多。

然而，网络世界所提供的"自由"也有可能变成陷阱。对于缺乏实际生活经验的年轻人来说，如果接受了网络人际关系的先入为主的"启蒙"，我们有理由担心，其在现实生活中的行为方式也会表现出"网络基因"；而在网络式人际交往渗入现实、成为普遍现象之前，可以预见，网络"收容"现实生活中的交际失败者的功能会长期地存在下去。

3. 网络"入侵"现实生活

网络不仅仅吸纳包容现实生活中的失落与遗憾；网中人开始把现实生活"网络化"，向现实的秩序、规则伸展自己的意志，所使用的"武器"仍然是网络。虚拟世界对现实生活的负面作用已经有许多实例，除了网络犯罪等受国家法律追究的行为之外，还有种种说大不大、说小不小的不当行为；网络的虚拟面具揭开了现实的"丑"。例如新华报业网的一则新闻：

《网络性爱成办公室亚文化　同事上班互传挑逗电邮》

据英国《每日电讯报》消息，一项对公司电脑技术人员的调查发现，网络性爱正在日益成为欧美办公室亚文化的一部分，同事间最喜欢在上班时用电子邮件互传挑逗性电子邮件。进行调查的猎头公司Talent2称，他们所访问的电脑技术人员和网络管理员中，有四分之三的人表示色情网站和性爱电邮、短消息等正在严重侵蚀着公司的生产效率。"在工作时松懈偷懒乃至浪费时间，对办公室这样的环境来说并不稀奇，"Talent2公司的克雷格说，"然而，因特网提供了一种新的方式，让人们可以进行网上'偷懒'。"超过54%的受访雇员承认，他们曾经被发现在办公时间用公司电脑浏览与工作无关的网页。31%的人说，看色情网页并且传送"不恰当"的电子邮件是最流行的消磨时间方式。（天石/高路）

当人脱离了真实环境、道德伦理、社会形象等"身份认证"，"人际交往"的性质就发生了根本性的变化："社会关系"这个整合人类社群的立体框架松动了，它开始在人的观念中被"祛魅"，人不再对它抱有敬畏、依附的态度。网络中的人将游戏的态度无所顾忌地施于个人隐私乃至道德禁忌，这时，网络就对原先的现实生活秩序提出了公然挑战。

《恶搞"小胖"》

不久前，网上一个名为"小胖"的"恶搞"图片在各大论坛里走红。"小胖"的原型已被证实是广西南宁一名中学生。从"小胖"身穿校服的原始图片上可以看出，"小胖"和同学们在参加某次活动时，其斜眼看向某处的瞬间被拍摄者定格，照片上其犀利的眼神和下撇的嘴角让"小胖"的形象顿时鲜活起来。"小胖"的头像被移植到各种地方，从电影《指环王》、《兄弟连》的海报，到著名球星罗纳尔多，甚至连美国自由女神的头都被人换成了"小胖"。据了解，"小胖"最初出现在一个名叫"猫扑"的网站。在该网站上，有一条"猫扑原创的小胖，请各位添砖加瓦"的帖子，跟帖的人多达两百多人次。

恶搞已被社会学家列为网络亚文化的一种。其中活跃的实在是网络精神的缩影：你的义务就是要无所顾忌地发挥自己的想象力，如果要顾忌什么现实中的人的感受，则只能证明你不够"有专业精神"，甚至是分不清真假轻重。这种试图完全分离虚拟与真实的冲动与捏合二者的意愿是同时存在、彼此制约又彼此支持的。

三、网络生命：友好界面下的评估机制

以下是用搜索引擎找到的普通网民的心情感言。

一个人究竟有几张脸？在别人眼中，你我也许同时扮演好几个角色，但真正的身份究竟是什么呢？扣心自问，你我或许也戴着面具过活，而且每张面具都像是同一个模子铸造出来的，为了适应这个疏离的世界，再也无所谓独特性！一如网络渐成为人们沟通的主要管道，每个人可以任意变更"网络身份"，真实与虚幻更为模糊难辨！

在网络中，我们在物质上被大大小小的数据包置换，仅以多姿多彩的精神形态存在于电话线芯里，我们将拥有新的网络身份，并且取得新的网络身份凭证来将其确认。可惜这种网络身份凭证却又是简单的、

抽象的和脆弱的，当我们将它们丢失，我们又能依靠什么向别人证明自己在网络中的存在？随着网络身份的消失，我们也许将失去网络所带给我们的一切，这种破坏性的结果总是不期而至，覆水难收。

现实中的名字就算失去了，我们还认得这个人的脸，认得他的声音。如果在网络失去了自己的身份，我们还能相信他什么？

那天我突然在想，我在网上写什么呢，是写给谁的呢，一个简单和明确的答案告诉我——我是写给自己的，一个角色上的自己，就是那个昵称。我的那个角色强迫我证明他是存在的，同时又不断出卖我。我感到自己被分裂，那个昵称究竟存不存在，是不是我，我并不确定，因为他经常不代表我，只是一个角色而已，而这个角色经常掠夺我的大脑资源并篡改它成为虚伪的思想。

尽管文化学者对语言在现代生活中的统治力量早就有所共识，作为普通的人，能够痛切地体会到这一点，不能不说是一次次亲手操用网络语言的"实践出真知"。本着自我中心的观念取向，网络中人的交际活动执着地寻找着认同感，其维护尊严的社会本能便被缠绕在语言的游戏之中。可以说，网络是启发人认识自身处境的新平台。当然，认识到这一点并不意味着网络"魔咒"随之自动解除，就像现实世界同样缠绕在语言之中的一样，人一旦试图在网络上开口说话，便卷入了网络既定的意义编码。我们之所以不厌其烦地引用普通网民的朴素感言，正是为了表明，对网络生活本质的"悟道"是完全可行的，尽管人们所悟有浅有深，有达观、有感伤，但网络像现实生活一样给人以考验和经验，这一点却毋庸置疑。那么，从人的生存状态的高度来看，网络又究竟意味着什么？

1.科技发明的最新偶像

从表面看，网络是完美的精神偶像：宽容、自由、人性化，排遣烦恼、增长见识、满足人说不出口的怪癖和低级趣味，可以说是从最高雅的到最低俗的都无所不包；它向所有人敞开，你总能在其中找到自己认同的东西。这就是网络对人展示的友好一面。当一个完全不存警戒之心的人进入网络，往往将它简单地看成自我的扩大；在一次次点击中，他/她认为自己服从的是自己的意志，执行的是自己的意图。殊不知，他根本就不去思考的那个自己的"本能"就已包含了无知与被动。

只需面对电脑，现实的烦恼便会不知不觉抛到脑后；但是，网络并没有真正解放人类。网络鼓励人们无所不言，迎合人们自我肯定的愿望——犹如被长久监禁的囚犯走出高墙，每迈一步都会体验到极大的快乐，网络对于初入者的"边际效应"是无比巨大的（经济理论，起点越低，在增加的过程中引起的满足感就越强，而当占有的财富到达一定数量，继续的增加所能引起的满足感就会趋向均一，甚至越来越低），当现实生活的烦恼和束缚化为乌有，自己随手写下的字句都被忠实地发布出来，这些简单的现象充满新鲜感，且带来精神生命的极大舒张。这是人与网络的"蜜月期"。

但是，当人们进入网络的行为日益频繁、深入之后，就如同在现实中一样，人们会越来越清楚地感受到网络的压力。

首先是自我力量的微不足道。自由的假象，重新规划生命的允诺——不仅仅规划个人的生活，甚至大胆地规划整个世界的秩序——都令人一度期待，让世界按照自己的愿望来运转似乎是可能的，网络给了人以无限的空间和资源；但这种喜悦的幻觉却在一霎间消失无踪——只要一句"无心快语"，就足以提醒你，这个世界还有"别人"。你会不甘心地与那些词语搏斗，费尽心机寻找那个能够畅行无阻的话语体系、探求可以放之四海而皆准的真理；但是，你却永远不可能与网络"并驾齐驱"，它运作的规模、速度和广度催迫着你不断"向前"，直到精疲力竭。当你试图回忆在网络上遇到的美好之物——无论是人、文章、图片——它们在你心目中无非是两种面貌，很好，却不是最好；或者一去不复返，无法重新找到。但它并没有丢失，你相信如果认真去找，还是能够找到的——但是你又何时去找呢？

不仅如此，网中人与网络的互动充满了不可预见性；你向外发送一条信息，也许很快就得到回应，也许会苦苦等来回应，又也许完全没有得到任何回应。网络行为伴随着惊喜与失望，由于惊喜与失望的到来并无规律可循，网中人就始终处在一种兴奋的等待状态之中，不自觉地拖长等待的时间。这种等待的不断持续让人感受到自我的意志，从而体会到既遗憾又满足的"尽心"之感。

其二，网络使人与自己的肉体隔离。人在网络上实时面对之物很快就会转化成为回忆，可是与现实生活里的回忆相比，它只与视觉相联系，用视觉开拓的"个性化"的世界又与现实中的那个自我彼此排斥——仅有视觉与听觉在运作，其他的似乎都可有可无。这就构成了一种悖论情境：入网甚深的人在追求"网络"这个理想形象的同时，往往连控制自己感觉的能力都消失了；随着网络上那个自己无牵无挂，一往无前，坐在电脑前面那个肉体的自我四分五裂，它的痛感和快感似乎被隔离了，哪怕它频频发出警号，上网者却把它视为正常的生理反应，以及获得网络快乐的合理代价。人们可能因为工作带来的肉体疲劳和病痛对工作产生痛恨，但是在网络生活中上网者却是无怨无悔——他认为这是自己的"选择"。网络是作为未来世界的平台、新文明、泛人类的新文明的曙光而出现的，人面对着日益茁壮的网络，就像面对着健康的爱人一样，一心指望它会与自己相伴终生，以心甘情愿的臣服打消心底隐隐约约的不安和怀疑——面前的网络如此真实、强大并且安全，个人的怀疑和思考实在太微弱了。

在不知疲倦、始终灵敏的网络面前，人的肉体是那么消极、无力、被动接受网络引导。很明显，在"人上网"这样一个事件上，工业社会关于"肉体是工具"的观念仍然担当着主导角色，甚至更为变本加厉。与机器相比，人的肉体实在太脆弱无力，他们在社会物质命脉中扮演的是操控机器的角色；如果说，30年前人们还可以理直气壮地宣称机器需要人的智力操纵，信息时代的到来却使人连这个位置都失去了——人越来越习惯于通过数字程序控制外在的机械世界，你表达的是直观的目的，而要实现这个目的，却要完全依靠电脑与生产机器之间的"沟通"，命令者成了局外人，对个中奥秘一无所知。首先是机器的力量带来了对身体的自卑，然后是电脑的力量揭示了头脑的柔弱——越是接近电脑运作的秘密，反而越来越焦虑、自感无能并试图彻底异化。在电脑黑客文化中，机器世界的形象明显地优越于身体，这本质上是传达着一种明显的自恨与对自我身体的不满之情。

其三，也是最根本的原因，是上网者对既有网络生存形态的认同。尽管网络如此有力地控制着人，人却时时刻刻体会着控制它的满足感：为它付费，选择不同的网站，居高临下对它评头论足，随时可以走开，没有"必须要"如何如何的义务——网络正是通过放纵人的弱点而牢牢地吸引着人，使人巧妙地认同它，甚至自欺欺人地否定现实生活的价值。除了网络以不容置疑的硬件和数据证明了自己的效率与成功之外，还有另一个重要原因阻碍着人们产生反抗网络的意识，那就是与工业文明相伴生的"生命经济学"。现代人将生活看作是战斗，基本的生活技能就是运算自己的"生命资产"，将健康、知识、价值观等种种因素统筹成为"如何生活"的自动程序，将有效地"运用"生命作为严肃思考的基点。成熟的工业社会把信息普及为劳动生产的软性因素，对信息的占有也就成为了人们的生存条件。从这个基点出发，一轮轮令人疲倦的自我更新、自我改造活动变成了条件反射式的"本能"、"人类的天职"。网络文明正是由此接续并强化了工业时代以来的知识迷信，网络作为最新的科技偶像，似乎已经初步证实了社会进步带来的平等，而摆在人类面前的唯一选择，似乎就是试图与这个日益膨胀的网络世界和平相处，努力改造自己适应它的需要。

至此，现代人已经在主动异化的道路上越走越远，网络便是"人性化"程度最高的异化发生器。既有理论操作又有它自身的矩阵法则，两者互相支持，网络如同现实的制度文明一样，拥有强大的秩序力量。人的确在不断试图为自己找到真实的意义，但在不断翻新的网络话语生产机制之中，无论怎样"新锐"的概念，经过评价、估量、归纳，最终都归于陈词滥调；另一方面，尽管人们能够感到网络身份所产生的困扰，但网络身份又不像在现实生活中那样客观无情，而是充满个人气息、令人依恋——你可以"自己做主"，尽最大努力将其改写、夸张、张扬，并随时改变它。但是，正是因为可以被轻松改写，虚拟世界的身份定义没有了它在现实生活中的决定性地位。当然，也正是因为把这种身份当做游戏，人们才有勇气做这种自我抹煞的"虚伪"行为，却不会感到真诚的羞耻。

2. 现实的双生兄弟

如果仅仅是放纵了人们追求快乐、摆脱控制的自由天性，网络应该受到无条件的支持；这个科技工厂的最新产品、全球化开路先锋，似乎终于开始改变了工业化以来被不断抱怨的、缺乏自由与艺术的贫瘠生活：然而事实并非如此。在表面的平等之下，网络运行着的仍是与现实生活相一致的生命评估机制。

从表面上看，网络似乎弥合了不同层次、不同能力的上网者之间的差异，没有人得到特殊优待；但是在这虚拟世界的公平游戏之后，真实生活中人与人之间的不平衡却加剧了：一部分意志薄弱、行动能力欠缺的人会进一步从现实中退缩，沉溺在网络的虚拟世界中，他们更加关心自己在网络上的那个健康形象，而现实状况中的自我却毫无起色甚至越来越糟；而那些行动力充沛、在实际生活中更容易成功的人有条件同时体会虚拟世界与现实世界的两种不同的满足感，网络之于他们，只是充电放松的好场所。这样，活跃的人越发活跃，而畏怯的人则更加疏懒——网络给予失败者的补偿和抚慰分化出了大方向相反的群体，一边是把网络当作生活的意义所在，一边则是利用网络更好的面对现实，这种弱者越弱、强者越强的"自然选择"，对于人类平等与自我完善的理想不啻是一个极大的讽刺。很多人成了网络机制的不自觉的受害者。据统计，网络性心理障碍的发病年龄介于15～45岁，男性者占总发病人数的98.5%，女性占1.5%，20～30岁的单身男性为易患人群；这一类人在生存竞争中承受的精神压力最大，面对的挫折也数不胜数，转向网络寻找自己的精神世界本是实出无奈。

当一个急切寻求自我肯定者在虚拟世界中寻找安慰时，那些与现实相反的幻想和希望便倾巢而出，网络与现实在一定程度上成了镜像一般的相互对照：虚拟世界里充满令人惊喜的"清洁"信息，不带有现实生活灰暗沮丧的色彩；完全由图像和文字组成的虚拟生活不会触动现实生活经验的种种不快。人在现实中疲于奔命，时时感到挫败和沮丧，虚拟社区中一切都只需要用语言程序来操纵，仿真度又是如此之高——你可以工作、睡觉、和爱人吵架、遇到挫折、事故，但是没有关系，你可以随时推倒重来，就像拥有轮回的生命一般。

但是，人的生命终究是线性时间里的特殊现象，人对于生命的不可逆的消耗有本能的知觉与焦虑，不可能完全服从现有的时间消耗模式而不感到怀疑与反抗。

自己喜欢上网并不难：网上的天地它像任何女孩一样多变，却比任何女孩都丰富，似乎无穷无尽……有一天，很偶然地找到倾慕已久的填词人林夕的网站，面对这"众里寻他千百度"的资讯，真是对网络感激涕零！颤抖着打印下很多采访文章之后，我赶快关上电脑，开始读这些可贵的文字，心里却隐约浮起一丝失望——我已经找到林夕最多的资料，为什么感觉不到满足呢？反复看这些东西，我顿悟：网络本身并不神奇，它只能提供给你其他媒体（比如书报杂志）中已经存在过的文字和图片。惟一的价值在于，你要通过很多渠道，才可能同时拥有这么多传统媒体资料，而丰富的网站里却有一切——当然，是偷工减料了的一切。[1]

人对信息加速感到的不适是本能的。由于现实生活中传播、搜集信息的有限性，人习惯于在一个较窄的视野辐射面里采集和消化信息；这个过程是事件、地点的变换积累，将信息纳入自己的生命经验，使之在价值上个性化。而网络这样优越的信息汇集机制时不时地触动着人纤细的自尊神经；在面对着网络上的丰富信息时，人很容易感到自己远远不是一个合格的容器："行为者的完全透明化剥去了行为者的身体性……如果身体失去了表现能力，失去了空间性和做戏、游戏中的戏剧化力量，即失去了它与其它身体相区别的东西，那么，这个身体就成为多余的，成为信息传播的障碍。"[2]

实际上，与现实生活一样，网络检验的是每个参与者的生命力量与个体素质——面对着无限信息的自制力、针对不同价值观点时的判断

[1]《网络时代的不成功爱情》，http://www.100md.com/Html/Info/News/413/41390.htm。

[2]彼得·科斯罗夫斯基：《后现代文化：技术发展的社会文化后果》，中央编译出版社1999年版，第53页。

力、寻求认同和关注时的自我立场、对于自己正在从事的行为的清醒认识，以及面对各种冲突和争吵时的解读力。

要拥有这些，首先要求的就是对"身体"的正面态度，接受它的局限，并喜爱它的"感官王国"——人在舞蹈中体会到身体的美，在绘画中体会到静默的美，在安稳的睡眠或香甜的饮食中体会到纯粹器官的愉悦，这些愉悦就是对抗虚拟世界中纯粹视觉冲击的最有力的武器，其外化形式便是健康的生活习惯、毫无顾虑地表达自己心绪和感触的口才、生动的表情以及与人全面接触的渴望。很难想象，一个勇敢面对生活的人会在虚拟的游戏里"长期抗战"——对抗网络的压倒性力量的源泉只能是生命的自然平衡状态，这种平衡状态只能来自实际生活中的自我满足感。

因为历史进程的不可逆转性，个人空间的相对缩小与信息的无限扩张大势已成。无法拒绝网络的便捷、亲切、活跃与宽容，人们在虚拟空间的个人王国中流连忘返；他们像网络一样说话、思考。人的软弱和信息力量的强大构成的尖锐对立，在此已经无可回避。

"人"与"非人"的力量落差是一个历史性的问题。因为对物质文明过于倾心，无力组织起有力的人文精神，面对日益复杂琐碎的世界，人们一直有意无意地回避、妥协与自我安抚。恢弘的生命理想消失在对秩序的崇拜中，人们主动地以自我异化的方式证明自己的价值和意义。他们在现实中仍然停留在原地，却似乎在网络中"找回"了失落的灵感和热情，认为自己得到了安慰和补偿，减轻了思考的压力和痛苦，进而对自己的生命状态越来越心安理得。

根据专家研究，迄今为止，数字革命只进行了5%。可以预见，假如我们的文化系统继续在精神重建问题上听之任之、无所作为，网络造成的孤独、渺小、虚幻之感只会越来越严重，并且终将反馈到现实。要改变目前在自由放纵的表象之下沉重无用的精神，必须建构起将虚拟世界中获得的欢乐引导回现实的心理机制。如何在虚拟世界中保持对自我的严肃和真诚，面对网络之镜寻找自我之相，从而认识、发掘幸福的内心之源，是目前摆在每一个网中人面前的问题。

第十三章 网络亚文化研究——大学生BBS文化

BBS（Bulletin Board System），中文名为"电子公告板系统"，俗称"网上论坛"。注册用户可以发帖、参与讨论、在线交换信息，享受网络提供的各抒己见的空间。一家成功的BBS论坛，拥有大量的用户和极高的点击率，不仅在网络世界具有相当的知名度，而且与传统传媒相后先。猫扑、天涯这样的大型论坛，虽然是标榜娱情消闲的风格，却受到传统媒体的关注，其实例之一就是《南方周末》报道天涯论坛《一场虚拟世界的反歧视大战》，介绍了这个国内知名BBS上一场关于贵族标准的口水战，并为网络言论中反贫民歧视的成功而喝彩。BBS的舆论监督和社会影响力已经初露锋芒。

高校BBS属于与互联网相连的局域网，由各大学自主建设，发展情况不一。想要有旺盛的人气和较大的影响力，BBS的硬件配备是基础，而高校的BBS，只有在学校为内网建设投入有效资金的前提下才具备发展的空间，所以目前有名的也就是几家：清华大学的"水木清华"、北京大学的"北大未名"、上海交大的"饮水思源"、南京大学的"小百合"、复旦大学的"日月光华"、武汉大学的"珞珈山水"、人民大学的"天地人大"、上海师范大学的"学思湖畔"等，主要分布于中国的名牌高校。

高校BBS原本在互联网上锋头甚劲，人气极高，典型的就是北大原有论坛"一塌糊涂";但是网络管理太过松散,很难避免信息污染,这对于以大学为基地的高校BBS来说是极大的隐患。2005年3月初开始,全国各大高校BBS先后开始实行注册实名制,算是在以身份虚拟为特征的网络世界中开了一个先例,也引来了一场不大不小的争论。很多人的反应是,BBS因为实行了实名制,很多人因为不属于校内人员而无法注册,人气会大受影响,而且因为与外网的连接受到限制,会变成"信息的孤岛",失去了网络"纵横无忌"的风格,高校BBS已经不复当年"指点江山、激扬文字"的风光了。但就高校BBS目前的发展、建设来看,它与校园生活的"常态"越来越贴近,越来越具有自己的特色,正在逐渐成为大学校园自己的论坛。

一、一般的网络论坛和特殊的高校BBS

高校BBS与互联网BBS相比,其信息平台的根本性质并无二致,其功能也并未超出BBS所具有功能的范围。然而实行实名制之后,BBS主要是面向校内学生,同时也容纳校外人士(很少,基本属于跨校学生之间的友情交流和已离校人士的"回家"活动),处在一个有度的开放状态,校内学生占有绝对优势比例。

需要指出的是,虽然相比于互联网大站,如猫扑、天涯、新浪等论坛,高校BBS用户人数不多,但由于范围小,其论坛虚拟身份与实际人群之间的对应关系的密集程度,是互联网BBS难以具备的;在这样的前提下,高校BBS上的网络生活,就在一般论坛的内容和特点之外,另有自己的"小气候"。下面就以复旦日月光华BBS为主要观察对象,对高校BBS上的生活进行一番分析。

1. 灌水无罪,封人有理

BBS细致的版面划分、齐全的版面设置,使每个人都能找到自己的空间;日月光华BBS现有308个讨论区,分属12类目之下,从各个院系、各种学术到休闲娱乐交易,无所不有。"吃有Food(美食版)、玩有Games(游戏版)",而这些五光十色的版面上,除了转贴外网上的精彩文章、鼓励本站站友的原创好帖之外,剩下的主要就是供人"灌水"的空间了。

BBS不是为灌水者而生的，但"灌水"与BBS存在共生关系："水民""水鬼""水母"（"灌水"爱好者的别名）甚众，皆以发表无甚内容的简短评论、互相调侃笑闹为习惯——"为什么我的两眼充满泪水？是因为我灌水灌得深沉"；灌水亦有偏好，如Joke（笑话）版"培养"出来的人有这样的口号："生是joke的人，死是joke的……死人！"——灌水有奖，从挂站（停留在BBS上）时间、经验值长短来"排座次"，可分为匆匆过客、旁观者、快努力呀、还不错、优秀、好极了、本站常客、资深人士、江湖元老、神~~；——有趣的是，有人还煞有介事地讨论，"神"后边为什么要加两道"~"：结论是，此"神~~"乃"神经病"的暗语，言其挂站时间太长，已经不是正常人了。一些挂站老手甚至拥有好几个成神的id，并向站友炫耀曰：自用一个，给老婆一个，将来再给孩子一个。也有一些浪漫派给自己的id加上一个MM的后缀（如自己的id是Leo，再注册一个LeoMM），为自己将来的女友先注好了名字，也算是悄然兴起的浪漫游戏之一。

BBS版面可以以"跟帖"（回复本主题）的形式聊天，此即"版聊"。由于版聊比普通的"灌水"还要"水"——对聊天人之外的其他人来说完全没有意义、徒占空间，——很多版面都明文禁止版聊；当然，你来我往、兴致高涨的时候往往会犯了禁忌，这个版面的伴友在别的版面上遇见了，也会彼此招呼、顺便"版聊"上几句，于是斑竹（版主）、板斧（版副）手中的"尚方宝剑"便会以"迅雷不及掩耳盗铃"之势砍下来，违规者便被封禁发文权限，"关小黑屋"、"变僵尸"、或者"发配青海"了；或者版主不在的时候猖獗一回，第二天早上爬起来发现一长串的"封禁"名单，自己的id赫然在列，于是只能"马甲"（小id，不常用的id）上阵，面对"这里怎么又是一地尸体"的讥诮作个回应。

在光华BBS上，"关小黑屋"、"变僵尸"和"发配青海"是同义语，都是形象地描述发文权限被限制、只能浏览不能发帖的状态。如果违规"情节恶劣""后果严重"——则可能"全站"：在所有版面都被禁止发帖。

有光华站友撰文解释"去青海"之出处，整篇极有特色，且具有"史笔"味道。引用如下，以飨读者。

发信人: moral（控江喜知天命‖学子共忆峥嵘），信区： BBS_Help

标　题：Re：请问"去青海"是什么意思？

发信站：日月光华（2003年10月27日19:04:56 星期一），站内信件

众多独特的词汇构成了高校BBS文化的一部分，其中，有不少是日月光华独有的特色。

BBS的灌水和封禁发文权是最常发生的事情。在光华，被封禁版内发文权限一般称"关禁闭"、"关小房间"，而被封禁全站发文权限称做"到青海旅行"，感性空间区版面上常有"去青海了"之类的类似暗语的说法。

去青海一词最初出现于1998年12月，当时站长hchen整顿站内灌水风气，对于恶性灌水的网友封禁全站发文权，网友戏称为去旅游。wldx于1998年12月22日发于sysop版的文章可以看作青海的出处，附原文如下：

发信人：wldx（灌溉满光华，斯人独憔悴），信区：sysop

标　题：到青海旅游要注意的事项

发信站：日月光华站（Thu Oct 22 20:31:02 1998），转信

青海，位于我国的西北高原处，和西藏、新疆等省份接壤，风景独特，有很多值得一游的自然景观，如：雪山、草地、喇嘛庙、大沙漠、罗布泊等等，而且是长江和黄河的发源地（爱水之人的圣地）。近年来，复旦日月光华BBS又和青海省政府搞了一个合作旅游开发项目，在美丽而又寂寞的星宿海建立了可容纳上千人的旅游度假村，由hchen童稚任总经理，而且建立了不少人文景观，如：yhe磨出的巨大的坑和费时2个月挖的人工地道（又不是打小鬼子，伊跑到那挖地道干吗，偶实在是不理解的说），第一位旅游者lcx的题字，灌水教刻在那儿的碑林（据说是无上灌水宝典，而且是蝌蚪文，只有第一句是方块字，写的是欲成神功，挥刀自X，X因年代久远，已不可辨的说），

brian系列兄弟的故居，zl童稚建造的喷水花园等等……许多值得一看的东西。

由于宣传工作做得好，广告费打得足，青海已成为热门旅游景点，每一位到日月光华BBS的爱水人士都很想到那儿一游，遂使门票甚为紧张，由此，BBS发了一个告示，凡符合下列条件者方可参加，并分出等级和假期：

1. 恶性灌水

2. 在不同版面发表同一文章超过5篇者

3. 转载同一文章超过5个版面者

4. 人身攻击、反动文章、黄色内容者

5. ……

由于交通不便，希望广大旅游者注意，专线旅游火车定于每日早晨10：00后发车，上车补票，周末周日停开，望自带行李和干粮，尤其要带足水源。为了纾解旅途寂寞，你可以考虑带上托福600和GRE词汇进阶等消遣一类的书籍。

鉴于该线已成为大众旅游热点和首选线路，总经理hchen已考虑开辟日月光华直飞青海的专线飞行航线，望广大游客密切注意的说。

有意者可到sysop、news、girls、love、banquet和food版去咨询联系，并预定房间。

……

日月光华的历史，又翻过了一页。

来源：日月光华 bbs.fudan.edu.cn[FROM: 10.100.190.6]

可见，被封禁的原因很多，不止版聊一项；而版聊究竟在何种程度上应该封禁、版聊和"恶性灌水"究竟能否清楚地分开，不同版面的各位版主有各自的底线。如果遇到版面上就一个问题争论而纠缠不清——"掐架"——这样的情况下，发帖人和跟帖人都往往求胜心切，情绪激动、口不择言，大批人身攻击之词也会统统出笼，纵然有封禁标准，也忍不住"顶风作案"了。网络交流中，用语不文明的现象屡禁不止，纵然网络有词汇自动过滤的功能，但是语言的表达并不因这些技术控制而中止，而是变换出更多的花样：要骂脏话，可以用首字母或者星号代替了；而对语言暴力经历过一段"适应性训练"之后，原本温文尔雅的灌水者也免不了会跃跃欲试、带上脏字。这是一个暴力扩散的过程。若是有人来"挑板"——挑衅整个版面——则众人或者赤膊上阵，或者披上"马甲"（换个马甲来骂人不太显眼），人欢马叫、群魔乱舞的"群殴"就拉开帷幕了。

一个版主在任久了，常来的人都知道版上发帖的大致底线；而新版主上任，则要经历与站友的磨合。如果"三把火"烧得太旺、封人太多，则整个版面噤若寒蝉、开辟"第二战场"的事情也并不少见。虽然如此，版主履行职责也会受到监督。如果版主版面整理不及时、对版友处罚不公，版友有权利向站方提出公开举报投诉，一旦查证属实，版主亦会受到警告、处罚，并被知情者BS（鄙视，网络上表示不满的常用词）。这种制衡机制，在BBS系统中时时刻刻发挥着作用。

上面举出的例文已"年代久远"，其用语已经颇为"古色古香"，如"童稚"指"同志"，如"……的说"，虽然仍在使用，但多是作为纯粹的语气助词，出现在短句中，并不经常在长文中出现。以此我们也可以判断，这篇文章写于"……的说"用法正当走红的时期。之所以全篇引用，除了解释"去青海"这一短语之外，一方面是为网络词语的生产提供一个具体的例证，另一方面也是为日月光华BBS帖子的格式举出实例。

与广域网BBS不同，我们看到的地址（例文最后一行）不仅能够确定发文者所在的大致区域如地区、城市（因此出了国的同学也会被辨认出来），其校内代码还能够精确到具体的宿舍楼号和房间号，再根据对宿舍分布的了解，甚至可以明确到发文者的年级和系别。这样，每个人的身份相对于外网都有更强的真实性与确定性。因此，虽然也是BBS上的虚拟身份，你感觉到的却很少虚幻和偶然，而更多真切和亲近；同时，由于同为本校学生，发言者必须对自己的言论负责，所以站友们大体上也会更用心措辞——人数不多、身份清晰、管理严格，高校BBS因此呈现出比较明亮的气氛。

2. 转贴，十大，信息共享，与阅读中的生活

要评价一个BBS的运作质量，不外就是其内容质量、人气指数、技术支持，及这些要素综合作用所产生的口碑和影响力；而高校BBS在停止校外用户注册、成为校内局域网之后，虽然同样可以接受如上标准的衡量，但单凭这些标准，已经不足以评价高校BBS了。

单看信息总量、用户人数，高校BBS无法与互联网的大论坛相比；但就其质量和阅读效果来看，却未必一定低于外网——好的帖子会被转进来，"水分"则被过滤掉了。每天都有人"挂"在外网上，转贴天涯、新浪这些大论坛上的热贴，——因为转贴者多，同一帖子假如已经出现过，必定会有人跳出来说"old了""too old""old to death"（评论旧帖常用说法，太老了、老死了）；转贴者的动作必须很快，有时看到一个好帖，要转贴时，赫然发现已经有人抢先一步了，这也令人"郁闷"。

在这样的网络环境中，众多转贴者根据各自的兴趣，担任了不同信息的筛选工作，他们是去粗取精、提高BBS浏览效率的有功之臣。尽管有人抱怨高校BBS作为网络论坛并不纯正，不像互联网上那样"风起云涌"，但就信息流通来说，高校BBS如同网络近海的珊瑚环礁，看似清浅，却与整个网络休戚相关、呼吸相闻。

"站友"从不单单是"站友"，热衷于校内网络生活的人多半也在国内的一些大的论坛上活跃，高校BBS之间及其与广域网之间的信息传播并无绝对的隔离带。高校BBS之间的信息共享，可以举日月光华BBS"鹊桥"版的征友帖为例。许多人都感兴趣的"鹊桥"和"光协"（单身一族版，被戏称"光棍协会"）版面是供单身男女寻觅知己的场所，常有人发帖征友。在这些征友帖中，就常有交大"饮水思源"站的信息转过来的信息；而转贴的中介，或者是由于拥有不同BBS的id——有些是朋友赠送的马甲，有些则是经由互联网而再次转贴的。

在接受互联网信息的同时，高校BBS也出产著名的帖子，"芙蓉姐姐"就是由水木清华声名鹊起、红遍网络的。由"内外兼修"的站友兼网友为主要推动者，高校BBS在原创与转贴的"花开两朵"之间变得更加有声有色起来。

我们已经谈到过，网络的种种乐趣是别的休闲方式难以替代的。另一方面，高校BBS有它自身的特殊性，它与大学生活的对应更为紧密，可掌握程度也远远宽于广域网，这样，就出现了两种不同的走势。在BBS分区明确的格局中，信息常量相对降低，而变量便相应提高，一方面有信息细分，学生们不那么容易"迷失于开心馆中"，另一方面，其阅读类别扩展的机会也非常多，随着版面系统的完善，版友的积极发帖，以及版主的勤劳工作，跨版面浏览的效率也很高。所有标注为"N"的是你尚未看过的帖子，"M"（mark）"G"为版主标记、引起注意的操作，类似于推荐文章，因此阅读起来可以不遗漏精华；如果每天都上BBS，很快就会形成固定的阅读习惯。

习惯上BBS的人差不多都会顺便看一看"十大"。如果是以telent方式——telnet，用于远程连接服务的标准协议或者实现此协议的软件，此处指远程登录；具有操作简单、速度快捷、交流方便等优点，其格式是黑地彩字，全用键盘操作，不如网页美观。校园BBS的这种访问方式已经成为一种独特的telnet文化——进站，"十大"页面更会自动跳出。"十大"是"本论坛今日十大热门话题"的简称；每日回帖篇数的前十位经由自动计数，生成专门的"榜单"方便用户浏览。一旦上了"十大"，会吸引更多其他版面的人前来跟贴，全站瞩目。于是，能上"十大"也是"挖坑"（发首帖）者的潜在愿望，有人抱怨自己转载的站内文章（从一个版面转到别的版面）上了十大，但是自己的id不能与有荣焉，引来cft（英文comfort缩写，表示安慰）无数。"顶上十大"的"顶"字，多少可以说明灌水者如此勤勤恳恳的荣耀所归；而在一个话题进入"十大"之后，仍会有人不时摇旗呐喊，鼓励大家再接再厉："十大第三啦~""冲击十大第一！"

从质量来看，每日十大中，的确有一些是非常热烈的讨论，如〈动物保护和人权的关系〉〈反对版主一手遮天〉，但大部分还是灌水者的杰作，例如〈今天是***版友生日啊〉〈跑上来看看〉……充斥着"re"（表示回帖，reply的简写）、"顶"（表示支持）、"gxgx"（恭喜恭喜的字母简写）、"bgbg"（报告报告的简写，叫人请客之意），看多了的确不胜其烦；而有挑战性、难度较大的话题，往往只在学术版面上才有机会得到深入的讨论。故一个人假如每日都以灌水为要务，不免会受人BS（鄙视），而整日挂站、逢帖必回的站友，也不能不自嘲一番："问字，问名，问吵饭（炒饭）——正是研版的三大经典无聊话题。"问字，问难检字；问名，请大家给同事、朋友或亲戚的小孩起名字；问炒饭，即问宿舍区后门炒饭摊子的出摊情况，这些饭摊在入夜后不定时出现，受到很多学生、特别是生活不规律者的青睐。

由于BBS的方便和有趣，"上BBS"已经成为在校学生的日常休闲方式，你可以每天挂在站上，随时浏览新帖、收发信件。但BBS在方便了学生们的信息获取之外，于其学业不能不说有影响。"挂站"的时候，即使手头上有需要处理的文件、有待阅读的论文——网络电子文本的发达使得很多学生可以凭借电脑阅读文本、论文集等，且"穷学生"没钱打印那么多文字材料，只有在电脑上看，"冒着辐射坐在电脑前面，自我保护只能是一种意识"——由于BBS浏览的过分便利，正在用功的也不免去扫上两眼；对BBS浪费时间的批评与自我批评也因此层出不穷。

3. 交际活动与生活常态

高校BBS所谈论话题，在很多方面，对于校外人士的确具有很高的难度——〈后门的炒饭出来了么？〉〈强烈BS对送水师傅大喊大叫〉〈问：校园超市送外卖的那个订购网址是多少？〉〈谁有今晚晚会的照片？〉——恐怕只有同一生活方式下的人才能交流。这些话题如同闲话家常，在版面上营造了亲切的气氛，充满了实在感和同在感，"补齐"了每日的大学生活——每一场报告、每一次联欢、食堂门口的事件、新社团的成立以及"下雨了，大家快收衣服啊"。

高校学生之间的彼此联系越来越松散，而BBS的兴旺，在日渐宽疏的同学关系中加上了一条新的纽带。同上一个BBS的，称为"站友"，而同上一个版面的，则是"版友"；很多版面上有"版宠"，即本版评选出来的倍受欢迎的版友，人人得而mo之（mo，momo，是"摸摸"的拼音，可以表示安慰，这里表示喜爱、亲昵地打招呼）。这些关系都是在频繁交流的基础上形成的。

一个版面上总有一群固定出现的人与偶尔来tk（偷窥）一下、踩一脚的人，后来者要融入已经形成的小环境，既需要兴趣，也需要耐心。参加版聚，则是迅速促进版友相互了解、增进版友感情的好方式。

BBS各版面上不时召集的版聚活动，使同一版面的版友在共同兴趣的基础上，结成更为亲密的关系。高校BBS的版聚活动与一般的网友见面会相似，但是主要也限于校内人员，大家平常相遇的几率也很大，因此与外网上集合半个城市、甚至跨市跨省的网友见面或版聚相比，还是大为不同的。校内BBS的聚会更加方便和频繁，常常下午发帖，傍晚就可以到齐，然后一起吃一顿简朴的晚饭，其乐融融、专心交谈，恐怕只有同一学校的学生们能够做到。而随着BBSer（已经将BBS看做生活的一部分的人）们年龄的不断增长，目前，带着下一代一同参加的版友聚会也出现了。

版聚一般都是AA制，费用均摊，但是平常的同学聚会，消费方式就五花八门了。高校BBS作为校园文化的一部分，也带有大学自己的特定气质，版聚消费的不同"文化"在其通行词语的差异中透露出来。以下是复旦日月光华BBS中BBS系统标目下"新手帮助"版《BBS黑话》中的一篇，原文来自南京大学小百合站，并加上了复旦学生的评论，从中可以直观地看出两所高校网络用语的区别。

BBS词解（转自小百合）（光华网友评论版）

发信站：日月光华站（Wed Oct 3 09:21:33 2001），站内信件

【以下文字转载自Undergraduate讨论区】

【原文由tenderdream所发表】

1. 报告：

及物动词：请某人的客

例：你报告我吧？—你请我的客吧？

名词：请客活动

例：听afour的报告—去参加afour付帐的娱乐/餐饮活动

2. 报告会：

名词：大型的网友聚会活动

例：参加afour的报告会——去参加afour付帐的大型娱乐/餐饮活动

3. AA报告会：

名词：各自付帐的网友聚会

4. AA+报告会：

名词：以主角付一部分费用，其余部分由他人平均负担的网友聚会

例：参加afour的AA+报告会

　　3, 4我们光华是没有的，直接就叫AA

5. 家属：

名词：在AA报告会或AA+报告会中由别人替自己付帐的网友

例：这次报告会，rain是piggy的家属

　　—piggy替rain出参加这次报告会的钱

光华所谓家属就是指bf/gf或lg/lp

6. 家长：

名词：在AA报告会或AA+报告会中替别人付帐的网友

例：这次报告会，rain是piggy的家长

　　—rain替piggy出参加这次报告会的钱啦

光华没这种说法

7. 领导：

名词：某人的准未婚妻/未婚妻/妻子

特定用法：ID+单引号　例：bigeye' = bigeye的领导

8. 被领导：

名词：某人的准未婚夫/未婚夫/丈夫

老土，小百合过时了......

9. xz：

名词：洗澡的拼音缩写，特指"桑拿浴"

10. 刷/刷刷：

名词：滑冰

不及物动词：滑冰

你们听说过吗？

11. 水：

名词：内容毫无意义或纯为调侃性质的文章

例：参见本文的下一篇文章

　　只要是水就是我们要一边灌一边抵制的东东……

12. 灌水：

名词：发表内容毫无意义或纯为调侃性质的文章

13. 破：

形容词：熟人间打招呼时，在对方称谓前加的前缀

例：破人

绝望…在光华的counterpart是"土"，"土人"是对一个人的最高评价之一

14. 美眉：

名词：女孩子

也作mm在宠物等版作猫猫，大写MM为美眉

注：不足以做为判断一个网友性别的充分条件

15. 底迪：

名词：男孩子

注：不足以做为判断一个网友性别的充分条件

16. 戈格：

名词：大男孩子

也作gg，在宠物等版作狗狗，大写为戈格

注：不足以做为判断一个网友性别的充分条件

17. 晕倒/faint/ft

谓语词组：在对对方言语表示吃惊时常用到

别称：费恩特、芬特，等等

18. 纨裤/wk：对令人发指的消费行为绝望而艳美的描述

用法：（ever义愤填膺地）破afour那纨裤（n.）！　昨晚又去xz！！！

（gerald）就是!!据说后来他又去顺风纵裤（vi.）来着!!

（众人faint道）啊!!那么纵裤（adj.）啊!!

我们这儿文明点叫"腐败"，直接点叫"淫乱"……

19.光光：名词。未得女友之男，未得男友之女。拥有丰富内涵，可用于表达自豪，伤心，感叹，愤懑，亲近，等各种不同场合。可简为'光'。

例：破pony是个假光光。（气愤）

我也要做光。（danial语，恳切，美慕，向往）

作光真好。（自豪，欢喜）

唉，还是一个光。（伤感）

20.入光：不及物动词，加入光棍协会。有时又称"加入组织"。

例：我入光了。

"挂牌"是光华光协的特色，是光华最值得保留的特色之一，比那什么"入光"好得多

21.脱贫：不及物动词，本意为克服了经济上的困难。（简而言之，有钱了）

引申为交到异性朋友，有了情人，结婚等等。

注：本应作"脱光"，因其不雅而弃之，有时也可作"脱离组织"，"逃离组织"等等。组织参见下条。

例：我脱贫罗!

逃离组织未遂，特来向人民请罪。

"脱光"有什么不好？形象生动。

22.组织：名词，光棍协会的别称。

例：yoyo是我们组织的蛀虫。

光协……

23.叛徒：名词，指企图逃离组织者。

例：叛徒的可耻下场。

什么东东...对小百合真的绝望了……

我们可以看到，在复旦的学生聚会中，部分人自己付账，另一部

分人免费的情形并不成为惯例，聚会或者是"听报告"——由一个人请，或者AA大家平均分担。这种差别也许不一定是纯粹高校之间的差别，而是不同地域文化差异的表现。

在小百合原文与光华网友评论的对比之下，不必避讳，复旦大学的学生被品评为"小资"、"自由而无用的灵魂"，的确有一定的理由。从光华网友轻飘随意的点评中，我们可以看到漫不经心的才气和喜感："只要是水就是我们要一边灌一边抵制的东东……"；在南京大学BBS用语大块沿袭上一代政治话语的时候，日月光华主动地以话语解构了自己的生活——"我们这儿文明点叫'腐败'，直接点叫'淫乱'……"以抢先一步的自嘲拒绝了道德性的审视和批评。这一点下文还要继续讨论。

在作了以上三方面的分析之后，我们可以小结：高校BBS仍然具备网络虚拟的性质，但是由于实名制的执行，它已经同一般的网络论坛有了明显的区别，越来越与大学校园生活结为一体，虚拟和现实发生了反复的重叠。整个网络空间是向外无限延展的，而高校BBS则在特定的范围内实现了虚拟空间的压缩，而现实生活对网上行为的规限，又反过来实现了虚拟空间的内聚塑造。

二、"米"与在商言商

与普通高校BBS相比，日月光华论坛的普及程度和利用率相当之高，这要感谢学校的局域网建设为学生提供了免费端口，使得学生有机会在这个平台上充分表露出自己的所思、所想、所需。BBS上，随处可见、并引人共鸣的，是对于"钱"的讨论。这也正是BBS"贴近生活"的最生动体现。

毋庸讳言，高校的治学之风有边缘化的趋势，做"穷学生"不再是理所当然，消费和物质问题也越来越被提上日程。无论是毕业之后正式工作，还是打零工赚小钱，无论是自己的宠物生病了，还是准备买样心仪已久的东西，"没钱寸步难行"的现实情况，对于开始登上社会舞台的大学生来说，是无时无刻不在为之困扰的问题。身为大学生，一方面没有稳定收入，另一方面，消费行为在人际交往、生活和恋爱中的作用却是举足轻重。有博士生在BBS上撰文抱怨因为缺乏收入而不敢恋爱的窘状，足见高校学生经济问题的现实性与长期性；即使不愁生活费用，置身于消费之风愈来愈盛的社会环境中，也很难拒绝物质化的快乐。身为大学生而追求物质化，BBSer们也有自己的语言"保护伞"：

腐败——消费，花不必要的钱。

败家——消费，花不必要的钱，程度比"腐败"要高。

败——买某样很贵的东西。

长草——心动，心里痒痒，想买。

如上数例皆是以自我检讨的用词打开"犯错误"之门，其内在的情感逻辑就是对消费主义的警惕与认同。如将消费视为理所当然，大学生的身份、大学生水平的经济能力，并不足以成为厉行节制的依据，反而发明了消费的新理由：预先锻炼、培养生活品位。"月光女神""月光公主""月光王子"——每月都把钱用完的年轻人能够获得如此动听的称呼，其实并非偶然。

无论是要"脱贫"还是"奔小康"，人人似乎都不缺乏打工挣钱的理由；在这样的情形下，BBS起到了"推波助澜"的作用。如果没有BBS的相关讨论，你很难想象，原来身边有这么多的打工机会、有这么多正在打工的同学；他们在版面上寻找、发布兼职机会，并且对自己的打工经历作出评论。BBS兼职版的存在对学生的兼职活动是直接的支持和鼓励。家教是最传统的打工方式，此外还有翻译、会展礼仪、信息录入、速记员、市场前景分析、电脑技术、问卷调查、发型、彩妆及平面模特、企业实习生等等报酬不一、形式各异的兼职机会。这些兼职机会或者是需要专业知识和技术（如速记、商务翻译），或者是难度不大的简单劳动，虽然也能增加"社会经验"，但是没有挑战性，学习效率很低，往往是有金钱补偿的时间浪费。虽然很多人做兼职是生计需要、不得不尔，但也有很多是无心学业、热衷消费使然。无论如何，一边是一些版面上奢侈消费的讨论，另一边是零零碎碎、不断刷新的兼职广告，这样的对比效果不能不让我们担忧，一些学生敷衍学业，正是因为这些赚钱的机会给他们打开了另一种生活的门径。

下面这个著名的签名档，虽然是开玩笑，却也说出了一些高校学生"有钱就赚、有活就干"的心态：

本人承接以下业务：苦力搬运，装卸，车工，钳工，焊工，水电工，瓦工，砸墙，砌墙，筛沙，油漆，通下水道，贴瓷砖，室内装潢，Vb，C++，.NET，C#，Java，j2ee，j2me，php，asp，delphi，汇编，PC&手机游戏开发，网络维护管理，三维建模，照片上色，平面设计，建筑效果图，flash动画，硬件设计，单片机开发，四六级替考，办证，黑枪，黑车，暗杀，洗钱，要债，割双眼皮，代写小学生暑假作业，替小学生欺负其他同学（限5-10岁）有意者狂Q我，价钱好商量。

之所以这个签名档值得注意，除了打工项目名目繁多之外，不同"工种"相互之间形成的对比也很有趣，既有专业脑力劳动也有苦力活，大有为了钱"不择荤素"的味道；四六级替考，办证，黑枪，黑车，暗杀，洗钱，要债，是非法短信广告中的保留节目，放于此处，"要钱不要命"的气势立显；而代写暑假作业、欺负小同学，——愿意做如此枯燥和"无赖"的活计，则是对严肃批评的敬谢不敏。写到此处，令人想起数年前山东某高校理工科研究生长期打数份零工（包括几份家教），体力长期透支而病变猝死的事件，令人对高校"打工爱好者"不顾"长远利益"的疲于奔命感叹再三。

必须承认，打工的好处之一就是使人不再有对金钱"起敬起畏"的态度——对于要靠家里供养的大学生来说，只要稍有责任感，便难免对自己身为成年人还要受家庭供养的事实感到不安。打工即使无法取代家庭的供给，也能象征性地证明"独立"和"成长"。对于缺乏人生方向的年轻人，这是一种有效的安慰剂。也许我们由此也可以解释，为什么在网络语言中，钱也不再叫"钱"——货币符号上又携带了新的内容。

钱，在网络语言中有了新的称呼：米。推究其来历，很可能是来自于Money的首字母；同时，我们也有理由推测，米国——"美国"在日文里的叫法——作为金钱帝国的威力，或许也是词源之一。这是个很有趣的文字游戏，我们不知道，是因为"米国"有"米"，我们才把钱叫做"米",还是先有了以"米"代"钱"的说法,"米国"的金钱实力才变成了露骨的标榜呢?顺便提一句,现在的网络用语中,美元也不叫"美元"而叫"美刀",也是英文dollar的音译,现在进一步简化为"刀"——其威力更加不容小觑。

"米"字很有趣,言其要,人人都必不可少;又言其微,并非万能之物——头脑中有金钱意识,但无金钱至上的观念,这就具备了基本的成熟心态。要说"米人"和"有钱人"的区别,"米人"指的是有钱用的人,而不是"有钱人";"有钱人"这个词已经负担了太多负面信息,如为富不仁、附庸风雅等等;还有一点,大学生并非完全的社会人,即使有能力养活自己,他们的经济行为仍然有别于一般的社会人。因此,简单地享受赚钱花钱的快乐,不需要做什么人生规划之类的沉重思考,这就是"米人"的幸福生活。

除了在校外打工赚钱之外,也有很多活跃的人,将商业活动引进了校园。据说在80年代下海潮流兴起时,大学校园的道旁有人摆起了小摊,论者以为这是崇商之风过盛的证据;而现在,BBS又刷新了大学生崇商风气的记录。

在日月光华BBS"分类讨论"的十一个讨论区中,交易专区的"百业兴旺"令人惊诧。二手版可以出售自己的美容服饰、音像书籍、电子产品等等,而专门的代理版,则是学生们"开辟第二战场",把买卖做到了校园里:举凡家居用品,如被褥、箱包;美容品,如精油(十余种纯精油、五六种配方精油)、各品牌的化妆品和护肤用品(数百种);食品,如花粉蜂蜜(纯正野生农家蜜)、茶饮(花草茶、红茶、绿茶,又赶时髦地新增韩国柚子茶、生姜茶)、肉松(来自香港);服饰,如鞋帽、围巾、衣裙裤袜(既有名牌也有度身定制品),乃至MP3、电脑(三种品牌以上)、眼镜,还有一些比较少见的货品,如轮滑鞋、军品手电筒、名牌打火机、名表……真令人叹为观止。

下面一则BBS代理版广告:

知本时代我要才色兼备!

相辉堂前的风,添了你的韬略,却暗了容颜;图书馆的夜读,丰

厚你的底蕴，却消减红润；你的内涵得天独厚，美丽的延伸由****为你贴心打造

本店特有各种纯天然养颜粉类，外敷内服，天然调养，欢迎选购

这是一则专门针对复旦女生的健康食品广告（相辉堂是复旦的著名建筑），可称之为主题内广告，即发表在帖子内的广告，点击进入之后才会看到；但是这个版面上的标题一般也有广告的功能，例如："好消息，***已到货"、"****火热卖翻天！"、"想买***的同学可以进来看看"、"超赞***大甩卖"、"***寒流来了，大家注意保暖啊"、"***隆重推出**系列"、"最近大量补货了，买**的同学请进"（星号*代表商品或"商铺"名称）等等。无论是颇具吸引力的标题（在标题上往往还有特殊的符号，如☆★☆、【 】，以增加醒目的效果），还是发帖者提出的送货事宜、质量保证、购物优惠办法，都颇为"专业"、有模有样。货品的图片可以发布到版面上供顾客判断，订货也完全可以通过站内交流完成。这些校内"代理商"或者送货上门，货到付款，或者在寝室里开起了小店，"欢迎看货"，网络购物在这里"得天独厚"——范围集中，运作快捷；购买者在BBS上的公开反馈也通常都比较及时，各个"商家"都要以顾客的直接评价建立自己口碑。BBS弹丸之地，买家卖家都不能不谨慎小心，这也正是"舆论监督"的显明力量。同一品牌、同样货物的竞争情形虽然也会出现，但恶性竞争却不多见；在商品质量上，卖家一般都会做出尽量详细的说明，以避免与顾客发生误解或冲突。

BBSer将网络纳入日常生活、被网络纳入其信息系统，是同一过程的两个方面。高校BBS不仅执行信息交换的功能，而且有力地塑造着大学生的生活方式。日月光华能够为我们提供的实例还有很多，如动物保护、电影欣赏、书本阅读、情感生活等等，此处举富有商业特色的"兼职"和"交易"为例，主要是为了观察高校学生的前程/钱程焦虑——这一点往往表现为急切的心态和热忱的行动。

三、以网为镜

通过上文的分析，高校BBS的特殊性已经比较清楚地展现出来。这

个浓缩的、具体而微的虚拟世界，可谓是接种了"网络基因"的高校学生的"电子神经网"，其末梢联通着校园生活的方方面面。从BBS的话题可以看到校园生活的多样状态，同样，也可以看到在这多样化生活中的人的状态。

我是半个流氓　在现实与网络之间游荡

现实中我有着华丽的衣裳　当你看见我时不会发现我是一匹狼

在网络中我西晃东逛　当遇美眉时我会披上文学的幌幌

看到兄弟时我再没伪装　我不狂我依旧是狼半个流氓

健康所系，生命所托，作为一个骄傲的医学生为中华之医学事业好好学习

从我跟初恋女友分手那天起我就一直在堕落

我不断的使自己庸俗以便可以适应这个社会

我一直期望自己有一天可以成为一坨臭牛粪

幻想着有一朵鲜花会插在上面~~

为兄弟两肋插刀，为美女插兄弟两刀。

兄弟如手足，美女如衣服，谁穿我衣服我砍他手足！！！

美女如衣服，兄弟如手足，谁动我手足我穿他衣服！！！

欢迎光临 *** FTP 校内IP:1**.***.***.*

内有 *** 制作 三国游戏专集 等好东西等着大家

以上是笔者在本校日月光华BBS上随机选取的一个说明档（常取首字母缩写为smd），它类似于签名档，但与签名档不同，不是附在每一个帖子的末尾，而是在点击查询网名的时候显示出来。说明档抬头是网名、昵称、在线时间、表现状况、发文篇数、所属星座（星座一项可以看出生月份，同时字体颜色表示性别，绿为男，红为女）等，BBS的在线用户都有阅读这些资料的权限。说明档也可以输入一定篇幅的文字或

一定尺寸的图片。对说明档的精心设置本身就是对被阅读的期待，而设置者要向阅读者展示的"这一面"，也必然是自身所偏好和认同的。

上文列举的说明档有五个小节，颇具拼贴情趣，"实用"和"纯情"兼顾，既有搞笑的调侃，也有含蓄的自白：头一小节中可以看到发帖者对"浪子"形象的坦白向往，第三小节里则是由恋爱的不如意带来的愤世嫉俗情绪；其"本职"夹在这两个小节之间，形成了精神与行动的平衡点——即使心中不快，嘴上抱怨，手头上的正事还是不敢怠慢，且对未来大局十分乐观；第四小节则是一条广为流传的签名档，再一次表达对"无赖"风度的欣赏，和对于强势自利的认同；最后一节则是为自己的FTP作"广告"，提供下载资源的乐趣同样是得到关注。读过之后，我们大致可以了解：这个男孩，有了一些人生体验，在道德、职业上具有现成的使命感；受到过社会现实的伤害；在世界的五色斑斓之中陶醉；尚未成熟，幽默感仍与自嘲态度捆绑在一起；对自己的未来是乐观的。通过这样的分析，个体"隐藏"进了群体，我们得出的是名牌高校普通学生的一个典型形象。

虽然大学生们来自不同的地域、家庭、教育背景，高校，尤其是质量较高的名牌高校，其环境对学生的统合效应是比较明显的；而在"复旦人"、"南大人"之类的共同身份下，大学生个体的风貌依然相当复杂，如同说明档一般，处处"自相矛盾"，充满了回护、开脱、辩解和扬言，其所坚持的"个性"，也往往只是对个性的向往和试探，是年轻人共有的自我表白的纯真动机，急于张扬、寻求反应与认同的心理诉求。对于此类急切寻找发声平台的年轻人，BBS的吸引力尤其明显。

一旦BBS遇到问题暂时不能访问down机，——"日月光华，当复当兮"（戏改复旦出典：日月光华，旦复旦兮。）——必然引发怨声载道。同时，即便是尚在成长期、缺乏意志力，大学生们也分明能够觉察到对BBS形成心理依赖的危险。在BBS上虚掷光阴总是与学业的荒废、进取心的消退有着某种特殊的牵连。当网络与现实的矛盾达到一定的强度，很多人会主动寻求"戒网"——日月光华BBS站务系统的"随风飘逝"版面，即供id作废之用。id作废，在BBS上表述为"自杀留言"。单看2005年1月2日至12月10日，就有1683个id主动作废。日月光华BBS的"自杀留言"格式如下：

大家好，

我是***。我已经决定在15天后离开这里了。

自*年*月*日 至今，我已经来此 **次了，在这总计 ***** 分钟的网络生命中，

我又如何会轻易舍弃呢？但是我得走了…点点滴滴——尽在我心中！

>

朋友们，请把 ***从你们的好友名单中拿掉吧。因为我已经决定离开这里了！

或许有朝一日我会回来的。珍重！！ 再见！！

*** 於 *年*月*日***星期* 留

从措辞来看，"自杀留言"是为决心不再上站的人设计的。实际上，BBSer们"自杀"id的原因还有很多，"马甲"太久不想用，名字不称心，或者表现不佳、名声坏了；这些都不妨碍实际注册者"自杀"，换个id"卷土重来"。要抵御经验值积累和升级的诱惑，最好的方法就是干脆不注册id，只能浏览，不能发帖。

现实生活最终仍会占据主导地位。临近期末，因为要准备论文和期末考试，很多代理商都收摊、"截单"、"停业"了——等到明年春暖花开，崭新的面孔将闪亮登场，新的机会，新的商品，新的话题，新的id，都会再度兴旺。

四、结语：作为高校实力和财富的BBS

大学本身就是"铁打的营盘流水的兵"：入学、在校、毕业、出国交流、打工、出差、外出旅行、假期回家。在如此频繁的变动迁徙中，BBS的存在复写出了直观可感的大学校园生活，它作为一个明确的身份符号，也在有效地增进着大学生对本校的归属感。同时，随着人事代谢，原本集中于校内的BBS站友，也在逐渐扩散、不断游走，不仅出

人于网上网下，也流动于各个地区、国家之间；他们的身份不是简单地从大学生向毕业生、职员、访问者、游客等社会身份的单向转变，而是随着对BBS的一次次访问，不断构建出一种精神上的"大学人"身份，学校与学生梯队（包括已经毕业的，也可以算上尚未进入大学的）之间的关联由此也变得更为紧密、频繁。这是一种开放并且充满希望的互动状态。

很多人希望取消BBS实名制，使"高校素质"与公共网络论坛式的自由度形成叠加放大，惋惜着"高校BBS的倒掉"；但我们却有理由认为，在网络空间多样化的过程中，实名制的实行并非简单的限制、管制措施，也为局域网的特色形成、网络与现实生活的密切结合提供了特殊的条件与机遇。虽然远未成熟，从现在的情况看来，高校BBS仍有潜力成为估量学校综合水平的重要指标——BBS上学生们从事的活动、关注的话题、讨论的水平，都反映出学生的学术修养、思想状况、心理健康程度，反映出大学的教育质量。它究竟是证实还是证伪，则取决于大学自身对学生的培养与引导。

第十四章 网络亚文化研究——网游社会与文化

一、网游的历史与类别

● 1996年，电脑上的ARPG（动作角色扮演游戏）《暗黑破坏神》横空出世，成为后来韩国网游（如《传奇》）的最佳借鉴对象，也创造出了后来副本的雏形：战网的房间。这一年金山发布了国内第一款商业游戏《中关村启示录》，隔年金山开发了大陆第一款电脑RPG游戏《剑侠情缘》。

● 根据易观国际Enfodesk发布的《2008年第4季度中国网络游戏市场季度监测》数据显示，中国网络游戏市场2008年第4季度面向个人用户的市场规模达到50.9亿元，较上季度环比增长9.2%，继续保持稳定的增长势头。网络游戏运营商市场格局方面，盛大、腾讯和网易名列前三位。

● 从2005年6月起，新闻出版总署在广泛征求意见的基础上，制订了《网络游戏防沉迷系统开发标准》和《网络游戏防沉迷系统实名认证方案》。2009年4月15日起网络游戏防沉迷系统在全国推行，7月16日全面实施。该系统将针对所有在中国运营的网络游戏，不仅包括大型网游，还包括腾讯和联众运营的休闲网游。

● 2003年2月"红月"游戏玩家李某发现自己游戏库里的所有

武器装备不翼而飞。后经查证，他的这些宝贝于2月17日被一个叫shuiliu0011的玩家盗走的，但游戏运营商北京北极冰科技发展有限公司拒绝交出那名玩家的真实资料。6月10日该公司在未事先通知李某的情况下，限制了他名为"冰雪凝霜"的账号并删除了所有装备。6月20日，公司又删除了他另一个账号里的所有装备，而这些装备中有一部分是李某花840元人民币买来的。在多次交涉未果后，李某以侵犯了他的私人财产为由把北极冰科技发展有限公司告上了法庭。这是我国首例虚拟财产案。

● 2009年4月2日重庆市九龙坡区法院一审判决"黑客"张某有期徒刑十年零六个月，并处罚金5万元。张某与同伙盗窃网络虚拟财产价值14万余元，数额巨大。

自从有了电脑，游戏方式的可能性获得了极大扩展；自从有了网络，游戏就不仅仅是电脑娱乐的一种方式，而几乎成为整个互联网的某种"环境"。当我们谈论这个参与者人数超过5500万[1]的世界时，不仅将其当做一种娱乐行为；当我们谈论这个市场规模超过50亿元的产业时，也不仅将其当一种商业手段。网游已不再作为我们谈论网络新事物的典型例子出现，而是我们讨论问题的共同"语境"。它对人群行为的影响如此之广，如此之深，有时候甚至每个人都被迫对其都表达出一个明确的态度，这使我们必须将网游作为一种社会文化现象来分析。

1. 网游发展的四个时代

网游发展到现在经历了四个时代。[2]

第一款真正意义上的网络游戏可追溯到1969年，当时瑞克·布罗米为 PLATO（Programmed Logic for Automatic Teaching Operations）系统编写了一款名为《太空大战》（SpaceWar）的游戏，游戏以八年前诞

---

［1］中国互联网络信息中心（CNNIC）发布了2008年《中国网络游戏用户调研分析报告》，此次报告的调研对象为每月至少使用过一次大型多人在线游戏产品的用户，截至2008年12月底，其规模已经达到了5550万人。数据来源：http://www.cnbeta.com/articles/80091.htm。

［2］参考百度百科"网络游戏"词条：http://baike.baidu.com/view/3543.htm。

生于麻省理工学院的第一款电脑游戏《太空大战》为蓝本，不同之处在于，它可支持两人远程连线。PLATO上的不少游戏日后都被改编为了游戏机游戏和PC游戏，例如《空中缠斗》（Airfight）的作者在原游戏的基础上开发了《飞行模拟》（Flight Simulator），80年代初这款游戏被微软收购并改名为《微软飞行模拟》，成为飞行模拟类游戏中最畅销的一个系列。

　　1978年至1995年网络游戏出现了"可持续性"的概念，玩家所扮演的角色可以成年累月地在同一世界内不断发展。1978年在英国的埃塞克斯大学，罗伊·特鲁布肖用DEC-10编写了世界上第一款MUD游戏——"MUD1"，这是一个纯文字的多人世界，拥有20个相互连接的房间和10条指令，用户登录后可以通过数据库进行人机交互，或通过聊天系统与其他玩家交流。MUD1是第一款真正意义上的实时多人交互网络游戏。

　　第三代网络游戏始于1996年秋季《子午线59》的发布。这一时期越来越多的专业游戏开发商和发行商介入网络游戏，一个规模庞大、分工明确的产业生态环境最终形成。人们开始认真思考网络游戏的设计方法和经营方法，希望归纳出一套系统的理论基础，这是长久以来一直缺乏的。《子午线59》采用了包月的付费方式，而此前的网络游戏绝大多数均是按小时或分钟计费。采用包月制后，游戏运营商的首要经营目标已不再是放在如何让玩家在游戏里付出更多的时间上，而是放在了如何保持并扩大游戏的用户群上。与国内众多网络游戏"捞一票即走"的心态相比，月卡、季度卡和年卡等付费方式无疑更有利于网络游戏的长远发展，尽管从眼前来看，或许会失去部分经济利益。《魔兽世界》（World of Warcraft），也是一部杰作，是著名的游戏公司暴雪（Blizzard Entertainment）所制作的第一款网络游戏，属于大型多人在线角色扮演游戏（3D Massively Multiplayer Online Role-Playing Game）。《魔兽世界》背景可以追溯到1994年发行的《魔兽争霸》，在2003年《魔兽争霸III：冰封王座》之后暴雪公司正式宣布了《魔兽世界》的开发计划。《魔兽世界》于2004年年中在北美公开测试，2004年11月开始在美国发行。中国大陆亦于2005年6月正式收费运营。暴雪在2007年1月宣布，《魔兽世界》的全球注册用户数量超过800万，其中北美200万，欧洲150万，中国350万。到2008年1月，暴雪宣布全球注册用户已经超过了1000万。

2006年开始进入第四代。这一时期随着Web技术的发展，在网站技术上各个层面得到提升，开始兴起许多的"无端网游"，即不用客户端也能玩的游戏，也叫网页游戏或webgame（web游戏），受到许多办公室白领一族的追捧，2007年开始，中国大陆也陆续开始有许多网页游戏开始较大规模的运营，网页游戏作为网络游戏的一个分支已经逐渐形成。

2. 网游的类别

从广义上来说，所有基于网络的游戏应用都是网游。其中有很多游戏只是单机游戏的网络翻版。单机版游戏的互动对象是一定的游戏程序，玩家根据游戏规则和关卡按进度往前进行游戏。那些移植到网络上的这类游戏本质还是如此，只是将单机上运行的程序存在服务器，客户端只保留最小的执行程序。与之相对的是人与人之间的对抗游戏，这类游戏又分两种，其一是直接对抗或竞技类游戏，其二是虚拟社会类游戏。

对抗类游戏的代表，有经典的《帝国时代》《星际争霸》《魔兽争霸》《反恐精英》等，也包括棋牌类游戏。对抗类游戏的设计中包含有一决高下，追求结果的理念。在一定时间内，谁是胜利者能够明确地判断出来。比如《帝国时代》，玩家可以与电脑角色对战，也可以与别的玩家对战，游戏过程中也有几乎所有电脑游戏都具备的"升级"环节，但"升级"不是无止境的，玩家需要在一定时间内战胜对方，结束这个回合。一个回合结束后玩家可以重新开始，但新的游戏进程与前一局并无关系。游戏的设计者或经营者也不会在游戏过程中干涉玩家的操作。

虚拟社会类游戏里同样包含玩家对抗的情节，游戏的局部与对抗类游戏类似，但更多的以构建一个社会环境为核心，让玩家在其中博弈，如早期的《石器时代》，之后有《魔兽世界》《传奇》《征途》等。严格说来，虚拟社会类网游才是创造网游文化的核心力量。这类网游并没有构造一个结局，或鼓励玩家追求一个最终的胜利，理论上可以永无止境地玩下去。虚拟社会类游戏以角色扮演（RGP）类游戏居多，也包含"升级"的环节，但不同于即时战略或其他对抗类游戏的"时代升级"，虚拟社会类游戏中一般没有整体的"时代升级"，往往只有属于游戏角色个人行为"装备升级"或"级别升级"。也就是说，在这个虚拟社会中，时间性仅仅体现在一种势力对抗状态的变动中。所以，游戏的目的由追求最终的"那一刻"变为追求并保持相对最强的"那个状态"。这种追求因游戏的运营商的参与而变得更加复杂和不稳定，这个构建起来的虚拟社会则看起来获得了永生。

二、与社会同构的游戏

1. 网游中的操控与丛林竞争意识

2007年12月20日的《南方周末》刊登了一篇名为《系统》的文章，以成都一家医院的B超检查师吕洋的网游经历为主线展开叙述。当吕洋在《传奇》中晕头转向地跑路时，一个叫"送礼只送脑白金"的玩家也在这款游戏中闯荡，"他从来不耐烦那些烦琐的升级步骤，而是直接购买高级别账号；他成千上万地花钱，砸下最顶级的装备。以钱铺路，他在最短的时间内得到了最强大的威力。在这款典型的韩式'泡菜'游戏里，他试验出了自己独辟蹊径的玩法。这位玩家就是后来《征途》的老板史玉柱。"[1] 这篇文章将吕洋这个普通的网游玩家与目前中国经营网游最成功的商人史玉柱联系起来，描绘出网游这个与乔治·奥威尔《1984》一书中Big Brother无异的系统，第一次将网游中的操控与丛林竞争意识揭示了出来。这是目前对中国网游本质分析得最为透彻的文章。

网游本不是中国人的发明，也不是其他亚洲国家的发明，但是，现在亚洲区域内的网游越来越多的带上了亚洲国家的文化特征与意识形态。例如，恃强凌弱和功利主义的"社会准则"来自于韩式网游。"在

---

[1] 曹筠武、张春蔚、王轶庶：《系统》，《南方周末》2007年12月20日。

被称为'泡菜'的典型韩国网络游戏中，没人能够否认这些游戏中的虚拟社会由对抗、暴力和欲望主宰，玩家们因此急功近利、恩怨分明、派系林立、残酷冷漠。这既是游戏的乐趣所在，亦是对人性弱点的敏锐捕捉。从《传奇》开始，韩式公会模式深入人心。这种模式极具东方式的家族色彩，对内严格管理，对外一致作战。行会会长可以自己制定行会会规，可以发出通缉令，与其他行会结盟或宣战。这种设置便于玩家们结成团体满足自己的战争欲望，同时也确立了集权式的'社会结构'。"[1]文章还指出，"当韩式网游的'精髓'发挥到了极至，权力、荣誉和快感都来源于暴力，而暴力的最佳来源就是金钱。游戏设置亦乐于创造仇恨与贪欲，把玩家分为大大小小的家族、帮派和国家，设立各种个人或组织争抢的目标，甚至直接挑起争斗。事实上，这并非《征途》一款游戏之功或之罪，这种价值指向正是韩式网络游戏的传统精髓所在。"既然有这样巨大的人的本性的驱使，这个商业时代的商业精英们理所当然地将整个网游的格局推向一个更加直白、更具有原始竞争性的状态。网游角色的竞争力与玩家在真实社会中的竞争力，主要是经济能力直接挂钩。这是目前网游，特别是虚拟社会类网游的基本生态。更发人深省的是它与整个社会阶层组成的关系。

2. 金字塔：从现实社会到虚拟社会

典型的发展中国家的社会阶层组成为金字塔型，芸芸大众或低收入者占绝大多数，中产阶级其次，占据塔尖的社会精英、巨富只占很少比例。而有意思的是，那个在游戏设计者和运营商主导建构起来的网游虚拟社会里，阶层——如果按玩家等级可以这样称呼的话——也构成金字塔型。2009年初，中国互联网络信息中心（CNNIC）发布了2008年《中国网络游戏用户调研分析报告》，此次报告的调研对象为每月至少使用过一次大型多人在线游戏产品的用户。截至2008年12月底，其规模已经达到了5550万人。22岁以下的网络游戏用户占到了总体的52.5%；专科及以下学历网络游戏用户占到了总体的77.1%。在这些用户当中，

---

[1] 曹筠武、张春蔚、王轶庶：《系统》，《南方周末》2007年12月20日。

无收入人群占到 31.2%，该人群主要由在校学生构成，收入在1001元至2000元的用户群体占到25.5%，而收入在5000元以上的游戏用户比例仅为5.8%。[1]

从数据来看，中低收入者是最主要的游戏玩家。一款网游中最低等级的、只有用最差装备的玩家占绝大多数，他们在游戏中面临巨大的危险，因为网游系统的机制赋予了更高等级角色"合法伤害权"。除非他们直接花钱购买装备或升级点数，想仅仅依靠"打怪"这样的努力来晋级，几乎是不可能的。当然，也有特别勤奋的玩家或特别愿意花钱的玩家能够晋升到中等级别的角色；现实中的中产阶级正是《系统》一义中所提到的数量不占最多，但格斗中确属中坚力量的那部分人。他们有时间，更主要的是有金钱来支持他们在这个虚拟社会中的地位。如吕洋花费数万人民币来维持她在那个国度中的女王地位。根据CNNIC的统计，约76.5%的玩家为了虚拟装备、虚拟货币、账号等信息付钱。[2]这些中产阶级在金钱的支持下占据了网游社会中的中层及高层。那么现实中占据塔尖的人到哪里去了呢？他们要么没有时间参与这样的网络游戏，要么就成为了这个网络游戏的规则制定者，他们仍然处于最高地位，这个地位比网游社会金字塔本身还要高，它统治着一切。从这个角度来说，网游社会结构是现实社会结构在网络中的映射。

3. 从金字塔型社会到纺锤型社会

就人类社会发展经验来看，金字塔型社会会逐渐演变为纺锤形社会，即以中产阶级为最大群体，低级的和更高级的人群都是少数。网游社会呈现这个特征，基本是由网游的商业化推动的。近来社会舆论关注游戏代练的情况，据悉，一些学生放弃学业，加入到游戏代练大军里。专职的代练者有更多的时间也有更多的资金支持他将角色等级晋升上去。在他们看来这样的投入很合算，因为在网游外的金钱交换获利远多于网游内的投入。随着这些职业大军的加入，第二等级的角色会逐渐增

---

[1] 数据来源：http://www.cnbeta.com/articles/80091.htm。

[2] 数据来源：同上。

加，因为舍得花钱的玩家可以以最快的速度脱离处于弱势的第三等级，再往上走就未必是代理可以解决的了。越来越多的玩家及其网游角色停留在第二层，使得这个网游社会的结构有转向纺锤形的趋势。但是，这根本不同于现实世界里发达国家社会纺锤形结构。它没有社会保障、没有经济基础，纯粹依靠利益驱使，所以，这样的情况很有可能受网游流行风潮的影响，也受控于网游系统本身的规则，也就是现实社会第一等级的意愿与需求。

需要特别指出的是，这种由现实形态到网络形态的映射不是简单的复制，更不是可逆的复制。现实社会阶层的各个等级并不一定严格地与网游社会各阶层等级相对应。除了商业因素以外，个人喜好、玩家技巧等等都会影响游戏角色等级的变动。前文所谓的"映射"只是从另一个角度说明虚拟社会类网游的本质。另一方面，这种映射也好，复制也罢，都不是可逆的。也就是说，在网游社会中所处的等级并不决定，不能影响玩家在现实社会中的等级。人们往往有一个理想，现实中达不到的都希望能到网际社会中去圆梦，也因此常常导致一种幻觉，以为在网游中所得到的地位会有助于他在现实社会中的地位。如果如上文所说，网游的角色关系在很大程度上就是现实社会人际关系的翻版，那么我们不能说没有影响；但是残酷的现实是，网络或网游社会不制造精英，只有网游这个整体（作为一种商业模式或敛财工具）才能制造如陈天桥、史玉柱这样的"上流人物"。现在所谓"草根博客"、"网络红人"的兴起，只是部分地说明了这个社会可能提供的机会和凭个人努力可能抓住的机遇，并不能改变现实的基本格局。在网游社会中的所有权利都在通向现实社会的最后一层被截断了，那里正是由现实社会中的既得利益者把持着。流行的网游是丛林竞争原则下的作品，置身其中的玩家也被迫由这一原则驱使。人性在"文明社会"中被改造或隐藏的阴暗部分又被释放出来，甚至丑陋地放大了。

三、与游戏共生的语言

游戏的虚拟世界在保持与现实世界同构的大主题下营建着自身的

国度，这不仅仅是游戏规则本身所拟建的世界，比如角色的基本定位、常见技能、角色之间的大致关系，还有来自语言的构建力量。如果我们承认虚拟世界具有相当程度的人类社会性质，那么我们不能忽视语言与这个社会交织在一起的互力。这种构建由浅入深，在三个层面上展开：一是命名语言；二是角色关系语言；三是网游世界的外在文学语言。

1. 网游社会的命名旨趣及其汉字张力

孔子曾说，"必也正名乎！"（《论语·子路第十三》）名字的基本功能是指称，而其更深刻的意义，是确定个体在整个社会中的位置及与他者的关系。ID本来只是为了某个系统能够区分不同玩家，理论上只要每个ID不同就可以了，所以，玩家在申请账号遇到重复时，系统常会建议某个账号，这个账号只是在玩家原本设想的那个账号后添上一些数字而已。很少有玩家愿意接受这样的ID，除非那个数字是他自己挑选出来的生日或其他对其有意义的数字。简言之，他一定要选择一个表达出自己某种想法的ID。从这个意义来说，ID本身就透露出了玩家的性格。当很多网游或网络服务开始支持中文ID时，局面就更加丰富多彩、个性鲜明了，有时甚至品味、才智都可高下立判。ID作为网络世界中最直白最醒目的个人标签，影响着玩家网络生命的方方面面。

大众网络报《网游ID的心理分析》[1]一文曾对网游ID所透露出来的玩家个性做过一番有意思的分析，并列举说明了三类：蕾丝花边型、繁异古字型、眼前一霸型。

蕾丝花边型，如"阿ら辽⊙"、"卝榆卝木卝"，终极可发展到"へじ☆ぴ∈っ"、"ぐ别説愛WO"这类几乎纯符号组合。该文作者认为采用这一种命名方式的人多属于心智比较低、年龄较小的青少年，潜意识中往往有某种不自信，他们希望自己的ID能与众不同，却缺乏相应的能力创造一个让自己满意的命名，便转而使用这种"视觉华丽"的装饰。

繁异古字型，如"發杋埰箸"、"婷鍋快樂"、"姤伈嘆嗋"，将繁体、异体或生僻字拼凑在一起。采用这种形式的人心智年龄往往高于蕾

---

[1] 引自：http://www.yxnpc.com/2006-11-06/00Q2/08140154.html。

丝花边型,在波澜不惊的日子中,心底里仍然隐藏着出众的渴望。在游戏当中,他们由于能力问题,通常不会成为工会高层,却往往有比较稳定的上线时间。

眼前一霸型,常会用两字拼接,形成"占戈"、"弓虽"、"番羽"这样的"大"字,将视觉冲击递到眼前。或将大量的所谓"霸气"词汇堆积在一起,形成"乱刀南天一霸"、"蔑视天下"、"只杀无赦"、"皇室疯血刃"之类血腥味十足的ID。文章作者认为这一类型的命名者很难判断其心理年龄,但心理上也略有共同点,即多少有一点逃离现实的倾向。往往在生活中有较多不如意,工作或学习上遇到了各种困难。真实生活对他们来说或许太压抑,在网游的世界里他们找到了一丝自我实现的满足感,也因此最容易沉迷于某些操作简单的网络游戏。

《网游ID的心理分析》给我们提供了一个不错的视角,由ID来窥探玩家性格。如果我们将这个探索更进一步,还可以如前文所说,观察得出一种现实社会结构在网游虚拟世界中的映射,而这个映射的一个表征就是ID所展现出来的玩家个性甚至个人际遇。也就是说,某一社会阶层的人常常会用某一类的ID。一个人的ID或网名一般而言与其真正的个人性格存在三种可能的关系:

Ⅰ. ID展现的形象与本人相符;

Ⅱ. ID展现出其期望却又达不到的形象;

Ⅲ. ID展现出其不希望达到的形象。

上文提到的眼前一霸型,那种超常的张扬恰恰透露出其空虚弱小的本质,这样的人常常处于社会下层。当然这样的说法不是绝对的,但虚拟社会里它所属的相对阶层基本确定,并且难以改变,比如使用这类型ID的玩家可能就属于前面提到的Ⅰ或Ⅱ的可能,或者两者的交集,但不会属于Ⅲ类。

对中文ID的支持一方面是技术的进步,另一方面也是某些网游的规则。无论什么原因,使用中文ID是对前面三种ID类型的超越,真正体现精神和意味的创作才由汉字在这里展现出来。无论"蕾丝花边"的纯符号组合,或是不为现代大众熟悉的繁体、异体都可看做纯粹形式化的符号组合，它们几乎不传达形式以外的意义。人们从这样的ID里得不到汉字所承载的汉语精神。中文ID当然也具有一定的个性形式，但文字传达的意义却扩展开来，唯有一个非时间性的无生命力的ID开始与时间、历史接合起来，与语言发生关联，人文的价值才能寄托在这个里面。这突出表现在解构传统的命名和网游角色的重新命名两方面。

我们的常识中，特定的人物形象必定处在特定的历史环境之中。相应的，一个历史题材的网游，其角色也必定是相对时空中的人物。比如提到日本战国时代，我们马上会想到武田信玄、织田信长、德川家康等一批英雄人物的名字，那么很自然地在《信长野望online》这款以这个时代为大背景的网游中，我们预设的世界也是如此。但当玩家以桔右京（《侍魂》）、比古清十郎（《浪客剑心》）、风魔小次郎（《风魔小次郎》）等漫画人物注册ID登录游戏时，展现在眼前的是织田信长与古清十郎大战三百回合，武田信玄与风魔小次郎一较高下，传统的历史时空观瞬间被解构，原来以时间以历史确定的价值现在需要重新阐释。再比如，在《魔兽世界》里，基本的角色如猎人、牛头人、亡灵等等，名字本身就是游戏系统原本设定的世界格局，但是现在亡灵取名"排虽排有身材"，猎人叫"黑锅我来背"，则改变了原本由规则设定的角色。更进一步，所谓各个角色其实也就是一种组合，这也是游戏本身预设的一个相对关系，暗示谁与谁合作，谁与谁敌对的基础，但现在一个五人组，成员分别叫"凡是"、"看见"、"我们"、"都要"、"逃跑"。个体命名无视原本的角色属性，连相互关系也打破了原本的规则，寻找到了一套新的理据。有时候这种理据甚至是对游戏规则本身或对现实的调侃或者嘲弄，比如有叫"卖血玩魔兽"的，另一个与其呼应取名"我是自愿的"，某个侏儒法师的名字叫"小平夸我高"，还有的叫"妈妈说如果名字太长藏在树后会被部落发现"等等，不一而足。

ID命名的乐趣在汉字的承载下骤然提升，它得益于汉语所赋予的打破原有框架，解构原初系统的能力。放弃了原本由游戏规则和常识所设定的价值，重新赋值于角色，这是新的网游世界得以建立的基础，强烈的创造力和生命力赋予角色鲜明的个性。

2. 网游语言中的角色关系

重新命名的ID虽然获得了创造新世界体系的可能，但它毕竟只是元素，是无组织的个体，只有当这些元素结合在一起，才能构成新的社会系统。游戏角色之间的关系，是这个过程的关键。当然，所谓角色关系，也是以玩家关系为基础的，只不过这个关系以网游为平台。这个关系是如何开始搭建的呢？曾有一位女性网友列出"网络游戏里十条最让人齿冷的搭讪用语"[1]：

· 你是女的？不可能！大家都晓得女孩子不玩游戏。

· 你是在用你兄弟/男友的帐号玩吗？

· 女的玩游戏应该都是恐龙！

· 你不是应该去玩《芭比寻马冒险记》的吗？

· 嗨，小妞/甜心/美女，How you doing？（模仿乔伊的语调）

· 我靠，你是女的？能交个朋友吗？咱俩儿玩玩？

· 你多大？在哪儿住？有个QQ吗多少号？

· 女孩子就该下厨房，给大爷整块三明治来！

· 你丫是人妖吧？啥时变性的？

· 你声音挺甜的，我打赌你人也长得甜，是不，美女？

所谓关系，就暗示着双方或多方的因素，如双方的交际。上文"女的玩游戏应该都是恐龙！"隐含着这个女玩家的回复："你咋知道的？当然啦，男玩家肯定都貌似潘安，比如你。"又如："女孩子就该下厨房，给大爷整块三明治来！"或答："我现在就在厨房整三明治，老娘我只用一只手在扁你。"一来一去形成一个动态的组合。与之相对的，ID则呈现静态的一面，但恰恰是静态的形式让关系更稳固。上面十条都或明或暗地包含性的话题，虽然性不是网游中唯一的话题，但是这确是一个几乎所有玩家都关注的话题，并且由此创作出丰富的网络表达。不妨以之为例说明ID所建构起来的关系。比如男的叫"锄禾"，女的叫"当午"；男的叫"清明"，女的叫"河图"。还有些二者中的一方是隐藏

---

[1] 引自：http://www.fpswy.com/2009/0421/3750.html。

的，但实际还是展现了相互的关系，如"蹲在墙头等红杏"、"咬字分开念"。另有一些例子则在双方的ID中展示出呼应，如一个叫"划过天空的板砖"，另一个叫"幸好及时护住脸"；一个叫"十步杀一人"，另一个叫"离你十一步"等。

网游中玩家间的文字聊天与一般的网络聊天并没有什么本质的不同，玩家通过这样的方式建立联系，这个联系又通过玩家间有默契和互动的ID固定下来。话语毕竟转瞬即逝，但ID相对稳定。新命名出来的ID代表了新的富有个性的角色价值，ID与ID之间的关系就是这个虚拟世界中角色与角色，玩家与玩家的关系。

3. 网游世界的外在文学语言

所谓"外在"，是相对与虚拟世界内部而言的。在网游征战的过程中，几乎没有玩家会花心思和时间吟诗作赋，创作小说，也不大会有玩家在以简短语言为主的网络交际中使用文学性的语句甚至篇章。奇怪的是，在游戏之外，在玩家们离开网游的短暂时间里，他们却乐于创作出许多网游主题的文学作品，且无论水平高下，量确实相当惊人。这究竟说明了什么？

我们说，艺术作品的本质是记录人类情感，再蹩脚的作品也包含着作者创作时的感情，只因其能力才智不同而表现各异。看下面这篇流传于网络的"词"[1]：

多塔能有几多愁，莫提小鸡吃树臂章流。月骑倚树月如钩，末日三路把兵收。

遗产流，速推流，不敌自家内讧流；四人黑，六人黑，路人一进九人黑。

三路走，三路刷，三路被抓三路挂；五人打，五人差，五人团战都没大。

对面隐形不插眼，真视掉了没人拣；一个红血五人攒，死在地图

---

[1] 引自：http://dzh.mop.com/mainFrame.jsp?url=http://dzh.mop.com/topic/readSub_9374686_0_0.html。

同一点。

多塔能有几多愁，恰似一人独守，两眼相望，三路天兵，

四人皆掉，对五员猛将，诸葛无谋。

个性的ID虽然能在一定程度上表达玩家的旨趣，但毕竟只是心境的一角，缺少一个较大的营造感情的氛围。一个世界绝不是空洞无物的关系网络，其中必定需要感情的填充。再独特的ID，再有趣的ID组合，都不能将这个网游社会关系网中的空隙填补好。一个缺少感情的网络世界只剩下网际的征战和复仇，人类从本性上来说无法克服这样虚无，从现实来说，这样的网游也无法长久保留玩家的兴趣。因此，玩家以文学的形式"再现"网游，在这个过程中自觉地维护、经营这个家园。从这个侧面也可以看出网游世界的相对独立性。

而从文学本身来说，它在一定程度上是虚拟世界存在的理由。如下面一首由bloodrose发于日月光华BBS（bbs.fudan.edu.cn）的《魔兽有感》：

朔月黯松影，城头飘战旗。

未及赴征战，精灵已来袭。

迅捷风作影，隐秘夜成衣。

来去频骚扰，严防不敢离。

箭塔化做土，碧血渗入泥。

营盘出铁甲，烽火战事急。

鸣钟聚众农，号以弃锄犁。

披挂执矛戈，前线迎大敌。

征者身皆死，空将尸骨遗。

军费还剩几，胜败料难移。

徒发悲愤语，留与作笑题。

且不管这首诗的平仄是否工整，仅看它旧体诗的形式就耐人寻味。为什么谈网络游戏的作品要追求这样的古风呢？或许有人会说这是因为作者的专业或个人爱好，但从更深层分析，这种形式本身就含有网游世界存在的理由。人类有好古的本性，我们在这个世界上的存在是由

过往的历史决定的，只有确定历史的足迹才能明确当下的位置。一切关于价值的讨论都基于一个过去的存在。一纸片瓦，陶罐竹书都是过去的代表，但中国人幸运的拥有传承千年的汉字以及与之相辅相成的书写形式，所有想要追求的内涵都囊括在了里面。一首古体诗本身并不说明什么问题，但它代表了一个渊源，当下能与其相接合的事实都被无限拉伸到过去，仿佛亘古未变一般。新兴的网游仅仅因为这样一首诗就找到了存在的理由，它默默地以此证明虚拟的世界的真实性，使已经由新命名的ID、ID与ID的组合所构建的关系网丰盈起来，完成整个虚拟世界的建筑的最后一步。

四、"与人斗其乐无穷"——网游瘾源

1. 网瘾批评的游戏指向

2008年11月8日，由北京军区总医院制定的我国首个《网络成瘾临床诊断标准》通过了解放军总后勤部卫生部的专家论证，我国成为世界上第一个出台网络成瘾诊断标准的国家。其临床诊断标准为：[1]

1. 对网络有强烈渴求，上网占据生活中主导地位，如头脑中常常浮现和网络有关的事，回忆上一次上网的情境或期待下一次上网。

2. 几天不上网就会出现烦躁不安、焦虑、易激惹等症状，上网后上述症状可迅速减轻或消失。

3. 要花更多的时间上网才能感到满足，且时间不断延长。

4. 曾经努力过多次，想控制、减少或停止上网，但没有成功。

5. 尽管知道上网会给自己带来或已经带来危害，仍然忍不住继续上网。

6. 除上网之外，对其他事物的兴趣明显减少，以致失去以前的爱好和娱乐。

7. 用上网来回避现实或缓解不良的感受和情绪。

8. 对家人、老师、同学、朋友或专业人员撒谎，隐瞒涉入网络的

[1] 引自：http://news.17173.com/content/2008-11-09/20081109102551760.shtml。

程度，包括上网的真实时间和费用。

在其定义中，网络成瘾指个体反复过度使用网络导致的一种精神行为障碍，表现为对使用网络产生强烈欲望，突然停止或减少使用时出现烦躁、注意力不集中、睡眠障碍等。按照其标准，网络成瘾分为网络游戏成瘾、网络色情成瘾、网络关系成瘾、网络信息成瘾、网络交易成瘾五类。玩游戏成瘾被正式纳入精神病诊断范畴。[1]

总的来说，现阶段对网瘾的认识还停留在游戏之外，关注的是网游监管、学生自律等方面，很少有关注游戏本身的。难道青少年及其他游戏玩家沉迷网游只是因为管理不善和自律能力不高么？我们以为，这只是部分原因，并不是根本原因。一个孩子沉迷于电脑游戏，当劝其离开的时候，他往往会有这两种回答："我现在不想离开"，或"我现在离不开"。前一种是"不愿意"，后一种是"不能够"，也就是"被吸引"和"不能自拔"的区别，两种情况当分别看待。这就要回到上文所谈两种网游的区别。一个游戏本身的乐趣会吸引孩子，但是乐趣本身会因游戏后续内容的创新度不够或更新太慢而渐渐降低，这时它就不能抓住孩子的心。这种情况往往发生在单机版游戏或竞技类网游上。因为程序是设定好的，玩家在与电脑的博弈中总是能渐渐发现这个程序的规律或固有的不足并加以利用，第一次也许还很兴奋，但渐渐地就会丧失乐趣。在人工智能未真正实现的相当长的时间里，这是这类游戏固有的弱点。即便竞技类游戏可以与其他玩家联网互站，但游戏本身不具有稳定玩家的能力，玩家的参与或退出非常自由，不会造成网游角色的任何改变。比如在《反恐精英》中，一个玩家玩了几局之后退出，当他再加入的时候，联网中的角色几乎没有什么改变，在这个结构系统中他相对稳定，没有什么让他牵挂的东西。所以，这类游戏完全靠本身的"乐趣"来控制玩家，现实中的玩家个人有相当强的主动权，根据能否被吸引来决定"愿意"或"不愿意"。

游戏厂商或运营商显然不希望如此。他们变换不断地推出新游

---

[1] 引自：http://news.17173.com/content/2008-11-09/20081109102643182.shtml。

戏，但是游戏本身的可玩性或乐趣并不可控，在这个角度上，他们做的是满足玩家所需的工作，无论多么积极的公司，本质上也总是处于相对被动的位置。游戏设计者和运营商希望依靠非乐趣性质的东西来锁住玩家。玩网游的人数这么庞大，但长期玩家中觉得网游"有意思"的人并不占多数。以《传奇》为例，几乎所有的这类虚拟社会类游戏都要求玩家通过不断地在"打怪"、"做任务"或直接购买等方式积累点数以升级游戏角色等级，或升级角色装备。无论这个游戏界面设计多么华丽，人物情节多么复杂，装备武功多么纷繁，这些游戏的雷同程度相当高。在我们的调查中，绝大多数玩家承认，仔细想来网游没什么意思，所谓的乐趣在开始的一两个月就散去了，但玩家仍有惯性的玩下去，有时候甚至根本不想玩也要挂在线上。这是为什么呢？

2. 从游戏博弈到玩家博弈

我们发现一个有意思的现象，相当多的玩家在网游中并没有"专心致志"，而是以聊天为主。甚至有位女性玩家告诉笔者，她上线完全是为了找她男朋友，以便在游戏中跟他聊天，而其他的好朋友几乎也在这个游戏里，所以大家要联系很方便。也就是说，这些玩家将QQ、MSN等IM软件的功能直接搬到了网游中。纷繁复杂的游戏角色网络跟真实的人际关系网交织在一起，这正是新网游的设计者所希望的，它构架了一张无可逃脱的网。

2005年末年盛大公司决定将其招牌网游《传奇》免费提供给广大游戏玩家，而之前玩家除了向网络运营商支付上网费以外，还需向盛大公司购买限时的游戏卡。这一变革使得更多的玩家可以将更多的时间花费在网游上，也使得网友在更大范围内将人际关系网移植到网游世界中。其实这个过程在更早的时候就已经开始了，在各个网络社区、大学校园局域网络中，早就架设起数目众多的"私服"，在这些"私服"中，网络社区已经构建起来。一个玩家可以脱离一款游戏，却无法脱离一个真实存在的人际网。每个人都是这个真实社会系统中的一个节点，同时作为网游角色的扮演者也是网游系统中的节点。这网络因为游戏玩家的增多而变得越来越庞大、复杂，玩家在系统中被确定的位置也越来越明晰，越来越固定。一个ID或者一个网络昵称本来是不严肃不确定的，但是因为这种关系的强化和深入，一个ID或网名在一定网游区间内便有了特定的指称力，它跟玩家关系的紧密程度甚至超过了现实生活中一个人跟他名字关系的紧密程度。现实生活中一个人叫张三，另一个人也可以叫张三，如果大家觉得张三这个名字好便有可能更多的人不顾及重复而取同样的名字。而在网际中，尤其是网游中，一个存在的昵称一般不会同时被两个人使用，后来者会尊重前者的选择，这同时也是维持个性的必要手段。

从这个意义上讲，网游中的名字甚至比你原本的名字更能代表你自己，这个游戏的角色在相当大程度上暗示玩家，你就是这个角色。在虚拟社会类的网游中，玩家创造了角色同时特创造着自己，既利用了原有的社会人际关系，有创造了新的网际人际关系。所有这一切交织在一起，才会出现前面提到的"我现在离不开"这样的回答——当你所有的关系都固定在网游中时，你怎么可能脱离它？玩家可能可以一时放弃某一个网游，但是他原本所处的关系网仍保留在网游世界中，所以他还是会通过其他途径回到那个世界里，比如选择另一个正在建构中的网游社会。简单说来，与游戏程序的博弈被转变为与其他玩家的博弈，游戏本身只提供环境。这样游戏反映了"与人斗，其乐无穷"的理念。玩家博弈的对象不是单纯的游戏程序，而是活生生的头脑。

《瞭望新闻周刊》的一篇文章分析说，导致青少年沉迷网游的主要原因是家庭教育不当以及社会管理等方面的因素。[1]这是一种比较典型的分析网络成瘾或网游成瘾的视角，即研究玩家的个性、网吧的监管、社会舆论导向、政府政策等网游的外部生态。一个沉溺于网游的典型形象已在人们的观念中构建出来：一个孩子可能因为家庭环境不和睦，与同学相处又不融洽，于是开始玩所有人都在谈论的某款甚至某几款网游，在虚拟社会中他开始跟他人有所交流，并开始将自我与角色融

---

[1] 王思海、张建新、董学清：《青少年为何沉溺"网游"》，《瞭望新闻周刊》2006年5月22日。

为一体，在那个飘渺的世界中寻找现实生活里得不到的快乐。每次不得不离开网游就觉得特别痛苦，因为他所有的对于生活的乐趣和希望都跟网游角色和网游中的其他人物联系在一起。仿佛是那种虚拟的才是真实的，而真实的世界反而不真实。偶尔，他或许会意识到学习所带来的压力，意识到这样沉溺于网游是不对的，但是他没有这个自控能力脱离游戏世界。这种形象在人们的心中根深蒂固，也是现阶段政府及其他社团组织推行"防沉迷"措施的一个基本构想和对象。但是这样的措施在底子上是有缺陷的，关键的一点就是无视了游戏本身的特性。

3. 网瘾的根源：虚拟社会网游的社会关系价值

游戏的机制就是网游成瘾的根本机制，所有其他的因素都是次要的。一个孩子可能会因为没有缺少监管而沉迷游戏，那么成年人呢？成年人一样会沉迷其中，也会有所谓缺少自控力的问题。再则，这样的沉迷跟其他游戏或者其他活动的沉迷难道是没有区别的么？打麻将、赌博等活动也会使人沉迷，难道跟网游就是完全一样的么？根据上文的阐述，我们可以发现，这样的相似性主要只集中在一般的竞技类网游当中，这些沉迷的行为和现象基本符合上面提到的分析研究，所以对于游戏上瘾的针对性控制是有效的，但是对于虚拟社会类网游限制接触则不会有根本的改观。早在2005年6月，新闻出版总署就制订了《网络游戏防沉迷系统开发标准》和《网络游戏防沉迷系统实名认证方案》。《网络游戏防沉迷系统开发标准》的核心内容是：未成年人累计3小时以内的游戏时间为"健康"游戏时间，超过3小时以后的2小时为"疲劳"游戏时间，在此时间段，游戏收益减半，如累计游戏时间超过5小时即为"不健康"游戏时间，收益将降为零，强迫未成年人下线休息。2007年4月9日，新闻出版总署与教育部、公安部等8部委联合下发《关于保护未成年人身心健康实施网络游戏防沉迷系统的通知》。规定防沉迷系统已按三个步骤实施：2007年4月15日—6月15日为国内各网络游戏企业需按照《网络游戏防沉迷系统开发标准》在原有网络游戏中开发防沉迷系统，2007年6月15日—7月15日为系统测试时间，2007年7月16日起正式投入使用。排除政策落实不到位等原因，目前看来，防沉迷措施收效不大，其原因恐怕就在没有抓住游戏机制。虚拟社会类网游的根本机制是构造一个可以"永生"的关系网，并将玩家固定在其中。也许追求杀戮中的快感等感官刺激是部分原因，但人更本质的不是追求个体的感觉，而是在群体中的价值。这是玩家总是要把自己投入到一个群体活动中去的原因，也是会陷在其中的原因。根本上，玩家一旦开始深入玩这类网游，他相对于网游系统是被动的，这种限制来源于他跟网游的关系、他跟游戏角色的关系，以及他跟其他玩家在网络中的关系。所以，要从根本上解决沉迷网游的问题，除了采取已经出台的那些规章外，更应该从改变网游本身的运作机制入手。

现今规模巨大的网游已不仅仅是娱乐的工具，不仅仅是敛财暴富的手段，也不仅仅是GDP的一个砝码，它还是我们这个社会的一面镜子，一个可供分析的模型。如果说网络将我们这个社会的某些隐形的关系与特征显现出来，网游的竞争本质就将那些最具冲突性、最敏感的矛盾放大呈现，我们从这个虚拟社会的窗口看到真实社会的各个侧面，甚至包括那些我们不想看到的东西。网游还产生了我们不希望看到的后果，有些是非常丑陋的，或者原已被我们抛弃的。要从根本上改变这个状态，恐怕不是堵截限制玩家就能解决的，更多地需要我们思考网游的模式，改革网游运行的机制，在电影分级之外制定游戏分级的制度。也许有一天网游跟我们的现实生活更加亲密，但人格分裂的悲剧可以不再发生。

第十五章　网络亚文化研究——美容消费文化

　　女性对于美容的兴趣、以及随之形成的消费热情，自中及西，恶评美谈兼而有之；无论旁观者如何对女性的化妆爱好表示不理解，西方女权主义如何对强化"女性特质"的外形矫饰表示怀疑和鄙弃，美容，及以美容为目标的消费，在现代社会依然拥有不可撼动的一分天下。

　　互联网在当代女性的美容生活中扮演着推波助澜的角色。美容产品的网际交易，如大批化妆品网络门店的活跃（以taobao网为代表）、二手物品网络交易活动的盛行、通过网际交流自发组织的化妆品打折采购，都在释放出强劲的消费力；而美容技术的公开展示，美容经验的网际分享和传播，其同声相应、同气相求的气势，透射着俨然无限的热情，美容生活本身的号召力也因之聚合，吸引着更多的人投身其中。

　　我们的研究并不是以美容为主题、以论证网络之号召力为目的的资料整合。网络脂香粉浓的一面如同精细的软屏风，能够层层打开，经得起迫近的细细观察；一词一句、一笔一划的芥豆之微中寄托着无限心思，从某种意义上来说，恰恰是生命精华的凝聚。网络在当代的美容消费活动中不是单纯作为信息流转平台的中性载体，而是同时担当着某一性质的"教化者"角色：经由网络，消费社会的价值观对形貌之美的推崇和追求被推进到了极致，参与其中者各出己见，其经验和感受在交流之中得到了空前的整合。这也是我们将美容消费作为一种文化现象加以

403

分析的原因所在。

一、身体即存在：现代生活价值观的网络表达

1.美容的个体价值：现代消费社会精神信念的内化

发源于西方现代哲学理论的身体政治研究，尤其是身体与消费文化之关系的研究，成为我们探讨的入门捷径。现代商业消费社会的外表修饰、美容化妆自有其"重大意义"，其渊源并非纯粹传统的"女为悦己者容"与"以色事人"的价值悖论，而是更多地具有了自我宠爱的自恋意味；且这种自恋并非传统文化"临花照水"的自我顾惜，而是以现代消费社会精神信念的内化为语境的、以"自我管理"为口号的对"个人质量"的加固确认。

"我们的时代是一个痴迷于青春、健康和肉体之美的时代。占主导地位的电视、电影媒体制造出大量形象，坚持不懈地昭告人们要铭记在心：优雅自然的身体和美丽四射的面庞上露出的带酒窝的微笑是开启幸福的钥匙，甚至是幸福的本质。"[1]经由现代传媒人造图像的鼓吹，形貌美好、性感逼人的"外表"和"样子"，被混同、"约等于"一系列的生命理想，包括享乐和悠闲。消费文化的方程式便是："青春=美貌=健康。"[2]身体在消费社会担当了快乐和自我表现的载体角色，几乎取代了精神在个人存在层面的本质地位。之于个人，身体是生活的重心；之于社会，身体则是公认的偶像，"时尚"的号召力亦依托于身体的需求。在消费文化的叙事空间中，"身体"一方面具有高度理想化的特征，是需要供奉的"偶像"，同时又是俗不可耐的、需要金钱培植之物，这便为个体的消费活动提供了一个近乎无限的平台。

在个人消费成为经济动力的时代，商业利润的驱动下，女性美容品市场高度发达，"美容"活动扩展范围甚广且多有细分，面面俱到地塑造身体——护肤（卸妆乳、洁面乳、洁面膏、洗面皂、按摩膏、去死

---

[1]汪民安：《身体、空间与后现代性》，江苏人民出版社2006年版，第331页。

[2]迈克·费瑟斯通：《消费文化中的身体》，龙冰译，汪民安、陈永国编：《后身体：文化、权力和生命政治学》，吉林人民出版社2003年版，第334页。

皮膏、调理霜、祛斑霜、喷雾、爽肤水、乳液、日霜、晚霜）、底妆（防晒、隔离、遮瑕、粉底、粉饼、散粉）、彩妆（眉笔、眉粉、手动或电烫睫毛夹、睫毛膏、眼影、眼线笔、眼线液、腮红、高光粉、阴影粉）、美甲（底油、甲油、光油、彩绘）、美发（修剪、造型、烫发、拉直、发膜、染色、自用直发板、卷发棒）、塑身（精油按摩、刮痧、减肥霜、丰胸霜、塑身操、塑身衣）、美肤（沐浴、按摩、身体乳、磨砂膏、脱毛剂、脱毛刀、香水、香粉）——身体的色彩、气息、质地、光泽、线条，都成为了可以经营、改变的直观对象，而这一切的经营和改变，指向的是同一个目标，那就是更"好看"的身体/更"理想"的自我。

美容消费中的女性，享受的是身为主体同时身为客体的双重角色的乐趣：只要花费足够的时间、精力、金钱，则所求的意图必然能够实现，人变得"更漂亮"了；预期的惊喜自然随之而来——称赞和欣赏的目光永远不会嫌多。保持这一"良性循环"因此成为了绝对的必要，外形的"装扮"和"控制"也因此而日常化；与美容消费活动同时强化、日常化的，便是强调外表、崇拜外表的生活观与存在观。

推波助澜的还有新型的摄像技术，如数码相机、摄像手机等电子产品的不断推陈出新。新型摄像技术的作用之一就是方便人们孤芳自赏，满足人们对自己身体的执念：失败的照片立刻删除，只有"更漂亮些"的保留下来。因其海量的信息存储与广阔的传播空间，网络最终成为这一"身体执念"的实践之地；上传、公开自己的私家照片，已俨然成为"主流"的炫耀形式——真人照片，以"和盘托出"的直观形象，成为自我表白的"王道"；"王道党"，即热衷于追看真人照片、并对照片矫饰作假之处评头论足的一群日益壮大。要求网友上传照片成为条件反射一般的需求，"上王道"的呼声随处可见。

另一方面，贴出的那些名为"我"的照片，也很少能够诚实不欺、"不修边幅"——且不说"艺术写真"，借助摄像头低像素的朦胧效果，仰拍对体态的美化，俯拍对脸型的纠正，特别是利用图片处理软件（如photoshop、美图秀秀）的任意修改——视觉效果越来越可控，也越来越不可信："王道党"的苛刻眼光、尖酸批评强化了王道主角"造假"的必要性，而"鬼斧神工"的"造假"形象，反过来令屏幕前的观者产生太强烈的自惭形秽感；此时又的确需要有王道党"火眼金睛"的尖刻批评为观者减压。

平面成像与本来面目的分离，与化妆美容的思路殊途同归。日本当代流行文化中有一种被命名为"地铁化妆狂"的现象，指的就是女性在地铁这个公共流动空间里化妆的做法[1]——仅仅是化妆而已，并未达到"狂"的程度。然而，"化妆狂"的命名隐含了"化妆理当属于私密空间"的基本观念，对"面孔作假"的公开流露出不适感。这一文化现象与网络颇有渊源：除了购买美容杂志，每个人可以通过网络把阅读模式转化为解说模式，经由这一转化及实践，成为个人的"化妆专家"，同时在网络中组成一个又一个"化妆魔域"（Cosmetic Freak），并在其中找到真正的归属感。

2. "美女"称谓的泛化与本真的麻木

化妆的公开，可以说体现了女性主体对于本真自我的某种麻木：公然忽略、无视旁人对于自身"本来面目"的评价，因为"素颜"只是"我"诸多面孔中的一张，只是"底子"，是一种未完成的、无意义的状态，化妆后的脸才是"真正要表达的自我"，甚至就是"真正的自我"。然而换个角度来看，"化妆狂"旁若无人的姿态，也未尝不可以看做另一种对于自我的积极肯定：不是消极等待自身美点"被"发现，而是主动地、技术化地"制造"魅力、"争取"崇拜——此即所谓"只有懒女人，没有丑女人"的女性美法则。这一思路与网络的平民精神相一致，也是当代的文化精神所鼓励的。说到底，在现实的社会人生之中，个人意图、主观行动与客观天赋相比更为重要："天赋"是少数的、不可预期也不可掌控的存在，大多数人都被排拒在外；而在"人为努力"的旗帜下，则可号召起一个"大多数人"的群体，更广泛的共识也就随之建立起来。或许正是出于这种对女性自我美化之努力的期许共识，"美女"作为一种称呼才得以大肆普适化，成为可以称呼一切年龄层女

---

[1] 汤祯兆：《命名日本》，山东人民出版社2009年版，第43～46页。

性的可爱字眼。

对意图的明确强调，对预期效果的不懈追求，以及对效应可控性的基本认定，无不呈现了美容化妆的"能动"特质，这也是当代女性美容生活的基本性质。以系统化的工具性策略对抗机体衰老的外化迹象，美容因而成为技术要求与科学含量为先的操作，美容活动的私密性几乎不复存在——从美容技术到化妆技巧，大量的视觉形象把一切都表现无遗："看上去"天生丽质，皮肤，五官，脸型，身材，多少都是"造假"而成。但"造假矫饰"技术的公开并不曾戳破"美丽"的泡沫，反而"惠泽大众"，使得更多的人投身此道，"生命不息，美丽不止"也成了全民性的自发行动：以购买美容消费品的金钱投入和美容技术的积累为两翼，现代人自我宠溺的需求被不断激发、不断受到鼓励；置身于这一消费状态的人，能够在一定程度上满足"按照自己的意愿与步调成长和生活"的愿望，对于外形崇拜这一价值观，则几乎并无任何排拒或批判。美容生活作为一种有余裕的、具备奢侈感的、标榜自身生活质量的形式变得更加普泛寻常。

二、美容话语：网络语言中的社会方言

网络世界为美容消费提供了理想的空间，与这一现实相因果，在网络交流中，围绕着美容消费，形成了一套专属的、精确的话语系统，充分地保证了信息交流的有效性。网络口耳相传的信息交流，比商家单向的广告轰炸来得更具有可信度与亲和力。在这一话语空间中，女性追求悦目外表的自我塑造行为呈现出高歌猛进的势头。使用着这套话语，网络中人可以就美容技法、美容产品的效果及个人情况充分地交换意见，彼此咨询，提出看法。同时，这套话语丰富、传神，富于表现力，本身具有一种粘性，将传统上由广告画面、台词来鼓动的消费热情转化成了文字形式，将美容生活的"幸福感"、"宠爱自己"的满足感更广泛地传播膨胀开来。

美容消费网际交流的"专门话语"大致可以分为如下几类，附例如下：

1. 个人自我描述语言

这是评价所施用产品之效果的基本立足点。

薄皮——皮肤比较薄。

油皮、油性肌——油性皮肤的简称。

干皮——干性皮肤的简称。

混合皮——混合性皮肤，脸颊中心油腻周边干燥。

大油田——皮肤油性严重。

小油——皮肤稍稍嫌油性。

痘痘肌、痘皮——容易发痘的皮肤、有痘痕。

"皮肤"到"皮"的简化，并非简单的后缀省略。"皮"，在日常生活中一般指称皮质物品，特别是动物皮制品；提到女性的皮肤，则多为美言，譬如"肤如凝脂"、"雪肤花貌"之类。"皮"的说法被爱美女性广泛采用，与美容语境的技术性有关。女性皮肤在这里不是被美化、被欣赏的对象，而是中性的、有待被处置之物：皮肤状态是美容活动的起点，尽量确切客观是必要的；纵然是很好的皮肤，在这一话语空间里也被表述为"不油不干无皱纹无色斑无痘痘"，近似于医学描述。

"大油田"以喻体替代本体，充分传达了皮肤出的油"取之不尽，用之不竭"的状态。石油涨价之时，油性皮肤者还有相当应景的笑话云："脸很值钱。"

以"肌"代"皮肤"，体现的则是网络汉语对日语之影响的接受。这一点源于当代消费者对日本原装化妆品的接触和熟悉。目前对美容品有"日系""欧美系""国货"的大分类，日产美容品颇受青睐；日语中的汉文部分，为消费者品读原装产品提供了可能性；"素肌"等带有日式风味的说法也因此流行。与物化及玩笑的用法不同，日式词语的借用体现了修饰的需要；新鲜的外来词似乎天然带有一种矜持文雅的意味，成为讲求细节者的直觉选择。

2. 产品概述语言

心水、心头好——来自香港时装剧的女性用词。喜爱之物。

大爱、超爱、超赞——某产品特别好。

赞美——形容词，值得赞美之意。

平价——便宜。推荐一个平价的东东

大碗——也是形容词，指容量多。同样有便宜之意。便宜大碗，用起来不心疼

鸡肋——效果一般，物乏所值。

无功无过——感觉不到明显的效果。

口碑品——畅销不衰的产品。

主打、招牌、经典——某品牌的代表产品。

新品——来自著名品牌的新开发产品。

"俗称"——特别流行、人尽皆知的产品不少都拥有"俗称"，大抵以其直观性状命名，其所属品牌及原有名称则忽略不提，如绿水，蓝水，粉水，白泥，绿泥，白吸盘，黄油，绿牙膏，银瓶，金瓶，白瓶，铁盘，蓝砖，金砖，金钻，猪油膏，等等，这正是格外畅销带来的"命名效应"。

"赞美"动词用作形容词、"大碗"名词用作形容词，不合日常语法习惯，表情达意却十分易懂。这与汉字的会意性质相似——表述不需要完全符合习惯，解读者凭着有限的提示，经过一个联想的过程，来把握书写者的原意，自有一番心领神会的趣味。譬如"赞美"本是"赞扬歌颂"之意，客体多具有明确的道德价值；说某种化妆品"效果很赞美"，活现了使用者赖其获益良深、乃至于"感恩戴德"的情态；而"大碗"的出发点，或许是描绘一"大碗"的产品无限量取用的爽快感，或许是比喻大众餐馆"大碗"盛菜一般的实惠亲切，——无论如何，这一饱含日常经验的意象表达确实令人心领神会，从而得以流传开来。

3. 使用效果描述语言

由于网际通过语言交流，要尽量确切地传达产品使用的效果，这一类词语尤其以精准传神为高，描述产品之缺点、问题的常用语也为数甚多。

薄——使用后感觉轻薄透气。

厚重——感觉质地浓郁。

好推——容易涂抹均匀。

润色好——增白的效果好。

持妆度——妆容能够保持不变的程度。

鸡蛋肌、陶瓷肌——粉妆细腻光滑、看不见毛孔的理想效果。

雾面——粉妆色彩均匀柔和，一气呵成的效果。

亚光——色泽光洁柔和的粉妆效果。

干净温和——卸妆品不伤肌肤。

服帖——各层粉妆与皮肤贴合紧密。

搓泥——指化妆品无法涂抹平整、容易搓出细卷。

浮粉——指涂好粉饼、散粉过一段时间后涂粉痕迹变得明显。

脱妆——指妆容变淡、模糊。

有妆感、妆感明显——看得出是化了妆。

暗沉——粉妆色彩出现暗淡消褪的现象。

晕——在这里不是一般网络语言中"意外""不知所措"的意思，而是特指眼妆的色彩洇开。

熊猫眼——指黑色眼妆洇开。

苍蝇腿——指刷睫毛膏后睫毛粘连成束。

掉渣、掉屑——涂上去的睫毛膏干燥后脱落下碎屑。

闷——涂抹化妆品后毛孔受堵塞的不畅感。 我觉得不油的，就是有点厚和闷。

闷痘、致痘——皮肤因涂抹了某物而发痘痘。

乳化完全/不完全——卸妆油遇水发生反应变成乳状，即乳化；乳化完全即油全部变成乳，可用水洗净；乳化不完全，则剩下没乳化的还是油，水冲不掉，会残留在脸上。

刷墙——指涂抹出的色彩光泽效果过于生硬。

"刷墙"是一种比拟用法。原是与美容平行而不相交的活动，同为粉饰，同样要求技术，但一个是体力活，一个是细致活；"刷墙"空有整齐洁白，毕竟颜色死板、线条硬直；而"鸡蛋肌""陶瓷肌"的生造词组，在表述细致、光滑之外，还隐含了线条圆润柔和的天然之意——

化妆就是这样求全责备：既要修饰，又要看不出修饰，还要效果持久、"持妆度好"，不露馅为上。这一切都依赖于产品的质量，能够达到"雾面"、"亚光"效果的粉妆，大多价格昂贵；同时，个人的上妆技术也同样重要。说某产品容易涂抹、"好推"的"推"字，本义乃是"手向外用力使物体移动或向前移动"，而作为化妆手法，指的是用手指将膏体均匀铺展于面部，此处并无关于方向的明确指示，但是又传达了手指运动需要保持一定方向的意思。这与中国菜谱中"盐少许"的指示属于同类，都是给出基本的示意，具体分寸则由个人拿捏。在化妆品仅仅叫做"化妆品"的时代，与其搭配的动词，不过"涂""搽"而已；而随着美容产品的花样翻新，"专门"的使用手法也越来越多，化妆水要"拍"、散粉要"沾"、定妆要"按"，诸如此类。一些产品的使用手法要求提高的情况下，施用快易便成了一种明确的优势——于是，"好推"不止于使用感的表达，进而成为一种基本的性状描述，替代了"质地柔滑、延展性好"的惯常表达。

美容新习语有其流行的必然性。"闷"字义原为因气不通畅而引起的不快之感，在美容中则用来描述面部皮肤涂抹化妆品后的感觉，词意有所延伸。"毛孔呼吸"是商家早已推出的概念，原本强调洁面品带来的皮肤的清透感，而当使用者这一"呼吸"的感觉意识被唤起之后，便非"闷"字不能传达那种面部的油腻涩滞感了。

4. 感受表述语言

所有的评价都可以看作是"感受"，故而只选取少量的常见而醒目的例子。

使用感好——这是一个十分笼统含糊的、却又十分流行说法，囊括了关于诸如化妆品的质地细腻、香气怡人、触感光润、吸收充分等种种优点的评价。

有幸福感——直接指向美容品使用过程中的人对气味、质地的总体感触。

效果惊艳——同样笼统却又字眼强烈的评论。

超级滑超级润——"超级"之类的夸张形容十分常见。

粉嫩粉嫩——形容词的叠用则是另一种强调手法。

水当当——皮肤呈现青春、饱满的状态。

涂好会觉得表皮一下子吸收了变得水水的饱饱的——带有过程的描绘更为生动。

清泉里面喝饱了水的感觉——指涉了自然疗法的感受描述更加引人神往。

浑身都神采奕奕——更多地传导了健康之美的气韵。

感觉脸蛋红扑扑的，白里透红，抹上去很光滑细腻——直白朴实的表达。

我感觉这一张面膜简直可以用来抹脸抹脖子抹手臂抹小腿——"量大"的现身说法。

实在是混合肌欢度盛夏的恩物——夏季人多汗，本是化妆的困难时期，欢度盛夏四字，着实令人心动。

化妆品的使用效果本来是因人而异的，旁人可能描述得眉飞色舞，待到亲身使用或许大失所望。只不过在讲到描述有时实在是细致可感，大有"身临其境"的效果，如下例：

草了，爱了，买了……这个刚刚摸上去以后因为是cream（注：膏体），吸收慢，不过我更愿意说他是停留在皮肤表面形成了一层绵密的锁水膜，脸摸上去是一种腻腻的感觉，但是不觉得闷，而且无油光完全是亚光效果。过几小时后，再摸，脸是那种嫩嫩的光滑的感觉。这种感觉只有我小时候第一次用郁美净的时候有过……这么多年了又出现了，感动ing...这个东东保湿力度超级棒，脸不干不油的感觉好好，嘿嘿。对了，这瓶霜是没有spf值的，早晚都能用。白天后面上防晒，粉底统统不搓泥哦……

如此详备细腻的描述，呈现了一种效用持久、效果理想的"全能"产品，确实具有"种草"的力度，引人跃跃欲试。总体而言，在表述使用化妆品的感觉的时候，说话者很容易走向过度夸张，"超级"、"极度"、"特别"之类的字眼频频出现；形容词的叠用和堆砌也十分常见。夸张修辞的频繁使用，源自说话者急于表露喜悦之情的言说状态：

"发现"好的产品带来的成就感，源于个体使用的"惊艳"效果，而感受的分享、产品的推荐，都是这一惊喜心情的抒发延伸，隐含的客观信息实则寥寥。

5.消费行为描述语言

刮一阵大风——某产品流行、风行。

败家——购物。

败——"败家"的简化用法，几乎取代了"买"。

扫货——大量购买。"扫"犹指"扫荡"，言其购买范围之大。

血拼——shopping（购物）的音义兼及的翻译，更添了购物的狂热感。

薅羊毛——免费领取商家赠品。

团购——为求更多折扣，多人合起来进行某种化妆品的大量采购。

组团、开团——组织、发起团购；组织发起团购的人，称"团长"。

跟团——参加团购。

代购——利用在世界各地购物天堂的工作旅游之便，替别人购买化妆品。香港以及日本、韩国、美国、欧洲各地的优惠、廉价或大馈赠活动的利好因此被更多的人分享，其中机场免税店和专业的化妆品商店都是常见的理想购物场所。

囤货——买来、尚未使用的化妆品。

晒囤货——罗列手头上的所有未开封的美容品。

强推、怒推——热烈推荐。

长草——心痒痒的感觉，即想买某物。

草——同"长草"。例：一直很草他家的东西。

种草——称赞并推荐。例：来种一个草。

拔草——批评、不推荐，打消别人想买的念头。

盘点——总结特定时段各种化妆品的使用心得，并对产品分门别类地作出评价。

使用报告——详细描述某个产品的使用过程、效果及感想。

兽——与英文单词"show"（展示）发音完全相同，故而比通常音译的"秀"或港式译法"骚"更"有其声口"，且这个同音字在意义上完全不相干，更多了一分玄虚好玩的气息。"兽"主要是名词用法，一般加上前缀，"真人兽"，指贴出使用某种产品后的面部照片，供网友观摩之用；同类的还衍生出"真嘴兽"、"真脸兽"的说法。另外，"兽"与"show"毕竟有所分别，虽然同为展示，却没有"show"一级别的奢华专业，如此使用，既表示区分，又有自谦之意。

"囤货"，"盘点"，"跟单"等词，原本是商业用语，被引入个人美容生活的表述，其中的消费性质愈加鲜明——动用物品数量甚多、品种甚全，且这种数量多、品种全的状态，始终处于精心的管理维护之下——前有储备（囤货），后有新增（跟单、补货），再加上具有经验总结性质的用品罗列——"盘点"（原意为商店暂停营业或在营业时间以外检查、清点存货），喜爱商业用语、将个人生活一定程度上商业活动化，商业精神对当代人观念渗透可见一斑。

以上例举的网络美容语汇中另一值得关注的现象是贬义词的谦用，典型就是"败家"一词。"败家子"本是非常严厉的罪名，专指子女不成器，任意挥霍致令家庭败落；而在今天的网络语境中，"败家"并不首先用来评判别人，倒是多作自我批评，说话者以此表示对自己"乱花钱""花大钱"的行为性质心中有数；与此同时，承认自己是"明知故犯"，亦有谢绝旁人指点批评、自我捍卫的味道。此外，"败家"虽为贬斥，这个词却自有一股一掷千金的豪气，并无家产可挥霍的"穷人"们借来以快言论，亦是常情之一种——不该花而花出去的即使只是小钱，在网络中也可以"败家"二字耸人耳目；话语先于社会财富的平等而首先实现平等，也是网络精神的题中之义。在网络美容话题的交谈中自称"大饼脸"，把自己的手叫做"爪子"，头发叫做"毛"的用法，同样是以自贬为自谦的。贬义谦用，印证了新一代美容消费群体的网络化风格，"80后""90后"钟爱搞怪自嘲的文字趣味融入美容话语系统，为讲求文雅的传统女性语言风格带来了新的气息。

"草"系列，则是一种典型的"话语的游戏"——"长草"取自"心上长草了"这句表示青春萌动、"心中发痒"的套话，在美容消费的语境中，引申义为动心、想买。"种草"、"拔草"，则分别是"使心中长草"、"拔掉心中的草"的意思。这一个案内含的文化隐喻其实意味深长，隐约可以看到"农事情结"的存在；作为人与自然牵系的最深纽带，种植活动的审美力量蕴蓄甚深，其魅力总在不期然间稍稍逗漏，向当代都市人揭示着内心对于自然的永恒依恋——谁又料到开心网的"偷菜"游戏会唤起那么多"劳动的快乐"？

以上网络美容消费话语的列举分析，大致可以体现网络、网络话语对于现代美容消费生活的助推效应——每个人都可以从自己的个人情况出发，"按图索骥"地获取更多的产品信息；有各种各样的使用感受，用来作为参考；遇到问题，随时可以在线询问交流；有所收获，立刻能够与人分享——这一切行动总是伴着游戏化的语言输写，同声相应、同气相求的和乐气氛因之产生。

在材料收集的过程中我们还注意到，尽管不少帖子在交流信息的同时流露出自我炫耀的意思，但这种炫耀并非庸俗单一的"炫富"，——炫耀的并不一定是自己的富有、用品的高档，更本质的，乃是懂得宠爱自己、心思细腻、且有闲情雅致的自我形象。也正因此，这一话语空间尽管"贫富差距悬殊"，却弥漫着理解和认同的气息，绝少"暴发户"式的伧俗攀比。

感性形象的另一面，则是精明和理智的购物者，此二者共同构成冷静自持的现代女性形象。务实的时代精神令人在追求华丽的同时不忘讲求划算，且凭效果说话，不肯被BA（"导购员"Buying Assistant的英文缩写）"忽悠"：

说它是乳，其实是一块膏，用专配的海绵蘸取涂在脸上，就有液态的感觉，干了以后又呈现出粉嫩粉嫩的效果。BA说，这是三态转换……哪怕你有三十态转换，这种噱头我也是不感兴趣的，关键看效果。

这种冷静来自美容消费经验的积累。重视美容的人必然要自己动脑子总结经验，而不是被商家宣传牵着鼻子走。久病亦可成医，自己琢磨出的道理，不论高见拙见都自有一分主见，有底气对美丽的广告辞令表示批判和断然拒绝：

控油是幻想，亚光是浮云。我的理解，脸上泛油光就是因为出油量大于毛孔储油能力，于是溢出来了。控油产品的原理就是靠一些"滑石粉"驻扎在毛孔里，如果一天出油一分两分，吸走了外面就看不出来了。如果大油田外加大热天一天十分八分，什么控油的都坚持不了很久。失效以后只会平添过敏隐患。而且刚用完的时候皮肤深层太干，感觉容易老化。"××天后出油明显减少，皮肤更加清透"，骗小孩呢。这话只有激素类药物可以说。

正是因为以亲身实践为底气，随他如何"如雷贯耳"的名牌，效果不好，则照样该批就批，理直气壮：

睫毛膏，MD，太晕了！下午就成了熊猫。像吸过毒一样。

蜜桃粉，不是很好用诶。后悔拿这个来定妆，除了亮一点没啥特别的。刷子还会脱毛。还好那个毛是白色的。

胭脂水，谁说可以涂在唇上，尝一口，是咸的。经常涂会不会中毒身亡啊？

我肯定当时买的时候脑子搭住了，这个有啥用？我觉得根本就没用。

如上一连串充满喜感的点评针对的是某个大牌的一系列有名的产品。不需要严格的论证、援引别人的意见，也不需要周密的措辞推敲；粗率而略显滑稽的指斥所要传达的，只是"不好用"三个字而已；但这三个字，又恰恰表明了批评的个体性，最是无从辩驳，容易唤起同道中人的共鸣。

三、从网络美容方言看美容消费新趋势

网络商业，以简化中间环节、降低成本成就的低廉价格为优势（姑且不提"山寨"与假货）；而美容消费品作为当今商业的一大类目，因其品牌的繁多和销售渠道的多样化，在网络中如鱼得水。更进一步，得益于网络活动的跨国传通、信息交流及汇款物流的便利，更多的人得以以相对便宜的价格买到昂贵的外国名牌，其见益多，其识益广。

1. 体验帖：网络品牌的萌生

网络购物，成就了许多市面上极少见的"无名气"、"无厂牌"、"无实体店面"的"三无"产品，乃至手工加工的、未经商标注册的产

品；这些产品并非出自传统的正规厂商，而是经由最先一批使用者的宣传以及顾客的追捧而树立口碑的个人小品牌，使用者在美容网站上发布的体验心得担当了免费广告的角色。国内外名牌固然拥有大量拥趸，而自制的、小批量发售的化妆品，经过适度的造势宣传（在各大美容论坛上发帖即可），同样能够形成新的流行风气、乃至于培育出网络特有的品牌，逐步创出名气和信誉。

譬如近几年风行开来的冷制手工香皂、自调精油以及diy原料，标榜的便是不同的美容理念，不是"高科技"的"技术流"，而是"纯天然""无添加""新鲜"等等。尝试这些产品本身也是游戏，在消费产品的同时，把玩娴雅而时尚的"自然生活"理念，可说是游戏中更为精致、更为"小众"的一种。

S家的两块皂皂，都是群里的mm帮我秒的，那个壮观啊，不停F5，好容易开始了，等我填完验证码，已经交易结束了。10来个人一起刷，一个mm刷到4块净源，一个mm刷到两块汉方，她们都很好心地转给了一块。

这里描述的是帖主购买网上某小店的自制手工皂时的情形。由于产品数量有限，不足以满足需求，网店一旦贴出发售的信息，立刻引起抢购。"刷"即点击刷新购物页面，抢夺订购机会，而"秒"用作动词（令人想起游戏语言中的"秒杀"），指的正是抢购速度之快。远程交易的好处在于全国各地的人可以"公平竞争"、同时加入购买的行列，抢购的激烈程度也随之上升。引文中给出了如此抢购的应对之道，也就是展开小团体的内部分工，能买到啥就买啥，到手后再行调度分配。

2. 内部帖：商业营销策略的公开

厂家、商家总是追求塑造顾客的"品牌忠实度"，但是在信息不再那么不对称、且讲求实际的网络时代，命名的魅惑力已然大大减退，循名而则实的思路得以普及开来。

Chanel Joues Contrast in Tempting Beige = L'Oreal Feel Naturale Blush in Rustica

Clinique Soft Pressed Powder Blusher in Honey = Maybelline Blush in

Mocha Velvet

MAC Cubic = Jane Blushing Cheeks in Blushing Petal

MAC Fleur Power = Cover Girl Classic Color Blush in Rose Silk

MAC Margin = NYX Blush in Terra Cotta

MAC Prism = Rimmel Blush in Bronze， Jane Blushing Cheeks in Blushing Baby Doll

这是一段转载自英语站点的网文节选，标题为"Look for Less"，直译为"寻找简约"，亦可意译作"合并同类项"。原文长达数页，罗列了诸多大牌彩妆"重复建设"而产生的可替代产品。出于营销和行业竞争的需要，各品牌都会给自己的产品起些浪漫别致的名字，而实际上不同品牌、不同名称的彩妆产品，其颜色质地有可能是一模一样，纵有讲求同系微妙色差的色彩趣味，也全然不需要化这种冤枉钱，这就为选购者提供了极为实用的参考。

另外，网络中还流传着许多"内部帖"，内容多为由化妆品牌的内部人员或调查公司爆出的"业内消息"，譬如某产品性价比低，某产品性价比高，某产品与该品牌的另一产品属于同一配方，某产品完全是靠广告维持销量等等。这些帖子并未在其"可信度"上煞费口舌信誓旦旦，读者所采取的也多是姑妄听之的态度；只是人人都喜欢听有趣的"内部消息"，那些被评价为与大牌成分功效颇似的平价产品，尤其能够唤起更多人尝试的兴趣。

3. 技术帖："科学性"的增加和定论的消失

通过分析产品的成分来进行质量评估，在网络中属于常见的"技术帖"。特别是防晒品的选购，已经超过了价格、使用感抑或"性价比"的评价范围，而更多地引进了科学指标，从产品的成分上进行评估。入夏之初，在网上细心比对几种防晒产品的技术指标之后做一选择，饶有"技术流"的乐趣。

罗列、解释化妆品成分的帖子在美容网站上十分常见。主导这一评估的多是具有专业背景的"达人"，他们贴出许多热销产品的成分表，指出其中可能起作用的以及可能造成副作用的成分；除此之外，还经常介绍精细化工行业的运作情形，消解普通消费者对高科技美容品的迷思。没有精细化工知识的阅读者，主要依靠他们对于专业知识的通俗化解释来获取信息。譬如下例一份某品牌洁面产品的分析说明：

Ingredients:

water (aqua purificata) purified：纯水

lycerin：甘油

olea europaea (olive) fruit oil：橄榄油

butylene glycol：丁二醇，溶剂

phenyl trimethicone：苯基三甲基聚硅氧烷，去泡剂，抗静电剂

cucumis sativus (cucumber) fruit extract：小黄瓜萃取

hordeum vulgare (barley) extract：大麦萃取

helianthus annuus (sunflower) seedcake：葵花籽

dimethicone：二甲硅油

sodium hyaluronate：透明质酸，保湿

tocopheryl acetate：生育酚，保湿，抗氧化

holesterol：胆固醇

sucrose：蔗糖，保湿

caffeine：咖啡因，去水肿

ppg-20 methyl glucose ether：PPG-20 甲基葡糖醚，抗静电剂

urea：尿素，保湿

sodium pca：PCA钠，保湿

linoleic acid：亚麻仁油酸

propylene glycol dicaprate：丙二醇二癸酸酯，合成酯，保湿

chamomilla recutita (matricaria)：洋甘菊萃取，镇静抗敏

pentylene glycol：戊二醇，抑菌

polyquaternium-51：聚季铵盐-51，成膜剂，保湿剂

trehalose：海藻糖

caprylyl glycol：辛乙二醇

ammonium acryloyldimethyltaurate/vp copolymer：增稠剂

phenoxyethanol：防腐，温和保鲜剂

这款产品没有使用起泡剂，清洁原理是合成脂乳化清洁。所以，洗后脸上会感觉有残余的滑滑的感觉，好像没有洗净。比起他家的洁面皂来，显然成分复杂多了，除了合成脂，还有一些植物萃取，舒缓抗敏，还有橄榄油和透明质酸和甘油，补水保湿洗后不会紧绷，还有生育酚（维生素E）来抗氧化，但是你不要指望一个洁面产品能带来什么效果，值得表扬的是，他家一贯的不会放香料，而且没有添加苯类防腐，因此，除了干性皮肤，敏感皮肤也可以使用。但是如果你想追求洗后的清爽感，还是要用固体洁面皂。

正规化妆产品虽然普遍都附有成分表，但是对于小号字体连排的洋文字码、等同天书的化学名词，大多数人只能敬谢不敏；也正是因为无人阅读、无人问责，不少产品的成分表标注得相当含混，不写明具体成分，而一言以蔽之"保湿剂，乳化剂，增稠剂，香料"，防腐剂更是忽略不提。而得益于网络空间的无限容量，"外行"的消费者终于可以一窥"成分"的个中玄机，对产品做出更为"有理有据"的判别和选择。

然而，即使是详细确凿的成分说明也并无绝对的"可信"——"成分是好的，但使用感……"的评价，在"讲科学"的时代依然能引起共鸣。无论是描述产品成分还是使用效果，最终的落脚点还是"感觉"。甚至有一种观点认为，化妆品主要是通过对使用者进行心理暗示而发生效用，使用昂贵有名的产品给人的精神愉悦才是"变美"的真正原因。——无论如何，化妆品的效果是因人而异的，来自旁人的描述归根结底只是一种参考。

这便产生了"真相"的悖论：上网者能够获取的只是更为"详细""多样"、而不见得更为"准确"的信息——某种产品是否会出现过敏、致痘之类的反应，效果好不好，只有亲身尝试之后才能知道。一张脸于是就担当起"小白鼠"、"试验田"的角色，把各种各样的产品一样一样试用过来："要想知道梨子的滋味，就得亲口尝一尝"。

4. 二手帖：新的消费样态的流行

网络发布的美容信息不断积累，再加上商家的产品永远都在不断

更新，使用者的眼界也与日俱增，"寻找适合自己的东西"成了许多人的共同选择。这便催生了新的消费样态——二手交易的盛行，首先是"小样"即小包装试用品的购买。专柜赠送、免费得来的小包装产品，原本只是额外附送、笼络主顾之物，因为试用需求的增加，免费得来的小样也可以卖钱，因而成为二手贩卖的商品。从未用过该产品的，花少量的钱，便能充分了解此物是否值得购买。尝到这种购物方式的甜头之后，再试用新产品之时，便会首先想到"去买个小样试试看"，正是讲求实用的购物观念，使得二手交易成为可能。

反过来，随着网络中二手交易的不断增加，更多的人开始了解、体验这种购物方式的可取之处：即便买到了自己不合用的东西，也不会"烂在手里"，廉价转手"换米"（即换钱）即可再去进行新一轮的"败家"活动；因冲动购物而多"囤"的全新货色，很可能稍稍让利便可找到买主；哪怕是用够了、只剩个瓶底的东西，也可以"打包"售出；甚至用完了的空香水瓶，也会有爱好者主动求购。

在买物卖物之间，网络中的美容消费者又建立了一重"姐妹淘"式的亲密关系。金融危机来袭，时尚杂志给出的省钱建议之一便是姐妹淘共同分享彼此的衣橱；而网络交易虽说出于实利的号召、通常在素不相识的人之间进行，但这种"买卖"有明确的互惠性，交换的也并非单纯的钱物，而是包含了彼此对于美容生活的朴素认同，于是又增进了对这一生活样态的积极肯定。

视觉文化对于美貌之价值的高扬，往往利用"高贵"的主题，以标价昂贵的物品，包装起姿态孤傲的模特；贵族气派的吸引力并没有随着后现代精神的到来而烟消云散。但现代商业社会的现实结构也已经决定了，实在的高人一等已不复可能——大开本全彩页的时尚杂志、精心拍摄的化妆品广告、教人眼花缭乱的术语修辞，推销的东西都仅仅是"看上去很贵"而已——在充斥着精明的盘算和巧妙的推销的当今，愿意付出远远高于成本的价钱来购买货品，或许已经是金钱时代"浪漫主义"的精髓所在了。

另一方面，化妆品行业的暴利早已是一种常识。世界上原本就不存在真正价值百万的东西，货品要充分倾销的真正对象说到底就是"平民女子"。她们所抱持的消费理念，最为大众化、最为"庸俗"，然亦最为"质朴"：面对奢华气派，抱有一种天真而上进的气质，肯一掷千金，也要精打细算；刻意装扮，又对自己的真实情形心底有数，总是在"用贵货"和"捡便宜"之间寻求平衡。纵然躬逢信息时代、娴于理论辞令，这一代女性对衰老的抵抗、以美貌为目标的旷日持久的妆饰，其内在的精神，依然是简单的对"美"、"好"生活的不懈追求。只是，在消费主义的商业机器中，对"美"、"好"生活的追求最终被催化成了源源不绝的购物需求——传统的女性主义观点认为，女性热衷于外在的装扮，折射的乃是男权社会女性被"物化"的弱势处境；据此观点，诸多当代女性热衷于美容、不拒绝乃至推崇"男人挣钱，女人花钱"的"消费分工"，是其社会地位下降的表现。然而，在"人"的全体被物化为消费机器的时代，消费自由已经"升格"为最基本的文化自由，成为当代人不能放弃的基本需求，女性的美容消费亦不再是额外的奢侈，而"降格"为商品社会运作的动力之一。

消费主义的生活方式带来了需求的不断膨胀，这最终指向经济永远增长下去的心理期待；依赖GDP的心态由此而来。然而，指望着经济的无限膨胀终归不切现实。网络既然促成了美容消费观念的新变，就有可能再进一步、促成当代人对于消费主义生活方式本身的反思和超越。以话语层面而言，承载着新变的网络语汇不断深入人心，或许终将展现改变现存观念的力量：随着技术思维和商业理念逐渐成熟起来的美容消费话语，是将造就更理性的"消费者"？更熟练的"享乐主义者"？为数更多的、包容两种社会性别的"美容达人"？生活方式的变化又将为社会文化结构带来什么样的变迁？这便引出了更多值得探讨的话题。

参考书目

安志伟：《网络语言的多角度研究》，山西人民出版社2012版。

[俄]巴赫金：《巴赫金全集》第六卷，河北教育出版社1998版。

[英]鲍曼：《生活在碎片之中——论后现代的道德》，郁建兴等译，学林出版社2002版。

[英]鲍曼：《后现代性及其缺憾》，郇建立等译，学林出版社2002版。

[美]波兹曼：《娱乐至死·童年的消逝》，章艳等译，广西师范大学出版社2009版。

蔡辉、冯杰：《网络语言的类型特点探析》，《河北大学成人教育学院学报》2003年第3期。

曹进：《网络语言传播导论》，清华大学出版社2012版。

曹南燕：《网络语言的创新和约束》，《科学对社会的影响》2001年第2期。

曹筠武、张春蔚、王轶庶：《系统》，《南方周末》2007年12月20日。

陈群秀：《网络、网络语言与中国语言文字应用研究》，中国语言文字网2005-10-7。

陈晓云：《众人狂欢——网络传播与娱乐》，复旦大学出版社2001版。

陈昕：《消费文化：鲍德里亚如是说》，《读书》1998年第8期。

[美]德弗勒、尼斯：《大众传播通论》，华夏出版社1989版。

董晓松：《网络、社会与消费：虚拟环境下经济活动空间相关性问题的微观研究》，四川大学出版社2012版。

方彩芬：《网络语言特点透析》，《宁波高等专科学校学报》

2002年第1期。

[英]费瑟斯通：《消费文化中的身体》，龙冰译，汪民安、陈永国编，《后身体：文化、权力和生命政治学》，吉林人民出版社2003版。

[英]费瑟斯通：《消费文化与后现代主义》，刘精明译，译林出版社2000版。

高丽娟：《网络语言说略》，《杭州电子工业学院学报》2002年第2期。

哈佛燕京学社编：《全球化与文明对话》，江苏教育出版社2005版。

贺又宁：《论网络时尚与网络语言的互动》，《贵州民族学院学报》2002年第3期。

黄少华、陈文江：《重塑自我的游戏：网络空间的人际交往》，兰州大学出版社2002版。

黄少华、翟本瑞：《网络社会学：学科定位与议题》，中国社会科学出版社2006版。

黄少华：《虚拟世界中的道德实践》，中国社会科学出版社2011版。

黄亚平、孟华：《汉字符号学》，上海古籍出版社2001版。

黄永红、刘汉霞：《中国网络语言初探》，《北京教育学院学报》2002年第4期。

海中：《网络语言知多少》，《瞭望》2001年第1期。

何洪峰：《从符号系统的角度看"网络语言"》，《江汉大学学报》2003年第1期。

何明升、白淑英等：《虚拟世界与现实社会》，社会科学文献出版社2011版。

[英]吉登斯：《现代性的后果》，田禾译，译林出版社2010版。

吉益民：《网络变异语言现象的认知研究》，南京师范大学出版社2012版。

江南、庄园：《网络语言规范与建设构想》，《扬州大学学报》2004年第2期。

颈松、麒珂：《网络语言是什么语言》，《语文建设》2000年第

11期。

[英]克里斯特尔：《语言与因特网》，郭贵春、刘全明译，上海科技教育出版社2006版。

[荷]科斯罗夫斯基：《后现代文化：技术发展的社会文化后果》，中央编译出版社1999版。

[法]利奥塔尔：《后现代生存》，车槿山译，南京大学出版社2011版。

刘海燕：《网络语言》，中国广播电视出版社2002版。

刘慧、欧阳春宜：《浅谈网络语言表意形式的多样化》，《赣南师范学院学报》2004年第2期。

李军：《浅谈网络语言对现代汉语的影响》，《社会科学战线》2002年第6期。

刘乃仲、马连鹏：《网络语言：新兴的网络社会方言》，《大连理工大学学报》2003年第3期。

刘志明、倪宁：《广告传播学》，中国人民大学出版社1991版。

陆俊：《重建巴比塔——文化视野中的网路》，北京出版社1999版。

罗坤瑾：《从虚拟幻象到现实图景：网络舆论与公共领域的构建》，中国社会科学出版社2012版。

吕明臣、李伟大、曹佳：《网络语言研究》吉林大学出版社2008版。

马静：《语言学视野中的网络语言》，《西北工业大学学报》2002年第22期。

[加]麦克卢汉：《理解媒介》，商务印书馆2000版。

[英]梅勒编：《交流方式》，彭程等译，华夏出版社2006版。

孟华：《汉字：汉语与华夏文明的内在形式》，中国社会科学出版社2004版。

[美]摩尔：《皇帝的虚衣——因特网文化实情》，王克迪、冯鹏志译，河北大学出版社1998版。

[英]莫特：《消费文化》，余宁平译，南京大学出版社2001版。

彭兰：《网络传播学》，中国人民大学出版社2009版。

[英]乔伊森：《网络行为心理学：虚拟世界与真实生活》，任衍具、魏玲译，商务印书馆2010版。

饶宗颐：《符号·初文与字母——汉字树》，上海书店出版社2000版。

沈刘红：《网络交流——人际性的回归》，《当代传播》2003年。

[美]申克：《信息烟尘：在信息爆炸中求生存》，黄镕坚、朱付元、何芷江译，江西教育出版社2001年版。

沈拓：《不一样的平台：移动互联网时代的商业模式创新》，人民邮电出版社2012版。

汤丽英：《"e"时代的新语言：网络语言》，《机械职业教育》2004年第2期。

汤玫英：《网络语言新探》，河南人民出版社2010版。

汤祯兆：《命名日本》，山东人民出版社2009版。

[美]特克：《虚拟化身：网络世代的身份认同》，台湾远流出版公司1998版。

巫汉祥：《寻找另类空间：网络与生存》，厦门大学出版社2000版。

王存美：《伊妹儿及其他——网络语言拾零》，《柳州职业技术学院学报》2002年第4期。

王德胜：《视像与快感》，安徽教育出版社2008版。

王建宁：《互联网广告文化的发展趋势》，《新闻爱好者》2008年第11期。

王思海、张建新、董学清：《青少年为何沉溺"网游"》，《瞭望新闻周刊》2006年5月22日。

王希杰：《汉语的规范化问题和语言的自我调节功能》，《语言文字应用》1995年第3期。

王晓霞：《现实与虚拟社会：人际关系的文化探究》，中国社会科学出版社2010版。

汪民安：《身体、空间与后现代性》，江苏人民出版社2006版。

汪涌豪：《"穿越小说"：是穿越还是逃避？》，《文汇读书周报》2008-02-22。

吴传飞：《中国网络语言研究概观》，《湖南师范大学学报》2003年第6期。

吴宏：《谈网络语言》，《黎明职业大学学报》2001年第3期。

吴小芬：《简论仿拟格在网络语言中的运用》，《浙江教育学院学报》2003年第6期。

许嘉璐：《容纳·分析·引导·规范》，《文汇报》1999年12月30日。

徐云峰：《网络伦理》，武汉大学出版社2007版。

言岚：《网络语言：一种另类的语言现象》，《哈尔滨学院学报》2003年第10期。

叶秀山：《美的哲学》，人民出版社1991版。

叶祝弟：《奇幻小说的诞生及创作进展》，《小说评论》2004年第4期。

殷晟：《网络语言现象的分析》，《河海大学学报》2002年第1期。

于根元编：《网络语言概说》，中国经济出版社2001版。

于根元编：《中国网络语言词典》，中国经济出版社2001版。

于根元、夏中华、赵俐：《语言能力及其分化：第二轮语言哲学对话》，北京广播学院出版社2002版。

于文秀、于新城：《网络生存的文化意蕴探寻》，《求实》2001年第6期。

曾令辉：《虚拟社会人的发展研究》，人民出版社2009版。

张红镝：《谈网络语言的特征及对青少年的负面影响》，《内蒙古电大学刊》2004年第2期。

张文联：《玄幻小说刍议》，《文艺争鸣》2008年8月。

张云辉：《网络语言语法与语用研究》，学林出版社2010版。

赵联飞：《现代性与虚拟社区》，社会科学文献出版社2012版。

赵永勒、靳玉乐：《论文化类型与教师权威》，《教师教育研究》2003年第6期。

郑远汉：《关于"网络语言"》，《华中科技大学学报》2002年第3期。

郑元景：《虚拟生存研究》，社会科学文献出版社2012版。

仲伟丽：《申小龙：革命来了！》，《e时代周报》2003年第56期。

周润健：《"网络语言"要"革"现代汉语的"命"？》，新华网，焦点网谈。

祝耸立、高翔：《解读网络语言》，《温州师范学院学报》2004年第3期。

朱晓华、王强：《网络语言隐喻特征浅探》，《宜宾学院学报》2003年第6期。